Kondensation.

Ein Lehr- und Handbuch

über Kondensation und alle damit zusammenhängenden Fragen,
auch einschliesslich der Wasserrückkühlung.

Für Studierende des Maschinenbaues,
Ingenieure, Leiter grösserer Dampfbetriebe,
Chemiker und Zuckertechniker.

Von

F. J. Weiss,

Civilingenieur in Basel.

Mit 96 in den Text gedruckten Figuren.

Springer-Verlag Berlin Heidelberg GmbH 1901

ISBN 978-3-662-35725-5   ISBN 978-3-662-36555-7 (eBook)
DOI 10.1007/978-3-662-36555-7
Softcover reprint of the hardcover 1st edition 1901

Alle Rechte, insbesondere das der Uebersetzung in fremde Sprachen,
vorbehalten.

Vorwort.

Beim Aufkommen der Burckhardt & Weiss'schen Schieberluftpumpen mit Druckausgleich in den achtziger Jahren fanden
selbe gleich auf ihrem eigentlichsten Gebiet Verwendung als Vakuumpumpen, und zwar bei Kondensatoren von Verdampfapparaten in Zuckerfabriken, welche Kondensatoren meistens schon mit
barometrischem Fallrohr zur Abfuhr des warmen Wassers arbeiteten.
Indem diese Schieberpumpen einen viel höheren volumetrischen
Wirkungsgrad haben als die früheren Klappen- und Ventilpumpen,
ferner bei abgeschlossenem Saugstutzen in diesem ein Vakuum bis
auf wenige Millimeter an das absolute heran erzeugen, erwartete
man in den betreffenden Kreisen durch Anwendung dieser Pumpen
nicht nur eine bedeutende Verbesserung des Vakuums in Kondensator und Verdampfapparaten, sondern in zahlreichen Fällen eine
Erniedrigung des Druckes sogar noch unter den der Temperatur
des Ablaufwassers entsprechenden Dampfdruck, also etwas physikalisch Unmögliches!

Solche vielfach verbreitete unklare, ja falsche Ansichten im
Kondensationsgebiet einerseits, anderseits die Beobachtung, dass bei
den meisten, ja allen Kondensatoren das Vakuum weit unter dem
der Temperatur des Kondenswassers entsprechenden blieb, das es
doch sollte erreichen können, veranlassten den Verfasser, die einschlägigen Fragen über den gegenseitigen Zusammenhang zwischen
Menge und Temperatur des Kühlwassers, Temperatur des abfliessenden warmen Wassers, Luftpumpenleistung und erhältlichem Vakuum
an Hand der einfachen Gesetze von Mariotte, Dalton und den
Dampftabellen von Regnault, sowie dessen Angaben über den
Gesammtwärmegehalt des Dampfes näher zu untersuchen. Das
führte ihn zu der Erkenntniss, dass es bei Kondensation ganz
wesentlich darauf ankomme, wie die Luft aus dem Kondensator

herausgeschafft werde, ob beliebig mit Dampf gemischt, oder aber
— durch besondere Anordnung des Kondensators — möglichst
entdampft, und entstand so die Unterscheidung zwischen Kondensation nach Parallelstrom und solcher nach Gegenstrom, die
zuerst in einem im Jahre 1888 in der Zeitschr. d. Ver. deutsch. Ing.
erschienenen Aufsatze „Kondensation" gemacht und erklärt wurde,
und die dann Grashof auch in die betreffenden Kapitel seiner
„Theoret. Maschinenlehre" aufnahm.[1]) Diese Unterscheidung, die
bei allen Kondensationsfragen wiederkehrt, betreffe es Misch- oder
Oberflächenkondensation, wird nothwendig durch den Umstand,
dass in jedem Kondensator immer mehr oder weniger Luft auf-
tritt. Je weniger Luft in einen Parallelstromkondensator kommt,
um so weniger unterscheidet er sich in seiner Wirkung von einem
Gegenstromkondensator; und käme gar keine Luft in die Kondensatoren, so fiele der Unterschied zwischen Parallel- und Gegenstromkondensation überhaupt dahin: mit gleich viel Kühlwasser erhielte
man immer das gleiche, das der Kondenswassertemperatur entsprechende Vakuum, gleiche Betriebskraft für die Kondensation etc. etc.,
und eine Luftpumpe hätte nur zur ersten Entleerung der Kondens-
räume von Luft zu dienen und könnte nachher stillgesetzt werden,
und die Lehre über Kondensation könnte sich einzig und allein
auf die Aufstellung einer Formel für das nöthige Kühlwasserverhältniss (nöthige Wassermenge zur Kondensation einer gegebenen

---

[1]) Nachher hat der Verfasser, von anderer Seite darauf aufmerksam gemacht, gefunden, dass Gegenstromkondensatoren zwar schon früher in Zeichnung und Wirklichkeit existirten, siehe Louis Walkhoff, „der praktische
Rübenzuckerfabrikant", III. Aufl., Braunschweig 1872, Vieweg, und F. Walkhoff, „Zeitschr. f. d. Rübenzuckerindustrie d. deutsch. Reiches von Dr. Stammer"
1881, S. 176. Der erstere giebt (S. 132) die Zeichnung eines ausgesprochenen
Gegenstromkondensators, hebt im Texte dabei aber nur hervor, dass hier das
erwärmte Wasser durch ein Fallrohr abgeleitet werde, um damit einen damaligen Ausspruch Péclet's zu widerlegen, Fallrohre würden in der Praxis
nicht angewendet. Ueber Gegenströmung im Kondensator und über deren
Vortheile sagt er aber nichts, und weisen auch alle folgenden Figuren wieder
Parallelstromkondensatoren auf. Der Zweite giebt ebenfalls (in Fig. 1, 3 u. 6)
Skizzen von Gegenstromkondensatoren, sieht deren Vortheil jedoch nur in der
Volumverminderung der Luft durch deren Abkühlung, also in einer ganz
untergeordneten Eigenschaft der Gegenstromkondensation, vgl. S. 8 dieses
Buches. — Die wirklichen Unterschiede und Vortheile der Gegenstrom-
kondensation vor Parallelstromkondensation — möglichste Ausscheidung der
Luft und der nicht kondensirbaren Gase aus dem Wasserdampf, und damit
Volum- und Arbeitsverminderung der Luftpumpe einerseits und Kühlwasser-
ersparniss anderseits — wurden damals noch nicht erkannt und damit der
Gegenstromkondensation auch kein besonderer Werth beigelegt und selbe des-
wegen auch nicht ausgenutzt.

Dampfmenge) beschränken, wie Zeuner in seiner „Thermodynamik" auch in der That in dem Kapitel über Kondensation nur dieses Kühlwasserverhältniss, dieses allerdings in seiner meisterhaften Weise abgeleitet hat.

In einem zweiten, 1891 in der Zeitsch. d. Ver. deutsch. Ing. erschienenen Aufsatze behandelt der Verfasser dann auch den „Nutzen der Kondensation" bei Dampfmaschinen mit variabler Füllung (Verkleinerung des Füllungsgrades und dadurch erzielte Dampf- und Kohlenersparniss).

Was an guten Keimen in diesen ersten Untersuchungsergebnissen steckte, entwickelte sich bei fortwährender Beschäftigung mit dem Gegenstande weiter, und legt der Verfasser hiermit ein zusammen fassendes Werklein vor, nicht nur über Kondensation im engern Sinne des Wortes, sondern auch über die mit ihr unmittelbar im Zusammenhange stehenden Gebiete — vergl. die nachfolgende Inhaltsübersicht —, das alle einschlägigen Fragen und Aufgaben theils direkt lösen, theils den Weg zu deren Lösung (durch Bestimmung einiger noch fehlenden Erfahrungszahlen) zeigen soll. Es soll sowohl dem vor der Frage über Errichtung von Kondensation stehenden Leiter grösserer Werke die Bildung eigenen Urtheils über zu erwartenden Nutzen, über die Wahl des passendsten Systems etc. ermöglichen, als auch dem ausführenden Ingenieur die Berechnungsweise der Grundlagen, des Gerippes, sowohl von Einzelkondensatoren als von Centralkondensationsanlagen an die Hand geben. Dabei ist auf die Detailkonstruktion, besonders der zur Verwendung kommenden Luft-, Wasser- und gemischten Pumpen nicht eingetreten; diese gehört dem Gebiet des speciellen Maschinenbaus an und finden sich schon Werke, die diesen Gegenstand ausführlich behandeln; erwähnt sei hier besonders: Jhering, „Die Gebläse", Springer, Berlin.

Aber nicht nur dem schon in der Praxis stehenden, dem ausübenden Ingenieur, auch dem studirenden Ingenieur dürfte das Buch von Nutzen sein, und zwar in Hinsicht nicht nur auf das speciell behandelte, allerdings weite Gebiet der Kondensation, sondern indem es ihm auch wieder an vielen Stellen zeigt, mit wie wenig Mitteln aus Physik, Mechanik und Mathematik sich anfänglich schwierig scheinende, aber in der Praxis eben auftauchende Fragen beantworten lassen, wenn man sie logisch und klar überdenkt, das Zufällige vom Bleibenden, das Wesentliche vom Unwesentlichen scheidet, und in jedem Falle die eigentliche Kernfrage, den „ruhenden Pol in der Erscheinungen Flucht", entkleidet von jedem Beiwerk, herauszuheben sucht.

Zu einigen Kapiteln gestattet sich der Verfasser noch einige Bemerkungen:

Bei Bestimmung der nöthigen Luftpumpenleistung (in A3) wurde die Menge der in den Kondensator eindringenden Luft vorerst als bekannt vorausgesetzt und mit ihr wie mit einer gegebenen Grösse gerechnet, und wurden auf diese Weise allgemein gültige Formeln und Gesetze gefunden. Erst dann wurde die Frage für sich gesondert behandelt, wie viel Luft denn wohl in jedem gegebenen Fall eindringe? Während man nun früher von den willkürlichsten Annahmen für den „Undichtheitskoefficienten" ausging und damit oft recht weit ab von dem rechten Wege gerieth, hat der Verfasser versucht, jenen Koefficienten auf Grundlage gemachter Erfahrung durch empirische Formeln zu bestimmen, und zwar vorerst für Kondensationen von Verdampfanlagen von Zuckerfabriken und von Kolbendampfmaschinen. Für Dampfturbinen — für die unsere Berechnung von Oberflächen- wie von Mischkondensationen natürlich auch gilt — möchte die Formel (38a) S. 41 einen ungefähr passenden Werth für den Undichtheitskoefficienten ergeben, wenn man dort $N = 0$ setzt, indem bei diesen Dampfturbinen durch die Stopfbüchse, die hier eine sich drehende und zudem dünne Welle umschliesst, gegenüber einer, eine hin- und hergehende Kolbenstange umfassenden Stopfbüchse, soviel wie keine Luft eindringen wird. Man könnte jenen Koefficienten für Dampfturbinen also etwa setzen:

$$\mu = 1{,}60 + 0{,}003\, Z$$

wobei vermuthlich die Konstante 1,60 noch reichlich gross sein wird.

Im Kapitel (E) Nutzen der Kondensation wurde bei Aufstellung der Arbeitsgleichung für Dampfmaschinen zur Bestimmung der Arbeit des Treibdampfes hinter dem Kolben der bekannte Weg eingeschlagen, dass der — nur vom Füllungsgrade (also der Steuerung) und der Grösse des schädlichen Raumes abhängige — sog. Spannungskoefficient berechnet wurde, der mit der Admissionsspannung multiplicirt die mittlere Hinterdampfspannung gibt. Während man nun aber die Arbeit des Dampfes vor dem Kolben, die Gegendampfarbeit, meistens sehr summarisch abzuthun und blos zwischen Auspuff- und Kondensationsmaschinen zu unterscheiden und für diese beiden Fälle schliesslich je einen mittleren Gegendruck „anzunehmen" pflegt, der vom wirklichen Gegendruck oft weit verschieden ist, wurde hier nach dem Grundsatze, was dem einen recht ist, ist dem andern billig, auch für den

Gegendampf ein — auch wieder nur vom Kompressionswege (also der Steuerung) und der Grösse des schädlichen Raumes abhängiger — Gegendampfspannungskoefficient berechnet, der mit der Austrittsspannung des Dampfes multiplicirt die mittlere Gegendampfspannung während des ganzen Kolbenrücklaufes giebt. Diese beiden Spannungskoefficienten für Treib- und Gegendampf können für verschiedene Grössen der schädlichen Räume und für alle möglichen Stellungen der Steuerung (also der verschiedenen Füllungs- und Kompressionsgrade) tabellarisch berechnet werden, und sind diese Koefficienten — das ist wohl zu beachten — mit keinerlei willkürlichen Annahmen mehr behaftet, sondern mathematisch festbestimmte Grössen, wie z. B. die Logarithmen in Logarithmentafeln. Mit diesen beiden Koefficienten findet man im Nu die stark ausgezogene Arbeitsfläche Diagramm Fig. 35 S. 140; hat man aber diese Arbeitsfläche, und zwar der wirklichen Austrittsspannung p_1, nicht einer „angenommenen“, und dem wirklichen Kompressionsweg cs, nicht einem „angenommenen“, und dem wirklichen schädlichen Raume ms, nicht einem „angenommenen“, entsprechend, so kann man gar keinen in Betracht fallenden Fehler mehr begehen, wenn man für die unvermeidlichen Diagrammverluste (in Fig. 35 punktirt angedeutet) nur erfahrungsgemäss angenommene Mittelwerthe abzieht, um die wirkliche indicirte Arbeit zu erhalten. Also: soweit wir genau rechnen können, thun wir es auch; und erst von dem Punkte an, wo die Rechnung versagt, begnügen wir uns mit Mittelwerthen, während man sich sonst schon mit Mittelwerthen — und oft wie unzutreffenden! — für Gegendruck, Kompression und schädlichen Raum zufrieden giebt.

Dabei wird die Rechnung — wenn man sich die Tabellen für die beiderlei Spannungskoefficienten ausgerechnet, und auch noch ein Tabellchen für die kleinen Diagrammverluste aufgestellt hat — äusserst einfach: wer mit Rechenschieber rechnet, wird beinahe ebenso rasch einen Dampfcylinder für eine verlangte Leistung auf diese Weise berechnet haben, als ein anderer einen solchen aus bekannten Tabellenwerken herausgesucht hat. Dabei sieht der erstere aber klar in die Sache hinein, er weiss, dass sein Cylinder die verlangte Arbeit auch wirklich leistet, weil sich seine Rechnung auf die Austrittsspannung, den Kompressionsweg und den schädlichen Raum stützt, die er herstellen kann und auch herstellt, während der aus den „Tabellen“ entnommene Cylinder auf „Annahmen“ für jene Grössen beruht, die denn doch nur selten gerade zutreffen, die oft gar nicht erfüllbar sind (man denke nur an die oft unmöglich klein vorausgesetzten schädlichen Räume!) und die den die Tabelle Benutzenden oft nicht einmal bekannt sind.

Aus diesen Gründen dürfte die hier gebotene Berechnungsart der Dampfmaschinen sich sowohl in Schule wie in Praxis bald einbürgern und dürften Tabellen über Gegendampfspannungskoefficienten so verbreitet werden, wie solche über Treibdampfspannungskoeffizienten es schon sind, d. h. letztere ohne erstere nicht mehr vorkommen.

Sollte der hier gebotenen Berechnungsart der Vorwurf gemacht werden, es sei für Expansion sowohl als Kompression des Dampfes das Gesetz $p . v^n =$ Konst. mit dem Werthe von $n = 1$, d. h. nur das einfache Mariotte'sche Gesetz zu Grunde gelegt, während Einzelne diesem Exponenten n etwas von 1 verschiedene Werthe beizulegen belieben, so wäre darauf zu erwidern, dass ja gar nichts hindert, Vorder- und Hinterdampfspannungskoefficienten auch mit solchen Werthen von n, die nicht $= 1$ sind, tabellarisch auszurechnen. Man kann dann z. B. für die Expansion $n = 1$, für die Kompression $n = 1,15$ setzen, oder man kann auch für die Expansion dem n den Werth von z. B. 1,10 und für die Kompression einen andern Werth, z. B. 1,20 beilegen, ganz nach den Erfahrungen, die die Betreffenden an ihren verschiedenen Maschinensystemen und unter den verschiedenen Umständen glauben gemacht zu haben: sind die Spannungskoefficienten für solche verschiedenen Werthe des Exponenten n der polytropischen Kurve einmal tabellarisch berechnet, so ist die Rechnung damit die ganz gleiche, als wie wenn $n = 1$ wäre.

Wie scharf übrigens mit der hier gegebenen Rechnungsart mit den beiderlei Spannungskoefficienten gerechnet werden kann, zeigt die S. 164 u. f. durchgeführte Aufgabe, die nach der früheren Art nur unbefriedigend zu lösen war.

Auch in Kap. H, die Steuerung von Kondensationsmaschinen, leistet die Rechnung mit den beiden Spannungskoefficienten für Hinter- und Vorderdampf vorzügliche Dienste bei Lösung der Aufgabe über günstigste Kompression hinsichtlich des Nutzdampfverbrauches (S. 227 u. ff.). Im Anschluss hieran wurde dann auch die jedenfalls eine grosse Rolle spielende thermische Wirkung der Kompression in die Betrachtung einbezogen. Je früher der Dampfaustritt abgesperrt, also je höher die Kompression getrieben wird, um so weniger weit kühlt sich das Innere der Cylinderwandung ab, um so kleiner wird also die Differenz zwischen der Temperatur des Eintrittsdampfes und der

Temperatur der Cylinderwandungen (inkl. der grossen Oberflächen der schädlichen Räume) zur Zeit des Dampfeintrittes, also um so kleiner ist der Verlust durch Kondensation eines Theiles des Eintrittsdampfes im Cylinder, der den Hauptverlust in der Dampfmaschine ausmacht. Bedenkt man nun, dass trotz der Vermehrung der Reibung durch die Beigabe weiterer Cylinder und deren Steuerung Mehrfachexpansionsmaschinen lediglich durch Verminderung jener Temperaturdifferenz eine ganz gewaltige Dampfersparniss gegenüber Eincylindermaschinen erzielen, so wird klar, dass auch in einem Cylinder — sitze er nun an einer Eincylindermaschine oder sei es der Niederdruckcylinder einer Mehrfachexpansionsmaschine — eine verhältnissmässige Dampfersparniss durch Verminderung nicht etwa des gesammten Temperaturgefälles des Dampfes in dem betr. Cylinder — das kann und will man ja nicht vermindern — sondern der Differenz der Eintrittstemperatur und der inneren Wandungstemperatur stattfinden muss. Nimmt man diese verhältnissmässige Verminderung des Dampfverlustes durch die bessere thermische Wirkung einer grösstmöglichen Kompression der Sicherheit halber auch nur recht gering an, wie das an den betr. Stellen der Kap. H und J geschehen, so ergiebt sich doch noch ein erheblicher Nutzen gegenüber dem sehr kleinen Arbeitsverlust, den man durch Anwendung grösstmöglicher Kompression gegenüber der sog. „günstigsten Kompression in Bezug auf Nutzdampfverbrauch" erleidet. Gerade hierin sieht der Verfasser die praktische Bedeutung des S. 227 u. ff. abgeleiteten Gesetzes über den Kompressionsgrad, dass man nämlich genau berechnen kann (S. 233 u. ff.) wie viel — oder eigentlich wie wenig — Diagrammfläche man einbüsst, wenn man von der — relativ kleinen — Kompression, die die grösste Diagrammfläche giebt, aus andern Gründen abweicht auf eine grössere, ja überhaupt auf die grösstmögliche Kompression. Die Bilder Fig. 56 und 58 S. 236 und 238 reden da deutlich. — Während auf die Steuerung der Dampfeintrittsseite alle mögliche Sorgfalt verwendet wird, und Jahr für Jahr neue Ventilsteuerungen hierfür erfunden werden, obschon da doch sicherlich wenig mehr zu holen ist, giebt man sich bis jetzt bei der Steuerung der Dampfaustrittsseite mit allem und jedem zufrieden, und wären doch eben hier Steuerungen, die den Voraustritt und die Kompression auf einfache Art in den allerweitesten Grenzen verstellen liessen, bei Cylindern mit Anschluss an Kondensation von hohem Werthe.

Solche Erwägungen lassen es auch gerechtfertigt erscheinen, wenn hier in Kap. J eine besondere Schiebersteuerung noch mit behandelt wird, die für alle Cylinder mit Anschluss an Kondensation vor der gewöhnlichen Schiebersteuerung unbestreitbare Vorzüge aufweist, ja in manchen Fällen nahezu an die komplicirtesten Steuerungen heranreicht.

In einem Buche über Kondensation durfte auch die Behandlung der Wasserkühlung für Kondensationszwecke, die fortwährend an Bedeutung zunimmt, nicht fehlen, und hat sich der Verfasser bemüht, die Gesetze zu entwickeln und darzulegen, denen der Vorgang der Wasserkühlung durch Luft folgt. Führt das auch nicht zu einer direkten und glatten Bestimmungsweise der nöthigen Grösse etc. eines Kühlwerkes in jedem einzelnen Falle, sondern bleibt einem immer noch viel Spielraum dabei, so lässt es doch die Umstände erkennen und unterscheiden, die auf jene Grösse besonders hervorragend einwirken, und auch das Maass, in dem sie wirken. Verlangt man heute noch von einem Kühlwerksfabrikanten für die Kühlung von z. B. 20 cbm Wasser per Minute zwei Projekte einer Kühlanlage eines und desselben Systems, bei denen das eine jene Wassermenge von z. B. 70^0 auf 35^0, das andere aber die gleiche Wassermenge von z. B. 45^0 auf 25^0 kühlen soll, so wird es für den Fabrikanten — trotz aller „Erfahrung", deren er sich rühmen mag — recht schwierig sein, ein rationelles Verhältniss der beiden Anlagen zu einander zu treffen. An Hand der hier gegebenen Entwickelungen ist das aber leicht, indem man nur die nöthige Luftmenge für beide Projekte berechnet und dann den beiden Kühlwerken ein solches Grössenverhältniss zu einander giebt, dass, wenn durch das eine Kühlwerk die eine Luftmenge durchgeht, dann durch das andere Kühlwerk unter sonst gleichen Umständen die andere Luftmenge durchgehen muss. Damit ist der Weg gezeigt, wie jeder Kühlwerksbauer zu einer Berechnungsweise des ihm patentirten oder sonst von ihm beliebten Systems gelangen kann: hat er je ein Kühlwerk gebaut, das in jeder Beziehung befriedigte, so kann er an Hand des hier Gebotenen die Luftmenge berechnen, die bei der ihm auch bekannten Kühlwirkung durch jenes Kühlwerk gegangen sein muss. Für jede andere verlangte Kühlwirkung kann er auch die andere nöthige Luftmenge berechnen und braucht nun nur die Grösse dieses andern Kühlwerkes (d. h. dessen maassgebende Dimensionen) zu denen des erstern, ihm bekannten, verhältnissgleich mit den nöthigen Luftmengen zu setzen.

Bei allen den Kühlung von Wasser durch Luft betreffenden Fragen leistet das Wärmeaustauschdiagramm Fig. 85 S. 330,

das an Hand der Werthe der Tabelle S. 323 jederzeit wieder aufgezeichnet werden kann, ausserordentlich gute Dienste, indem es
ganz verwickelte Verhältnisse auf einen Blick übersehen lässt,
während die analytische Behandlung jener Verhältnisse zu sehr
wenig übersichtlichen Gleichungen führen würde.

Auch den Physiker wird dies Wärmediagramm interessiren,
indem es auch in gewissen Gebieten der Meteorologie gute Verwendung findet. Es ist leicht möglich, dass der Meteorologe von
Fach andere Schlüsse aus dessen Anwendung zieht, als es der
Verfasser an den betr. Stellen gethan; dieser wollte aber nicht
eigentlich zeigen wie, sondern nur dass das Diagramm auch in
der Meteorologie mit Vortheil benutzt werden könne.

Der Verfasser hat während seiner jahrelangen Beschäftigung
mit Kondensation vielfache geistige Anregung und thätige Beihülfe
erhalten und fühlt sich allen den betr. Herren sehr zu Dank ver-
pflichtet. Besonders möchte er hier seinen Dank aussprechen:
Herrn Ingenieur E. Faltin der Sangerhauser Aktien-Maschinenfabrik, der von Anfang an der Sache vollstes kritisches Verständ-
niss entgegen brachte; Herrn Direktor O. Helmholtz, der ihm
ermöglichte, eine erste grössere Kondensationsanlage aufzustellen
und daran die ersten Erfahrungen zu sammeln; Herrn Direktor
J. Magéry und Herrn Ingenieur E. Wolters des Aachener
Hütten-Aktien-Vereins Rothe Erde für entgegenkommendste Ge-
stattung bezw. Beihülfe und Ausführung von Beobachtungen, Abänderungen etc. an deren dortigen Kondensationsanlagen zur Auf-
klärung über vorher noch dunkel gebliebene Punkte. Möchten alle
Fachgenossen in ähnlichen Fällen gleiches verständnisvolles, weit-
herziges und so nothwendiges Entgegenkommen in den Kreisen der
Industrie finden!

Indem nun das Buch, für dessen gute Ausstattung auch dem
Herrn Verleger gedankt sei, in die Oeffentlichkeit geht, bittet der
Verfasser den Leser, dort, wo es Noth thut, um freundliche Nach-
sicht, und möge ihm immer gegenwärtig sein, dass die Sache nicht
von einem Professor, sondern nur von einem einfachen Ingenieur
geschrieben ist.

Basel, im September 1901.

Der Verfasser.

Berichtigungen.

S.   8 Zeile 21 von oben lies: angesaugten statt aufgesaugten.

S. 90 in Fig. 20a lies über der Geraden BA rechts: t' statt t.

S. 155 in Gl. (112) lies: $\eta = \dfrac{\varrho D_n}{D} = \ldots$ statt $\eta = \dfrac{\varrho D_a}{D}$.

S. 177 Zeile 16 von oben lies: noch statt nach.

S. 261 Zeile 11 von unten lies: $\dfrac{\sqrt{1{,}06}}{1}$ statt $\dfrac{\sqrt{1{,}05}}{1}$.

S. 375 Zeile 11 von unten lies: $[t_0] = \ldots$ statt $(t_0) = \ldots$

Inhaltsübersicht.

		Seite
Eintheilung der Kondensatoren		1
A. Mischkondensation		2
1. Unterschied zwischen Parallel- und Gegenstrom-Kondensation		2
2. Kühlwasserbedarf (W)		10
Berechnung des momentanen Dampfverbrauches aus der Erwärmung des Kühlwassers		14
Unterschied im Kühlwasserbedarf bei Parallel- und bei Gegenstrom		18
3. Grösse der Luftpumpe (v_0)		19
Bestimmung von Absorptions- und Undichtheitskoefficienten		28
Weitere Untersuchung einer ausgeführten Anlage		34
Undichtheitskoefficient bei Verdampfapparaten		41
4. Zusammenstellung der bis jetzt gewonnenen Hauptformeln		44
und danach durchgerechnete Beispiele		45
5. Verhältniss von Kühlwassermenge zu Luftpumpenleistung bei Gegenstrom		51
Günstigste Luftpumpengrösse bei Parallelstrom		54
Günstigste Kühlwassermenge bei gegebener Nassluftpumpe		58
6. Parallelstromkondensation mit Nachkondensator		62
7. Ausführung		69
besonders der Weiss'schen Gegenstromkondensation		69
Ueberschreitung des physikalisch möglichen Vakuums und Abhülfe dagegen		74
v_0 und W von einander unabhängig machen		77
Kühlwasserzertheilung		77
Zeit zum Kondensiren des Dampfes		82
B. Oberflächenkondensation		84
1. Kühlwasserbedarf		88
2. Kühlfläche		89
3. Grösse der Luftpumpe		93
Beispiel der Berechnung einer Oberflächenkondensation		95
nach Parallelstrom		96
nach Gegenstrom		97
als Rieselkondensator		98
C. Zeit zum ersten Evakuiren der Kondensationsräume		100
D. Kraftbedarf		104
1. Kraftbedarf bei Mischkondensation		104
Arbeit zur Wasserförderung		106
Beispiel: Arbeit beim Kondensator mit Fallrohr und beim Kondensator mit Nassluftpumpe		111

Seite

Arbeit zur Luftförderung 112
   in trockener Luftpumpe 112
   in nasser Luftpumpe 117
   Fortsetzung der früheren Beispiele S. 55 und S. 60 in Bezug auf
   den Kraftverbrauch 122
  2. Kraftbedarf bei Oberflächenkondensation 126
   für Wasserförderung 127
   für Luftförderung 128
Fortführung des früheren Beispiels S. 45 und 95 einer Centralkondensation für eine Gruppe von Walzwerkmaschinen 128
  3. Vergleichende Zusammenstellung der Hauptergebnisse
  dieses Beispiels 131

E. Nutzen der Kondensation 132
  a) Bei Maschinen mit variabler Expansion 132
   1. Allgemeine Arbeitsgleichung für Dampfmaschinen 133
   Hinterdampfspannungskoefficient 134
   Vorderdampfspannungskoefficient 138
   Indicirte Arbeit (nach Abzug der Diagrammverluste) 142
   Beispiele der Anwendungen dieser Formeln:
    Berechnung einer Eincylinderauspuffmaschine 143
    Berechnung einer Compoundmaschine mit Kondensation . . 144
    Aenderung des Füllungsgrades mit änderndem Dampfdruck 148
   2. Berechnung des neuen Füllungsgrades nach Anbringung der
   Kondensation 149
   3. Berechnung der Ersparniss an Nutzdampf 151
   4. Berechnung der effektiven Dampfersparniss 154
   Dampfverlustkoefficienten 155
   5. Einfluss verschieden hohen Vakuums auf den effektiven Dampf-
   und Kohlenverbrauch bei Kondensationsmaschinen mit variabler
   Füllung 159
   Prüfung eines Abnahmeversuches einer Compoundmaschine . . 164
   Uebersichtliche Näherungsformeln für Aenderung des Dampfverbrauches pro 1 cm Vakuumänderung 166
  b) Bei Maschinen mit fixer Expansion 168
  und bei solchen mit Vollfüllung 172

**F. Durchrechnung einer grösseren Centralkondensations-
anlage** 174
  (und Folgerungen daraus, hauptsächlich über die Wahl der wirthschaftlich günstigsten Höhe des Vakuums mit Rücksicht auf Betriebskosten und Amortisation).

G. Abdampfleitung (Bestimmung deren Rohrweiten) 208
  Weite der Abdampfstutzen bei Kondensationsmaschinen 213

H. Die Steuerung bei Kondensationsmaschinen 218
  a) in Bezug auf Abströmung des Abdampfes 218
  b) in Bezug auf Kompression 221
   hinsichtlich deren Einwirkung auf Sanftheit des Ganges . . . 221
   hinsichtlich der Verminderung des schädlichen Einflusses der
   schädlichen Räume auf den Dampfverbrauch 222

Seite

Erreichbarer Kompressionsdruck bei Kondensation 223
Bestimmung der günstigsten Kompression in Bezug auf den
    Nutzdampfverbrauch 227
Abweichung von diesem günstigsten Kompressionsgrade . . . 234
Thermische Wirkung der Kompression 237
Oberfläche der schädlichen Räume 239
Günstigste Kompression in Bezug auf den effektiven Dampf-
    verbrauch bei Kondensationsmaschinen 242

J. Schiebersteuerung Weiss 245

a) **Weiss-Schieber als Grundschieber** (mit einem Expansionsschieber
   auf dem Rücken) 246
   Konstruktionsregeln zur Bestimmung der Schieberelemente . . . 246
   Dampfgeschwindigkeit in den Kanälen (bei allen Schiebern) 251
   Beispiel des Entwurfs eines Weiss-Grundschiebers 252
      Schieberdiagramm dazu 253
      Dampfdiagramm dazu 254
      Allgemeine Konstruktion der Mariotte'schen Hyperbel 256
   Vergleich des Dampfverbrauches: bei gewöhnlichem Schieber,
     bei Weiss-Schieber und bei Ventilsteuerung 260
     1. Erhältliche indicirte Arbeit 261
     2. Nutzdampfverbrauch pro indicirte Arbeit 262
     3. Effektiver Dampfverbrauch pro indicirte Arbeit 262
     4. Effektiver Dampfverbrauch pro effektive Arbeit 264
        Breite der Laufleisten bei allen Schiebern 264
   Indikatordiagramme 265
b) **Weiss-Schieber als Vertheil- und Expansionsschieber** . 267
c) **Trick Weiss-Schieber mit Verminderung des Schieberweges** . 268
   Konstruktionsregeln zur Bestimmung der Schieberelemente . . . 268
   Bestimmung der äussern Deckung für bestimmte gewollte Füllungs-
    grade 270
   Veränderlichmachung der Füllung 272
   Beispiel des Entwurfes eines Trick-Weiss-Flachschiebers für den
    Niederdruckcylinder einer Compoundmaschine 274
      Schieberdiagramm dazu 276
      Dampfdruckdiagramm dazu 276
      Ermässigung zu hoher Kompression durch Ueberströmung 278
d) **Trick-Weiss-Kolbenschieber** 278
   Konstruktionsregeln zur Bestimmung der Schieberelemente . . . 278
   Beispiel des Entwurfes eines solchen Kolbenschiebers 280
      Praktische Modifikation desselben (besonders wenn er für eine
      liegende Maschine bestimmt ist) 283

K. Kondensation bei wechselndem Dampfverbrauch 285

a) Schwankung des Vakuums bei Mischkondensation 285
b) Schwankung des Vakuums bei Oberflächenkondensation 293
c) Beharrungsvermögen von Kondensatoren 299
   „Beharrungsfaktor" und praktische Schlüsse über das Beharrungs-
    vermögen 312

Seite

L. Wasserrückkühlung 315

Art des Wärmeentzuges durch Luft aus dem Wasser 315
Wärmeentzug pro 1 kg vorbeistreichender Luft 321
   a) durch Verdunstung 321
     Wassergehalt der gesättigten Luft in kg/kg gesättigter Luft 322
   b) durch Erwärmung der Luft 326
   c) durch beides zusammen; vereinigtes Wärmediagramm . . 328
     Anwendung desselben:
     im allgemeinen 330
      auf meteorologische Verhältnisse:
     Bestimmung der Feuchtigkeit der Luft mittels des August'schen
     Psychrometers 332
     Gefrierpunkt im Freien 334
Anwendung des Wärmediagramms auf Kühlanlagen 337
   1. Nöthige Luftmenge 338
     a) bei Kaminkühlern 339
     Verdunstende Wassermenge 341
     b) bei Rieselkühlern (und Streudüsen) 343
     c) bei offenen Gradirwerken 344
     Zeit zur Kühlung von offen stehendem Wasser 349
   2. Verschiedene Kühlwirkung bei verschiedener Wärmezufuhr aber
     gleichen Luftverhältnissen 351
     a) bei Rieselkühlern 353
     b) bei offenen Gradirwerken 354
     c) bei geschlossenen Kühlern mit konstanter Luftmenge (Kamin-
     kühler mit Ventilator) 356
   3. Nöthiger Umfang der Kühlwerke 360
     a) Nöthige Ansichtsfläche bei offenen Gradirwerken 362
     b) Nöthige Grundfläche bei Kaminkühlern 366
   4. Zugwirkung des Kamins bei Kaminkühlern 368
     a) Wirksame Saughöhe, Luftgeschwindigkeit, durchgesogenes
     Luftgewicht 368
     b) Verschiedene Kühlwirkung bei verschiedener Wärmezufuhr
     bei selbstthätigen Kaminkühlern 374
     c) Bestimmung des Widerstandskoefficienten ξ bei Kaminkühlern 377

M. Dampftabellen.

Dampftabelle I für Temperaturen von 0—100⁰ 382
Dampftabelle II für Temperaturen über 100⁰ 384

Eintheilung der Kondensatoren.

Je nachdem sich der zu kondensirende Dampf mit dem Kühlwasser mischt, oder aber durch Metallwände von ihm getrennt bleibt, unterscheidet man Mischkondensatoren und Oberflächenkondensatoren.

Diese kann man wieder, je nachdem Wasser und Luft getrennt oder zusammen aus dem Kondensationsraum herausgeschafft werden, eintheilen in Kondensatoren mit „trockener“ und in solche mit „nasser“ Luftpumpe, wobei im ersteren Falle das warme Wasser

> entweder durch ein 10 m hohes Fallrohr (Wasserbarometer) selbstthätig abfliesst, oder

> durch eine besondere Warmwasserpumpe aus dem Kondensationsraum geschafft wird.

Eine weitere Unterscheidung der Kondensatoren, je nachdem selbe nach Gegenstrom oder nach Parallelstrom arbeiten, werden wir sofort kennen lernen.

Von allen diesen Gesichtspunkten aus werden wir hier die Kondensation betrachten, dabei aber eine Art von Mischkondensatoren nach Parallelstrom, die „Strahlkondensatoren“, ausser Betracht lassen, da diese einer rechnerischen Behandlung mit Erfolg nicht zugänglich sind.

A. Mischkondensation.

1. Unterschied zwischen Parallel- und Gegenstrom-
kondensation.

Eine jede Kondensationsanlage, durch die nicht nur Dämpfe überhaupt „kondensirt" werden sollen, sondern durch welche in dem Raume, aus dem die Dämpfe kommen, ein möglichst niedriger Druck — ein Vakuum — hergestellt und erhalten werden soll, besteht hauptsächlich aus zwei zusammenarbeitenden Theilen:

 a) dem geschlossenen Raum des Kondensators selber, dessen Aufgabe es ist, durch eingeführtes Kühlwasser die ankommenden Dämpfe möglichst vollständig niederzuschlagen, zu tropfbarer Flüssigkeit zu verdichten, und

 b) einer Luftpumpe, welche die Luftverdünnung im Kondensator herstellt und unterhält, indem sie die dort kontinuirlich eintretende Luft kontinuirlich absaugt. Diese Luft hat zweierlei Herkunft: zum geringern Theile ist es die im Kühlwasser absorbirt gewesene Luft, die sich unter dem verminderten Drucke und der höhern Temperatur des Kondensators frei macht; zum grössern Theil ist es Luft, die durch undichte Stellen am Kondensator, den Abdampfleitungen, den angeschlossenen Apparaten, Dampfmaschinen (und deren Stopfbüchsen) etc. eindringt.

Lässt man das in den Mischkondensator eingeführte Kühlwasser, zusammen mit dem zu Wasser verdichteten Dampf ebenfalls durch die Luftpumpe — unter entsprechender Vergrösserung derselben — aus dem Kondensator schaffen, so hat man es mit einer sogen. „nassen Luftpumpe" zu thun; entfernt man aber jenes Wasser entweder durch eine besondere Warmwasserpumpe, oder —

einfacher — durch ein 10 m hohes Abfallrohr, so dass die Luftpumpe nur Luft und unkondensirte Dämpfe abzusaugen hat, so hat
man es mit einer reinen, einer sogen. „trockenen Luftpumpe"
zu thun.

Der Gesammtdruck p_0 des in einem jeden Kondensator befindlichen Gasgemenges von Luft und Wasserdampf setzt sich zusammen aus zwei Theilen:

    a) dem Druck d des anwesenden Dampfes, und

    b) dem Druck l der im Kondensator anwesenden Luft, und
       zwar so, dass

$$p_0 = l + d.$$

Diesen Gesammtdruck p_0 mit möglichst kleinen Mitteln, möglichst kleiner Kühlwassermenge, möglichst kleiner Luftpumpe, möglichst geringer Betriebsarbeit so niedrig als möglich zu halten, das
ist die Aufgabe einer guten Kondensationsanlage.

Bei genügender Zertheilung des Kühlwassers im Kondensator-
raume mischt sich der Dampf derart mit dem Kühlwasser, dass
seine Temperatur genau auf die Temperatur t fällt, auf die das
Kühlwasser sich im Kondensator erwärmt; und da der Dampf sich
in Gemeinschaft von Wasser befindet, also gesättigt ist, so steht
sein Druck d in festem, aus Regnault's Dampftabellen — eine solche
siehe hinten im Anhange — zu entnehmendem Zusammenhang mit
der gemeinsamen Temperatur t. Die Temperatur t aber hängt
wiederum nur ab von der Menge und Temperatur des zur Verfügung stehenden oder in Verwendung genommenen Kühlwassers:
je mehr Kühlwasser wir zugeben und um so kälter es ist, um so
niedriger wird die Temperatur t, und umgekehrt. Der Theil d des
Gesammtdruckes p_0, der Dampfdruck, hat also unter gegebenen
Verhältnissen ein für allemal eine bestimmte Grösse, von der auf
keine Weise etwas abzumarkten ist.

Den andern Theil des Gesammtdruckes p_0, den Druck l der
anwesenden Luft, können wir aber durch eine gross genug zu
wählende Luftpumpe beliebig weit herabmindern; und auch bei
gleicher Grösse der Luftpumpe können wir, je nach der Art,
wo und wie sie am Kondensator angreift, mehr oder weniger
Luft aus dem Kondensator schaffen, und hier kommen wir auf den
Kernpunkt der Sache: Während bei zweckmässiger Anlage die
Luftpumpe ein Gasgemenge aus dem Kondensator saugen soll, das
möglichst nur aus Luft bestehen soll, findet sie sich meistens
noch so angelegt, dass jenes Gasgemenge zum weitaus grössten
Theile aus Dampf und nur zum geringsten Theile aus Luft besteht.
Dampfwegpumpen aus einem Kondensator hat aber durchaus keinen

Zweck; dadurch wird das Vakuum nicht erhöht, weil Dampf im Kondensator in einer für eine noch so grosse Luftpumpe unerschöpflichen Menge vorhanden ist, bezw. sich aus dem warmen Wasser im Kondensator immer wieder in unerschöpflicher Menge bilden würde (1 l Wasser giebt 15000 l Dampf von $46^{\,0}$ Cels.). Der Dampf soll eben im Kondensator möglichst vollständig kondensirt werden, und zwar vor Eintritt in die Luftpumpe.

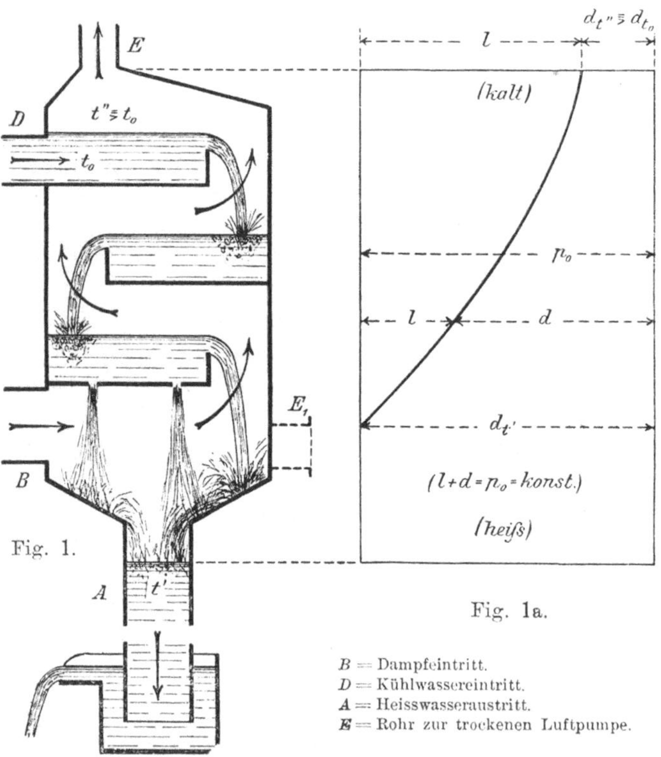

Gegenstromkondensator.

Dies kann auf einfache Weise dadurch bewirkt werden, dass man den Kondensator so anordnet und dem Kühlwasser und dem zu kondensirenden Dampfe solche Wege vorschreibt, dass eine Stelle des Kondensators die kühlste werden muss, und dass man dort die Luftpumpe angreifen lässt. Dort ist dann jedenfalls der Dampfdruck gering, wegen der dort herrschenden niedrigen Temperatur; da aber der Gesammtdruck im Kondensator überall derselbe bleibt, so muss der Luftdruck dort dafür um so grösser sein;

also saugt dann die Luftpumpe an der Stelle aus dem Kondensator,
wo sich die schädliche Luft im koncentrirtesten Zustande befindet.
Dies führt dann nothwendig zu einer Einrichtung des Kondensators,
bei der man den Dampf unten, das kalte Wasser aber oben in
den Kondensator treten lässt, und dass man die Luftpumpe ebenfalls oben die Luft absaugen lässt, während das heisse Wasser —
wie natürlich immer — unten aus dem Kondensator geführt wird.
Der zu kondensirende Dampf
strömt somit dem niedergehenden
Kühlwasser entgegen, und die Luftpumpe saugt ihr Gasgemenge oben aus
dem Kondensator ab, wo wegen des
dort eintretenden kalten Wasser das Gasgemenge am kühlsten ist. Das nennen
wir einen Gegenstromkondensator,
siehe Fig. 1. Ein solcher ist nur dann
möglich, wenn die Luftausfuhr aus dem
Kondensator getrennt von der Heiss-
wasserabfuhr bewirkt wird, während
dort, wo die Luft zusammen mit
dem Heisswasser (also mit gewöhnlicher nasser Kondensatorluftpumpe)
aus dem Kondensator geschafft wird,
ein solcher Gegenstrom sich von selbst
ausschliesst, und die Kondensation —
der Uebergang der Wärme der Dämpfe
an das Kühlwasser mit Aenderung des
Aggregatszustandes der erstern — nach
Parallelstrom vor sich geht. Das
letztere wäre auch der Fall, wenn zwar

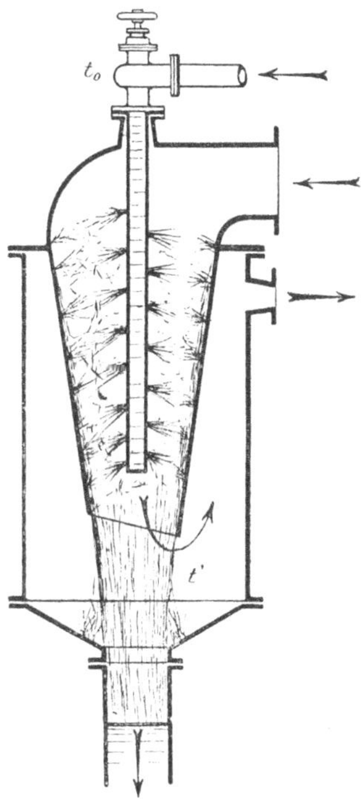
Fig. 2. Parallelstromkondensator.

— wie in Fig. 1 — die Heisswasser-
ausfuhr A von der Luftausfuhr E getrennt bliebe, wenn aber die
Luftpumpe unten aus dem heissen Theile des Kondensators —
etwa bei E_1 — ihr Gasgemenge absaugen würde. Solche Parallelstromkondensatoren, auch mit trockener Luftpumpe, Fig. 2,
findet man noch häufig für die Verdampfapparate von Zuckerfabriken angewendet. — Endlich ist noch nothwendig zur Erfüllung
aller Bedingungen für Kondensation mit Gegenstrom, dass die kalt
abgesogene und damit vom Dampf möglichst befreite Luft auch so
bleibe bis in die Luftpumpe hinein, nicht etwa, dass die kalt ab-
geschiedene Luft nachher wieder in eine gemeinsame Pumpe geführt
wird, die auch das heisse Wasser unten aus dem Kondensator auf-

nimmt, wobei sich die Luft nicht nur wieder erwärmen würde, was
wenig zu bedeuten hätte, sondern wobei sie sofort die im Gegenstromkondensator richtig aus ihr ausgeschiedenen Wasserdämpfe
wieder aufnehmen würde, worauf sie wieder nur in verdünntem,
statt in dichtem Zustande in die Pumpe gelangen würde. Wir
werden am passenden Orte auf solch verfehlte Konstruktion noch
hinweisen.

Ein Beispiel mit Zahlenwerthen, wie sie in der Praxis vorkommen, soll die sehr verschiedene Wirkungsweise der beiden
Kondensationsarten nach „Gegenstrom" und nach „Parallelstrom"
zeigen.

Man habe Kühlwasser von $t_0 = 20^0$ und gebe soviel davon bei,
dass die Temperatur des Heisswassers $t' = 40^0$ werde; dabei zeige
das Vakuummeter am Kondensator einen Gesammtdruck von
$p_0 = 0,12$ Atm. abs.

Hat man es nun

a) mit Parallelstromkondensation zu thun, als welche wir
einen gewöhnlichen Kondensator mit Nassluftpumpe voraussetzen
wollen, so hat das Gasgemenge hinter dem Kolben der Luftpumpe
während ihres Saugens — abgesehen von kleinen Differenzen wegen
Widerstands der Ventile, Reibung u. dergl. — natürlich auch den
Kondensatordruck $p_0 = 0,12$ Atm. Da aber auch Wasser, und
zwar warmes Wasser von $t' = 40^0$ in die gleiche Pumpe eintritt,
so ist jedenfalls auch gesättigter Dampf aus diesem Wasser in dem
Gasgemenge vorhanden, und beträgt dessen Druck nach Regnault's
Dampftabellen (s. hinten) für sich allein $d_{t'} = d_{40^0} = 0,07$ Atm. Für
den Luftdruck in dem Gasgemenge der Pumpe bleibt sonach nur
ein Druck von

$$l = p_0 - d_{t'} = 0,12 - 0,07 = 0,05 \text{ Atm.}$$

übrig. Wir saugen also die Luft in sehr verdünntem Zustande
ab; damit wir genügend Luft absaugen, nämlich pro Zeiteinheit
gerade so viel als pro derselben Zeiteinheit in den Kondensator
eintritt, muss die Luftpumpe recht gross sein. Oder mit anderen
Worten, weil an dem Orte, wo man bei Parallelstrom die Luft aus
dem Kondensator absaugt, warmes Wasser vorhanden ist, so
muss man dort nutzlos eine Menge Dampf mit absaugen, in welchem die zu entfernende Luft, auf welche es doch einzig und allein
abgesehen ist, aufgelöst sich findet.

Haben wir aber

b) einen Gegenstromkondensator (Fig. 1), so ist oben,
wo das Kühlwasser eintritt, und wo die trockene Luftpumpe ihr

Gasgemenge absaugt, der kühlste Ort im Kondensator; es wird sich daher dort oben der Dampf bis auf einen geringen Rest kräftig niederschlagen; dadurch will aber dort der Druck abnehmen; es entsteht also eine lebhafte Strömung des untern Gasgemenges dorthin, aus dem sich der Dampf immer wieder kondensirt, so dass schliesslich die Luft dort oben so dicht ist, dass sie allein schon nahezu den vollen Gesammtdruck p_0 ausübt, der natürlich allerorts im Kondensator der gleiche ist.

In einem Gegenstromkondensator koncentrirt sich also die schädliche Luft nach oben, wo sie in konzentrirtem Zustande von der trockenen Luftpumpe weggeholt wird, während der Dampf nach unten gedrängt wird; wir haben in dem Gegenstromkondensator:

> unten, beim Dampfeintritt, wo es heiss ist: dichter Dampf $+$ dünne (event. gar keine) Luft $=$ Gesammtdruck p_0; und
>
> oben, beim Eintritt des Kühlwassers, wo es kalt ist: dünner Dampf $+$ dichte Luft $=$ demselben Gesammtdruck p_0,

wie das schematisch auch in dem Druckdiagramm Fig. 1a versinnbildlicht ist.

Offenbar kann man die Einrichtung des Gegenstromkondensators durch zweckmässige Zertheilung des Kühlwassers, durch welches hindurch oder an welchem vorbei sich das Gasgemenge winden muss, immer so machen, dass die Temperatur t'' jenes Gasgemenges oben im Kondensator nur wenige Grad höher bleibt als die Temperatr t_0 des eintretenden Kühlwassers. Angenommen in unserem Falle, wo $t_0 = 20^0$, sei jene Temperatur $t'' = 25^0$. Dem entspricht ein Dampfdruck von $d_{t''} = 0{,}03$ Atm. Da wir sonst nichts geändert haben, wird der Gesammtdruck im Kondensator derselbe geblieben sein wie vorhin, d. h. wieder $p_0 = 0{,}12$ Atm. Also bleibt jetzt für die Luft im oberen Theile des Kondensators, von wo aus die Luftpumpe ihr Gasgemisch absaugt, ein Druck l übrig von

$$l = p_0 - d_{t''} = 0{,}12 - 0{,}03 = 0{,}09 \text{ Atm.}$$

Die Luft ist also im oberen kühlen Theile des Gegenstromkondensators in einem $\dfrac{0{,}09}{0{,}05} = 1{,}80$ mal dichtern Zustande vorhanden als bei Parallelstrom; die Luftpumpe saugt also bei Gegenstrom ihre Luft in diesem 1,80 mal dichtern Zustande aus dem Kondensator ab; ihr Hubvolumen braucht also nur das $\dfrac{1}{1{,}80} = 0{,}56$ fache desjenigen der nassen Luftpumpe bei Parallelstrom zu sein, das auf Förderung der Luft verwendet wird.

Weil nun ausserdem bei Gegenstrom in unserm Beispiel die Luft mit $t'' = 25^0$, bei Parallelstrom aber mit $t' = 40^0$ abgesogen wird, vermindert sich das abzusaugende Volumen im erstern Falle noch etwas, nämlich im Verhältniss der absoluten Temperaturen $\dfrac{T''}{T'} = \dfrac{273 + 25}{273 + 40} = 0,95$, so dass schliesslich das Hubvolumen der reinen Luftpumpe bei Gegenstrom nur $0,95 \cdot 0,56 = 0,53$ desjenigen bei Parallelstrom zu sein braucht. In dieser zweiten, geringfügigeren Volumenverminderung der Luftpumpe durch grössere Abkühlung der Luft allein hat man früher den Vortheil der Gegenstromkondensation gesehen, und meinen noch heute Viele, er liege nur darin, und sehen alle diese den Wald vor lauter Bäumen nicht! Wir aber werden bei Vergleichung von Parallel- und Gegenstrom im Folgenden — um einfache, leicht zu übersehende Formeln zu erhalten — auf diese sekundäre kleine Volumverminderung (in unserm Beispiel von $3\,^0/_0$) der Luftpumpe durch Temperaturerniedrigung der angesaugten Luft nicht einmal Rücksicht nehmen und nur die grosse Volumverminderung der Luftpumpe (in unserm Beispiel von $44\,^0/_0$) infolge Niederschlagung des Dampfes aus dem aufgesaugten Gasgemenge in Rechnung ziehen.

Wenn so das Hubvolumen pro Zeiteinheit unserer trockenen Luftpumpe bei Gegenstrom nur etwa halb so gross ist, so ist auch die von ihr zu leistende Arbeit nur halb so gross, indem — wenigstens bei trockenen Luftpumpen — diese Arbeit dem pro Zeiteinheit abzusaugenden und zu komprimirenden Gasmenge direkt proportional ist.

Das ist der eine grundsätzliche Vortheil von Gegenstromkondensation gegenüber Parallelstromkondensation: ganz bedeutend kleinere Luftpumpe, und ganz bedeutend verminderte Betriebsarbeit für dieselbe.

Nun kommen wir zum andern grundsätzlichen Vortheil des Gegenstromes über den Parallelstrom: die durch erstern bewirkte Kühlwasserersparniss.

Bei Parallelstromkondensation, und zwar gleichgültig ob mit trockener oder nasser Luftpumpe, wird das Gasgemenge an dem Orte abgesogen, wo das heisse Wasser aus dem Kondensator tritt. Jenes Gasgemenge hat die Temperatur t' des abgehenden heissen Wassers, und einen Gesammtdruck $p_0 = d + l$ (Dampf- plus Luftdruck), wobei der Dampfdruck d eben der Druck gesättigten

Wasserdampfes von der Temperatur t' ist. Da der Luftdruck l an jener Stelle, wo das Gasgemenge abgesogen wird, selbstverständlich immer eine gewisse positive Grösse hat, so folgt, dass der Dampfdruck d des ablaufenden heissen Wassers für sich allein nothwendig kleiner sein muss als der Gesammtdruck p_0. Es muss also die Temperatur t' des ablaufenden heissen Wassers immer u n t e r derjenigen bleiben, die dem Druck p_0, oder wie man sagt, dem „Vakuum" entsprechen würde. Herrscht — wie im letzten Beispiel — in dem Parallelstromkondensator ein Gesammtdruck von $p_0 = 0{,}12$ Atm., so würde diesem Druck eine Dampftemperatur, also auch eine Temperatur des ablaufenden heissen Wassers von 50^0 entsprechen. So warm k a n n aber hierbei das ablaufende Heisswasser nicht werden; denn seine Dämpfe würden a l l e i n schon den Gesammtdruck $p_0 = 0{,}12$ Atm. ausüben, für die Luft bliebe nichts mehr übrig. Das Kühlwasser darf und kann sich nicht bis auf die dem Vakuum entsprechende Temperatur (50^0) erwärmen, sondern nur auf eine n i e d r i g e r e Temperatur (z. B. 40^0), damit der Druck seiner Dämpfe $(d_{t'} = d_{40^0} = 0{,}07$ Atm.$)$ k l e i n e r bleibe, nur einen T h e i l des Gesammtdruckes $(p_0 = 0{,}12$ Atm.$)$ ausmache, dem Druck der L u f t den a n d e r n Theil $(l = 0{,}05)$ überlassend.

Ganz anders bei G e g e n s t r o m:

Hier wird aus dem untern Theile des Kondensators, wo das warme Wasser ihn verlässt, die Luft nach oben verdrängt (s. Fig. 1 und die Entwicklung dazu), und wenn die Luftpumpe nur eine bestimmte, in einem folgenden Abschnitte zu berechnende Leistung hat, so wird die Luft v o l l s t ä n d i g aus dem untersten Theile des Kondensators verdrängt; es ist also dort der Luftdruck $l = 0$ geworden, und der Gesammtdruck p_0 besteht lediglich nur aus dem Dampfdruck $d_{t'}$ des ablaufenden heissen Wassers. Also k a n n sich hier im untersten Theile des Kondensators das ablaufende Wasser bis vollständig auf die Temperatur gesättigten Wasserdampfes erwärmen, die dem Gesammtdruck p_0 (dem „Vakuum") im Kondensator entspricht, (was bei Parallelstrom eben physikalisch unmöglich ist, indem der Dampfdruck dort nur einen Theil des Gesammtdruckes ausmachen darf, um der dort mitanwesenden Luft den andern zu überlassen); und es e r w ä r m t sich auch thatsächlich bis auf jene Temperatur, weil jedes Wassertheilchen, unmittelbar bevor es aus dem Kondensator abgeht, noch mit den eben anlangenden heissesten Dämpfen in Berührung kommt, die ihre grosse aufgespeicherte Verdampfungswärme (latente Wärme) sehr energisch an das Wasser abzugeben bestrebt sind. Wenn sich aber das Kühlwasser bis völlig auf die dem Vakuum entsprechende Temperatur erwärmt, so ist es klar, dass dabei die Kälte des Kühlwassers vollständig ausgenützt wird, dass man also weniger davon braucht. Wie bedeutend diese Ersparniss ist, werden wir im nächsten Abschnitt sehen.

Brauchen wir aber weniger Wasser, so bedarf dessen Förderung in den Kondensator hinein, oder aus demselben hinaus, oder für beides, auch entsprechend weniger Arbeit und entsprechend kleinere Pumpen; also wiederum Ersparniss an Anlagekosten und Betriebsarbeit bei Gegenstrom.

Bei einer richtig angelegten und richtig geführten Gegenstromkondensation hat man die Umdrehzahl der Luftpumpe so lange zu vergrössern, bis das Vakuummeter bis völlig auf den Druck p_0 gesunken ist, welcher der an einem Thermometer abzulesenden Temperatur t' des ablaufenden Warmwassers entspricht. Die Luftpumpe noch schneller laufen zu lassen, um ein noch grösseres Vakuum zu erhalten, hat keinen Zweck, indem natürlich das Vakuum nicht höher steigen, der Druck p_0 nicht tiefer sinken kann, als auf den Druck $d_{t'}$ des gesättigten Wasserdampfes von der Temperatur t' des ablaufenden warmen Wassers. Wünscht man ein noch höheres Vakuum als das so erreichte, so muss man mehr Kühlwasser zugeben; dadurch sinkt die Temperatur t' des Warmwassers; und nun steigert man die Tourenzahl der Luftpumpe wieder so lange, bis man das dieser neuen, erniedrigten Temperatur t' entsprechende höhere Vakuum erreicht. So kann man bei Gegenstromkondensation das überhaupt physikalisch mögliche Vakuum auch thatsächlich erreichen.[1]

---

2. Kühlwasserbedarf.

Mischt man 1 kg Dampf von t Grad mit n kg Wasser von t_0 Grad, sodass der Dampf kondensirt, so erhält man $(1 + n)$ kg Wasser von einer Temperatur t', in welchem sich die Wärme des einen kg — trocken gesättigt vorausgesetzten — Dampfes $(= 606,5 + 0,305\, t$ Wärmeeinheiten von 0^0 aus gerechnet, nach

---

[1] Den Vakuummeter-Fabrikanten wäre zu empfehlen, auf die Zifferblätter ihrer Instrumente nicht nur die Vakuumgrade zu schreiben, sondern zudem noch die Temperaturen des gesättigten Wasserdampfes vom entsprechenden Druck, damit man beide Grössen, Höhe des Vakuums und mögliche Temperatur des Warmwassers, zusammen ablesen könnte.

Regnault), und die Wärme der n kg Wasser ($n \cdot t_0$ Wärmeeinheiten, ebenfalls von 0^0 aus gerechnet) wiederfinden muss; d. h. es muss sein:

$$\text{Dampfwärme} + \text{Kühlwasserwärme} = \text{Gemischwärme}$$
$$606{,}5 + 0{,}305 \cdot t + \quad n \cdot t_0 \quad = \quad (1 + n) \cdot t'$$

und hieraus das Verhältniss vom Gewicht des verwendeten Wassers zum Gewicht des kondensirten Dampfes, oder kurz das „Kühlwasserverhältniss":

$$n = \frac{606{,}5 + 0{,}305\, t - t'}{t' - t_0}$$

Diese Formel, welche ganz allgemein bei Mischung von Wasser mit Wasserdampf gilt, ob die Mischung unter Luftdruck oder im Vakuum, ob in einem Kondensator oder sonstwo vor sich geht, ist in dieser Form speciell für die Berechnung des Kühlwasserverhältnisses bei Kondensation nicht verwendbar, indem die Temperatur t der Dämpfe vor Eintritt in den Kondensator meistens nicht genau bekannt ist. Nun hängt aber der Werth n in obiger Gleichung hauptsächlich von dem stark veränderlichen Werth $t' - t_0$, des Nenners ab, und im Zähler ist die Gesammtwärme $606{,}5 + 0{,}305\, t$ solcher Dämpfe, wie sie einem Kondensator zuströmen, nur wenig veränderlich: sie ist z. B. $= 634$ für $t = 90^0$, und $= 616$ für $t = 30^0$, was wohl die weitesten Grenzen sind, innerhalb deren die Temperaturen von zu kondensirenden Dämpfen auseinander liegen. Somit darf man für jene Gesammtwärme pro kg Dampf einen Mittelwerth setzen, etwa $\dfrac{634 + 616}{2} = 625$, womit obige Gleichung in die für jede Art von Mischkondensation brauchbare Form übergeht:

$$n = \frac{625 - t'}{t' - t_0} \quad \cdot \quad \cdot \quad \cdot \quad \cdot \quad \cdot \quad \cdot \quad \cdot \quad (1)$$

Diese Art Formel (1) findet sich meistens bei Kondensationsberechnungen angewendet, wobei die Einen die mittlere Gesammtwärme des Dampfes zu 620 (Grashof), Andere zu 630 („Hütte") annehmen, was gegenüber unserm Werthe von 625 nur ganz geringfügige Unterschiede von n ergiebt.

Wir können aber statt der Näherungsformel (1) eine noch einfachere mit eben so grosser Annäherung ableiten:

Gegenüber der „Verdampfungswärme", (der „latenten" Wärme), der Wärmemenge also, die 1 kg Dampf mehr hat als 1 kg Wasser von derselben Temperatur, ist die Wärmemenge, die 1 kg Dampf mehr hat, wenn es als Dampf einige Grade wärmer ist, verschwindend klein. Man entfernt sich also von dem Thatsächlichen nur sehr wenig, wenn man annimmt, der Dampf, der vorher vielleicht einige Grade wärmer war, habe sich bis zu seinem Eintritt in den Kondensator gerade auf die Temperatur t' abgekühlt, auf die er in demselben das Kühlwasser erwärmt. Dann hat man einfach die Wärmegleichung:

$$\left.\begin{array}{l}\text{abgegebene Verdampfwärme } r\\ \text{von 1 kg Dampf von } t' \text{ Grad}\end{array}\right\} = \left\{\begin{array}{c}\text{Wärmezunahme von } n \text{ kg Wasser}\\ \text{von } t_0 \text{ auf } t' \text{ Grad}\end{array}\right.$$

d. h.
$$r = n.(t' - t_0)$$

Die Verdampfungswärme r findet sich aber aus der Gesammtwärme, indem man die Flüssigkeitswärme abzieht, d. h. es ist

$$r = 606,5 + 0,305\, t' - t' = 606,5 - 0,695\, t'$$

wofür Clausius setzt:

$$r = 607 - 0,7\, t'$$

also wird obige Wärmegleichung

$$r = 607 - 0,7\, t' = n.(t' - t_0)$$

woraus das Kühlwasserverhältniss

$$n = \frac{r}{t' - t_0} = \frac{607 - 0,7\, t'}{t' - t_0} \quad \ldots \ldots \ldots \quad (2)$$

t' schwankt nun bei Kondensation höchstens etwa zwischen 30^0 und

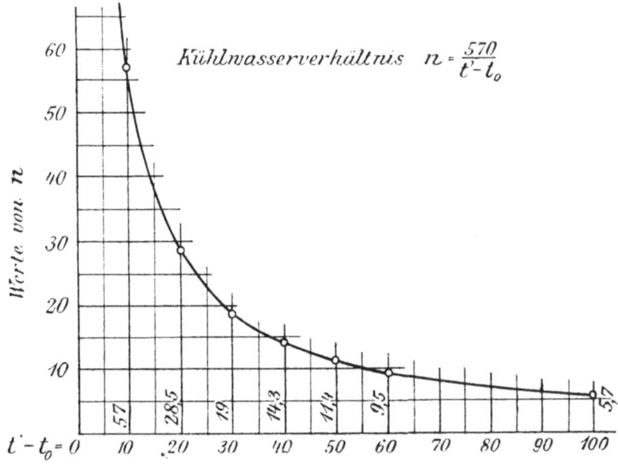

Fig. 3.

75^0; die Verdampfungswärme $r = 607 - 0,7\, t'$ also höchstens etwa zwischen 586 und 554 W.E., sie ist also im Mittel $r_{mitt.} = \dfrac{586 + 554}{2}$ $= 570$ W.E., und damit geht unsere Gleichung (2) für das Kühlwasserverhältniss n in die einfache Form über

$$n = \frac{570}{t' - t_0} \quad \ldots \ldots \ldots \ldots \quad (3)$$

Danach sind die Werthe von n für die verschiedenen Temperatur-differenzen $(t' - t_0)$ berechnet, und in beistehendem Schaubild Fig. 3 aufgetragen.

In der folgenden Tabelle geben wir die Werthe des Kühl-wasserverhältnisses n, und zwar n_1, n_2 und n_3 nach den drei Formeln (1), (2) und (3) für eine Folge von Kühlwassertemperaturen t_0 und eine Folge von Heisswassertemperaturen t' ausgerechnet:

Kühlwasserverhältniss n nach Formeln (1), (2) und (3).

$t' =$		40^0	50^0	60^0	70^0
	$n_1 =$	19,5	14,4	11,3	9,25
$t_0 = 10^0$	$n_2 =$	19,3	14,3	11,3	9,3
	$n_3 =$	19	14,3	11,4	9,5
	$n_1 =$	29,3	19,2	14,1	11,1
$t_0 = 20^0$	$n_2 =$	29	19,1	14,1	11,2
	$n_3 =$	28,5	19	14,3	11,4
	$n_1 =$	58,5	28,8	18,8	13,9
$t_0 = 30^0$	$n_2 =$	57,9	28,6	18,8	14
	$n_3 =$	57	28,5	19	14,3
	$n_1 =$	∞	57,5	28,2	18,5
$t_0 = 40^0$	$n_2 =$	∞	57,2	28,2	18,6
	$n_3 =$	∞	57	28,5	19
	$n_1 =$	—	∞	56,5	27,8
$t_0 = 50^0$	$n_2 =$	—	∞	56,5	27,9
	$n_3 =$	—	∞	57	28,5

Wie man sieht, weichen die Werthe der Formel (3) nur äusserst wenig von den Werthen der komplicirtern Formeln (1) und (2) ab, und wir werden in der Folge immer diese einfache Formel (3) anwenden, die durchaus nicht nur eine „empirische Zahlenformel", sondern die in der Natur der Sache begründet ist, wonach man bei Kondensationsdämpfen mit ihren innerhalb so enger Grenzen liegenden Temperaturen für deren Verdampfungswärme r den kon-stanten Mittelwerth

$$r_{mitt.} = 570 \text{ W. E.} \quad \ldots \quad \ldots \quad \ldots \quad (4)$$

annehmen darf, den wir durchgehend — nicht nur hier bei Be-sprechung des Kühlwasserverhältnisses n — beibehalten werden, und womit sich höchst klare Beziehungen für den Uebergang der

Dampfwärme in das Wasser, und umgekehrt, ergeben. — Nach Formel (3) erwärmt eine gegebene Menge von Kilogrammen Dampf eine gegebene Menge Kühlwasser um eine bestimmte Anzahl Grade $(t' - t_0)$, und zwar gleichgültig, welches die ursprüngliche Temperatur t_0 des Kühlwassers war. Wenn also eine gewisse Dampfmenge eine gewisse Wassermenge von z. B. 20^0 auf 35^0 erwärmt, so würde sie die gleiche Wassermenge auch z. B. von 30^0 auf 45^0, oder von 50^0 auf 65^0 erwärmen.

Die Kühlwassermenge W in Kilogrammen oder Litern per Minute, um per Minute D kg Dampf zu kondensiren, wenn das Kühlwasser die Temperatur t_0 hatte und sich dabei auf t' erwärmen darf, ergiebt sich somit zu

$$W = n \cdot D = \frac{570}{t' - t_0} \cdot D \quad \cdot \quad \cdot \quad \cdot \quad \cdot \quad \cdot \quad (5)$$

um also z. B. per Minute 500 kg Dampf mit Kühlwasser von 20^0 zu kondensiren, wenn sich letzteres dabei auf 45^0 erwärmen darf, braucht es

$$W = \frac{570}{45 - 20} \cdot 500 = 22{,}8 \cdot 500 = 11400\,\mathrm{l} = 11{,}4\,\mathrm{cbm}\;\text{Wasser per Min.}$$

Umgekehrt, ist das Kühlwasserverhältniss n gegeben, so findet sich die Temperatur des erwärmten Wassers aus Gl. (3)

$$t' = \frac{570}{n} + t_0 \quad \cdot \quad \cdot \quad \cdot \quad \cdot \quad \cdot \quad \cdot \quad (6)$$

Hätte man also in einem Falle das $n = 20$ fache Kühlwassergewicht gegenüber dem zu kondensirenden Dampfgewicht, so würde die Temperatur des Warmwassers werden

$$t' = \frac{570}{20} + t_0 = 28{,}5 + t_0,$$

und wäre die Temperatur des Kühlwassers

$$t_0 = 20 \quad , \qquad 30 \quad , \qquad 40^0 \quad \text{gewesen,}$$

so würde die Temperatur des Warmwassers

$$t' = 48{,}5 \quad , \qquad 58{,}5 \quad , \qquad 68{,}5^0 \quad \text{sein.}$$

Misst man an irgend einer in Betrieb befindlichen Mischkondensation — gleichgültig, ob selbe nach Parallel- oder Gegenstrom arbeitet — nur die beiden Temperaturen t_0 und t' des eintretenden und des austretenden Kühlwassers, so hat man aus Gl. (3) sofort das Verhältniss des augenblicklich pro Zeiteinheit in den Kondensator eintretenden Kühlwassers zu der ihm pro derselben Zeiteinheit zufliessenden Dampfmenge, ohne dass man nöthig hätte, die absoluten Grössen der Kühlwassermenge und der Dampfmenge selber je für sich allein zu kennen. Hätte man z. B. in einem Falle

$$t_0 = 18^0 \text{ und } t' = 39^0$$

gemessen, womit nach Gl. (3)

$$n = \frac{570}{39 - 18} = 27$$

würde, so wüsste man, dass nun auf jedes kg Dampf 27 kg oder l Wasser in den Kondensator treten. — Und misst man ausserdem noch die in den Kondensator eintretende Wassermenge $W = n \cdot D$, oder die aus demselben austretende Wassermenge $W + D = n D + D = (n + 1) \cdot D$, was durch Auffangen des Wassers in Aichgefässen, oder bei grössern Anlagen mittels Ueberfalles meistens leicht möglich ist, so hat man sofort auch noch die in den Kondensator kommende Dampfmenge

$$D = \frac{W}{n}, \quad \cdot \quad \cdot \quad \cdot \quad \cdot \quad \cdot \quad \cdot \quad \cdot \quad (7)$$

wenn man die eintretende Wassermenge W gemessen und

$$D = \frac{W + D}{n + 1}, \quad \cdot \quad \cdot \quad \cdot \quad \cdot \quad \cdot \quad \cdot \quad (8)$$

wenn man die austretende Wassermenge $W + D$ gemessen hat. Hätte man also in obigem Beispiele ($t_0 = 18^0$ und $t' = 39^0$, also $n = 27$) auch noch die pro Minute eintretende Kühlwassermenge z. B. zu $W = 5400$ kg oder l (oder die austretende Kühlwassermenge zu $W + D = 5600$ l) gemessen, so wäre die pro Minute dem Kondensator zugeführte Dampfmenge

$$D = \frac{W}{n} = \frac{5400}{27} = 200 \text{ kg (bezw.} = \frac{W + D}{n + 1} = \frac{5600}{28} = 200 \text{ kg)}.$$

Dies bietet ein bequemes, bei grössern Centralanlagen mit stark wechselndem Dampfverbrauch der angeschlossenen Maschinen (z. B. Walzwerkbetrieb, elektrische Maschinen für Strassenbahnen, etc.) wohl das einzige Mittel, um jeweilen sofort die zur Kondensation kommende Dampfmenge bestimmen zu können. Lässt man dann den verwendeten Ueberfall ein für allemal stehen, und rechnet sich eine Tabelle der pro Minute bei den verschiedenen Ueberfall-höhen h überfallenden Wassermenge aus, so bedarf es nur der Ab-lesung der drei Grössen t_0, t' und h, um mittels der Gl. (3) das Kühlwasserverhältniss n, und dann mittels Gl. (7) bezw. (8) sofort den augenblicklichen Dampfverbrauch der angeschlossenen Maschinen angeben zu können.

Freilich ist dabei vorausgesetzt, der Dampf komme „trocken"

im Kondensator an. Das mag der Fall sein, wenn es sich um die Kondensation der Dämpfe von Vakuumverdampfapparaten in chemischen und Zuckerfabriken handelt. Indem in jenen Verdampfapparaten nicht reines Wasser, sondern wässerige Lösungen von festen Stoffen eingedampft werden, welche Lösungen immer eine höhere Siedetemperatur als wie das reine Wasser haben, ist hier der sich entwickelnde Dampf etwas überhitzt. Wenn dann die Verdampfapparate nicht übermässig angestrengt werden, so dass nur äusserst wenig flüssiges Wasser mit dem Dampf mitgerissen wird, so mag jene Ueberhitzungswärme genügen, das wenige mitgerissene Wasser nachzuverdampfen, und auch noch die äussere Abkühlung der — hier meist kurzen — Abdampfleitung bis zum Kondensator hin aufzunehmen, und so den Abdampf in „trocken gesättigtem" Zustande in den Kondensator gelangen zu lassen.

Etwas anderes ist es, wenn es sich um Kondensation von Dampfmaschinen handelt. Am Ende der Expansion ist der Dampf in den Cylindern, die an die Kondensation angeschlossen sind, immer feucht. Würde man also in jenen Cylindern bis auf die Kondensatorspannung herab, im Diagramm Fig. 4 bis in die Spitze C hinaus expandiren, so wäre der Abdampf unter allen Umständen im Cylinder schon feucht.

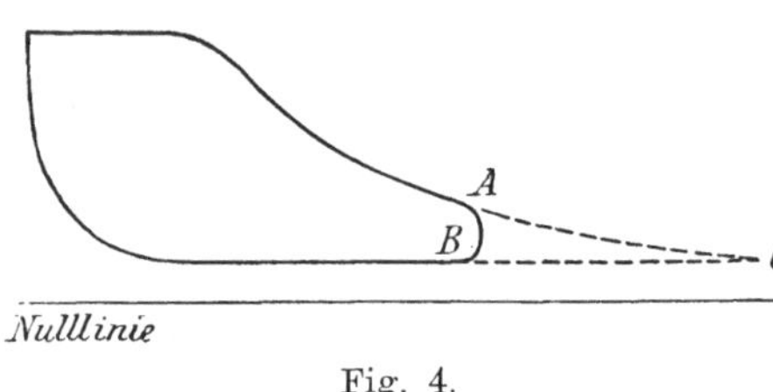

Fig. 4.

Nun expandirt man allerdings in den Cylindern, die ihren Dampf dem Kondensator abgeben, nicht bis in die Diagrammspitze C hinaus, sondern nur etwa bis zum Punkte A, so dass man am Ende der Expansion einen „Spannungsabfall" A—B hat, bei dem eine gewisse Wärmemenge frei wird, die, wäre der Dampf bei A gerade trocken, ihn bei B überhitzt erscheinen lassen würde, und die ihn, wenn er bei A feucht war, bei B weniger feucht macht. Doch genügt die bei dem Spannungsabfall A—B frei werdende Wärmemenge meistens nicht, um den Dampf beim Abgang aus dem Dampfcylinder zu trocknen und ihn auch noch in den — öfter langen — Abdampfleitungen trocken zu halten, sodass man bei Dampfmaschinen-Kondensationen immer „feuchten" Dampf zu kondensiren hat. Sind nun in D kg solchen Dampfes $x \cdot D$ kg reiner Dampf, also $D - xD = (1 - x) \cdot D$ kg Wasser enthalten, so dass nur noch xD kg Dampf zu kondensiren bleiben, so braucht 1 kg solchen feuchten Dampfes auch nur $x \cdot n$ kg Kühlwasser, wenn 1 kg trockener Dampf n kg braucht. Bezeichnen wir nun das bei feuchtem Dampfe nothwendige Kühlwasser-verhältniss mit n_{feucht} oder n_f, während n für trockenen Dampf gilt und aus Gl. (3) zu berechnen ist, so haben wir

$$n_f = x \cdot n = x \cdot \frac{570}{t' - t_0} \qquad \cdots \qquad \cdots \qquad (9)$$

Damit gehen die für trockenen Dampf aufgestellten Gl. (7) und (8) über in die für feuchten Dampf gültigen:

$$D_f = \frac{W}{n_f}, \text{ wenn die eintretende Wassermenge, und} \quad \cdots \quad (10)$$

$$D_f = \frac{W + D_f}{n_f + 1}, \text{ wenn die austretende Wassermenge gemessen wurde} \quad (11)$$

Hätte man also wieder — wie in vorigem Beispiele — die Kühl-wassertemperatur $t_0 = 18^0$, die Temperatur des aus dem Kondensator austretenden Warmwassers $t' = 39^0$ gemessen, wäre aber der zu kondensirende Dampf derart feucht, dass 100 kg desselben 10 kg Wasser enthielten, d. h. wäre $x = 0{,}90$, so würde nun das Kühl-wasserverhältniss nach Gl. (9):

$$n_f = 0{,}90 \cdot \frac{570}{39 - 18} = 0{,}90 \cdot 27 = 24$$

und hätte man auch wieder die pro Minute eintretende Kühl-wassermenge zu $W = 5400$ l, oder die austretende Wassermenge zu $W + D_f = 5625$ l gemessen, so wäre nun die pro Minute dem Kondensator zuströmende Menge feuchten Dampfes nach Gl. (10) bezw. (11):

$$D_f = \frac{5400}{24} = 225 \text{ kg} \quad (\text{bezw.} = \frac{5625}{25} = \text{ebenfalls } 225 \text{ kg})$$

statt 200 kg, wenn der Dampf trocken gewesen wäre. — Für die Annahme des Wassergehaltes $(1 - x)$ des Dampfes ist man bei solchen Bestimmungen des Dampfverbrauches aus Messungen der beiden Temperaturen t_0 und t' und der Wassermenge W freilich nur auf „Schätzung" angewiesen. Schätzt man aber jenen Gehalt vielleicht zu 0,05 bei kurzen, bis 0,15 bei sehr langen Abdampf-leitungen, also $x = 0{,}95$ bis 0,85, so wird man der Wahrheit wenigstens nahe gekommen sein, näher jedenfalls, als wenn man den Feuchtigkeitsgehalt gar nicht berücksichtigt.

Handelt es sich aber nur um die Bestimmung der zur Kon-densation nöthigen Kühlwassermenge, so nimmt man an, der Dampf sei nicht schon theilweise kondensirt, sondern noch völlig trocken, wendet also die unveränderte Gl. (3) an, mit der man dann für feuchten Dampf eine etwas grössere Kühlwassermenge, erhält als unbedingt nöthig wäre, was aber die Sicherheit der Kondensationsanlage nur erhöht.

———

Alles, was wir bis jetzt in Abschnitt 2 gesagt haben, gilt sowohl für Parallel- als für Gegenstromkondensation. Nun kommen wir auf den Unterschied dieser beiden Kondensationsarten in Bezug auf den Kühlwasserbedarf: Wir haben in Abschnitt 1 gesehen, dass bei Gegenstrom das Kühlwasser sich vollständig bis auf die Temperatur gesättigten Wasserdampfes erwärmen kann, die dem Kondensatordruck p_0 — dem Vakuum — entspricht, während das bei Parallelstrom physikalisch unmöglich ist; bei Gegenstrom wird also die Kälte des Kühlwassers vollständig ausgenützt, bei Parallelstrom nur mangelhaft; die dadurch bewirkte Kühlwasserersparniss bei ersterm ergiebt sich durch folgende Betrachtung:

Wenn in dem Zahlenbeispiele des Abschnittes 1 das Kühlwasser von $t_0 = 20^0$ im Kondensator sich auf $t' = 40^0$ erwärmte, so hat man — gleichgültig ob das nun in einem Parallel- oder einem Gegenstromkondensator geschehen — nach Gl. (3) thatsächlich

$$n = \frac{570}{t' - t_0} = \frac{570}{40 - 20} = 28,5 \text{ kg Wasser}$$

pro 1 kg kondensirten Dampf gebraucht.

Betrug dabei der Kondensatordruck z. B. $p_0 = 0,12$ Atm. abs. ($= 67$ cm Vakuummeteranzeige), wie das bei den angegebenen Wassertemperaturen bei einem Parallelstromkondensator der Fall sein kann, so ist die diesem Drucke entsprechende Temperatur gesättigten Wasserdampfes laut Dampftabelle hinten $= 50^0$; und auf diese Temperatur t' hätte bei gleichem Vakuum das Wasser bei Gegenstrom sich erwärmen können; man hätte hier also nur

$$n_{geg.} = \frac{570}{t' - t_0} = \frac{570}{50 - 20} = 19 \text{ kg Wasser}$$

pro 1 kg kondensirten Dampf gebraucht, d. h. nur $\dfrac{19}{28,5} = 0,67$

oder nur $^2/_3$ der bei Parallelstrom nöthigen Wassermenge!

Liest man so bei Parallelstromkondensationen die Temperaturen t_0 und t' ab, so hat man sofort nach Gleichung (3) den Wasserverbrauch n pro kg Dampf. Liest man zugleich auch noch den Vakuumstand ab und sucht sich in der Dampftabelle die diesem entsprechende Temperatur auf, auf welche sich bei Gegenstrom das Wasser erwärmen könnte, und setzt nun diese Temperatur

als t' in Gleichung (3) ein, so findet man, wie viel weniger Kühlwasser bei Gegenstrom gebraucht worden wäre unter sonst ganz
gleichen Umständen, d. h. bei gleicher Temperatur des Kühlwassers
und bei gleicher Höhe des Vakuums. Häufige Anstellung dieses
einfachen Versuches ist — besonders für Besitzer von Parallelstrom-
kodensationen — sehr empfehlenswerth.[1] Freilich kann man sagen
hören, dass dort, wo Kühlwasser in unbeschränkter Menge vorhanden
ist, es ja nichts ausmache, wenn man mehr davon brauche. Das
ist nicht richtig. Freilich kostet das Wasser selber dann nichts,
und in dem Falle, dass der Kondensator sein Kühlwasser auch
noch selbstthätig ansaugt, verbraucht auch dessen Hineinschaffung
in den Kondensator keine Arbeitsleistung, wohl aber dessen **Hinaus-
schaffung**, worauf wir in dem betr. Abschnitt zurückkommen
werden. Ausserdem sind die Anlagekosten einer Kondensation mit
grösserer Wassermenge höher, indem jene Kosten unter sonst gleichen Umständen hauptsächlich von der verwendeten Wassermenge
abhängen.

---

3. Grösse der Luftpumpe.

In diesem Abschnitt berechnen wir diejenige Grösse der Luftpumpen, welche zur Förderung des **Gasgemenges** (Luft $+$ Wasserdampf) nöthig ist, und heissen das die „**reine Luftpumpe**"; hat
man es dann mit einer **nassen** Luftpumpe zu thun, so muss man
sie um die zu fördernde Wassermenge (Kühlwasser $+$ Wasser des
kondensirten Dampfes) grösser machen.

Sehen wir von Reibung, Ventilwiderständen u. dergl. ab, so ist
der Druck p_0 hinter dem Kolben der Luftpumpe, während diese
aus dem Kondensator Gasgemenge ansaugt, der **gleiche** Druck p_0,
der auch im Kondensator selber herrscht. Wir brauchen also nur
den erstern zu berechnen, so haben wir den letztern auch.

Der Gesammtdruck p_0 des Gasgemenges in der Saugseite des
Cylinders der Luftpumpe setzt sich wieder aus den zwei Partial-

---

[1] Es empfiehlt sich, an **jeder** Kondensationsanlage ausser dem Vakuum-
meter noch zwei Thermometer eingeschraubt zu haben, an denen man die
Kühlwassertemperatur t_0 und die Warmwassertemperatur t' jederzeit ablesen
kann. Nur mit den **drei** korrespondirenden Beobachtungen dieser beiden
Temperaturen t_0 und t' und dem Vakuummeterstand p_0 zusammen kann der
Gang einer Kondensation beurtheilt werden!

drücken zusammen: Druck l der angesogenen Luft $+$ Druck d des gleichzeitig angesogenen Dampfes, so dass auch hier

$$p_0 = l + d \quad \ldots \ldots \ldots \ldots \quad (12)$$

(wobei die Partialdrücke l und d je für sich allein gleich oder aber verschieden sein können von den Partialdrücken im Kondensator; nur die Summe $l + d$ im Kondensator ist gleich der Summe $l + d$ des Gasgemenges, wie es in die Luftpumpe eingetreten ist).

Der Dampfdruck d hängt nun, als Druck gesättigten· Wasserdampfes, einfach von der Temperatur t ab, mit der das Gasgemenge in die Luftpumpe gesogen wird. Diese Temperatur kann man an einem in das Saugrohr der Luftpumpe geschraubten Thermometer ablesen und damit den Druck d des angesogenen Dampfes direkt aus den Dampftabellen (s. hinten) entnehmen. Der Partialdruck d in Gl. (12) ist also in jedem Falle bekannt, und im übrigen auch, solange die Temperatur des angesogenen Gasgemenges die gleiche bleibt, konstant, mag nun die Luftpumpe grösser oder kleiner sein. Wir haben also nur noch den Partialdruck l der Luft zu berechnen.

Saugt die Luftpumpe pro Minute v_0 cbm Gasgemenge vom Drucke p_0 an, so saugt sie in diesem Gasgemenge offenbar auch v_0 cbm Luft vom Druck l an; dass in diesen v_0 cbm Luft auch noch ebensoviele cbm Dampf von der Temperatur t und dem Drucke d vertheilt sich befinden, ändert hieran nichts (Dalton's Gesetz). Dringen nun auf irgend welchen Wegen (durch Undichtheiten und im Wasser absorbirt gewesen) pro Minute kontinuirlich L cbm Luft von äusserer Atmosphärenspannung $p = 1$ in den Kondensator ein, so muss die Luftpumpe offenbar eine solche minutliche Ansaugeleistung v_0 haben, dass sie diese kontinuirlich zugeführte Luft auch wieder kontinuirlich abführt, denn sonst würde sich immer mehr Luft im Kondensator ansammeln, bis von einem Vakuum keine Rede mehr wäre; oder nach dem Mariotte'schen Gesetze ($p \cdot v = $ Const.) muss sein:

> Volumen v_0 der pro Minute aus dem Kondensator in den Luftpumpencylinder eintretenden Luft mal deren Druck l
>
> gleich
>
> Volumen L der pro Minute von aussen in den Kondensator eingeführten oder eindringenden Luft mal deren Druck $p = 1$,

oder
$$v_0 \cdot l = L \cdot p = L \cdot 1$$

und hieraus der gesuchte Luftdruck

$$l = \frac{L}{v_0} \quad \ldots \ldots \ldots \ldots \quad (13)$$

Derjenige Theil $\left(L_w\right)$ der ganzen in den Kondensator eintretenden Luft, der im Kühlwasser absorbirt gewesen war, hatte auch dessen Temperatur t_0 gehabt, und erwärmt sich nun im Kondensator auf dessen Temperatur t', wodurch sich das Volumen dieser Luft im Verhältniss der absoluten Temperaturen $\dfrac{273 + t'}{273 + t_0} = \dfrac{T'}{T_0}$ ausdehnt, oder der nach Gl. (13) berechnete Druck auf

$$l_w = \frac{T'}{T_0} \cdot \frac{L_w}{v_0} \quad \ldots \ldots \ldots \quad (13\text{a})$$

steigt.

Der andere Theil $\left(L_u\right)$ der in den Kondensator eintretenden Luft, der durch Undichtheiten am Kondensator, Rohrleitungen etc. eindringt, hat sich aber, indem diese Luft vorher in dünnen Schichten um die heissen Wandungen jener Rohrleitungen etc. herumstand, schon vor Eintritt in den Kondensator, also noch unter dem Druck der äussern Atmosphäre auf die Kondensatortemperatur t' erwärmt; diese Luft dehnt sich also im Kondensator und in den mit ihm verbundenen Räumen nicht mehr aus, bewirkt also keine Vergrösserung des nach Gl. (13) berechneten Luftdruckes.

Und indem nun diese letztere durch Undichtheiten eindringende Luft die im Wasser absorbirte weit (um das Fünf-, Zehn- und Mehrfache) übersteigt, dürfen wir von dem abweichenden Verhalten des kleineren Lufttheiles absehen und annehmen, alle in den Kondensator eintretende Luft habe sich schon vor Eintritt in denselben bei äusserm Atmosphärendruck auf die Kondensatortemperatur t' erwärmt. Bei Parallelstromkondensation tritt die Luft auch mit dieser Temperatur t' in die Luftpumpe ein; eine Korrektur der Gl. (13) ist da also nicht erforderlich. Bei Gegenstrom dagegen kühlt sich die Luft von der Temperatur t' vor Eintritt in die Luftpumpe an dem Kühlwasser wieder ab bis nahezu auf dessen Temperatur t_0; wir hätten hier also den aus Gl. (13) hervorgehenden Luftdruck l noch im Verhältniss $\dfrac{273 + t_0}{273 + t'} = \dfrac{T_0}{T'}$ kleiner zu nehmen, d. h. zu setzen

$$l_{geg.} = \frac{T_0}{T'} \cdot \frac{L}{v_0} \quad \ldots \ldots \ldots \quad (13\,\text{b})$$

$\left(\text{Wäre z. B. } t_0 = 20^0 \text{ und } t' = 45^0, \text{ so wäre } \dfrac{T_0}{T'} = 0{,}92.\right)$ Wie wir aber im ersten Abschnitt schon gesagt haben, wollen wir im Interesse einfacher und übersichtlicher Rechnung und Vergleichung von dieser Korrektur der Gl. (13) bei Gegenstrom absehen; die thatsächlich eintretenden Verhältnisse werden dann bei Gegenstrom einfach noch etwas günstiger als die berechneten.

Indem wir so für den Partialdruck l der Luft in dem Luftpumpencylinder die einfache Gl. (13) bestehen lassen, die für Parallelstrom sehr annähernd genaue, für Gegenstrom etwas zu grosse Werthe ergiebt, erhalten wir nach Gl. (12) den Gesammtdruck des in die Luftpumpe eintretenden Gasgemenges, der auch gleich dem Gesammtdruck — dem Vakuum — im Kondensator ist, zu

$$p_0 = l + d = \frac{L}{v_0} + d \quad \ldots \ldots \ldots \quad (14)$$

Haben wir nun einen Parallelstromkondensator, wo das angesogene Gasgemenge die Temperatur t' des abgehenden heissen Wassers hat, sei es, dass es mit nasser Luftpumpe zusammen mit dem Heisswasser von der Temperatur t', sei es, dass es mit trockener Luftpumpe, aber an einem Orte aus dem Kondensator gesogen wird, wo ebenfalls die heisseste Temperatur t' herrscht, so erhalten wir ein Vakuum von

$$p_{0\,par.} = \frac{L}{v_0} + d_{t'} \quad \ldots \ldots \ldots \ldots \quad (15)$$

wo $d_{t'} =$ dem Druck gesättigten Wasserdampfes von der Temperatur t' ist.

Haben wir einen Gegenstromkondensator, wo das Gasgemenge oben aus dem Kondensator abgesaugt wird, wo das Kühlwasser von der Temperatur t_0 eintritt, und deswegen dort im Kondensator die kühlste Stelle ist, so wäre in Gl. (14) für den Dampfdruck d derjenige zu setzen, der der Kühlwassertemperatur t_0 zukommen würde, wenn sich das Gasgemenge oben vollständig bis auf die Kühlwassertemperatur t_0 abkühlen würde. Indem aber in solchem Gegenstromkondensator das Gasgemenge oben zum grössten Theil aus Luft besteht, diese aber ihre Wärme nicht ganz so rasch und vollständig an das Wasser abgiebt, wie unten das Wasser die Wärme des — nicht mehr mit Luft vermischten — reinen Dampfes aufnimmt, kühlt es sich nicht vollständig auf die Temperatur t_0 des Kühlwassers ab, sondern bleibt einige Grade über jener Temperatur t_0, so dass wir mit einer Luftpumpe von v_0 cbm minutlicher Ansaugeleistung bei Gegenstromkondensation nach Gl. (14) ein Vakuum erhalten von

$$p_{0\,geg.} = \frac{L}{v_0} + d_{t_0 + \alpha} \quad \ldots \ldots \ldots \quad (16)$$

wobei $d_{t_0 + \alpha}$ der Druck gesättigten Wasserdampfes von einer Temperatur $t_0 + \alpha$ ist, die um α Grade höher ist als die Temperatur t_0 des eintretenden Kühlwassers.[1]) Dies α hängt ab: a) von der Konstruktion des Gegenstromkondensatorkörpers; je vollkommener darin das Gegenstromprincip durchgeführt ist, um so kleiner wird α werden, in dieser Beziehung könnte man die Grösse α die „Charakteristik" der Gegenstromkondensation nennen; b) es hängt α aber

---

[1]) Aus diesen Entwicklungen geht hervor, dass alles auf den Zustand ankommt, in welchem sich das Gasgemenge schliesslich hinter dem Kolben in der Luftpumpe befindet. Bei der in Fig. 5 dargestellten, s. Z. von Herrn Schwager als „Gegenstromkondensator" empfohlenen Vorrichtung ($D=$ Kühlwassereintritt, $B =$ Dampfeintritt), wird im eigentlichen Kondensatorkörper infolge der Gegenströmung zwar ganz richtig die Luft nach oben gedrängt; indem aber dann diese oben kühl gewordene und also entdampfte Luft schliesslich wieder mit dem heissen Wasser vereinigt in die gleiche, eine „nasse" Luftpumpe geführt wird, erwärmt sie sich nicht nur an dem stark bewegten heissen Wasser wieder, was allein wenig ausmachen würde, sondern sie nimmt damit den vorher aus ihr richtig ausgeschiedenen Wasserdampf wieder auf. Der Druck p_0 des Gasgemenges in der Luftpumpe setzt sich nicht aus $l + d_{t_0 + \alpha}$, sondern gerade wie bei der Luftpumpe eines Parallelstromkondensators aus $l + d_{t'}$ zusammen; die ganze Vorrichtung arbeitet nach Parallelstromkondensation, und Kühlwasserbedarf W und nöthige Luftpumpengrösse v_0 sind nach den für Parallelstrom abgeleiteten Formeln zu berechnen. In der „Hütte", 15., 16. und 17. Auflage, findet sich irrthümlicher Weise dieser Kondensator als „Gegenstromkondensator" aufgeführt. Auch im übrigen ist dort der Unterschied zwischen Parallel- und Gegenstromkondensator nicht

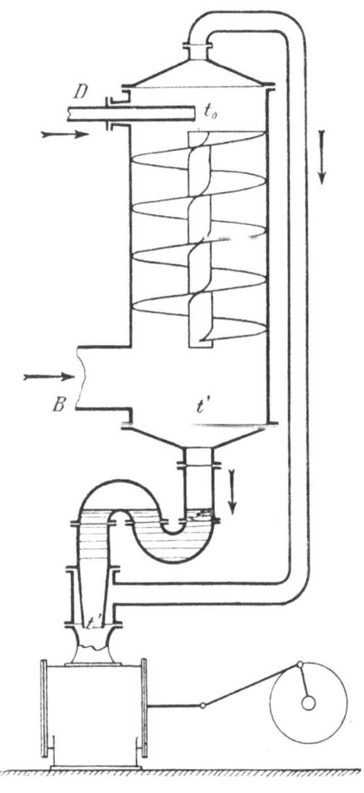

Fig. 5.

richtig aufgefasst, es heisst dort: „Die Kondensatorspannung entspricht bei Parallelstrom der gemeinsamen Endtemperatur der Kondensationsprodukte, und bei Gegenstrom „nahezu der Eintrittstemperatur des Kühlwassers". Es sollte heissen: Die Kondensatorspannung bleibt bei Parallelstrom stets höher, als sie der Austrittstemperatur des Kühlwsssers entsprechen würde, während sie bei Gegenstrom thatsächlich bis auf den dieser Temperatur entsprechenden Druck sinken kann.

offenbar auch noch von der Temperaturdifferenz $t' - t_0$ ab, indem für $t' - t_0 = 0$ auch $\alpha = 0$ wird, während mit wachsender Differenz $t' - t_0$ auch α zunehmen wird, jedoch in abnehmendem Maasse. In Fig. 6 haben wir sechs Beobachtungen von a an verschiedenen Weiss'schen Gegenstromkondensationen als Ordinaten zu den zugehörigen Temperaturdifferenzen $t' - t_0$ als Abscissen aufgetragen, wonach die Funktion $a = f\,(t' - t_0)$ etwa der punktirten Kurve entspricht. Man erkennt weiter aus dem Schaubilde Fig. 6, dass

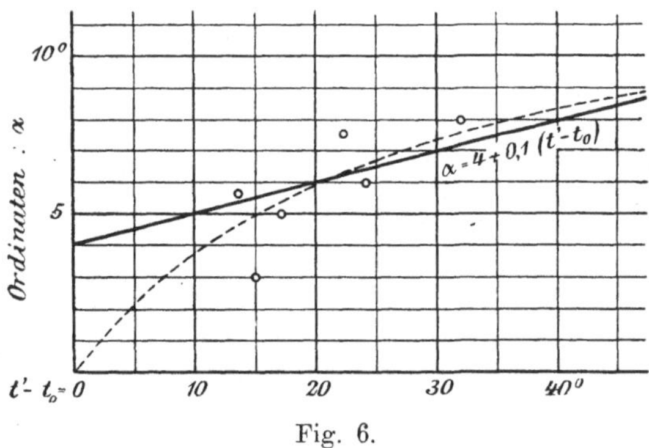

Fig. 6.

innert den praktisch vorkommenden Grenzen von $t' - t_0$ (etwa 15^0 bis 50^0) die Kurve annähernd durch die gerade Linie

$$a = 4^0 + 0,1\,(t' - t_0) \qquad \ldots \ldots \ldots \quad (17)$$

ersetzt werden kann, und diese Beziehung zwischen a und $(t' - t_0)$ legen wir in den folgenden Rechnungen zu Grunde. Gar zu ängstlich braucht man sich nicht an den genauen Werth von a nach dieser empirischen Formel zu halten, sondern kann a je nach der Konstruktion des Kondensatorkörpers und etwaigen anderen besonderen Umständen etwas grösser oder kleiner nehmen, das macht nicht viel aus.

Bei jeder thatsächlich vorliegenden Kondensationsanlage sind als gegeben zu betrachten: t_0, die Temperatur des Kühlwassers; ferner durch die Menge desselben und durch die zu kondensirende Dampfmenge auch die Temperatur t' des Heisswassers; ferner wird auch bei jeder bestimmten Kondensationsanlage die eintretende Luft L eine bestimmte sein. Also handelt es sich in Gl. (15) und (16) um die Abhängigkeit der beiden Grössen p_0 und v_0 von einander, das heisst um den Verlauf der Funktion $p_0 = f(v_0)$.

Der obere Grenzwerth von p_0 ist $p_0 = 1$ Atm., indem natürlich — sowohl bei Gegenstrom als bei Parallelstrom — im Kondensator doch kein Ueberdruck entstehen soll; dafür wird v_0 zu einem Minimum, und zwar

$$\text{aus Gl. (15)} \qquad \left. \begin{array}{l} v_{0\ min.\ par.} = \dfrac{L}{1 - d_{t'}} \qquad (18) \\[3ex] v_{0\ min.\ geg.} = \dfrac{L}{1 - d_{t_0} + \alpha} \qquad (19) \end{array} \right. \quad \text{für } p_0 = 1$$

$$\text{und aus Gl. (16)}$$

Diese beiden Werthe von $v_{0\ min.}$, für die der Gesammtdruck im Kondensator $= 1$ Atm. würde, sind in dem folgenden Schaubild Fig. 7 auch eingezeichnet.

Praktisch wichtig sind nur die untern Grenzwerthe von p_0, d. h. das erreichbare Vakuum: der unterste mögliche Grenzwerth von p_0 ist der Druck $d_{t'}$, der Druck gesättigten Wasserdampfes von der Heisswassertemperatur t'; denn es ist physikalisch unmöglich, dass in einem Raume, in welchem irgendwo Wasser von der Temperatur t' anwesend ist, der Druck unter den dieser Temperatur entsprechenden Dampfdruck sinke.

Setzt man diesen untern Grenzwerth von p_0 in die Gleichungen (15) und (16) ein und rechnet die zur Erreichung dieses Grenzwerthes nöthige Luftpumpenleistung $v_{0\ max}$ aus, so erhält man:

$$\text{aus Gl. (15)} \qquad \left. \begin{array}{l} v_{0\ max.\ par.} = \infty \qquad (20) \\[3ex] v_{0\ max.\ geg.} = \dfrac{L}{d_{t'} - d_{t_0} + \alpha} \qquad (21) \end{array} \right. \quad \text{für } p_0 = d_{t'}$$

$$\text{und aus Gl. (16)}$$

Das heisst:

Das physikalisch mögliche Vakuum erreicht man:

bei Parallelstromkondensation erst mit unendlich grosser Luftpumpe, d. h. man erreicht es überhaupt nicht,

während man dasselbe bei Gegenstromkondensation mit einer Luftpumpe von endlicher, nach Gl. (21) zu berechnender Grösse thatsächlich erreicht!

Der Verlauf der Funktion $p_0 = f(v_0)$ nach Gl. (15) und (16) bei Parallel- und bei Gleichstrom wird im Schaubild Fig. 7 sehr anschaulich: hierbei ist beispielsweise angenommen, es dringen pro Minute $L = 2$ cbm Luft von Atmosphärenspannung $p = 1$ in den Kondensator ein, und ist dies Luftvolumen als Strecke CD in der Höhe von 1 Atm. über der Grundlinie AB aufgetragen. Beträgt dann die minutliche Luftpumpenleistung

$$v_0 = 0 \ ; \ 1 \ ; \ 2 \ ; \ 4 \ ; \ 10 \ ; \ 20 \ \ldots \infty \text{ cbm}$$

so wird der Luftdruck

$$l=\frac{L}{v_0}=\frac{2}{v_0}=\infty \; ; \; 2 \; ; \; 1 \; ; \; 0,5 \; ; \; 0,2 \; ; \; 0,1 \dots 0 \text{ Atm.}$$

und zwar sowohl bei Gegenstrom wie bei Parallelstrom. Diese Luftdrücke l sind im Schaubilde als Ordinaten von der Grundlinie AB aus zu den Abscissen v_0 aufgetragen,· und erhält man damit die Kurve DEF des Partialdruckes l der Luft, die für Parallel-

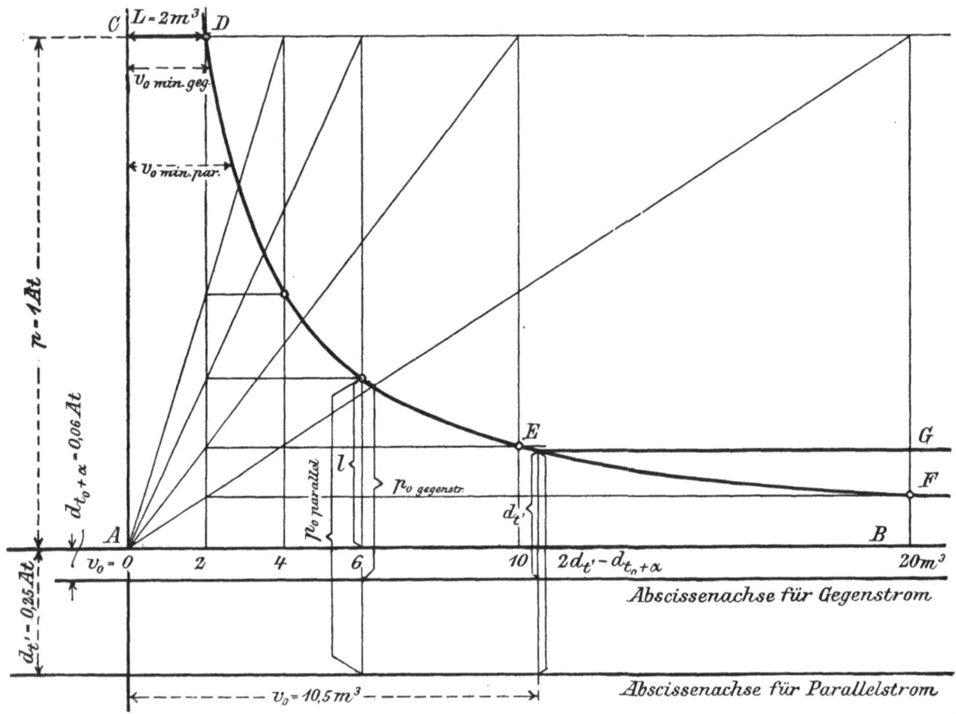

Fig. 7.

wie für Gegenstrom die gleiche ist. (Diese Kurve ist eine Mariotte-sche Hyperbel und kann als solche auch nach der bekannten Art konstruirt werden, wie in Fig. 7 angedeutet.)

Sei nun die Temperatur des Kühlwassers $t_0 = 30^0$ (und die Temperatur $t_0 + a$ oben im Gegenstromkondensator $= 37^0$), und werde dem zu kondensirenden Dampfe eine gewisse Menge Kühlwasser beigegeben, dass dieses sich — und zwar ganz gleich bei Gegenstrom wie bei Parallelstrom — auf z. B. $t' = 65^0$ erwärmt, so hat man zu dem Partialdruck l der Luft bei Gegenstrom noch den Partialdruck des Dampfes

$$d_{t_0 + a} = d_{37^0} = 0{,}06 \text{ Atm.}$$

und bei Parallelstrom noch den Partialdruck des Dampfes

$$d_{t'} = d_{65^0} = 0{,}25 \text{ Atm.}$$

zu addiren, um die Gesammtspannung im Kondensator zu erhalten. Zieht man also unter der Grundlinie A—B noch eine zweite im Abstand von 0,06 Atm. und eine dritte im Abstand von 0,25 Atm., so kann man von jener zweiten aus für Gegenstrom und von jener dritten aus für Parallelstrom den jeder beliebigen Luftpumpengrösse v_0 entsprechenden Gesammtdruck p_0 abgreifen. Für $v_0 = 6$ cbm pro Minute greift man z. B. ab $p_{0\,geg.} = 0{,}39$ Atm., dagegen $p_{0\,par.} = 0{,}58$ Atm. Man sieht aus dem Schaubilde, wie mit wachsender Luftpumpengrösse v_0 sowohl bei Gegenstrom als bei Parallelstrom der Kondensatordruck p_0 abnimmt. Während aber die Druckkurve bei Parallelstrom erst für ein ∞ grosses v_0 auf den physikalisch möglichen Werth $d_{t'} = 0{,}25$ Atm. hinabsinkt, thut sie das bei Gegenstrom schon bei einer Luftpumpengrösse von $v_0 = 10{,}5$ cbm. Die Luftpumpe bei Gegenstrom dann noch grösser machen zu wollen, hat keinen Zweck; denn unter diesen Druck $p_0 = d_{t'} = 0{,}25$ Atm. kann die Spannung im Kondensator doch nicht sinken, vielmehr bleibt sie mit wachsender Luftpumpengrösse auf jener Minimalhöhe stehen; vom Punkte E ab würde also die Drucklinie bei Gegenstrom nicht mehr der Kurve $E\,F$ folgen, sondern horizontal nach $E\,G$ verlaufen. Deswegen giebt man bei Gegenstrom der Luftpumpe die ganz bestimmte Grösse v_0 nach Gl. (21), bei der man das physikalisch mögliche Vakuum auch thatsächlich gerade erreicht,[1] nämlich

$$v_{0\,geg.} = \frac{L}{p_0 - d_{t_0 + a}} \quad . \quad . \quad . \quad . \quad . \quad . \quad (22)$$

mit $\quad p_0 = d_{t'}\quad$;$\quad$ und $\quad a = \sim 4^0 + 0{,}1\,(t' - t_0),$

---

[1] Mit dieser bestimmten Luftpumpengrösse würde man bei Parallelstrom — wie aus Schaubild Fig. 7 ersichtlich — einen Kondensatordruck erhalten von

$$p_{0\,par.} = 2d_{t'} - d_{t_0 + a} \quad, \quad \text{für } v_0 = v_{0\,geg.} = \frac{L}{d_{t'} - d_{t_0 + a}},$$

in dem behandelten Beispiel also $p_{0\,par.} = 2 \cdot 0{,}25 - 0{,}06 = 0{,}44$ Atm. (statt $= 0{,}25$ Atm. bei Gegenstrom).

während man bei Parallelstrom die Luftpumpenleistung v_0 nach der aus (15) folgenden Gleichung

$$v_{0\ par.} = \frac{L}{p_0 - d_{t'}} \quad . \quad . \quad . \quad . \quad . \quad . \quad (23)$$

berechnen muss, wonach v_0 um so grösser wird, je kleiner der Kondensatordruck p_0 werden soll. Dieser letztere kann beliebig nach Wunsch angenommen werden, nur muss er grösser als $d_{t'}$ sein.

Um nun nach Gl. (22) bezw. (23) die nöthige minutliche Luftpumpenleistung wirklich berechnen zu können, muss man noch die per Minute eintretende Luftmenge L kennen.

Diese Luftmenge kann man nicht „berechnen"; man ist da nur auf Erfahrungswerthe angewiesen. In seinem ersten Aufsatz über Kondensation (Zeitschr. d. V. d. Ing. 1888 S. 9) hat der Verfasser diese Luft L einfach proportional der Kühlwassermenge W gesetzt

$$L = \varepsilon . W \text{ , mit } \varepsilon = 0{,}16$$

oder, da wir hier W in kg oder Litern, L aber in cbm, und zwar alles per Minute, ausdrücken, so war dort gesetzt worden:

$$L = \frac{\varepsilon . W}{1000} = 0{,}16 \cdot \frac{W}{1000} \quad . \quad . \quad . \quad . \quad (24)$$

mit diesem Werthe für L, — d. h. mit dessen Einsetzung in Gl. (22) — sind die Luftpumpen von über hundert ausgeführten Gegenstromkondensationen berechnet worden, und hat man danach in den meisten Fällen ausreichende, ja reichliche Luftpumpengrössen erhalten. Die Annahme, die eintretende Luft sei einfach proportional der eingeführten Kühlwassermenge, ist aber, wenn es sich um verschiedene Kondensationsarten handelt, deswegen schon unzutreffend, weil man damit bei Parallelstromkondensation, wo man ganz bedeutend grösserer Kühlwassermengen bedarf als bei Gegenstromkondensation, auch die unrichtige Annahme einschliesst, es trete bei einer Kondensationsanlage für die gleichen zu kondensirenden Objekte und bei gleicher Ausdehnung des Abdampfrohrnetzes etc., wenn die Anlage nach Parallelstrom ausgeführt wird, auch proportional der grösseren Kühlwassermenge mehr Luft in den Kondensator ein, als bei Ausführung der Anlage nach Gegenstrom eintreten würde, während doch diejenige Luft, die durch Undichtheiten eintritt — und diese überwiegt die im Kühlwasser absorbirt gewesene ganz bedeutend, um das 5-, 10-, 20fache —, in beiden Fällen die gleiche bleibt.

Es empfiehlt sich daher, die eindringende Luft in zwei Theile zu trennen:

in solche, die im Kühlwasser absorbirt gewesen ist, und diese ist natürlich proportional der Kühlwassermenge, also etwa $\lambda . W$,

und in solche, die durch Undichtheiten eindringt, U, also zu setzen:

$$L = \lambda . W + U \text{ in Litern}$$

oder

$$L = \frac{\lambda . W}{1000} + U \text{ in cbm} \quad . \quad . \quad . \quad . \quad . \quad (25)$$

Nach Bunsen absorbirt 1 l Wasser bei 15^0 C. 0,01795 l Luft bei atmosph. Spannung; es wäre also rund der Werth

$$\lambda = 0,02 \quad . \quad . \quad . \quad . \quad . \quad . \quad . \quad (26)$$

in Formel (25) einzusetzen, wenn sich die im Wasser absorbirte Luft im Kondensator vollständig frei machen würde. Thatsächlich wird das nicht ganz der Fall sein; ferner enthält auch nicht alles Wasser gerade 2 Volumenprocente Luft (z. B. wird Wasser, das man unter Anwendung von Rückkühlung immer und immer wieder zum Kondensiren benutzt, nicht so viel Luft enthalten als wie frisches Wasser; dieses weniger deshalb, weil es bei jedem vorherigen Durchgange durch den Kondensator entluftet worden — es nimmt ja bei der nachfolgenden Wiederkühlung an der Luft solche wieder auf —, sondern weil es immer eine höhere Temperatur als frisches Wasser hat, und durch Erwärmung des Wassers wird eben Luft ausgetrieben). Aus diesem Grunde könnte für λ ein etwas kleinerer Werth als 0,02 eingesetzt werden. Da wir aber die von aussen in den Kondensator eingeführte Luft (auch die in dem Kühlwasser eingeführte) schon auf die Kondensatortemperatur erwärmt annehmen, wodurch sich ihr Volumen vergrössert; da ferner die in dem Kühlwasser eingeführte Luft nur den geringsten Theil der im ganzen eingeführten Luft ausmacht, und da eine ganz genaue Bestimmung der ganzen eindringenden Luftmenge überhaupt unmöglich ist, so genügt es für den praktischen Gebrauch $\lambda = 0,02$ konstant zu setzen.[1])

Was nun die Luftmenge U betrifft, die durch Undichtheiten eindringt, so ist diese — worauf Grashof (Theoret. Masch.-Lehre

---

[1]) Grashof (theoret. Maschinenlehre III. Bd. S. 674) setzt den Bunsenschen Absorptionskoefficienten $\lambda = 0,025$, wie er für Wasser von 0^0 gilt. Andere, z. B. Weisbach-Hermann, „Hütte" etc. setzen $\lambda = 0,07$, wobei sie darin aber die ganze in den Kondensator eindringende Luft einbegreifen; in diesem Sinne genommen ist dieser Werth 0,07 aber viel zu klein.

Bd. III S. 673) zuerst aufmerksam gemacht hat — unabhängig von der Höhe des im Kondensator herrschenden Vakuum oder von der Kondensatorspannung p_0, sobald diese nur $< 0,5$ Atm. ist, und das ist sie ja immer. Die Ausflussgeschwindigkeit von Gasen nimmt nämlich nicht — wie man glauben sollte — mit dem Druckverhältniss (in unserm Falle $\dfrac{p}{p_0} = \dfrac{\text{Atm. Druck} = 1}{\text{Kondensatordruck} = p_0}$) unbegrenzt zu, sondern sie wächst mit jenem Druckverhältniss blos, bis dieses etwa den Werth 2 erreicht hat, und bleibt von da an konstant (laut Versuchen Fliegner's, siehe z. B. auch Keck, Mechanik, II, S. 344). Ob wir also einen Kondensatordruck von z. B. $p_0 = 0,30$ oder $p_0 = 0,10$ Atm. haben, so dringt durch die vorhandenen Undichtheiten in beiden Fällen in gleichen Zeiten ein gleiches Luftvolumen, bezogen auf äussere Atmosphärenspannung, ein (nur wird sich dies dann im Kondensator bei $p_0 = 0,10$ auf ein grösseres Volumen ausdehnen als wie bei $p_0 = 0,30$; aber nicht etwa im glatten Verhältniss von $3:1$, sondern in einem andern, durch den Partialdruck des im Kondensator auch noch anwesenden Dampfes beeinflussten Verhältnisse, wie man das auch im Schaubild Fig. 7 sehen kann).

Die Luftmenge U ist also einfach proportional der Summe der Durchflussquerschnitte der undichten Stellen. Das Material der Wandungen der Apparate und Rohrleitungen wird immer als dicht angenommen werden können, und werden Undichtheiten nur an den Dichtungen der Flantschverschraubungen der Rohrleitungen und Apparate auftreten, und bei Dampfmaschinen-Kondensationen auch noch an den Stopfbüchsen derjenigen Dampfcylinder, in die das Vakuum eintritt (also bei Compoundmaschinen die Niederdruckcylinder). Man könnte also etwa setzen

$$U = \alpha \cdot A + \beta \cdot B \quad . \quad . \quad . \quad . \quad . \quad . \quad (27)$$

> unter A die in eine Gerade ausgestreckte Länge sämmtlicher Dichtungen an den Flantschen von Kondensator, Apparaten, Rohrleitungen etc., und

> unter B die Summe der Umfänge der in Betracht kommenden Kolbenstangen (Stopfbüchsen) bei Dampfmaschinen

verstanden, wobei die Konstanten α und β aus Beobachtungen an ausgeführten Kondensationsanlagen zu bestimmen wären (bei Kondensationen für Verdampfapparate von chemischen, Zucker- etc. Fabriken wäre $\beta = 0$). Freilich würden sich für diese Konstanten α und β je nach der Art und dem Zustande der in Betracht kommenden Dichtungen ziemlich verschiedene Werthe ergeben können. Da man aber in geordneten Betrieben doch sehr auf guten dichten Zustand von Rohrleitungen, Stopfbüchsen etc. hält, und solchen auch bis zu einem gewissermassen konstanten Grenz-werth hin erreicht, würden sich für jene Konstanten α und β doch bestimmte Mittelwerthe ergeben; und jedesmal, wenn U erheblich grösser würde, als es nach Formel (27) mit solchen mittleren α und β sein dürfte, wäre man sicher, dass irgendwo noch grobe Undichtheiten vorhanden wären, die aufgesucht und behoben werden könnten.

Nun hat man aber leider bis heute keine solchen Beobachtungen, aus denen die Konstanten α und β für obige Formel (27) abgeleitet werden könnten; ferner wären auch die Grössen A und B, wenn es sich um Bestimmung einer Kondensation für ein neu anzulegendes Werk handelt, von vornherein auch noch nicht bekannt; deswegen ist man bis auf weiteres gezwungen, die durch Undichtheiten ein-dringende Luftmenge U einer andern passenden Grösse proportional zu setzen, für die man aus Beobachtungen etc. die Proportionalität bestimmen kann, und die beim Entwurf eine Kondensationsanlage immer gegeben sein muss. Als solche wählen wir — dem Vor-gange Grashof's in oben cit. Werke folgend — einfach die Grösse der angeschlossenen Maschinen oder Apparate, für welche wiederum „der Dampfverbrauch als ungefähr zutreffender Massstab gelten kann"; d. h. wir setzen

$$U = \mu \, . \, D$$

wo D den Dampfverbrauch der Maschinen, oder bei Verdampf-apparaten das im letzten Körper verdampfte Wasser in Kilo-grammen pro Minute bedeutet, oder da wir U in Kubikmetern pro Minute haben wollen

$$U = \frac{\mu \, . \, D}{1000} \quad \cdot \quad \cdot \quad \cdot \quad \cdot \quad \cdot \quad \cdot \quad (28)$$

Diesen Werth in Gl. (25) eingesetzt schreibt sich die in den Kon-densator gelangende totale Luftmenge von Atmosphärenspannung

$$L = \frac{1}{1000} \, . \, (\lambda W + \mu D) \quad \cdot \quad \cdot \quad \cdot \quad \cdot \quad (29)$$

oder, da $D = \dfrac{W}{n}$ ist, wobei n das „Kühlwasserverhältniss" ist,

$$\left. \begin{array}{c} L = \left(\lambda + \dfrac{\mu}{n} \right) \dfrac{W}{1000} \ \text{cbm/Min.} \\ \text{mit } \lambda = 0{,}02 \end{array} \right\} \quad \cdot \quad \cdot \quad \cdot \quad (30)$$

Nun haben wir also noch den „Undichtheitskoefficienten" μ zu bestimmen. Dabei ist es gleichgültig, bei welcher Art von

Kondensation wir das thun: Die Luft, die durch undichte Stellen am Kondensator selber eindringt, ist — wenigstens bei grössern Centralkondensationen — verschwindend klein gegenüber der durch undichte Stellen am Abdampfrohrnetz und den Maschinen eindringenden Luft; die letztere ist aber die gleiche, ob die Abdampfleitungen zu einem Misch- oder Oberflächenkondensator, zu einem solchen nach Parallel- oder nach Gegenstrom führen. Wir bestimmen nun den Werth von μ an sog. Weiss'schen Gegenstrom-Kondensationsanlagen, wozu uns Anhaltspunkte vorliegen, und gilt dann dieser Werth von μ sofort auch für alle andern Kondensationsarten, einschliesslich der Oberflächenkondensation.

Wir haben oben bemerkt, dass, wenn wir bei Berechnung der Luftpumpengrösse bei Gegenstromkondensation die Gesammtmenge der eingeführten und eindringenden Luft $L = 0,16 \cdot \dfrac{W}{1000}$ gesetzt haben, wir damit passende Luftpumpen erhalten haben, und zwar betraf das meistens Centralkondensationen (von Walzwerken etc.), wobei im Mittel die Gesammtlänge der Abdampfleitungen etwa 100 m war. Obiger Werth von L darf also für solche Fälle als passender Mittelwerth gelten; setzt man ihn gleich dem Werthe von L aus Gl. (30), so bekommt man

$$0,16 \cdot \frac{W}{1000} = \left(0,02 + \frac{\mu}{n} \cdot\right) \frac{W}{1000}$$

woraus

$$\mu = 0,14 \cdot n$$

Dabei hatte das Kühlwasserverhältniss meistens einen Werth von etwa $n = 20$, womit sich eine erste Bestimmung des Undichtheitskoefficienten μ ergiebt zu

$$\mu = 0,14 \cdot 20 = 2,80 \quad\quad . \quad . \quad . \quad . \quad . \quad . \quad (31)$$

Eine weitere — direkte — Bestimmung dieses Koefficienten ergiebt sich aus folgender Beobachtung, die der Verfasser an der ersten Kondensationsanlage seines Systemes, an der Kondensation einer Gebläsemaschine der damaligen „Gesellschaft für Stahlindustrie" in Bochum anstellen konnte. Diese Kondensation war nur für eine Maschine bestimmt, eben die vertikale Gebläsemaschine, und ist im gleichen Thurme mit dieser untergebracht, hat also nur kurze Abdampfrohrleitung. Die Kühlwasserpumpe ist hier eine mit der Gebläsemaschine gekuppelte doppelt wirkende Kolbenpumpe, also liess sich auch das Kühlwasserquantum W sehr zuverlässig bestimmen. Diese Pumpe hatte einen Durchmesser von 320 mm bei 600 mm Hub, leistete also pro Doppelhub 96 l theoretisch; und nimmt man den volumetrischen Wirkungsgrad der guten neuen Pumpe zu 0,95 m, so leistete sie pro Doppelhub also $0,95 \cdot 96 = 91$ l effektiv. — Die Luftpumpe — eine Burckhardt & Weiss'sche Schieberluftpumpe, von einer kleinen Dampfmaschine angetrieben — hatte einen Durchmesser von 330 mm und einen Hub von 320 mm, saugte also bei einem volumetrischen Wirkungsgrade von 0,93, wie er für solche Pumpen angenommen werden darf, $= 51$ l pro Doppelhub an. — Am 19. November 1889 wurden nun folgende Beobachtungen während des Blasens einer Charge, also beim normalen Betrieb der Gebläsemaschine gemacht:

Doppelhübe der Luftpumpe

$$= 120; \text{ also } v_0 = 120 \cdot 0,051 = 6,12 \text{ cbm pro Minute,}$$

Doppelhübe der Kühlwasserpumpe

$$= 28; \text{ also } W = 28 \cdot 91 = 2550 \text{ l pro Minute;}$$

Temperaturen:

$$t_0 = 13^0; \ t_0 + a = 19^0, \text{ also } d_{t_0 + a} = d_{19^0} = 0,021 \text{ Atm.}; \ t' = 37^0.$$

Ferner zeigte das Vakuummeter am Kondensator $= 70,5$ cm, was also einen Kondensatordruck von $p_0 = \dfrac{76 - 70,5}{76} = 0,072$ Atm. bedeutet.

Mit den Temperaturen t_0 und t' findet sich das Kühlwasserverhältniss nach Gl. (3)

$$n = \frac{570}{t' - t_0} = \frac{570}{37 - 13} = 23,8$$

wenn man annimmt, der Dampf sei „trocken gesättigt" zum Kondensator gelangt. Nimmt man aber — und das wird das Richtigere sein — an, der Dampf wäre mit einem Wassergehalt von etwa 5 Gewichtsprocenten in den Kondensator gelangt, in 1 kg feuchtem Dampf seien also nur $x = 0,95$ kg trockner Dampf enthalten gewesen, so war das wirkliche Kühlwasserverhältniss nach Gl. (9)

$$n_f = x \cdot n = 0,95 \cdot 23,8 = 22,6$$

Somit war die pro Minute in den Kondensator kommende — feuchte — Dampfmenge nach Gl. (10)

$$D = \frac{W}{n_f} = \frac{2550}{22,6} = 113 \text{ kg}$$

Aus Gl. (14) folgt die pro Minute in den Kondensator gelangende Luft

$$L = (p_0 - d) \cdot v_0 \ \ldots \ \ldots \ \ldots \ (32)$$

wo $d =$ dem Druck gesättigten Wasserdampfes von der Temperatur ist, mit der das aus dem Kondensator abgesogene Gasgemenge in die Luftpumpe eintritt; da diese Temperatur $(t_0 + a) = 19^0$ gemessen worden, und der dieser Temperatur entsprechende Dampfdruck $d_{t_0 + a} = d_{19^0} = 0{,}021$ Atm. beträgt, so traten also, wenn man auch noch die übrigen beobachteten Werthe, $p_0 = 0{,}072$ Atm. und $v_0 = 6{,}12$ cbm, in Formel (32) einsetzt, pro Minute

$$L = (0{,}072 - 0{,}021)\,.\,6{,}12 = 0{,}312 \text{ cbm}$$

Luft von äusserer Atmosphärenspannung in den Kondensator ein.[1]) Diesen Werth der Luftmenge L, ebenso $W = 2550$ l, $\lambda = 0{,}02$ und $D = 113$ kg in Gl. (29) eingesetzt, erhält man

$$0{,}312 = \frac{1}{1000}\,(0{,}02\,.\,2550 + \mu\,.\,113)$$

und hieraus den gesuchten „Undichtigkeitskoefficienten"

$$\mu = 2{,}32 \quad . \quad . \quad . \quad . \quad . \quad . \quad . \quad . \quad (33)$$

also etwas kleiner als der aus unsern frühern Annahmen berechnete Durchschnittswerth $\mu = 2{,}80$; das wird daher rühren, dass hier die Abdampfrohrleitung sehr kurz, nur etwa 30 m lang war, und nur eine Maschine (ausser der kleinen Betriebsmaschine für die Luftpumpe) an die Kondensation angeschlossen war, so dass nur wenige undichte Stellen vorhanden sein konnten.

Im Gegensatz hierzu ist dem Verfasser noch eine Beobachtung an einer Centralkondensation für mehrere Dampfmaschinen, und mit weitverzweigtem Abdampfrohrnetz bekannt, und zwar an der Weiss'schen Gegenstromkondensation mit $W = 13$ cbm minutlichem Kühlwasserumlauf und Rückkühlung des Wassers auf einem Gradirwerke im Walzwerk des Aachener Hütten-Aktien-Vereines auf Rothe Erde. Obschon wir es an dieser Stelle nur

---

[1]) Nach obiger Gl. (32) kann bei jeder Kondensationsanlage — Oberflächenkondensation nicht ausgeschlossen — die pro Minute thatsächlich eintretende Luftmenge L sofort berechnet werden, wenn man nur den Kondensatordruck p_0 und die Temperatur, mit der das Gasgemenge in die Luftpumpe eintritt, abliest und aus den Dimensionen des Luftpumpencylinders und aus der Anzahl der minutlichen Hübe des Luftpumpenkolbens v_0 berechnet, und diese Werthe p_0, $d =$ dem Dampfdruck für jene beobachtete Temperatur, und v_0 in Gl. (32) einsetzt. Hat man es dann mit einer „nassen" Luftpumpe zu thun — sei es nun bei Misch- oder Oberflächenkondensation —, so hat man vom ganzen Hubvolumen der Luftpumpe natürlich das geförderte Wasservolumen abzuziehen, um das Volumen v_0 der reinen Luftpumpe zu erhalten. Der Druck d ist bei nassen Luftpumpen der Druck des gesättigten Wasserdampfes von der Temperatur t' des aus dem Kondensator herausgeförderten Wassers, und kann hierbei diese Temperatur also am Ablaufstutzen der nassen Luftpumpe gemessen werden.

mit Bestimmung des „Undichtigkeitskoefficienten" zu thun haben, wollen wir doch das Ganze dieser Beobachtungen und die daraus gezogenen Folgerungen geben; es mag das ein Beispiel sein, wie man eine Kondensationsanlage rationell untersucht. — Die betr. Kondensation wurde im Jahre 1894 für fünf gleichzeitig laufende Walzenzugmaschinen und eine Maschine für Adjustage von zusammen etwa 4300 PS_i gebaut. Im Laufe der Zeit stieg infolge Ersetzung von schwächern Maschinen durch grössere und stärkere die kondensirte Maschinenkraft auf etwa 6000 PS_i, und insbesondere wurde auch das Abdampfrohrnetz sehr ausgedehnt, so dass die Gesammtlänge der Abdampfrohrstränge im Jahre 1899 = 465 m betrug, bei einem Totalinhalt von etwa 190 cbm. Dabei zeigte sich — wie auch aus den folgenden Beobachtungen zu sehen — dass nun das Vakuum erheblich unter dem physikalisch möglichen blieb, das der Temperatur t' des ablaufenden heissen Wassers entspricht, und das bei Gegenstrom doch erreicht werden sollte, und das früher auch erreicht worden war. Es wurde die ganze Anlage, auch das Innere des Kondensatorkörpers, untersucht, und alles in Ordnung befunden. Auch die Luftpumpe — eine trockene Schieberpumpe „Burckhardt & Weiss" — wurde untersucht, indem die Luftleitung abgeschraubt, und unmittelbar auf den Ansaugestutzen am Luftcylinder ein Quecksilbervakuummeter gesetzt wurde: gleich nach den ersten Hüben zeigte dasselbe ein Vakuum von 74,5 — 75 cm; die Leistung der Pumpe hatte also trotz fünfjährigen Tag- und Nachtbetriebes nicht nachgelassen, — nebenbei ein gutes Zeugniss für diese Pumpen — und darf deswegen im Folgenden deren volumetrischer Wirkungsgrad mit Sicherheit zu $\eta = 0,92$ angenommen werden. Auch die Rohrleitungen wurden auf Undichtigkeiten abgesucht und alle Flantschverbindungen nachgezogen, und wo es nöthig schien, neu verpackt. Das Vakuum hob sich etwas, aber noch lange nicht auf das physikalisch mögliche. Nach alledem konnte der Grund für das ungenügende Vakuum nur noch darin gesucht werden, dass die Luftpumpe, deren Umdrehzahl wegen ungünstiger Transmissionsverhältnisse — die Wasserpumpen werden sammt der Luftpumpe von einer Dampfmaschine angetrieben — nicht erhöht werden konnte, zu klein sei, d. h. dass das durch die unvermeidlichen Undichtheiten des immer ausgedehnter gewordenen Abdampfrohrnetzes eindringende Luftquantum U nicht mehr von der ursprünglich genügend grossen Luftpumpe unter genügend hohem Vakuum abgesogen werden könne. Es sollte also noch eine zweite Luftpumpe aufgestellt werden. Um deren Grösse bestimmen zu können, musste man die im ganzen in den Kondensator eindringende Luftmenge messen. Zu diesem Behufe liess der dortige Betriebsingenieur Herr Wolters auf Vorschlag des Verfassers folgende Beobachtungen machen: es wurden — mit Vakuummetern, die vorher mit dem Quecksilbervakuummmeter, und mit Thermometern, die vorher mit dem Normalthermometer verglichen worden waren — während eines fünfstündigen normalen Betriebes des Walzwerkes 62 mal — also alle fünf Minuten einmal — gleichzeitig beobachtet:

p_0 Vakuummeteranzeige, und zwar am Luftsaugerohr nahe an der Luftpumpe;

t_0 die Temperatur des (von einem Kühlwerk — Gradierwerk — kommenden) Kühlwassers;

t' die Temperatur des ablaufenden Heisswassers;

$t_0 + \alpha$ die Temperatur des von der Luftpumpe angesaugten Gasgemenges (durch ein in das Luftsaugrohr eingeschraubtes Thermometer);

und die minutliche Umdrehzahl der Luftpumpe.

Aus den 62 korrespondirenden Beobachtungen wurden diejenigen zur Grundlage für die anzustellende Rechnung ausgewählt, bei denen die Temperatur des ablaufenden heissen Wassers $t' \geqq 60^0$ war, wo also die Walzwerkmaschinen am stärksten belastet waren, oder wo die Arbeitsperioden der meisten Maschinen auf einander fielen; es waren das 18 Beobachtungen, und ergaben diese:

p_0 schwankend zwischen 48 u. 55 cm; im Mittel $p_0 = 50$ cm $= 0,342$ Atm.

t_0 „ „ 30 „ 31,5^0; „ „ $t_0 = 31^0$

t' „ „ 60 „ 71^0; „ „ $t' = 63^0$

$t_0 + \alpha$ „ „ 36 „ 42^0; „ „ $t_0 + \alpha = 39^0$

Die Anzahl Doppelhübe der Luftpumpe pro Minute schwankte zwischen 78 und 80 und betrug im Mittel $= 79$. Bei einem Durchmesser des Luftkolbens von 570 mm, einem Hube von 630 mm und einem volumetrischen Wirkungsgrade von 0,92 betrug sonach die minutliche effektive Ansaugleistung der Luftpumpe $v_0 = 23$ cbm.

Nach Gl. (32) folgt mit $p_0 = 0,342$ Atm.; $d = d_{t_0 + \alpha} = d_{39^0} = 0,068$ Atm.; und $v_0 = 23$ cbm die pro Minute im ganzen in den Kondensator eindringende und eingeführte Luftmenge von Atmosphärenspannung:

$$L = (p_0 - d) \cdot v_0 = (0,342 - 0,068) \cdot 23 = 6,3 \text{ cbm.}$$

Da laut Erklärung des Betriebsingenieurs das Abdampfrohrnetz nimmer dichter zu kriegen war, indem in dieser Beziehung geschehen war, was praktisch geschehen konnte, da ferner die — hörbar undichten — Stopfbüchsen der angeschlossenen Maschinen

der Betriebssicherheit wegen nicht mehr stärker angezogen werden
durften, so muss mit dieser so bestimmten Luftmenge $L = 6{,}3$ cbm
ein für allemal gerechnet werden, und wurde auf folgende Weise
eine neue Luftpumpenleistung v_0 berechnet, bei welcher das
der Ablauftemperatur $t' = 63^0$ entsprechende, und bei Gegenstrom
physikalisch mögliche Vakuum von $p_0 = 59$ cm $= 0{,}224$ Atm. auch
wirklich erreicht wird. Setzt man die Werthe

$$L = 6{,}3 \; ; \; p_0 = 0{,}224 \; ; \; d_{t_0 + \alpha} = d_{39} = 0{,}068$$

in die Gl. (22) ein, so erhält man die nöthige minutliche Ansaugeleistung der neuen Luftpumpe, um bei Maximalleistung der Maschinen
(also bei $t' = 63^0$) das mögliche Vakuum thatsächlich zu erreichen:

$$v_0 = \frac{L}{p_0 - d_{t_0 + \alpha}} = \frac{6{,}3}{0{,}224 - 0{,}068} = \frac{6{,}3}{0{,}156} = \sim 40 \text{ cbm}$$

Zu der vorhandenen Luftpumpe, die per Minute 23 cbm absaugt,
muss also noch eine weitere mit 17 cbm Minutenleistung kommen.
Dadurch wird die Geschwindigkeit, mit der das Gasgemenge den
obern Theil des Kondensators durchstreicht, auch im Verhältniss
$\frac{40}{23} = 1{,}74$ mal grösser; deswegen ist anzunehmen, dass sich die
Temperatur $t_0 + \alpha$ dieses Gasgemenges oben im Kondensator nicht
ganz so weit erniedrige als wie bisher; d. h. α wird etwas grösser
werden, während die Temperatur t_0 des Kühlwassers natürlich die
gleiche bleibt. Nimmt man der Sicherheit wegen an, es steige
dadurch der Werth von α um etwa 4^0, d. h. von 8^0 auf 12^0; so
wird $d_{t_0 + \alpha} = d_{31 + 12} = d_{43^0} = 0{,}084$ Atm., und damit erhält man nun
die nöthige Luftpumpenleistung

$$v_0 = \frac{L}{p_0 - d_{t_0 + \alpha}} = \frac{6{,}3}{0{,}224 - 0{,}084} = \frac{6{,}3}{0{,}14} = 45 \text{ cbm.}$$

Auf Grund dieser Untersuchungen und Erwägungen hat man sich
dort entschlossen, zu der vorhandenen Luftpumpe von $v_0 = 23$ cbm
noch eine gleiche anzuschaffen.

Zurückkommend auf die Bestimmung des „Undichtheitskoefficienten" bemerken wir, dass das pro Minute in den Kondensator geführte Kühlwasserquantum $W = 13000$ l oder kg betrug;
(diese Zahl ist im Gegensatze zu den frühern nicht ganz sicher,
indem der Wirkungsgrad der Kühlwasserpumpe, einer Drehkolbenpumpe, nur anderweit gemachter Erfahrung nach geschätzt
werden konnte). Dieses Wasser führte also

$$\lambda \cdot \frac{W}{1000} = 0{,}02 \cdot 13 = \sim 0{,}3 \text{ cbm Luft}$$

pro Minute in den Kondensator ein; zieht man diese von der Gesammtmenge $L = 6,3$ cbm der eingeführten Luft ab, so erhält man die pro Minute durch Undichtheiten eindringende Luftmenge, die wir in Gl. (28) mit $\mu \cdot \dfrac{D}{1000}$ bezeichneten

$$\mu \cdot \frac{D}{1000} = 6,3 - 0,3 = 6 \text{ cbm} \quad . \quad . \quad . \quad . \quad (34)$$

Um daraus den Werth μ bestimmen zu können, müssen wir noch die minutlich kondensirte Dampfmenge D kennen. Da $t' = 63^0$ und $t_0 = 31^0$ war, so betrug nach Gl. (3) das Kühlwasserverhältniss

$$n = \frac{570}{t' - t_0} = \frac{570}{63 - 31} = \frac{570}{32} = 17,8$$

wenn der Dampf trocken in den Kondensator gekommen wäre. Bei den ausserordentlich langen Abdampfleitungen war aber der Dampf sicherlich sehr feucht; nehmen wir an, er hätte $15^0/_0$ Wasser enthalten, so wäre das wirkliche Kühlwasserverhältniss nach Gl. (9) gewesen

$$n_f = x \cdot n = 0,85 \cdot 17,8 = 15,1$$

d. h. auf jedes kg des feuchten Dampfes sind 15,1 kg Kühlwasser gekommen. Da die Menge des letztern pro Minute $W = \sim 13000$ kg betrug, so war also die pro Minute kondensirte Dampfmenge (der Dampfverbrauch der Maschinen)

$$D = \frac{W}{n_f} = \frac{13000}{15,1} = \sim 862 \text{ kg}$$

somit aus Gl. (34) der Undichtheitskoefficient

$$\mu = 6 \cdot \frac{1000}{D} = 6 \cdot \frac{1000}{862} = 6,95 \quad . \quad . \quad . \quad . \quad (35)$$

Endlich hat Grashof (Theoret. Masch.-Lehre Bd. III, pag. 674) aus dem Umstande, dass man „das fördernd durchlaufene Kolbenvolumen der nassen Luftpumpe etwa 3 bis 4 mal so gross gemacht findet als das entsprechende Kolbenvolumen der Kaltwasserpumpe, falls eine solche vorhanden ist", den Undichtheitskoefficienten bestimmt zu

$$\mu = 1,8 \quad . \quad . \quad . \quad . \quad . \quad . \quad (36)$$

wobei er die gewöhnlichen, unmittelbar an die Dampfmaschinen gehängten Kondensatoren mit nasser Luftpumpe im Auge hatte, wo also die Länge der Abdampfleitung so zu sagen $= 0$ ist.

Stellen wir nun die verschiedenen gefundenen Werthe des

Undichtheitskoefficienten in Bezug auf die zugehörige Gesammtlänge des Abdampfrohrnetzes Z zusammen, nämlich:

$$\begin{array}{llll}
\text{nach Gl. (36)} & \text{für } Z = \sim\ 0\ \text{m} & \mu = 1{,}80 \\
\text{„\quad „\ (33)} & \text{„\ } Z = \sim\ 30\ \text{m} & \mu = 2{,}32 \\
\text{„\quad „\ (31)} & \text{„\ } Z = \sim\ 100\ \text{m} & \mu = 2{,}80 \\
\text{„\quad „\ (35)} & \text{„\ } Z = \quad 465\ \text{m} & \mu = 6{,}95 \\
\end{array}$$

so sehen wir — wie es auch ganz natürlich ist — wie der Werth von μ mit der Gesammtlänge Z der Abdampfrohre zunimmt; und tragen wir die Werthe von μ als Ordinaten zu den zugehörigen Werthen von Z als Abscissen in dem Schaubilde Fig. 8 auf, so sieht man, dass μ ungefähr der Geraden

$$\mu = 1{,}80 + 0{,}01 \cdot Z \quad\ldots\ldots\ldots \quad (37)$$

entspricht, mit dem Grashof'schen Ausgangswerth $\mu = 1{,}80$ für $Z = 0$.

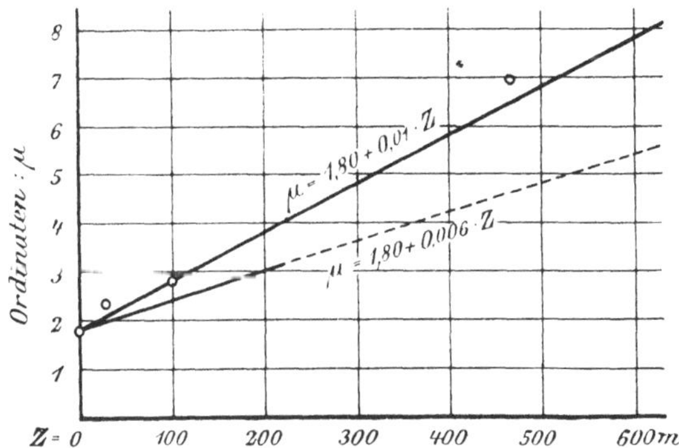

Fig. 8. Undichtheitskoefficient μ bei Kondensation.

Die Steigung dieser Geraden wird hauptsächlich durch den Beobachtungswerth (35) an der Kondensation des Walzwerkes auf Rothe Erde bestimmt. Dort waren in die langen Rohrleitungen keine Kompensationsstücke eingeschaltet; der häufige Temperaturwechsel konnte also die Dichtungen immer wieder lockern. Ferner arbeitet man dort mit überhitztem Dampf, der die Stopfbüchsen der Maschinen nur mässig anzuziehen gestattet. Es waren also dort starke Quellen von Undichtheiten vorhanden, die anderwärts bei ähnlichen Betrieben freilich auch vorkommen werden.

Umgekehrt ist man bei Kondensationen für Elektricitätswerke, also Anlagen mit bester und sorgfältigster Ausführung und Instandhaltung der Maschinen, Rohrleitungen etc. mit $\mu = 2{,}40$ bei etwa $Z = 100$ m und 2 bis 3 an die Kondensation angeschlossenen Maschinen noch gut ausgekommen; dem würde die Gerade

$$\mu = 1{,}80 + 0{,}006 \cdot Z \quad \ldots \ldots \quad (38)$$

entsprechen, die auch in das Schaubild Fig. 8 eingezeichnet ist.[1])

Man wird somit, bis noch weitere Beobachtungen zu genauerer Bestimmung von μ angestellt sein werden, wozu hier der Weg gezeigt worden ist, den Werth des Undichtheitskoefficienten μ bei Dampfmaschinenkondensation bei groben Betrieben, wie in Hütten-

---

[1]) Indem sich so der Werth des Undichtheitskoefficienten μ wachsend mit der Ausdehnung des Abdampfrohrnetzes ergeben hat, ist dabei auch der Undichtheit der Stopfbüchsen der angeschlossenen Maschinen insofern Rechnung getragen, als je mehr Maschinen an die Kondensation angeschlossen werden, auch die Gesammtlänge Z des Abdampfrohrnetzes grösser wird. Das Glied mit Z begreift nach der Art seiner Ableitung die Gesammtlänge des Abdampfrohrnetzes und die Anzahl der in Betracht fallenden Stopfbüchsen zusammen in sich.

Welchen Antheil die Undichtheit der Stopfbüchsen an der im ganzen eindringenden Luftmenge haben kann, zeigt wenigstens eine, ebenfalls an der erwähnten Kondensation auf Rothe Erde gemachte Beobachtung: bei stille liegenden und vom Abdampfrohrnetz abgesperrten Walzenzug- und andern angeschlossenen Maschinen (im ganzen damals sieben Stück) erzeugte die Luftpumpe, nachdem Beharrungszustand eingetreten war, ein Vakuum von $p_r = 58$ cm $= 0{,}237$ Atm. Nachdem dann die — immer noch still liegenden — Maschinen wieder an das Rohrnetz angeschlossen worden, nun also auch noch durch die Undichtheiten der Maschinen, also besonders deren Stopfbüchsen, falsche Luft eindrang, sank das Vakuum bei gleichgebliebener Hubzahl der Luftpumpe (also gleichem v_0) auf $p_{r+st} = 43$ cm $= 0{,}434$ Atm. Sei nun L_r das Volumen der Luft von Atmosphärenspannung $= 1$, das durch das Rohrnetz allein eindrang, und L_{r+st} dasjenige, das durch Rohrnetz und Stopfbüchsen zusammen eindrang, so hat man nach dem Mariotte'schen Gesetze ($p \cdot v =$ Const.)

$$L_r \cdot 1 = v_0 \cdot p_r \qquad = v_0 \cdot 0.237$$

und

$$L_{r+st} \cdot 1 = v_0 \cdot p_{r+st} = v_0 \cdot 0{,}434$$

also durch Division:

$$\frac{L_r}{L_{r+st}} = \frac{0{,}237}{0{,}434} = 0{,}55$$

d. h. von der eingedrungenen Luft drangen in diesem Falle 55 %/0 durch die Undichtheiten der Abdampfleitungen und 45 %/0 durch die der Stopfbüchsen ein, also durch beide annähernd gleich viel.

Trennt man nun das Glied Z in Gl. (37) und (38) in zwei Theile, einen proportional der Abdampfrohrlänge Z in Metern, den anderen proportional der Anzahl N der angeschlossenen Maschinen, setzt man also den Undichtheitskoefficienten

$$\mu = a + b \cdot Z + c \cdot N$$

und geht einerseits wieder von dem Grashof'schen Werthe $\mu = 1{,}80$ für $N = 1$ und $Z = 0$ aus — was die erste Bestimmungsgleichung für die Konstanten a, b und c liefert —; nimmt man dann an, wie es auf Rothe Erde ungefähr der

werken etc., nach der empirischen Formel (37), und bei feinern Betrieben, wie bei Elektricitätswerken u. dgl., nach Formel (38) annehmen, und in Gl. (29) oder (30) einsetzen, und so die pro Minute in den Kondensator gelangende Luftmenge L erhalten; diese dann in Gl. (22) eingesetzt, erhalten wir die nöthige Luftpumpenleistung v_0 bei Gegenstrom; und in Gl. (23) eingesetzt, die nöthige Luftpumpenleistung bei Parallelstrom. Hierauf werden wir gleich zurückkommen. Vorher erübrigt uns noch die Bestimmung des

Undichtheitskoefficienten bei Kondensationen
für Verdampfapparate in chemischen und Zuckerfabriken.

Auch hier kann man die pro Minute in den Kondensator gelangende Luft von Atmosphärenspannung nach Gl. (30) setzen

$$L = \left(\lambda + \frac{\mu}{n}\right) \cdot \frac{W}{1000}$$

wobei der Absorptionskoefficient wieder den Mittelwerth 0,02 hat. Hingegen wird der zu der Dampfmenge D (oder $\dfrac{W}{n}$, was dasselbe ist) gehörende Koefficient μ eine andere Bedeutung haben, und auch einen ganz andern Werth annehmen als der oben für Dampfmaschinen bestimmte, indem er hier nicht nur die Luft, die durch Undichtheiten an den Apparaten und Rohrleitungen eindringt, in

---

Fall war, bei etwa $N = 8$ und $Z = 500$ m sei der Einfluss der Undichtheit der Rohrleitungen gleich dem der Stopfbüchsen der angeschlossenen Maschinen, d. h. für $N = 8$ und $Z = 500$ sei $b \cdot Z = c \cdot N$, was die zweite Bestimmungsgleichung bildet; soll ferner für etwa $N = 8$ und $Z = 500$ die neue Formel die gleichen Werthe für μ ergeben wie die Formeln (37) und (38) im Texte, was die dritte Bestimmungsgleichung giebt; und bestimmt man aus diesen drei Bestimmungsgleichungen die drei Konstanten obiger Formel, so erhält man (abgerundet):

$$\mu = 1,50 + 0,005\,Z + 0,30\,N \quad \ldots \quad \text{für grobe Betriebe} \quad . \quad (37a)$$

und

$$\mu = 1,60 + 0,003\,Z + 0,20\,N \quad \ldots \quad \text{für feinere Betriebe} \quad . \quad (38a)$$

Man mag diese mehr specialisirten Formeln (37a) und (38a), die aber zum Theil auf Spekulation beruhen, in der Praxis prüfen, um durch weitere Beobachtungen ihre Konstanten verlässlicher zu bestimmen. Bis das geschehen, bleiben wir bei den im Text aufgestellten Formeln (37) und (38) stehen, dem verständigen, die jeweilen vorliegenden Umstände berücksichtigenden Urtheil des Konstrukteurs und seinem durch Erfahrung gebildeten Gefühle die passende Wahl des Koefficienten μ innerhalb der durch jene Formeln (37) und (38) gegebenen ungefähren Grenzen überlassend.

sich zu begreifen hat, sondern auch noch die unkondensirbaren Gase, welche aus den unter Vakuum einzudampfenden Flüssigkeiten frei werden. Die Art und die Menge dieser frei werdenden Gase sind je nach der Art der einzudampfenden Flüssigkeiten ausserordentlich verschieden, es muss deshalb der Koefficient μ für jeden Fabrikationszweig besonders gewählt, bezw. durch Versuche bestimmt werden.

Für das Eindampfen von Zuckerlösungen in Zuckerfabriken (wo die entwickelten Gase hauptsächlich aus Ammoniakgasen bestehen), sind dem Verfasser von der „Sangerhauser Aktien-Maschinenfabrik vorm. Hornung & Rabe" eine Anzahl Beobachtungen mitgetheilt worden, aus denen eine angenäherte Bestimmung des Koefficienten μ für diesen speciellen Fabrikationszweig wenigstens für die zur Zeit übliche Einrichtung von Zuckerfabriken möglich ist, wo man die Verdampf- und Vakuumapparate (in der Regel ein Vierkörper-Verdampfapparat, ein grösserer Vakuumapparat für erstes Produkt und ein kleinerer Vakuumapparat für die Nachprodukte, letztere beiden Apparate als „Einkörper" arbeitend) auf einen gemeinsamen Kondensator arbeiten lässt. Natürlich gilt der aus solchen Verhältnissen abgeleitete Mittelwerth des Koefficienten μ auch wieder nur für solche Verhältnisse, die aber eben die heute üblichen sind. Diese Beobachtungen betreffen eine grössere Anzahl Gegenstromkondensationen in Zuckerfabriken, für welche die Grösse der minutlichen Kühlwassermenge W, ferner die Dimensionen der trockenen Schieberluftpumpen, und deren „Normal"-Tourenzahl, welche nahe an deren Maximal-Tourenzahl liegt, angegeben waren. Aus dieser grösseren Anzahl Beobachtungen greifen wir diejenigen heraus, bei denen ausserdem die wirkliche Umdrehungszahl der Luftpumpe beobachtet wurde, welche genügte, um annähernd das Vakuum zu erreichen und erhalten, das der Temperatur t' des ablaufenden Warmwassers entspricht. Es waren das

Kondensation No. 10; $W = 1500$ Liter; $v_0 = 9$ cbm, also $\dfrac{v_0}{W} = 0{,}00600$

„	35	2000	9	0,00450
„	45	5000	30	0,00600
„	46	4000	22,5	0,00562
„	73	4000	27,4	0,00686
„	103	4000	25	0,00625

Daraus im Mittel $\dfrac{v_0}{W} = 0{,}00587$

Das Vakuum — so war weiter angegeben — betrug dabei 68 bis 70 cm, also im Mittel = 69 cm, d. h. $p_0 = 0{,}092$ Atm., was einer Temperatur des Ablaufwassers von $t' = 44^0$ entspricht.

Setzen wir nun den Werth $L = \left(\lambda + \dfrac{\mu}{n}\right) \cdot \dfrac{W}{1000}$ in die Luftpumpenformel (22) für Gegenstrom ein, so erhalten wir

$$v_0 = \frac{\lambda + \dfrac{\mu}{n}}{p_0 - d_{t_0 + \alpha}} \cdot \frac{W}{1000}$$

oder

$$\frac{v_0}{W} = \frac{\lambda + \dfrac{\mu}{n}}{p_0 - d_{t_0 + \alpha}} \cdot \frac{1}{1000} \quad \ldots \ldots \quad (39)$$

Der Mittelwerth von $\dfrac{v_0}{W}$ war aber zu 0,00587 beobachtet worden; setzen wir diesen Werth, sowie $\lambda = 0{,}02$ und den ebenfalls beobachteten Kondensatordruck $p_0 = 0{,}092$ in Gl. (39) ein, und multipliciren beide Seiten mit 1000, so erhalten wir

$$5{,}87 = \frac{0{,}02 + \dfrac{\mu}{n}}{0{,}092 - d_{t_0 + \alpha}} \quad \ldots \ldots \ldots \quad (40)$$

Wäre nun die Kühlwassertemperatur $t_0 = 10^0$ gewesen, so wäre das Kühlwasserverhältniss nach Gl. (3)

$$n = \frac{570}{t' - t_0} = \frac{570}{44 - 10} = \frac{570}{34} = 17 \quad \text{gewesen;}$$

und nach Gl. (17)

$$\alpha = 4 + 0{,}1 \ (t' + t_0) = 4 + 0{,}1 \cdot 34 = \sim 7^0$$

also
$$d_{t_0 + \alpha} = d_{10 + 7} = d_{17} = 0{,}019 \text{ Atm.}$$

Diese Werthe von n und $d_{t_0 + \alpha}$ in Gl. (40) eingesetzt, giebt

$$5{,}87 = \frac{0{,}02 + \dfrac{\mu}{17}}{0{,}092 - 0{,}019}; \quad \text{und hieraus} \quad \mu = 7{,}2$$

Wäre aber die Kühlwassertemperatur viel höher, z. B. $t_0 = 30^0$ gewesen, so wäre

$$n = \frac{570}{t' - t_0} = \frac{570}{44 - 30} = \frac{570}{14} = 41$$

und
$$\alpha = 4 + 0{,}1 \ (t' - t_0) = 4 + 0{,}1 \cdot 14 = \sim 5^0$$

und $d_{t_0 + a} = d_{30+5} = d_{35} = 0,055$ geworden und Gl. (40) übergegangen in

$$5,87 = \frac{0,02 + \dfrac{\mu}{41}}{0,092 - 0,055}; \qquad \text{und hieraus} \qquad \mu = 8,1$$

Wie man sieht, ist der Einfluss der veränderlichen, aber nicht beobachteten Kühlwassertemperatur auf den Werth des Undichtheitskoefficienten μ nur untergeordnet, und können wir für Verdampf- und Vakuumapparate von Zuckerfabriken, wo man aus betriebstechnischen Gründen die Luftpumpen immer gerne etwas gross wünscht, diesen Koefficienten, bis noch weitere Bestimmungen desselben vorliegen, zu deren Anstellung und Verarbeitung hier ein Weg gezeigt ist, zu

$$\mu = 8 \quad . \quad . \quad . \quad . \quad . \quad . \quad . \quad . \quad . \quad (41)$$

konstant annehmen, also u. A. auch unabhängig von der Länge der Abdampfleitung, die hier meistens k u r z ist, indem bei diesen Betrieben die Verdampfapparate meistens ganz nahe den Kondensatoren gelegt werden können und auch so gelegt werden. — Damit ist nach Gl. (30) auch die bei solchen Kondensationen pro Minute eindringende und aus den einzudampfenden Flüssigkeiten sich entwickelnde Luft L bestimmt, und damit auch nach Gl. (22) bezw. (23) die nöthige Luftpumpenleistung v_0.

---

4. Zusammenstellung der bis jetzt gewonnenen Hauptformeln bei Mischkondensationen:

Ist t_0 die Temperatur des Kühlwassers,

t' die Temperatur des austretenden Heisswassers,

W die minutliche Kühlwassermenge in Litern oder kg,

D die minutlich zu kondensirende Dampfmenge in kg,

so wird das Kühlwasserverhältniss

$$n = \frac{W}{D} = \frac{570}{t' - t_0} \quad . \quad . \quad . \quad . \quad . \quad . \quad . \quad (3)$$

hieraus umgekehrt, wenn n (durch W und D) gegeben:

$$t' = \frac{570}{n} + t_0 \quad . \quad . \quad . \quad . \quad . \quad . \quad . \quad (6)$$

Die nöthige minutliche Ansaugeleistung v_0 cbm der Luftpumpe (die „reine Luftpumpe"), um einen Kondensatordruck p_0 Atm. abs. zu halten, muss sein:

bei Gegenstrom:
$$v_{0\,geg.} = \frac{L}{p_0 - d_{t_0 + a}} \,, \quad \ldots \quad \ldots \quad (22)$$

wo $p_0 = d_{t'} =$ dem Druck gesätt. Wasserdampfs v. d. Temp. t' $\Big\}$ in Atm.
u. $d_{t_0 + a} =$ „ „ „ „ „ „ „ $t_0 + a$ $\Big\}$ absolut,

$$\text{mit} \quad a = 4^0 + 0,1\,(t' - t_0) \ldots \ldots \ldots (17)$$

ist;

bei Parallelstrom:
$$v_{0\,par.} = \frac{L}{p_0 - d_{t'}} \,, \quad \ldots \quad \ldots \quad (23)$$

wo p_0 stets $> d_{t'}$ sein muss, sonst wird $v_{0\,par.} = \infty$

Dabei bedeutet in beiden Fällen (Gegenstrom und Parallelstrom) L die gesammte Luftmenge von atmosphärischer Spannung in cbm, die pro Minute in den Kondensator eintritt, und die gesetzt werden kann:

$$L = \frac{1}{1000} \cdot \left(\lambda . W + \mu . D \right) \quad \ldots \quad \ldots \quad (29)$$

oder auch
$$L = \left(\lambda + \frac{\mu}{n} \right) \cdot \frac{W}{1000} \quad \ldots \quad \ldots \quad (30)$$

mit dem Absorptionskoefficienten

$$\lambda = 0,02 \quad \text{konstant} \ldots \ldots \ldots (26)$$

und dem Undichtheitskoefficienten μ

a) bei Dampfmaschinen: $\mu = 1,80 + 0,01\,Z$ $\ldots$ (37)
bei groben Betrieben, wie bei Hüttenwerken u. dgl.,
bis $\mu = 1,80 + 0,006\,Z$ $\ldots$ (38)
bei feineren Betrieben, wie bei Elektricitätswerken u. dgl., und wobei $Z =$ Gesammtlänge der Abdampfleitungen in Metern;

b) bei Verdampfanlagen:
von Zuckerfabriken $\mu = 8$ konstant $\ldots$ (41)
von anderen Betrieben $\mu = ?$ (in jedem einzelnen Falle noch zu bestimmen).

Beispiel.

Die pro Minute zu kondensirende Dampfmenge sei $D = 300$ kg.
Das Kühlwasser sei nicht in unbeschränkter Menge vorhanden, sondern man verfüge pro Minute höchstens über $\ldots \ldots \ldots$ $W = 9000$ l oder kg
Die Kühlwassertemperatur sei $\ldots \ldots$ $t_0 = 20^0$
und man verlange ein Vakuum von $p_0 = 67$ cm $= 0,12$ Atm. abs.

I. Der zu kondensirende Dampf stamme aus Dampfmaschinen her, die an eine Centralkondensation angeschlossen sind, und sei dabei die Gesammtlänge der Abdampfleitungen $Z = 100$ m. Hat man es dabei z. B. mit Walzwerkmaschinen zu thun, bei denen nicht auf sorgfältigste Wartung zu rechnen ist, so ist der „Undichtheitskoefficient" nach Gl. (37) zu etwa

$$\mu = 1{,}80 + 0{,}01 . Z = 1{,}80 + 0{,}01 . 100 = 2{,}80$$

anzunehmen. — Will man nun:

a) eine Parallelstromkondensation

errichten, und nimmt man dabei die ganze vorhandene Kühlwassermenge in Verwendung, so ist das Kühlwasserverhältniss n nach Gl. (3) gegeben zu

$$n = \frac{W}{D} = \frac{9000}{300} = 30.$$

Damit findet sich die Temperatur des Ablaufwassers nach Gl. (6)

$$t' = \frac{570}{n} + t_0 = \frac{570}{30} + 20 = 39^0.$$

Also der dieser Temperatur entsprechende Druck gesättigten Wasserdampfes aus der Dampftabelle hinten

$$d_{t'} = d_{39} = 0{,}068 \text{ Atm. abs.}$$

Die pro Minute in den Kondensator mit dem Kühlwasser eingeführte und durch Undichtheiten eindringende Luft von äusserer Atmosphärenspannung ist nach Gl. (29)

$$L = \frac{1}{1000} \cdot \left(\lambda W + \mu D \right) = \frac{0{,}02 . 9000 + 2{,}8 . 300}{1000} = 0{,}18 + 0{,}84$$
$$= 1{,}02 \text{ cbm}$$

(auf 0,84 cbm durch Undichtheiten eindringende Luft kommen hier also 0,18 cbm im Wasser absorbirt gewesen Luft).

Diese Grössen von L, p_0 und $d_{t'}$ in Gl. (23) eingesetzt, erhält man die nöthige minutliche und effektive Ansaugleistung der reinen Luftpumpe;

$$v_{0\,par.} = \frac{L}{p_0 - d_{t'}} = \frac{1{,}02}{0{,}120 - 0{,}068} = \frac{1{,}02}{0{,}052} = 19{,}6 = \sim 20 \text{ cbm.}$$

Hat man es dann mit einer trockenen Luftpumpe zu thun, indem man das warme Wasser entweder durch eine besondere Warmwasserpumpe, oder aber durch ein 10 m hohes Fallrohr aus dem Kondensator abführt, so hat man unter Zugrundelegung eines

angemessenen volumetrischen Wirkungsgrades (bei guten Schieberpumpen 0,90—0,95) daraus das kolbendurchlaufene Volumen und
daraus die Dimensionen (Durchmesser, Hub und Umdrehzahl) der
trockenen Luftpumpe zu bestimmen.

Hat man aber eine nasse Luftpumpe, welche mit der Luft
auch zugleich das warme Wasser, also das eingeführte Kühlwasser
von $W = 9000$ l pro Minute und den zu $D = 300$ kg oder l
verdichteten Dampf abzuführen hat, so muss ihre effektive minutliche Ansaugeleistung betragen:

$$v_0 + \frac{W + D}{1000} = 20 + \frac{9000 + 300}{1000} = 29,3 \text{ cbm.}$$

Daraus sind mit einem passenden volumetrischen Wirkungsgrade,
der hier etwas kleiner, etwa zu 0,80 anzunehmen ist, die Dimensionen und die nöthige Umdrehzahl der nassen Luftpumpe zu
bestimmen.

Errichtet man aber statt solcher Parallelstromkondensation

b) eine Gegenstromkondensation,

so können wir vor allem das ablaufende warme Wasser sich vollständig bis auf die dem Gesammtdruck im Kondensator entsprechende
Temperatur t' erwärmen lassen, nach der Dampftabelle hinten also
für $p_0 = d_{t'} = 0,12$ bis auf $t' = 50^0$. Damit findet sich nach
Gl. (3) das Kühlwasserverhältniss

$$n = \frac{570}{t' - t_0} = \frac{570}{50 - 20} = 19$$

also braucht man von den vorhandenen 9000 l Wasser nur

$$W = n \cdot D = 19 \cdot 300 = 5700 \text{ l}$$

also nur $^2/_3$ zu nehmen.

Nach Gl. (29) ist die pro Minute im Kondensator auftretende
Luft von Atmosphärenspannung

$$L = \frac{1}{1000} \cdot \left(\lambda W + \mu D \right) = \frac{0,02 \cdot 5700 + 2,8 \cdot 300}{100} = 0,114 + 0,840$$
$$= 0,954 \text{ cbm.} \quad ^1)$$

---

^{1}) Von dieser Luft werden 0,84 cbm aufgelöst in 300 kg Dampf durch
das Abdampfrohr unten in den Kondensator eingeführt. Bei $p_0 = 0,12$ Atm.
hat 1 kg Dampf ein Volumen von $\sim$ 12 cbm. Obige 0,84 cbm Luft von Atmosphärenspannung finden sich also aufgelöst in $300 \cdot 12 = 3600$ cbm Dampf
und nehmen also auch dieses Volumen ein, haben also eine Spannung von
$l = \frac{0,84}{3600} = 0,00023$ Atm. Der Luftdruck l unten in diesem Gegenstromkonden-

Nach Gl. (17) wird das oben aus dem Kondensator abgesaugte Gasgemenge eine Temperatur haben, die um cirka

$$\alpha = 4 + 0{,}1\,(t' - t_0) = 4 + 0{,}1\,(50 - 20) = \sim 7^0$$

höher ist als die Temperatur t_0 des oben eintretenden Kühlwassers; sie wird also $t_0 + \alpha = 20 + 7 = 27^0$ sein, und der dieser Temperatur entsprechende Dampfdruck ist laut Dampftabelle hinten

$$d_{t_0 + a} = d_{27} = 0{,}0334 \text{ Atm.}$$

Alle diese Werthe von L, p_0 und $d_{t_0 + a}$ in Gl. (22) eingesetzt, erhalten wir die nöthige minutliche und effektive Ansaugeleistung der Luftpumpe bei Gegenstrom

$$v_0 = \frac{L}{p_0 - d_{t_0 + a}} = \frac{0{,}954}{0{,}120 - 0{,}034} = \frac{0{,}954}{0{,}086} = 11{,}1 = \sim 11 \text{ cbm,}$$

also nur etwa halb so gross als wie bei Parallelstrom.

II. Stammt der zu kondensirende Dampf aber aus **Verdampfapparaten einer Zuckerfabrik**, so ändert sich nur die pro Minute auftretende Luftmenge L, während das übrige gleich bleibt. Kondensirt man dann wieder

a) **nach Parallelstrom**

und nimmt wieder wie vorhin die ganze vorhandene Wassermenge W, so kommt mit $\mu = 8$ (Gl. 41) wieder nach Gl. 29

$$L = \frac{\lambda \cdot W + \mu \cdot D}{1000} = \frac{0{,}02 \cdot 9000 + 8 \cdot 300}{1000} = 0{,}18 + 2{,}40 = 2{,}58 \text{ cbm}$$

(die aus der einzudampfenden Flüssigkeit sich entwickelnden Gase zusammen mit der durch Undichtheiten eindringenden Luft betrügen also hier das ca. 13fache der im Kühlwasser absorbirten Luft); damit kommt die nöthige Ansaugeleistung der reinen Luftpumpe nach Gl. (23)

$$v_0 = \frac{L}{p_0 - d_{t'}} = \frac{2{,}58}{0{,}120 - 0{,}068} = \frac{2{,}58}{0{,}052} = 49{,}6 = \sim 50 \text{ cbm.}$$

---

sator bei der Eintrittsstelle des Dampfes und bevor dessen Kondensation beginnt, ist also streng genommen nicht $= 0$ sondern $= 0{,}00023$ Atm. Das ist aber — hier in diesem Beispiel, wie in allen solchen Fällen — so verschwindend wenig, dass wir S. 9 wohl allgemein sagen durften: der Luftdruck l werde unten in einem Gegenstromkondensator $= 0$, wenn nur die Luftpumpe eine bestimmte zu berechnende Grösse hat. Immerhin waren wir eine Nachweisung dieses Satzes schuldig.

Hätte man es dann mit einer nassen Luftpumpe zu thun, so müsste deren Gesammtleistung betragen:

$$v_0 + \frac{W + D}{1000} = 50 + \frac{9000 + 300}{1000} = 59,3 \text{ cbm.}$$

Kondensirt man aber hierbei

b) nach Gegenstrom,

so braucht man, um das gleiche Vakuum zu erhalten, wieder nur $W = 5700$ l Kühlwasser pro Minute zu nehmen; damit kommt

$$L = \frac{\lambda W + \mu D}{1000} = \frac{0,02 \cdot 5700 + 8 \cdot 300}{1000} = 0,114 + 2,400$$
$$= 2,514 \text{ cbm}$$

und damit

$$v_0 = \frac{L}{p_0 - d_{t_0 + a}} = \frac{2,514}{0,120 - 0,034} = \frac{2,514}{0,086} = 29,2 = \sim 30 \text{ cbm.}$$

Zusammenstellung der Resultate dieses Beispiels:

Für $D = 300$ kg, $t_0 = 20^0$ und $p_0 = 67$ cm $= 0,12$ Atm. wird:	bei	
	Parallelstrom	Gegenstrom
Kühlwassermenge pro Minute $W =$	9000 l	5700 l
Grösse der reinen Luftpumpe { bei Dampfmaschinen $v_0 =$	20 cbm	11 cbm
bei Verdampfapparaten $v_0 =$	50 cbm	30 cbm

Ein anderes Beispiel, aber nur für Dampfmaschinenkondensation durchgerechnet (und zwar beispielsweise mit $Z = 200$ m langen Abdampfleitungen, also nach Gl. (37) und (38) mit $\mu = 3,80$ bis 3,00 je nach der schlechteren oder besseren Instandhaltung, der Einrichtung, und wofür wir hier im Mittel $\mu = 3,40$ setzen wollen) möge folgendes sein:

Es sei gegeben:

die minutliche reine Luftpumpenleistung $v_0 = 20$ cbm
die zu kondensirende minutl. Dampfmenge $D = 800$ kg
die minutliche Menge des Kühlwassers $W = 20000$ kg
dessen Temperatur (auf Gradirwerk gekühlt $t_0 = 30^0$

so kann gefragt werden:

Welches Vakuum erhält man damit a) bei Parallelstrom?
b) bei Gegenstrom?

Bei beiden Kondensationsarten ist nach den gegebenen Zahlen

$$n = \frac{W}{D} = \frac{20000}{800} = 25$$

also

$$L = \left(\lambda + \frac{\mu}{n}\right)\frac{W}{1000} = \left(0,02 + \frac{3,4}{25}\right)\cdot 20 = 3,12 \text{ cbm.}$$

Damit kommt aus Gl. (23) für Parallelstrom:

$$\left(\text{mit } t' = \frac{570}{n} + t_0 = \frac{570}{25} + 30 = 53^0 \text{ also } d_{t'} = 0,14 \text{ Atm.}\right)$$

$$p_{0\,par.} = \frac{L}{v_0} + d_{t'} = \frac{3,12}{20} + 0,14 = 0,156 + 0,140 = 0,296 \text{ Atm.}$$

$$(= 53,7 \text{ cm})$$

und aus Gl. (22) für Gegenstrom:

$$(\text{mit } \alpha = 4 + 0,1\,(t'-t_0) = 4 + 0,1\,(53-30) = \sim 6^0,$$

also $$d_{t_0+\alpha} = d_{36} = 0,058 \text{ Atm.})$$

$$p_{0\,geg.} = \frac{L}{v_0} + d_{t_0+\alpha} = \frac{3,12}{20} + 0,058 = 0,156 + 0,058 = 0,214 \text{ Atm.}$$

$$(= 59,7 \text{ cm}).\,[1]$$

Wollte man aber auch bei Parallelstrom das gleiche Vakuum ($p_0 = 0,214$ Atm.) erzielen, das wir bei Gegenstrom erhalten haben, und zwar mit gleicher Menge des Kühlwassers und gleicher Temperatur desselben, so müssten wir die reine Luftpumpenleistung von 20 cbm vergrössern auf

$$v_{0\,par.} = \frac{L}{p_0 - d_{t'}} = \frac{3,12}{0,214 - 0,140} = \frac{3,12}{0,074} = 42 \text{ cbm}$$

und wäre es dabei eine „nasse" Luftpumpe, so müsste ihre Totalleistung sein

$$v_0 + \frac{W+D}{1000} = 42 + \frac{20000 + 800}{1000} = \sim 63 \text{ cbm.}$$

---

[1] Wäre die Kühlwassermenge nicht wie oben angenommen „gegeben" gewesen, sondern hätte man sie frei gewählt, so hätte — entsprechend $p_0 = 0,214$ — bei Gegenstrom das Kühlwasser sich erwärmen dürfen bis auf $t' = 62^0$; also hätte das Kühlwasserverhältniss nur zu sein brauchen

$$n = \frac{570}{t' - t_0} = \frac{570}{62 - 30} = \frac{570}{32} = 17,8$$

und man hätte zur Erreichung eines Kondensationsdruckes von $p_0 = 0,214$ Atm. nur eine minutliche Kühlwassermenge von

$$W = n \cdot D = 17,8 \cdot 800 = 14300 \text{ kg}$$

gebraucht, statt der wirklich verwendeten 20000 kg.

Nach Art dieser Beispiele kann, wenn von den fünf Grössen D, W, t_0, p_0 und v_0 vier durch die Umstände gegeben oder gewählt worden sind, aus unsern Formeln S. 44 immer die fünfte berechnet werden.

---

5. Verhältniss von Kühlwassermenge zu Luftpumpenleistung bei Gegenstrom. — Günstigste Luftpumpengrösse bei Parallelstrom. — Günstigste Kühlwassermenge bei gegebener Nassluftpumpe.

Auf einen Umstand haben wir noch hinzuweisen: Ist insbesondere die zu kondensirende Dampfmenge D, sowie die Temperatur t_0 des Kühlwassers gegeben, dieses aber in beliebiger Menge W vorhanden, und wird ein bestimmter Kondensatordruck (ein „Vakuum“) p_0 verlangt, so ist bei Gegenstrom eine bestimmte Kühlwassermenge W (die kleinstmögliche) und eine bestimmte Luftpumpenleistung $v_{0\,geg.}$ (ebenfalls die kleinstmögliche) nöthig, während man bei Parallelstrom beliebig viel Wasser nehmen kann, wenn man nur mehr nimmt als bei Gegenstrom, womit man dann aber auch verschiedene Luftpumpengrössen $v_{0\,par.}$ erhält, und zwar immer für das gleiche Vakuum.

Setzt man nämlich den Werth L der pro Minute in den Kondensator gelangenden Luft aus Gl. (30) in Gl. (22) und (23) ein, so erhält man

$$v_{0\,geg.} = \frac{\left(\lambda + \dfrac{\mu}{n}\right) \cdot \dfrac{W}{1000}}{p_0 - d_{t_0 + a}} \quad\ldots\ldots\ldots (42)$$

$$v_{0\,par.} = \frac{\left(\lambda + \dfrac{\mu}{n}\right) \cdot \dfrac{W}{1000}}{p_0 - d_{t'}} \quad\ldots\ldots\ldots (43)$$

Indem nun bei Gegenstrom das Wasser sich vollständig bis auf die dem verlangten Kondensatordruck p_0 entsprechende Temperatur t' erwärmen kann (wonach in Gl. (42) $p_0 = d_{t'}$ ist), so ist t' bestimmt; also nach Gl. (3) auch das nöthige Kühlwasserverhältniss $n = \dfrac{570}{t' - t_0}$, und damit auch die nöthige Kühlwassermenge $W = n \cdot D$; und damit ist schliesslich nach Gl. (42) auch die

nöthige Luftpumpenleistung v_0 eindeutig bestimmt, und kann man
Gl. (42) auch schreiben:

$$\frac{v_{0\ geg.}}{W : 1000} = \frac{\lambda + \dfrac{\mu}{n}}{p_0 - d_{t_0 + a}} \quad . \quad . \quad . \quad . \quad . \quad (44)$$

Hiernach ist bei Gegenstrom das Verhältniss der Luftpumpengrösse
zur Kühlwassermenge bei bestimmter Kühlwassertemperatur t_0 nur
noch vom verlangten Kondensatordruck p_0 abhängig und muss um
so grösser sein, je niedriger dieser Druck, je höher also das Vakuum
gewünscht wird. An einem Beispiel möge der Verlauf der Funktion

$$\frac{v_{0geg.}}{W : 1000} = f\,(p_0)$$ gezeigt werden:

Es sei $t_0 = 20^0$, und man habe nach Gl. (37) bezw. (38) für
den gerade vorliegenden Fall $\mu = 3$ als passend anzunehmen
befunden, während $\lambda = 0,02$ konstant ist.

Man wünsche nun einen Kondensatordruck (Vakuum) von:

$p_0 =$	0,40	0,30	0,20	0,10	Atm. abs
so entspricht dieser einer Warmwassertemperatur von: $t' =$	76^0	70^0	60^0	46^0	
also wird die Temperaturdifferenz: $t' - t_0 = t' - 20 =$	56^0	50^0	40^0	26^0	
damit nach Gl. (3) das Kühlwasserverhältniss: $n = \dfrac{570}{t' - t_0} =$	10,2	11,4	14,3	22	
und nach Gl. (17) die Uebertemperatur: $a = 4 + 0,1\,(t' - t_0) =$	10^0	9^0	8^0	7^0	
also der Dampfdruck im Gasgemenge der Luftpumpe: $d_{t_0 + a} = d_{20 + a} =$	0,041	0,039	0,037	0,034	Atm. abs.
Alle die Werthe von λ, μ, n, p_0 und $d_{t_0 + a}$ in Gl. (44) eingesetzt, findet sich das Verhältniss: $\dfrac{v_{0\ geg.}}{W : 1000} = \dfrac{0,02 + \dfrac{3}{n}}{p_0 - d_{20 + a}} =$	0,88	1,08	1,41	2,36	

In dem Schaubild Fig. 9 sind zu den Werthen von p_0 als Abscissen diese Werthe von $\frac{v_0}{W}$ als Ordinaten eingetragen. Ist danach beispielsweise die minutliche Kühlwassermenge $W = 10$ cbm, und gelangt eine solche Dampfmenge in den Kondensator, dass das Wasser sich auf $t' = 60^0$ erwärmt, so kann dabei das Vakuum auf $p_0 = 0{,}20$ Atm. gebracht werden; damit es thatsächlich das wird, muss die Luftpumpenleistung $v_0 = 1{,}41 \cdot 10 = 14{,}1$ cbm pro Minute betragen. Kommt nun in einer andern Periode des Betriebes bei gleichbleibender Kühlwassermenge so viel weniger Dampf in den Kondensator, dass sich das Wasser nur auf 46^0 erwärmt, so könnte nun bei Gegenstrom das Vakuum steigen bis

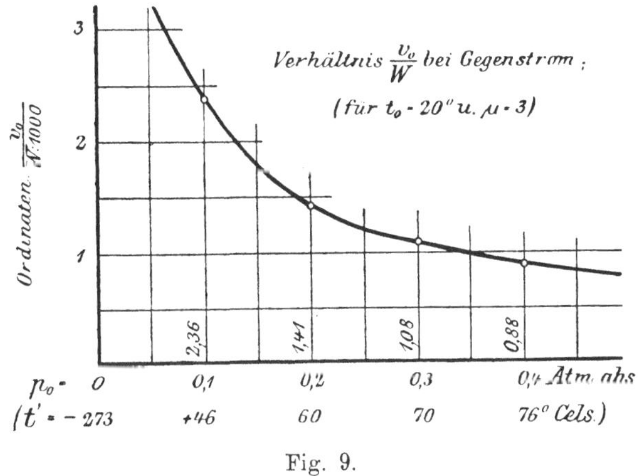

Fig. 9.

auf $p_0 = 0{,}10$ Atm. abs.; damit es das thut, muss nur die Luftpumpenleistung auf $v_0 = 2{,}36 \cdot 10 = 23{,}6$ cbm pro Minute erhöht werden. Erhöhen wir die Luftpumpenleistung n i c h t, so bleiben in Gl. (16) $p_{0\,geg.} = \frac{L}{v_0} + d_{t_0 + a}$ auf der rechten Seite die Grössen L, v_0 und t_0 die gleichen, nur a wird um etwa 1^0 C. kleiner werden, was aber den Dampfdruck $d_{t_0 + a}$ nur verschwindend wenig ändert; also sind in Gl. (16) rechts alle Grössen gleich geblieben; also hat sich der Kondensatordruck p_0 nicht verändert, sondern ist, trotzdem die Warmwassertemperatur t' von 60^0 auf 46^0, also um volle 14^0 gesunken ist, ohne entsprechende Vergrösserung der Luftpumpenleistung derselbe geblieben.[1] Auf diesen Umstand werden

---

[1] Blos in dem Falle, dass der Minderdampfverbrauch daher rührt, dass eine oder mehrere Maschinen abgestellt und sie ausserdem auch noch durch Schliessen eines Absperrventiles v o m A b d a m p f r o h r n e t z abgeschlossen

wir im Kapitel „Kondensation bei wechselndem Dampfverbrauch" zurückkommen. — Brauchen umgekehrt die an die Kondensation angeschlossenen Maschinen ein andermal m e h r Dampf, so dass die Temperatur des Warmwassers auf z. B. $t' = 70^0$ steigt, so k a n n dabei das Vakuum nicht höher als $p_0 = 0,30$ Atm. werden. Damit es das wird, braucht es eine Luftpumpenleistung von nur $v_0 = 10 \cdot 1,08 = 10,8$ cbm pro Minute. Belässt man aber diese in ihrer zuerst bestandenen Grösse von 14,1 cbm, so ist sie nun z u g r o s s; was in diesem Falle eintritt, werden wir im nächstfolgenden Abschnitt sehen. Eines aber sehen wir jetzt schon: Bei Gegenstromkondensation soll man die Luftpumpenleistung v_0 gegenüber der Kühlwasserzufuhr W u n a b h ä n g i g v e r ä n d e r l i c h machen; am einfachsten, indem man die Luftpumpe durch eine besondere kleine Dampfmaschine antreibt, deren Umdrehzahl man durch einen „Leistungsregulator"[1]) veränderlich macht. Natürlich braucht man dann nicht jeder kleinen Schwankung des Dampfverbrauches, also auch der Temperatur t' zu folgen; es genügt, für länger anhaltende Perioden die Umdrehzahl der Luftpumpe jeweilen wieder neu einzustellen; so wird man im Winter, wo das Kühlwasser kälter ist, also auch t' niedriger wird, also das erreichbare Vakuum unter entsprechender Vergrösserung von v_0 ein höheres wird, der Luftpumpe eine grössere Umdrehzahl geben als im Sommer. Dasselbe wird man thun, wenn z. B. an der Kondensation eines Walzwerkes eine sonst angeschlossene Walzenstrasse für längere Zeit ausser Betrieb gesetzt wird etc. etc.

Anders ist es bei P a r a l l e l s t r o m: Hier kann in Gl. (43)

$$v_{0\,par.} = \frac{\left(\lambda + \dfrac{\mu}{n}\right) \cdot \dfrac{W}{1000}}{p_0 - d_{t'}}$$

für einen verlangten Kondensatordruck p_0 der Dampfdruck $d_{t'}$ ganz beliebig gewählt werden, nur muss er $< p_0$ sein. Also können wir für t' beliebige Werthe wählen, wenn sie nur unter demjenigen Werthe bleiben, der einem Dampfdruck von p_0 entspricht; also erhalten wir nach Gl. (3) v e r s c h i e d e n e Werthe von $n = \dfrac{570}{t' - t_0}$, also

werden, dringt dann auch keine Luft durch die Stopfbüchsen dieser abgeschlossenen Maschinen mehr ein; in der Gleichung $p_{0\,geg.} = \dfrac{L}{v_0} + d_{t_0} + a$ wird also rechts L kleiner, also wird auch p_0 kleiner oder das Vakuum höher: aber nicht, weil nun w e n i g e r D a m p f, sondern weil nun w e n i g e r Luft in den Kondensator kommt.

[1]) Siehe Zeitschr. d. Vereins deutsch. Ing. 1891, S. 1065.

auch verschiedene Werthe von $W = n \cdot D$, und damit nach Gl. (43) auch verschiedene Werthe von v_0. Eine Annahme von t' wird dabei die günstigsten (kleinsten) Werthe von W und v_0 herbeiführen. Eine allgemeine Bestimmung dieser günstigsten Annahme von t' lässt sich nicht geben; man muss in jedem einzelnen Falle eben W und v_0 für eine Reihe von verschiedenen t' tabellarisch ausrechnen, und daraus die günstigsten Werthe auswählen, und werde das an folgendem Beispiele gezeigt:

Es sei pro Minute $D = 300$ kg Dampf zu kondensiren mit Kühlwasser von $t_0 = 20^0$, und der verlangte Kondensatordruck sei $p_0 = 0{,}12$ Atm. abs. ($= 67$ cm); und der Undichtheitskoefficient sei nach Gl. (37) bezw. (38) zu $\mu = 2{,}80$ bestimmt worden, während $\lambda = 0{,}02$ ist. (Es sind also die Werthe unseres ersten Beispieles S. 45 gewählt worden, damit man Vergleichungen anstellen kann.) Diese Zahlen in Gl. (43) eingesetzt, findet sich die nöthige Luftpumpenleistung

$$v_{0\,par.} = \frac{\left(0{,}02 + \dfrac{2{,}8}{n}\right) \cdot \dfrac{W}{1000}}{0{,}12 - d_{t'}}$$

Die dem Druck $p_0 = 0{,}12$ entsprechende Dampftemperatur ist $t' = 50^0$; dabei ist $d_{t'} = 0{,}12$, und damit wird $v_0 = \infty$; $t' = 50^0$ ist also der höchste Grenzwerth von t'. Der andere Grenzwerth von t' ist aber $t' = 20^0$, weil $t_0 = 20^0$, und unter die Kühlwassertemperatur t_0 kann natürlich die Temperatur des aus dem Kondensator austretenden Wassers nicht sinken; für diesen Grenzwerth von $t' = 20$ wird $n = \dfrac{570}{t' - t_0} = \dfrac{570}{0} = \infty$; also auch $W = n \cdot D = \infty$; also wird in obiger Gleichung auch $v_0 = \infty$. Zwischen diesen beiden Grenzwerthen von $t' = 20^0$ bis $t' = 50^0$, für welche beide $v_0 = \infty$ wird, können wir t' beliebig annehmen.

In der folgenden Tabelle nehmen wir in Zeile 1 t' an zu 20, 25, 30 . . . . 50^0.

In Zeile 2 schreiben wir die diesen Temperaturen entsprechenden Dampfdrücke $d_{t'}$ an.

In Zeile 3 berechnen wir nach Gl. (3) $n = \dfrac{570}{t' - t_0}$ mit $t_0 = 20^0$ die den verschiedenen Warmwassertemperaturen t' entsprechenden Kühlwasserverhältnisse n.

In Zeile 4 berechnen wir mit $D = 300$ die nöthige Kühlwassermenge (und zwar hier in Kubikmetern) $\dfrac{W}{1000} = \dfrac{n \cdot D}{1000} = 0{,}3 \cdot n$.

In Zeile 5 berechnen wir mit allen diesen Werthen die pro Minute in den Kondensator eindringende und im Kühlwasser eingeführte Luftmenge L von Atmosphärenspannung

$$L = \left(0{,}02 + \frac{2{,}8}{n}\right) \cdot \frac{W}{1000}$$

In Zeile 6 schreiben wir dann noch den Luftdruck l der Luftpumpe an, nämlich $l = p_0 - d_{t'} = 0{,}12 - d_{t'}$.

Durch Division der Werthe der Zeile 5 durch die der Zeile 6 erhalten wir in Zeile 7 die reine Luftpumpengrösse

$$v_0 = \frac{L}{l} = \frac{\left(0{,}02 + \dfrac{2{,}8}{n}\right) \cdot \dfrac{W}{1000}}{0{,}12 - d_{t'}}$$

Im Falle einer „nassen" Luftpumpe, die auch noch das warm gewordene Kühlwasser $\dfrac{W}{1000}$ cbm und den zu $\dfrac{D}{1000} = \dfrac{300}{1000} = 0{,}3$ cbm Wasser verdichteten Dampf wegzuschaffen hat, hat man zu v_0 noch $\dfrac{W+D}{1000} = \dfrac{W}{1000} + 0{,}3$ cbm zu addiren, und erhält so in Zeile 8 die nöthige totale Ansaugeleistung der nassen Luftpumpe.

Parallelstromkondensation mit
$D = 300$ kg; $t_0 = 20^0$; $p_0 = 0{,}12$ Atm. ($= 67$ cm) und $\mu = 2{,}8$.

		20	25	30	35	40	45	50^0	Celsius
1.	$t' =$	20	25	30	35	40	45	50^0	Celsius
2.	$d_{t'} =$	0,022	0,031	0,041	0,055	0,072	0,093	0,120	Atm. abs.
3.	$n = \dfrac{570}{t' - 20} =$	∞	114	57	38	28,5	22,8	19	
4.	$\dfrac{W}{1000} = 0{,}3 \cdot n =$	∞	34,2	17,1	11,4	8,55	6,48	5,7	cbm p. Minute
5.	$L = \left(0{,}02 + \dfrac{2{,}8}{n}\right) \cdot \dfrac{W}{1000} =$	∞	1,54	1,18	1,07	1,02	0,98	0,95	cbm p. Minute
6.	$l = 0{,}120 - d_{t'} =$	0,098	0,089	0,079	0,065	0,048	0,027	0	Atm. abs.
7.	$v_0 = \dfrac{L}{l} =$	∞	17,3	15	16,5	21,3	36,3	∞	cbm p. Minute
8.	$v_0 + \dfrac{W}{1000} + 0{,}3 =$	∞	51,8	32,4	28,2	30,15	43,44	∞	cbm p. Minute

Im Schaubild Fig. 10 sind die Werthe dieser Tabelle als Ordinaten zu den zugehörigen Temperaturen t' als Abscissen aufgetragen worden, nämlich die nöthige Kühlwassermenge $\dfrac{W}{1000}$ in Kubikmetern pro Minute, die nöthige Leistung v_0 der reinen Luftpumpe, und die nöthige Leistung $v_0 + \dfrac{W + D}{1000}$ einer Nassluftpumpe, ebenfalls in Kubikmetern pro Minute; ferner ist zur Vervollständigung

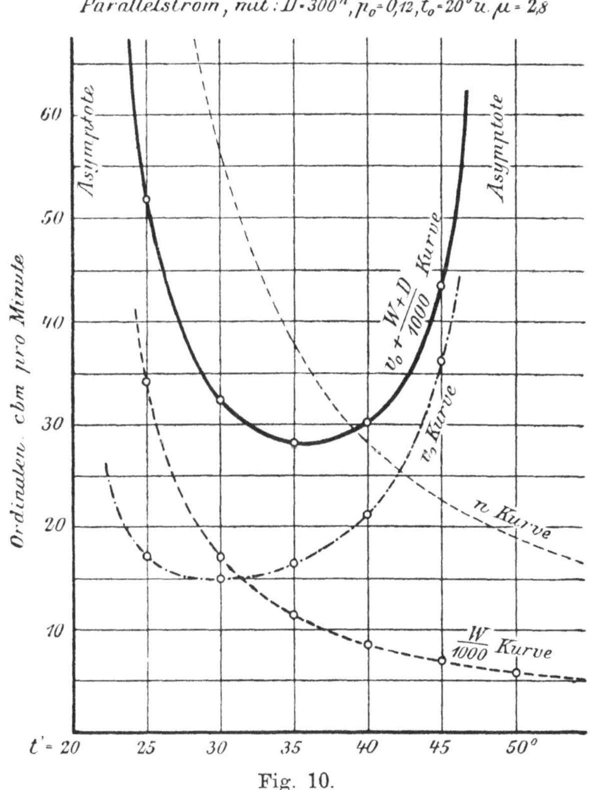

Fig. 10.

des Bildes noch die Kurve der Werthe des Kühlwasserverhältnisses n eingezeichnet.

Hat man es nun mit einer trockenen Luftpumpe zu thun (also z. B. bei einem Parallelstromkondensator nach Fig. 2, S. 5, mit Abfuhr des Warmwassers durch ein Fallrohr), so zeigt das Schaubild die kleinste Grösse der Luftpumpe mit $v_0 = \sim 15$ cbm bei etwa $t' = 30^0$, wobei aber das Kühlwasserverhältniss n den enormen Werth von ~ 57 haben, und man pro Minute etwa $\dfrac{W}{1000} = 17$ cbm Kühlwasser zugeben muss! Schon vom Standpunkt der Anschaffungskosten aus können das nicht die günstigsten zusammengehörenden Werthe von v_0 und W sein; denn wenn auch die Luftpumpe relativ klein wird, so werden die Wasserpumpe sammt Wasserrohrleitungen und Kondensatorkörper dafür um so grösser und theurer. Man wird eher die Luftpumpenleistung v_0 etwas grösser nehmen — weil eine trockene Luftpumpe mit der bei ihr zulässigen höhern Umdrehzahl für grössere Leistung nicht viel grösser und theurer wird, — um die Kühlwassermenge W und damit die Grösse der Wasserpumpen zu verkleinern. Nehmen wir z. B. eine Luftpumpe von $v_0 = \sim 20$ cbm, so sinkt $\dfrac{W}{1000}$ schon auf ~ 9 cbm (bei $n = \sim 30$). Dabei würden die Erstellungskosten der Kondensation viel kleiner. Die Sache muss aber auch noch vom Standpunkte der Betriebskosten aus untersucht werden, indem sowohl die Luftpumpe als die Wasserpumpe Betriebsarbeit erfordern, wobei die Arbeit der Wasserpumpe durch die örtlichen Verhältnisse (Höhenlage des vorhandenen Kühlwassers und Höhenlage der möglichen Abzuggräben für das Heisswasser) bedingt wird, also in jedem einzelnen Falle besonders ermittelt werden muss nach der in dem Abschnitt „Kraftbedarf" gegebenen Anleitung.

Hat man es aber mit einer Nassluftpumpe zu thun, so ergiebt sich diese aus dem Schaubild am kleinsten für etwa $t' = 35^0$, wobei etwa 12 cbm Wasser (also $n = \sim 38$) bei einer Totalleistung der Luftpumpe von etwa 28 cbm zu nehmen sind. Dabei ist aber durchaus nicht gesagt, dass diese kleinste, also auch billigste Nassluftpumpe auch in Hinsicht auf die Betriebskosten die günstigste sei. Vielmehr bleibt wieder zu untersuchen, ob die Betriebsarbeit der Pumpe nicht vielleicht erheblich kleiner wird, wenn man sie etwas grösser nimmt, wobei die Kühlwassermenge und die auf deren Förderung zu verwendende Arbeit kleiner wird. Gäben wir z. B. der Nassluftpumpe eine Totalleistung von 30 cbm (statt 28), so sänke dabei die nöthige Kühlwassermenge von 12 auf etwa 8,6 cbm. Auch dieser Fall der „Nassluftpumpe" wird in dem Kapitel „Kraftbedarf" weiter behandelt werden.

Ist auf diese Weise eine Nassluftpumpe berechnet und danach erstellt worden, so frägt es sich, wie sich der Kondensatordruck oder das Vakuum verhalte, wenn der Maschinist durch mehr oder weniger Oeffnen des Einspritzhahnes mehr oder weniger Kühlwasser eintreten lässt? Lässt er ganz wenig Wasser eintreten, so wird es sehr heiss, das Vakuum also sehr niedrig wegen des hohen Dampfdruckes $d_{t'}$ im Kondensator; giebt er umgekehrt sehr viel Wasser, so wird das Vakuum wiederum sehr niedrig, weil jetzt das viele Wasser in dem Luftpumpencylinder zu wenig Raum für die abzusaugende Luft freilässt, d. h. v_0 zu klein wird. Es giebt eine gewisse mittlere Wassermenge, eine gewisse mittlere Stellung des Einspritzhahnes, bei der das Vakuum ein Maximum wird. Wir haben also noch darzulegen, wie sich der Kondensatordruck p_0 bei einer gegebenen Nassluftpumpe mit Aenderung der Einspritzwassermenge ändert. Bei einer gegebenen Nassluftpumpe ist die Summe von geförderter Wasser- und Luftmenge konstant; man kann also setzen

$$v_0 + \frac{W + D}{1000} = C \ . \ . \ . \ . \ . \ . \ . \ . \ (45)$$

wo C für eine bestimmte Pumpe und eine bestimmte Hubzahl derselben eine konstante Grösse, das ganze minutliche Hubvolumen der Pumpe ist. Hieraus ergiebt sich der Theil des ganzen Hubvolumens der Nassluftpumpe, der auf die Förderung der Luft verwendet wird, zu

$$v_0 = C - \frac{W + D}{1000}$$

während der Rest für die Wasserförderung dient. Setzt man diesen Werth für v_0 in Gl. (43) ein, und rechnet daraus den Kondensatordruck p_0, so erhält man:

$$p_0 = \frac{\left(\lambda + \frac{\mu}{n}\right) \cdot \frac{W}{1000}}{C - \frac{W + D}{1000}} + d_{t'} = \frac{\left(\lambda + \frac{\mu}{n}\right) \cdot W}{1000\,C - (W + D)} + d_{t'}$$

Dividirt man Zähler und Nenner durch D und bedenkt, dass $\frac{W}{D} = n = $ dem Kühlwasserverhältniss ist, so schreibt sich diese Gleichung:

$$\left. \begin{aligned} p_0 &= \frac{n \cdot \lambda + \mu}{\dfrac{1000\,C}{D} - (n + 1)} + d_{t'} \\[2ex] t' &= \frac{570}{n} + t_0 \end{aligned} \right\} \quad . \ . \ . \ . \ (46)$$

wobei nach Gl. (6)

und die Kühlwassermenge $W = n \cdot D$ ist.

Ein Beispiel soll den Verlauf des Kondensatordruckes p_0 bei wechselndem Kühlwasserverhältniss n zeigen, und sei — wie in letztem Abschnitt — die totale Ansaugeleistung der gegebenen Nassluftpumpe an Wasser und Luft zusammen $C = 28$ cbm pro Minute, ferner $\mu = 2{,}80$, und wie immer $\lambda = 0{,}02$, und $t_0 = 20^0$, während die pro Minute zu kondensirende Dampfmenge zuerst wie im letzten Beispiele $D = 300$ kg sei. Setzen wir alle diese Werthe

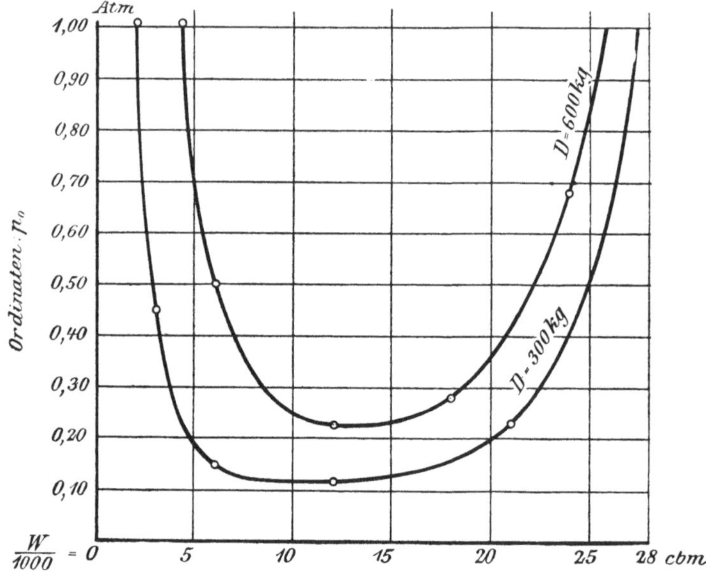

Fig. 11. Nassluftpumpe mit $C = v_0 + \dfrac{W + D}{1000} = 28$ cbm; $\mu = 280$; $t_0 = 20$.

in obige Gleichungen (46) ein, und rechnen die Werthe von p_0, t' und W für eine Reihe von Kühlwasserverhältnissen n aus, so erhalten wir

Für $n =$	7,1	10	20	40	70	92,3
wird $t' =$	100	77	48,5	34	28	26^0
und $p_0 =$	1,03	0,45	0,15	0,12	0,23	∞ Atm. abs.
und $\dfrac{W}{1000} =$	2,13	3	6	12	21	27,7 cbm.

In obigem Schaubild Fig. 11 sind diese Werthe des Kondensatordruckes p_0 als Ordinaten zu den zugehörigen Kühlwassermengen $\dfrac{W}{1000}$ als Abscissen aufgetragen, (die untere Kurve, für $D = 300$ kg). Man sieht, wie bei geringer Oeffnung des Einspritzhahnes, wenn z. B. pro Minute nur 3 cbm Wasser in den Kondensator gelangen, man nur ein schlechtes Vakuum von $p_0 = 0,45$ Atm. abs. Druck erhält; wie sich mit Mehreröffnung des Hahnes das Vakuum bessert, und bei etwa 12 cbm minutlicher Einspritzwassermenge ein Maximum von $p_0 = 0,12$ Atm. abs. erreicht, worauf es bei Zulassung von noch mehr Kühlwasser wieder fällt. Man sieht ferner, dass das Vakuum nahezu auf seinem günstigsten Stande bleibt, wenn die Kühlwassermenge von etwa 7 cbm bis auf etwa 16 cbm ansteigt; in Bezug auf die Höhe des erreichten Vakuums wäre es also ziemlich gleichgültig, ob der Maschinist 7, 10 oder 16 cbm Wasser pro Minute in den Kondensator saugen lässt; freilich in Bezug auf den Arbeitsverbrauch ist das nichts weniger als gleichgültig, und werden wir im Kapitel „Kraftbedarf" sehen, dass es sich immer empfiehlt, nur die kleinstmögliche Wassermenge zur Erzeugung eines bestimmten Vakuums zu verwenden.

Die erstgezeichnete Kurve von p_0 für verschiedene W bezieht sich auf eine bestimmte, zu kondensirende Dampfmenge von $D = 300$ kg pro Minute. Diese Dampfmenge kann aber ebenfalls wechseln, und um dann den Verlauf von p_0 zu zeigen, führen wir die ganz gleiche Rechnung wie vorhin für die gleiche Nassluftpumpe durch, wenn der Dampfverbrauch der kondensirten Maschinen z. B. auf das Doppelte, also auf $D = 600$ kg pro Minute steigt. Damit, und mit den gleichen Werthen von C, λ, μ und t_0 wie vorhin, erhalten wir aus den Gleichungen (46):

Für	n =	7,1	10	20	30	40	45,7
wird	t' =	100	77	48,5	39	34	32^0
und	p_0 =	1,08	0,50	0,23	0,28	0,68	∞ Atm. abs.
und	$\dfrac{W}{1000}$ =	4,26	6	12	18	24	27,4 cbm.

Auch diese Werthe von p_0 sind als Ordinaten zu den Abscissen $\dfrac{W}{1000}$ in dem Schaubild Fig. 11 eingetragen, und ist so die obere Kurve für $D = 600$ kg Dampf pro Minute erhalten worden. — Man sieht, wie hier das Vakuum überall kleiner wird als bei der geringern Dampfmenge von $D = 300$ kg, was ganz natürlich ist; man sieht aber ferner, dass bei ungefähr der gleichen Kühlwassermenge (von etwa 12 cbm) in beiden Fällen ($D = 300$ und $D = 600$ kg) je das mit dieser Nassluftpumpe erreichbare Vakuum das höchse ($p_0 = 0,12$ bezw. 0,23 Atm.) wird. Der Maschinist hat also auch bei veränderlichem Dampfverbrauch doch immer die gleiche Kühlwassermenge zu geben, diejenige, bei der er bei

irgend einem momentanen Dampfverbrauch das höchste Vakuum
erhält. Indem dann die durch den eingestellten Einspritzhahn
durchfliessende Wassermenge nicht direkt proportional der wirksamen Druckhöhe, sondern nur proportional der weniger veränderlichen Quadratwurzel aus dieser Druckhöhe ist, welche Druckhöhe
sich mit dem Vakuum ändert, ist die durch den eingestellten Einspritzhahn laufende Wassermenge auch nicht stark mit dem
wechselnden Vakuum veränderlich, woraus wiederum folgt, dass
der Maschinist die Stellung des Einspritzhahnes, die er bei irgend
einem Dampfverbrauch als die günstigste — das höchste Vakuum
gebende — gefunden hat, bei Nassluftpumpen ein für allemal belassen darf.

---

6. Parallelstromkondensation mit Nachkondensator.

Nachdem wir gesehen, wie bei Mischkondensation nach Gegenstrom im Gegensatz zu solcher nach Parallelstrom

      a) entweder zur Erreichung eines verlangten Vakuums er-
         heblich weniger Kühlwasser und erheblich kleinere Luft-
         pumpengrösse erforderlich ist,

oder aber

      b) wie mit gleicher Kühlwassermenge und gleicher Luft-
         pumpengrösse ein erheblich höheres Vakuum erzielt
         wird,

liegt die Frage nahe, ob man bestehende Parallelstromkondensationen, nicht hinsichtlich der nöthigen Kühlwassermenge — diese ist bei einer bestehenden Anlage ja gegeben —
wohl aber hinsichtlich des erreichten Vakuums auf Grund unserer
Lehren durch geeignete Mittel, wenn auch nicht auf die Höhe eines
reinen Gegenstromkondensators bringen, so doch wenigstens verbessern könne?

Dies kann man in der That, wenn man

      a) im Falle eines Parallelstromkondensators mit trockener
Luftpumpe das von dieser angesogene, sehr dampfreiche Gasgemenge nicht direkt in die Luftpumpe einführt, sondern es vorher
noch durch einen eingeschalteten, nach Gegenstrom gebauten
„Nachkondensator" führt, in welchem das Gasgemenge möglichst
entdampft wird;

      b) im Falle eines Parallelstromkondensators mit nasser Luft-
pumpe, wenn man zur Vermehrung der reinen Luftpumpenleistung

v_0 der Pumpe n o c h eine Luftpumpe — und dann zweckmässiger
Weise eine trockene — aufstellt, wobei man, um die Leistung
dieser zweiten Pumpe zu erhöhen, das von ihr angesogene dampf-
reiche Gasgemenge ebenfalls durch einen eingeschalteten, nach
Gegenstrom gebauten Nachkondensator führen kann, um es vor
Eintritt in diese Luftpumpe möglichst dampffrei, also möglichst mit
Luft angereichert zu machen.

Allgemeine Formeln lassen sich darüber nicht aufstellen; wir
wollen nur für beide Fälle je ein B e i s p i e l geben, wie solche
Nachkondensatoren zu betrachten und zu berechnen sind, und zwar
legen wir für diese Beispiele die schon S. 49 berechnete Kondensation zu Grunde, bei der man für $D = 800$ kg mit $W = 20\,000$ kg

(also $n = \dfrac{W}{D} = 25$) und $t_0 = 30^0$, (also $t' = 53^0$ und $d_{t'} = 0{,}14$ Atm.)

und mit $\mu = 3{,}40$ eine Luftmenge von $L = 3{,}12$ cbm pro Minute
bezogen auf Atmosphärenspannung aus dem Kondensator zu schaffen
hatte, wobei man mit einer Luftpumpe von $v_0 = 20$ cbm bei Parallelstrom einen Kondensatordruck von $p_0 = 0{,}296$ Atm. $(= 53{,}7$ cm
Vakuummeteranzeige) erhielt.

a) N a c h k o n d e n s a t o r bei P a r a l l e l s t r o m k o n d e n s a t i o n mit t r o c k e n e r
L u f t p u m p e.

C (Fig. 12) sei der ursprüngliche Parallelstromkondensator, aus
welchem das Rohr D_1 ursprünglich direkt zur trockenen Luftpumpe
führte, mit welcher Einrichtung man ein Vakuum von $p_0 = 0{,}296$ Atm.
$= 53{,}7$ cm erhielt. Nach unsern frühern Entwicklungen kann dies
Vakuum nur dadurch erhöht werden, dass die Luftpumpe, oder
eigentlich deren Leistung v_0, vergrössert wird, oder aber, dass
zwar die Luftpumpe dieselbe bleibt, aber deren luftabsaugende
Wirkung erhöht wird. Das letztere führen wir dadurch herbei,
dass wir das von der Luftpumpe bei D_1 abgesogene Gasgemenge
erst in einen kleineren Gegenstromkondensator C_1 — den „Nachkondensator“ — einführen, in welchem das Gasgemenge noch
weiter entdampft, also gehaltreicher an Luft wird, und es dann
erst in diesem günstigeren Zustande durch Rohr E der — gleich-
gebliebenen — Luftpumpe zuführen. In dem Gegenstrom-Nachkondensator C_1 gebe man auch Kühlwasser von $t_0 = 30^0$ bei, so
wird die Temperatur o b e n in diesem Nachkondensator nahezu auf
diese Temperatur t_0, sagen wir auf $t_0 + \alpha = 36^0$ sinken. Damit

wird der Druck des nun oben aus dem Nachkondensator abgesogenen Gasgemenges, der auch $=$ dem nun erniedrigten Drucke in allen Kondensationsräumen ist

$$p_{01} = l + d = \frac{L}{v_0} + d_{t_0 + a} = \frac{3{,}12}{20} + d_{36^0} = 0{,}156 + 0{,}058 = 0{,}214 \text{ Atm.}$$

$$= 59{,}7 \text{ cm}$$

und d a s ist das durch den Nachkondensator erzielte höhere Vakuum; es ist also um $59{,}7 - 53{,}7 = 6$ cm gestiegen.

Es fragt sich nun nur noch, wie viel W a s s e r (W_1) braucht der Nachkondensator? Zur Lösung dieser Frage muss man wissen, wie viel Dampf (D_1) aus dem Hauptkondensator in den Nachkondensator übertritt und in diesem noch kondensirt werden muss? Diese Dampfmenge ist dem Volumen nach die gleiche wie die übertretende Luftmenge, da Dampf und Luft sich vollständig durchdringen (D a l t o n's Gesetz). Man braucht also nur das unten in den Nachkondensator übertretende Luftvolumen (x) zu berechnen. Der Druck dieser Luft beim Austritt aus dem Hauptkondensator, wo die Temperatur $t' = 53^0$, also $d_{t'} = 0{,}14$ Atm., ist offenbar wieder

$$l = p_{01} - d_{t'} = 0{,}214 - 0{,}14$$
$$= 0{,}074 \text{ Atm.}$$

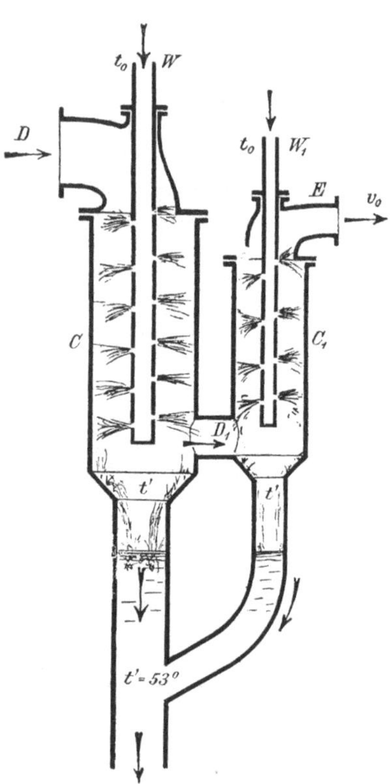

Fig. 12.

Anderseits nimmt aber die ganze Luftmasse, nachdem sie von der Luftpumpe ins Freie hinausgedrückt ist, ein Volumen von $L = 3{,}12$ cbm mit dem Druck $p = 1$ Atm. ein; wir haben also zur Bestimmung des unten aus dem Hauptkondensator übertretenden Luftvolumens x vom Drucke $l = 0{,}074$ nach dem Mariotte'schen Gesetze $(p \cdot v = p' \cdot v' = \text{Konst.})$, wobei wir die kleinen Aenderungen

von Volumen und Druck durch Temperaturänderungen vernachlässigen:

$$x \cdot l = L \cdot 1$$

oder

$$x \cdot 0{,}074 = 3{,}12 \cdot 1$$

woraus

$$x = \frac{3{,}12}{0{,}074} = 42 \text{ cbm pro Minute.}$$

Also strömen — in diesen 42 cbm Luft — auch 42 cbm Dampf,
und zwar von 53^0 in den Nachkondensator hinüber. Nun wiegt
1 cbm Dampf von $53^0 \sim 0{,}10$ kg; also strömen pro Minute

$$D_1 = 42 \cdot 0{,}10 = 4{,}2 \text{ kg Dampf}$$

in den Nachkondensator hinüber. Die Temperatur, auf die dieser
Dampf das Wasser erwärmen kann, kann höchstens $=$ der Temperatur $t' = 53^0$ sein, die er selber hat; und da der Nachkondensator nach Gegenstrom gebaut ist, wird er das Wasser auch soweit
erwärmen. Damit wird das Kühlwasserverhältniss

$$n_1 = \frac{570}{t' - t_0} = \frac{570}{53 - 30} = \frac{570}{23} = \sim 25$$

also wie im Hauptkondensator. Damit braucht der Nachkondensator
pro Minute an Wasser

$$W_1 = n_1 \, D_1 = 25 \cdot 4{,}2 = 105 \text{ kg oder l}$$

(also nur $\dfrac{105}{20\,000} = \sim {}^1/_2\,{}^0/_0$ der ganzen Kühlwassermenge). Dieses
Wasser führt an absorbirter Luft von Atmosphärenspannung

$$\frac{\lambda \cdot W_1}{1000} = \frac{0{,}02 \cdot 105}{1000} = 0{,}0021 \text{ cbm}$$

ein; das ist gegenüber der ursprünglich auftretenden Luftmenge von
$L = 3{,}12$ cbm so verschwindend wenig, dass wir in obiger Rechnung
die kleine Vermehrung der eintretenden Luft durch das Wasser
des Nachkondensators vernachlässigen durften; ferner haben wir
in obiger Rechnung angenommen, der kleine Nachkondensator gebe
auch keinen Anlass zu weiteren Undichtheiten, welche Annahme bei
der Kleinheit des Apparates auch wohl zulässig erscheint.

b) Nachkondensator bei Parallelstromkondensation mit nasser
Luftpumpe.

Mit der nassen Luftpumpe allein erhielten wir einen Kondensatordruck

$$p_0 = l + d_{t'} = \frac{L}{v_0} + d_{53^0} = \frac{3{,}12}{20} + 0{,}14 = 0{,}156 + 0{,}14 = 0{,}296 \text{ Atm.}$$

$$(= 53{,}7 \text{ cm})$$

Soll dieser Druck vermindert werden, so kann das nur durch Verkleinerung des Partialdruckes l der Luft geschehen, indem der Partialdruck $d_{t'}$ des Dampfes unveränderlich ist, bezw. sich nur durch Herabsetzung von t' durch Zugabe von mehr Kühlwasser vermindern liesse, welcher Ueberschuss an Wasser aber voraussetzungsgemäss nicht zur Verfügung steht. Die Verkleinerung des Luftdruckes $l = \dfrac{L}{v_0}$ lässt sich aber durch Vergrösserung der reinen Luftpumpenleistung v_0 in jedem beliebigen Maasse bewirken. Will man z. B. — wie im Falle a) — den Kondensatordruck von $p_0 = 0,296$ auf $p_{01} = 0,214$, also um 0,082 Atm. vermindern, so muss man nur den Luftdruck l in dem von der Pumpe angesogenen Gasgemenge um eben diese 0,082 Atm. vermindern, d. h. auf

$$l_1 = l - 0,082 = 0,156 - 0,082 = 0,074 \text{ Atm.}$$

herabbringen. Das geschieht, wenn die jetzige reine Luftpumpenleistung von $v_0 = 20$ cbm pro Minute vergrössert wird um ein Volumen x, so dass

$$l_1 = \frac{L}{v_0 + x}$$

oder

$$0,074 = \frac{3,12}{20 + x}$$

wird, woraus

$$x = 22 \text{ cbm}$$

Liesse sich die Hubzahl der vorhandenen nassen Luftpumpe beliebig steigern, so brauchte man nur die ursprüngliche Hubzahl auf das

$$\frac{v_0 + x + \dfrac{W + D}{1000}}{v_0 + \dfrac{W + D}{1000}} = \frac{20 + 22 + 20,8}{20 + 20,8} = 1,54 \,\text{fache}$$

zu erhöhen, um — bei gleichbleibendem W und D — die reine Luftpumpenleistung von 20 auf 42 cbm, und damit den Kondensatordruck von $p_0 = 0,296$ auf $p_{01} = 0,214$ Atm. zu bringen.

Lässt sich aber die Hubzahl der vorhandenen Nassluftpumpe nicht steigern, so muss man eine zweite — und dann zweckmässiger Weise eine trockene — Luftpumpe erstellen mit einer minutlichen Ansaugeleistung von $x = 22$ cbm, die man durch das Rohr E Fig 13 direkt an den vorhandenen Kondensationsraum C anschliessen kann.

Damit diese zweite Luftpumpe, die pro Minute $x = 22$ cbm Luft vom Drucke $l_1 = 0,074$ Atm. ansaugen soll, kleiner wird, kann

man wieder — wie im vorhergehenden Falle a) — einen nach
Gegenstrom gebauten Nachkondensator C_1 einschalten, durch den
man das von ihr angesogene Luft- und Dampfgemisch streichen
lässt, bevor es dann durch Rohr E_1 in diese Hilfsluftpumpe gelangt,
und wodurch jenes Gasgemisch wieder möglichst entdampft, also
luftreicher wird, womit die Luftpumpe eben kleiner werden kann,
und dabei doch die gleiche Luftmasse absaugt, weil sie nun die
Luft in dichterem Zustande zu fassen kriegt. Geben wir in dem

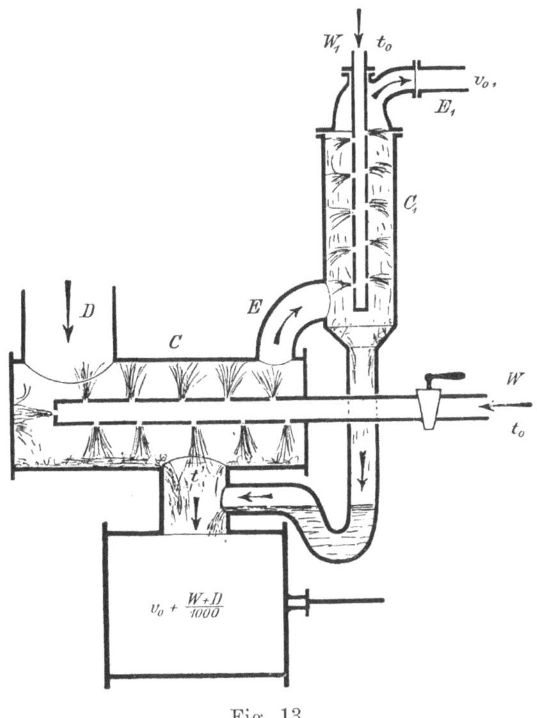

Fig. 13.

Gegenstrom-Nachkondensator C_1 wieder Kühlwasser von $t_0 = 30^0$
bei, und herrsche oben in diesem Kondensator wieder eine Temperatur von $t_0 + \alpha = 36^0$, so ist der Partialdruck der Luft oben in
diesem Kondensator, (indem der Gesammtdruck überall in allen
Kondensationsräumen nunmehr $p_{01} = 0,214$ Atm. geworden),

$$l_{11} = p_{01} - d_{t_0 + \alpha} = 0,214 - d_{36} = 0,214 - 0,058 = 0,156 \text{ Atm.}$$

Um bei diesem Drucke l_{11} pro Minute eine Luftmasse von $x =$
22 cbm, aber einem Drucke von $l_1 = 0,074$ Atm. abzusaugen, bedarf

es einer Luftpumpe von v_{01} cbm Minutenleistung, die sich nach Mariotte ($p \cdot v =$ Konst.) findet aus:

$$v_{01} \cdot l_{11} = x \cdot l_1$$
$$v_{01} = \frac{x \cdot l_1}{l_{11}} = \frac{22 \cdot 0{,}074}{0{,}156} = 10{,}4 \text{ cbm}$$

Mit Einschaltung des Gegenstrom-Nachkondensators C_1 braucht also die trockene Hilfsluftpumpe eine minutliche Ansaugeleistung von nur 10,4 cbm zu haben, während sie ohne den Nachkondensator eine Minutenleistung von 22 cbm haben müsste.

Es fragt sich auch hier wieder, wie viel Wasser W_1 der Nachkondensator pro Minute bedarf. Auch hier muss man wissen, wie viel Dampf pro Minute durch das Rohr E in den Nachkondensator übertritt. Nach dem Dalton'schen Gesetze ist dies Dampfvolumen $=$ dem durch Rohr E übertretenden Luftvolumen, weil Luft und Dampf sich vollständig durchdringen. Das pro Minute übertretende Luftvolumen ist aber vorhin zu $x = 22$ cbm berechnet worden; also strömt auch gleichzeitig in dieser Luft aufgelöst ein ebensolches Volumen Dampf über, und zwar von $t' = 53^0$, bei welcher Temperatur 1 cbm Dampf $\sim$ 0,10 kg wiegt. Also strömen pro Minute $D_1 = 22 \cdot 0{,}10 = 2{,}2$ kg Dampf in den Nachkondensator, die das Kühlwasser von $t_0 = 30^0$ auf $t' = 53^0$ erwärmen, so dass 1 kg Dampf

$$n = \frac{570}{t' - t_0} = \frac{570}{53 - 30} = 25 \text{ kg Kühlwasser, also die } D_1 = 2{,}2 \text{ kg}$$

Dampf $\qquad W_1 = n \cdot D_1 = 55$ kg oder l

Kühlwasser pro Minute brauchen, also verschwindend wenig.

Unter sonst den gleichen Umständen hätte man bei reinem Gegenstrom (nach der Fussnote S. 50) das gleiche Vakuum von $p_{01} = 0{,}214$ Atm. $= 59{,}7$ cm erhalten mit $W = 14{,}3$ cbm und $v_0 = 20$ cbm pro Minute.

In der folgenden Tabelle sind die verschiedenen Fälle zusammengestellt:

	p_0	$W + W_1$	$v_0 + v_{01}$
1. { Ursprüngliche Parallelstromkondensation mit trockener oder nasser Luftpumpe }	0,296 Atm. $=$ 53,7 cm	20 cbm	20 cbm
2. { Parallelstromkondensation mit trockener Luftpumpe und Nachkondensator }	0,214 „ $=$ 59,7 „	20,105 „	20 „
3. { Parallelstromkondensation mit nasser Luftpumpe und einer zweiten trockenen Hilfsluftpumpe }	0,214 „ $=$ 59,7 „	20 „	42 „
4. { Wie unter 3, aber noch mit einem Nachkondensator }	0,214 „ $=$ 59,7 „	20,055 „	30.4 „
5. Reiner Gegenstromkondensator	0,214 „ $=$ 59,7 „	14,3 „	20 „

Durch die geschilderten Hilfsmittel ist also hier das Vakuum der ursprünglichen Parallelstromkondensation um $\sim$ 6 cm erhöht worden, und zwar:

in allen Fällen ohne nennenswerthe Vermehrung des Kühlwassers,
dann bei trockener Luftpumpe auch ohne deren Vergrösserung,
dagegen bei nasser Luftpumpe unter Beifügung einer weiteren trockenen Luftpumpe,

wobei aber in allen Fällen ungefähr anderthalb mal soviel Kühlwasser gebraucht wird als bei reinem Gegenstrom.

Hat man eine Parallelstromkondensation mit Fallrohr und trockener Luftpumpe, deren Vakuum verbesserungsbedürftig ist, so wird man übrigens nicht einen besonderen Gegenstrom-Nachkondensator einschalten, sondern den Parallelstromkondensator durch einen richtigen Gegenstromkondensator ersetzen, was in solchem Falle ohne zu weit gehende Aenderung der ganzen Anlage möglich sein wird.

Handelt es sich dagegen um Verbesserung einer Parallelstromkondensation mit nasser Luftpumpe, z. B. etwa einer grösseren Centralanlage, wo man sich scheut, die ganzen vorhandenen Einrichtungen wegzuwerfen, so kann man in der That den Effekt in der angegebenen Weise erhöhen durch Beigabe einer weiteren — trockenen — Luftpumpe, und zwar entweder ohne, oder aber besser mit Einschaltung eines Gegenstrom-Nachkondensators. —

* * *

7) Ausführung,

besonders der Weiss'schen Gegenstromkondensation; Besprechung verschiedener Einzelheiten; Ueberschreitung des physikalisch möglichen Vakuums und Abhilfe dagegen; v_0 und W von einander unabhängig machen; Kühlwasserzertheilung und Zeit zum Kondensiren des Dampfes.

Die Einrichtung der gewöhnlichen Einspritz-Kondensation mit nasser Luftpumpe dürfen wir als bekannt voraussetzen, und gehen gleich zur Beschreibung einer Gegenstromkondensation über, die unter dem Namen

Weiss'sche Gegenstrom-Kondensation

bekannt geworden ist, und deren wichtigere Einzelheiten der „Sangerhauser Aktien-Maschinenfabrik" und dem Verfasser patentirt sind. Fragen allgemeiner Natur, die auch für gewöhnliche Einspritzkondensatoren gleichermassen Bedeutung haben, wie z. B. die Kühlwasserzertheilung im Kondensationsraum, werden hier mit besprochen.

In Fig. 14 ist eine solche Kondensation dargestellt. In den hochliegenden Kondensatorkörper C strömt unten durch das Rohr B der zu kondensirende Dampf ein; durch Rohr D tritt, von der Kühlwasserpumpe M gehoben, oben das Kühlwasser ein, erwärmt sich, indem es den ihm entgegenströmenden Dampf kondensirt, und geht als warmes Wasser durch das unter dem Wasserspiegel des Heisswasserbassins ausmündende Fallrohr A ab, während oben aus dem Kondensatorkörper durch die Rohre E_1 E von der trockenen Luftpumpe L die Luft abgesogen wird, welche Luftpumpe von der Dampfmaschine T angetrieben wird.

Zur Festlegung der Höhen geht man von dem Warmwasserspiegel $z - z$ (oder eigentlich von einer, dessen Höhenlage bestimmenden Überfallkante) aus. Hat man dann natürliches Kühlwasser — Grundwasser aus einem Brunnen, Wasser aus einem Bache, einem See, etc. — in genügender Menge zur Verfügung, das man in solchem Falle, nachdem es gedient und sich erwärmt hat, fortlaufen lässt, so legt man jenen Wasserspiegel so tief als die örtlichen Verhältnisse (höchster Grundwasserstand, Hochwasser eines benachbarten Flusses, vorhandene Abzugskanäle etc.) gestatten, ohne dass man einen Rückstau des ablaufenden Wassers zu befürchten hat. Ist dagegen nicht genügender Zulauf frischen Wassers vorhanden, muss man sich daher immer einer und derselben Wassermenge wieder bedienen, indem man selbe auf einem Gradirwerk oder dgl. immer wieder abkühlt, so ist man in der Wahl der Höhenlage des Warmwasserspiegels $z - z$ frei, und wird denselben dann in der Regel auf die Höhe des natürlichen Bodens legen.

Alsdann legt man die Unterkante des Kondensatorkörpers um die Wasserbarometerhöhe b (etwa 10 m in Gegenden mittlerer Meereshöhe, bis 11 m in tiefgelegenen Gegenden an der Meeresküste, wo der Barometerstand bis auf 800 mm steigen kann) über jenen vorher festgelegten Wasserspiegel $z-z$, so dass auch bei höchstem Vakuum- und Beharrungszustand das Fallwasser nicht bis in den Kondensatorkörper hinaufgezogen werden kann. In dem Fallrohr A bleibt dann eine Wassersäule von einer Höhe h hängen, die gleich dem Ueberschuss der atmosphärischen über die dem Druck p_0 im Kondensator entsprechenden Wassersäule ist. So lange sich weder der Druck im Kondensator noch der äussere Luftdruck ändert, bleibt h konstant, der Wasserspiegel $x-y$ im Fallrohr auf gleicher Höhe, indem unten aus diesem Rohr gerade so viel Wasser austritt als oben zuläuft.

Durch Druckschwankungen im Kondensator kann die im Fall-

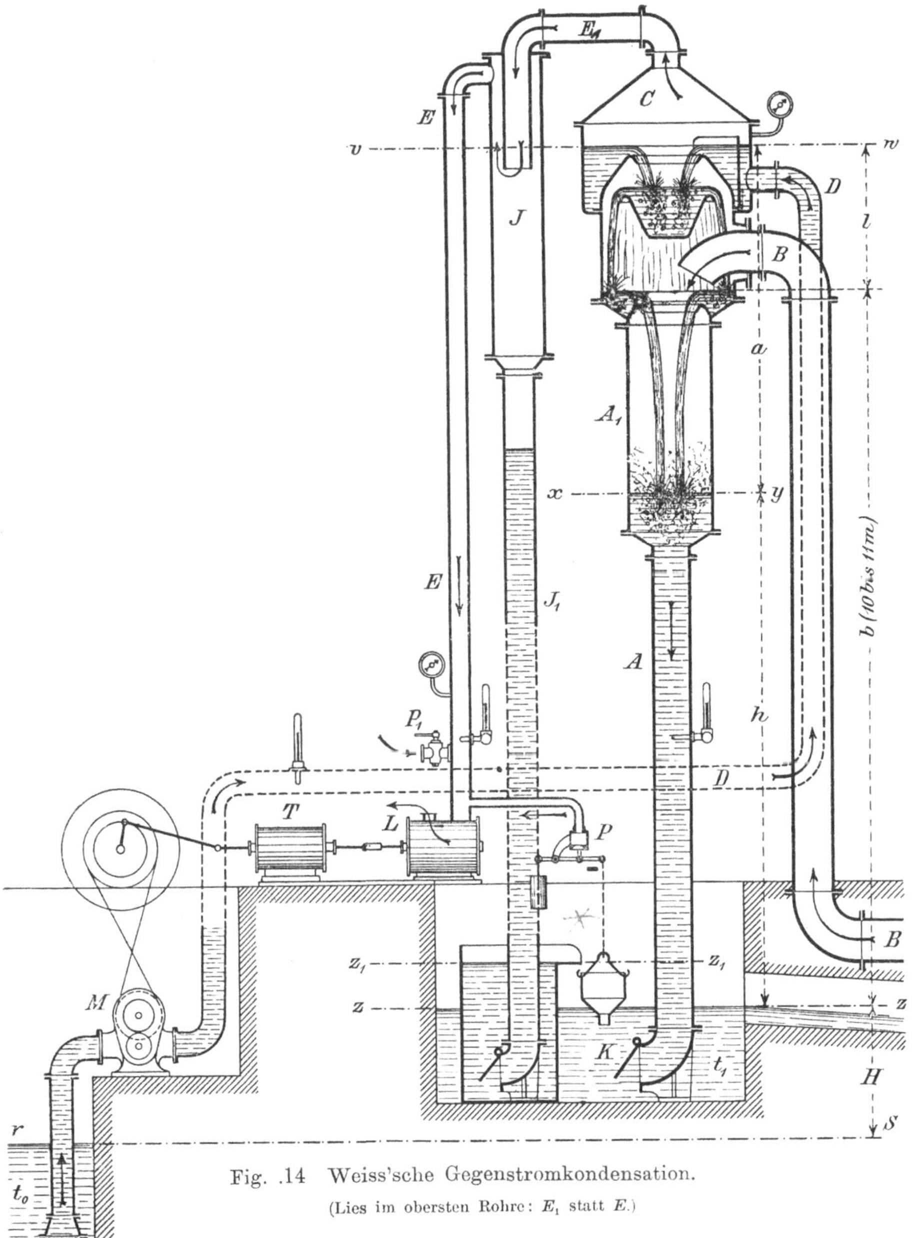

Fig. .14 Weiss'sche Gegenstromkondensation.
(Lies im obersten Rohre: E_1 statt E.)

rohr A frei hängende Wassersäule in vertikale Schwingungen gerathen — wie auch die Quecksilbersäule eines gewöhnlichen Baro-
meters bei der geringsten Bewegung desselben stark auf- und
niederzuschwanken beginnt — und könnte dabei das Fallwasser
bis in das Abdampfrohr B hinaufschlagen und in dieses zurücklaufen. Solche Schwingungen der Fallwassersäule verhindern wir
durch eine unten am Fallrohre angebrachte, nach aussen sich öff-
nende Rückschlagklappe K, welche wohl Schwingungen nach abwärts zulässt, solche nach aufwärts aber im Entstehen unterdrückt
und damit das Abfallrohr B vor solchem Hineinlaufen von Abwasser
sichert.

Mit Bezug auf Fig. 14 liege der Kühlwasserspiegel $r—s$ um
H m unter dem Heisswasserspiegel $z—z$, und um $H + b + l$ m unter
dem Oberwasserspiegel $v—w$ im Kondensator; dann ist die that-
sächliche Druckhöhe h_0 unserer direkt in den Kondensator hinein-
pumpenden Kühlwasserpumpe — abgesehen von den bei weit genug
zu nehmenden Rohren geringfügigen Widerständen — gleich dem
Vertikalabstand vom Kühlwasserspiegel $r—s$ und Oberwasserspiegel
$v—w$, vermindert jedoch um die Saughöhe h, indem die Saugkraft des Kondensators auch im Kaltwasserrohr D eine Wassersäule
von der vorhin definirten Höhe h schwebend erhält; d. h. die Druckhöhe der Kaltwasserpumpe ist

$$h_0 = H + b + l — h = H + a.$$

Liegt der Kühlwasserspiegel über dem Heisswasserspiegel, so wird
H negativ, und liegt ersterer um die Höhe a über letzterem, d. h.
wird $H = — a$, so wird $h_0 = 0$, d. h. die Pumpe hat keine Arbeit
mehr zu verrichten; und liegt der Kühlwasserspiegel noch höher,
so wird die Arbeit der Kühlwasserpumpe sogar negativ, d. h. sie
könnte — theoretisch gesprochen — noch Arbeit zurückgeben. In
solchen Fällen, wo der Kühlwasserspiegel so hoch liegt, dass $h_0 = 0$
oder negativ wird, saugt der Kondensator sein Wasser selbstthätig
an, und könnte man die Kühlwasserpumpe weglassen. Der Betriebssicherheit wegen thun wir aber das nicht; würde nämlich
das Vakuum im Kondensator — z. B. infolge plötzlich vermehrten
Dampfzuflusses — auch nur einen Augenblick unter diejenige
Grenze sinken, bei der der Kondensator das Kühlwasser noch ansaugt, und würde also der Kühlwasserzufluss in diesem Augenblick
aufhören, so würde sich der Kondensator sofort erhitzen, das Vakuum dauernd weggehen, und er sein Wasser gänzlich fallen lassen,
und die Kondensation aufhören. Sie könnte dann nur wieder in
Gang gebracht werden durch Abstellen der Maschinen und Ab-

kühlenlassen des Kondensators. Deswegen wenden wir unter allen Umständen eine Kühlwasserpumpe an, deren Arbeit aber immer die kleinstmögliche ist, weil die Saugkraft des Kondensators dabei immer ganz und voll ausgenutzt wird.

Als Kühlwasserpumpe darf nicht eine Centrifugalpumpe genommen werden, sondern es muss eine Kolbenpumpe, entweder eine gewöhnliche mit geradlinig bewegtem Kolben, oder eine Drehkolbenpumpe (Kapselrad) angeordnet werden. Die Druckhöhe dieser Pumpe ist nämlich veränderlich mit dem veränderlichen Vakuum; ja anfangs, jeweilen bei einer neuen Wiederinbetriebsetzung der Kondensation, wenn noch gar kein Vakuum im Kondensator vorhanden ist, hat sie für eine kurze Zeit die volle Druckhöhe $H + b + l$ zu überwinden; das könnte eine Centrifugalpumpe nur, wenn man ihre Umdrehzahl für diese Zeit entsprechend steigern würde, was aber praktisch nicht durchführbar ist. Kolben- oder Drehkolbenpumpen überwinden aber jene vorübergehend gesteigerte Druckhöhe ohne Zuthun, blos unter gesteigertem Arbeitsverbrauch. In Fällen, wo die Druckhöhe h_0 negativ ist, d. h. wo die Saugkraft des Kondensators allein schon zum Ansaugen des Wassers genügt, die Kühlwasserpumpe im normalen Betrieb also keinen Arbeitsaufwand veranlasst, dient sie auch noch dazu, ein Leersaugen des Kühlwasserbehälters, des Brunnens etc. — was wiederum Betriebsstörung bedeuten würde — zu verhindern, indem sie nur die durch ihre Umdrehzahl bestimmte Wassermenge durchlässt. In solchem Falle darf dann die Kühlwasserpumpe auch keine gewöhnliche geradlinig bewegte Kolbenpumpe sein, welche durch ihre sich selbst öffnenden Ventile Wasser in ungemessener Menge durchströmen lassen würde, sondern sie muss in solchem Falle eine Drehkolbenpumpe sein.

Für die trockene Luftpumpe (L, Fig. 14) wird man — wie überhaupt immer, wo trockene Vakuumpumpen gebraucht werden — seit die bekannten „Burckhardt & Weiss" Schieberpumpen (s. Zeitschrift des Vereins deutsch. Ing. 1885, S. 929) eingeführt worden, eine Schieberluftpumpe mit Druckausgleich nehmen; diese eignen sich vermöge ihrer grossen Betriebssicherheit und ihres hohen volumetrischen Wirkungsgrades als trockene Vakuumpumpe viel besser als die früher verwendeten Klappen- und Ventilpumpen.

In Abschn. 3 S. 19 haben wir die nöthige Luftpumpengrösse berechnet und gezeigt, dass es zur Erreichung desjenigen Vakuums, das der Temperatur des ablaufenden heissen Wassers entspricht, also des „physikalisch möglichen Vakuums", welches bei Gegenstrom auch thatsächlich erreicht wird, einer ganz bestimmten Luftpumpengrösse bedarf. Zur Berechnung dieser Grösse bedurften wir der Kenntniss der von aussen in die Kondensatorräume eindringenden Luftmenge. Wir konnten aber — und das wird auch in alle Zukunft so bleiben — nur Anhaltspunkte geben, diese Luftmenge zu schätzen. Es wird also auch vorkommen, dass man die Luftmenge überschätzt, und erhält man dann eine zu grosse Luftpumpe.[1]) Aber auch, wenn man für eine bestimmte Kondensation und für einen bestimmten Dampfverbrauch der kondensirten Maschinen gerade die richtige Grösse der Luftpumpe getroffen hat, so wird sie doch wieder zu gross, sobald der Dampfverbrauch steigt, das Ablaufwasser also wärmer und damit das physikalisch mögliche Vakuum niedriger wird, siehe Abschn. 5, S. 53. Ist die Luftpumpe zu klein, so erreicht man eben das physikalisch mögliche Vakuum nicht völlig; was aber tritt ein, wenn die Luftpumpe zu gross ist?

Wir schildern hier nur die dabei auftretenden Vorgänge, die Thatsachen, wie wir sie beobachtet haben und sie immer wieder beobachten können. Die Physik derselben ist noch nicht völlig aufgeklärt, was wir hierüber sagen, mag nur andeuten, wie man sich die Erscheinungen etwa vorstellen kann. Dagegen geben wir die gefundenen Hilfsmittel, mit denen wir diese Vorgänge in unschädliche Bahnen lenken und sie beherrschen, und bilden diese mit eine der Haupteinrichtungen unserer speciellen Gegenstromkondensation, indem ohne sie die Betriebssicherheit einer solchen nicht gewährleistet ist.

Ist die Luftpumpe zu gross gerathen, so will sie ein grösseres Volumen Luft aus dem obern Theile des Kondensators absaugen als dort vorhanden ist. Deswegen zieht sie nun auch Dampf, und zwar heissen Dampf, aus den untern Schichten des Kondensators nach oben; dort ist es aber wegen des dort eintretenden Kühlwassers kühl, also kondensirt dort oben dieser heraufgezogene Dampf, wofür wieder neuer Dampf von unten nachströmt, der wieder kondensirt, u. s. w. Die Kondensation des heissen Dampfes verlegt sich also aus den untern und mittlern Schichten des Kondensators, wo sie stattfinden sollte, wenigstens theilweise nach oben; ferner strebt die zu grosse Luftpumpe auch das Vakuum über dasjenige zu erhöhen, das der Temperatur des Ablaufwassers entspricht, und wird es auch etwas darüber erhöhen; die Folge wird sein,

---

[1]) Unter dem kürzeren Ausdruck „Luftpumpengrösse" verstehen wir hier immer die minutliche Ansaugeleistung v_0 der Luftpumpe, um nicht immer umständlich sagen zu müssen: eine zu grosse Luftpumpe, oder eine solche, deren Hubzahl zu gross ist.

dass nun auch ein Theil des heissen Wassers aus den untern Theilen des Kondensators und aus dem Fallrohr verdampft und ebenfalls als Dampf in die Höhe geht und sich oben am kalten Kühlwasser kondensirt. Diese Ursachen scheinen — entgegen dem Gesetz der Schwere — einen Stau des Wassers nach oben zu bewirken. Beobachtete Thatsache ist, dass, sobald das physikalisch mögliche Vakuum durch eine zu grosse Luftpumpe überschritten werden will, der Luftpumpencylinder, wenn sein Saugrohr E direkt zum obern Theile des Kondensators führt (also direkt mit Rohr E_1, Fig. 14, verbunden ist, oder eine glatte Fortsetzung dieses Rohres bildet), sofort voll Wasser läuft; dabei hört der Wasseraustritt aus dem Fallrohr A auf; das Abdampfrohr B bleibt dabei von Wassereintritt völlig verschont, dagegen zeigt sich ein Sinken des Vakuums. Um nun die trockene Luftpumpe vor dem Ansaugen von Wasser in solchen Momenten zu schützen, führen wir ihr Saugrohr E nicht direkt zum Kondensator, sondern lassen das Rohr E_1 zuerst in einen Wasserabscheider J treten, und erst aus diesem führt das Saugrohr E zur Luftpumpe. Damit wurde, wie die Erfahrung gezeigt, der Uebelstand des Wasserübertretens zur Luftpumpe vollständig behoben; alles übergerissene Wasser läuft durch Fallrohr J_1 ab und der Luftcylinder bleibt gänzlich von Wasser verschont.

Dann zeigte sich aber ein Zweites: Wenn bei Ueberschreitung des physikalisch möglichen Vakuums der Wasseraustritt aus dem Fallrohr A sich in das Fallrohr J_1 hinüberverlegt, so will dieser abnormale Zustand nicht wieder aufhören. Er soll aber so rasch als möglich wieder in den normalen Zustand — Wasseraustritt durch A — zurückgeführt werden, weil — wie oben bemerkt — während jenes Zustandes das Vakuum sinkt. Wir haben nun gefunden, dass der normale Zustand sofort wieder herbeigeführt wird, wenn man Luft in den Kondensator eintreten lässt durch etwelches Oeffnen eines Lufteinlasshahns P_1: sofort verlegt sich der Wasseraustritt wieder in das richtige Fallrohr A hinüber, und steigt das Vakuum wieder auf die richtige Höhe. Offenbar muss man dabei so viel Luft eintreten lassen, dass selbe, nachdem sie sich im Kondensator ausgedehnt hat, gerade das Plus ersetzt, um welches die Ansaugeleistung der Luftpumpe zu gross war. Wird gerade nur so viel Luft eingelassen, so sinkt dadurch das Vakuum nicht, sondern bleibt auf dem physikalisch möglichen stehen. Dieser Umstand giebt auch das Mittel, die richtige Stellung des Lufteinlasshahns P_1 immer leicht zu finden: ist er zu weit geöffnet, so erreicht man das physikalisch mögliche Vakuum nicht, ist er zu wenig geöffnet, so tritt bald wieder ein Ueberschnappen des Wasserablaufes ein.

Eine Ablesung der Temperatur des Abfallwassers an dem im Fallrohr A eingeschraubten Thermometer und Vergleichung des dieser
Temperatur entsprechenden Vakuums auf einer im Maschinenraum
aufgehängten Dampftabelle mit dem wirklich vorhandenen zeigt
dem Maschinisten jederzeit, wie nahe dem möglichen Vakuum die
Kondensation arbeitet.

Damit beim Ueberschreiten des physikalisch möglichen Vakuums
das Lufteinlassen auch unabhängig vom Maschinisten besorgt wird,
haben wir hierfür noch eine selbstthätige Einrichtung getroffen:
wir lassen das Fallrohr J_1 aus dem Wasserabscheider in ein Gefäss
mit einem Ueberlauf münden (Fig. 14), dessen Höhe $z_1—z_1$ etwas
über dem Warmwasserspiegel $z—z$ liegt. Vor diesem Ueberlauf
hängt am einen Ende eines Hebels ein Eimer, dessen Eigengewicht
durch ein Gegengewicht ausgeglichen ist, der aber, wenn er mit
Wasser gefüllt wird, jenes Hebelende herabzieht und damit ein
ebenfalls an jenem Hebel sitzendes, nach aussen sich öffnendes
Ventil P aufmacht, das sonst durch das im Innern herrschende
Vakuum geschlossen gehalten wird. Durch das geöffnete Ventil
strömt Luft in das Luftansaugerohr E und damit überhaupt in die
luftverdünnten Räume des Kondensators ein. Der Eimer hat unten
eine immer offen bleibende Entleerungsöffnung, ein Loch. Tritt
nun infolge von zu grosser Luftpumpe ein Ueberschreiten des
möglichen Vakuums ein, so geht, wie wir oben geschildert, Wasser
aus dem Kondensator nach dem Wasserabscheider J über und
findet durch das Fallrohr J_1 einen Ablauf in das untergesetzte
Auffanggefäss mit seinem Ueberlauf; der nun über diesen Ueberlauf stürzende Wasserschwall füllt den untergehängten Eimer —
trotz der kleinen Oeffnung am Boden desselben — sofort, das
Wassergewicht reisst das Ventil P auf und lässt Luft eintreten,
worauf sofort der Wasserüberlauf vom Kondensator nach dem
Wasserabscheider aufhört, das Wasser wieder seinen richtigen Weg
durch Fallrohr A nimmt, und der normale Gang des Kondensators
wieder hergestellt ist. Sobald aber der Wasserablauf durch das
Fallrohr J_1 aufgehört hat und jener Eimer keinen Wasserzulauf
mehr erhält, entleert er sich durch seine Bodenöffnung, das Gegengewicht dreht den Hebel wieder in seine Anfangsstellung zurück
und das Lufteinlassventil schliesst sich wieder.

Wird dann — wie dies in Fig. 14 angenommen — Luft- und
Kühlwasserpumpe von der gleichen Dampfmaschine angetrieben,
kann also die Ansaugeleistung der Luftpumpe — durch Aenderung
deren Umdrehzahl — nicht unabhängig von der Leistung der
Wasserpumpe verändert werden, so muss zu dem selbstthätigen

Lufteinlassventil P noch der — früher schon erwähnte — stellbare Lufteinlasshahn P_1 angeordnet werden. Ist dann die Luftpumpenleistung zu gross, spielt also das selbstthätige Ventil P zu häufig, so öffnet der Maschinist den Lufthahn P_1 so weit — und lässt ihn so stehen — dass gerade so viel Luft eintritt, dass das mögliche Vakuum nur mehr selten überschritten wird, was der Maschinist daran erkennt, dass das Ventil P nur noch selten in Thätigkeit tritt. Die durch den Hahn P_1 in die Luftpumpe eintretende und sich in ihr ausdehnende kleine Luftmenge muss in der Pumpe wieder komprimirt werden und beansprucht das eine Mehrarbeit, die aber unbedeutend ist.

Ist aber — was immer besser ist — der Antrieb der Kühlwasserpumpe unabhängig von der Luftpumpe, indem man jene z. B. von einer vorhandenen Transmission antreiben lässt, und ist die die Luftpumpe antreibende Dampfmaschine mit Leistungsregulator versehen, so ist der stellbare Lufteinlasshahn P_1 entbehrlich und fällt damit auch die durch Oeffnen desselben entstehende Mehrarbeit dahin. Der Maschinist regelt nun die Ansaugeleistung v_0 der Luftpumpe gerade auf ihr richtiges Maass, indem er einfach mit dem Leistungsregulator die Umdrehungszahl der Luftpumpmaschine so einstellt, dass das Vakuum zwar ganz nahe an das mögliche kommt, diese Grenze aber doch nur selten überschreitet, welches Ueberschreiten er wieder am häufigen Spielen des selbstthätigen Lufteinlassventils erkennen würde. — Mit solch unabhängigem Antrieb der Luftpumpe und Verstellbarkeit deren Hubzahl ist auch auf einen Schlag der Uebelstand der a priori nicht genauen Bestimmbarkeit der in den Kondensator eingeführten und eindringenden Luftmenge behoben! Deswegen kann nicht genug empfohlen werden, wenigstens bei grossen Anlagen, wo dann auch der Unterschied in den Erstellungskosten geringer wird, immer den Antrieb der Luftpumpe unabhängig von demjenigen der Wasserpumpe zu machen!

Zur Kühlwasserzertheilung im Kondensator wenden wir (s. Fig. 14) kreisrunde Ueberfälle an, deren Wirkung auch bei mehr oder weniger unreinem Wasser stets die anfängliche bleibt, während das nicht der Fall ist bei Einrichtungen mit Siebblechen u. dergl., die eine regenförmige Vertheilung des Wassers bezwecken, deren kleine Löcher sich aber bald verstopfen. Dabei fragt sich vor allem: wie viele solche Ueberfälle unter einander sind in einem Kondensator nöthig und wie gross darf die Dicke (die Stauhöhe h,

Fig. 15) der Wasserfälle sein? oder mit anderen Worten, wie gross muss die Oberfläche der herabfallenden Wassermassen gestaltet werden, wie fein muss das Wasser vertheilt werden, damit der Wärmeaustausch, die Wärmemischung zwischen dem kondensirenden Dampfe und dem niedergehenden Kühlwasser eine vollständige sei, und nicht etwa ein Theil des Kühlwassers unausgenutzt durch den Kendensator gehe, wie das der Fall sein könnte, wenn man die ganze Wassermasse in einem kompakten Strahle durch den Kondensator fallen liesse, wobei sich nur die äussern Schichten des fallenden Wasserkörpers erwärmen könnten, während die innern Schichten kühl blieben, deren Kühle also gar nicht ausgenutzt würde?

In der Eigenschaft der Gegenstromkondensation, dass sich bei ihr das Wasser vollständig bis auf die dem Vakuum im Kondensator entsprechende Temperatur erwärmen kann (während das bei Parallelstrom unmöglich ist), haben wir ein untrügliches Mittel, zu prüfen, wie weit oder weniger weit die Kühlwasserzertheilung getrieben werden muss, um einen völligen Wärmeausgleich zwischen Kühlwasser und Dampf herbeizuführen. Die bei solcher Betrachtung an Gegenstrom gewonnene Erkenntniss gilt dann auch für Parallelstrom, wo ein äusseres Zeichen dafür, dass das Kühlwasser sich

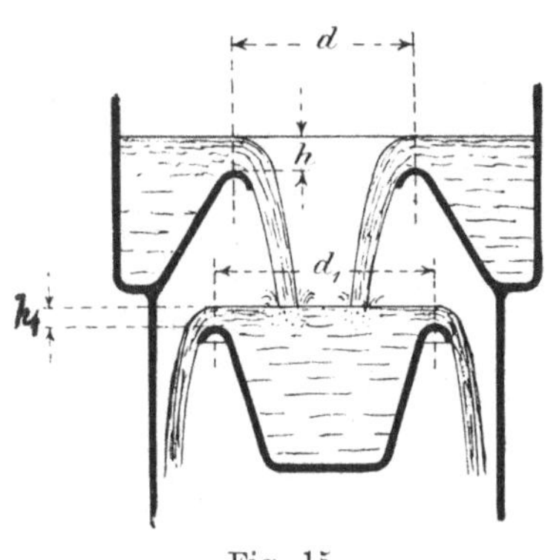

Fig. 15.

vollständig mit dem Dampfe durchgemischt habe, nicht vorhanden ist, weswegen man über den Grad der Vollkommenheit der Durchmischung bei Parallelstrom bis jetzt ganz im Unklaren geblieben ist; d. h., wenn man ein schlechtes Vakuum erhielt, wusste man immer nicht, ob das von ungenügender Kühlwasserzertheilung herrühre, oder sonstwoher, und man hat deswegen ganz merkwürdige Mittel zur Kühlwasserzertheilung vorgeschlagen und manchmal auch angewandt.

Die Kühlwasserzertheilung bei Gegenstrom ist offenbar dann eine genügende, und würde eine weitergehende Auflösung des Kühlwassers nichts mehr nützen können, wenn das ablaufende Wasser sich völlig auf die dem Vakuum im Kondensator entsprechende Temperatur erwärmt, denn dann ist man sicher, dass jedes Kühlwassertheilchen vollständig ausgenutzt worden ist. Die

Erfahrung hat nun gezeigt, dass solches schon erreicht wird,[1)] wenn man — wie Fig. 14 zeigt — nur drei solcher Ueberfälle und diese erst noch mit ziemlich grossen Stauhöhen h anordnet, und zwar zeigen unsere Ausführungen am obersten Ueberfall

$h = 33$ mm bei Kondensatorkörpern für $W = 1000$ l pro Minute, dann wachsend mit der Kühlwassermenge W, so dass

$h = 100$ mm bei Kondensatorkörpern für $W = 25000$ l pro Minute wird.

Indem die sekundlich über einen Ueberfall von der Breite b und der Stauhöhe h fliessende Wassermenge in Kubikmetern

$$\frac{W}{1000 \cdot 60} = \frac{2}{3}\,\varrho \cdot b\,h\,\sqrt{2\,g\,h} \quad \ldots \quad (47)$$

ist, wobei nach Eytelwein für Ueberfälle mit abgerundeter Kante

$$\frac{2}{3}\,\varrho = 0{,}57$$

gesetzt werden soll, während die Ueberfallbreite b bei unsern kreisförmigen Ueberfällen

$$b = \pi \cdot d \quad \ldots \ldots \ldots \quad (48)$$

ist, so braucht man nur die verschiedenen Ueberfallhöhen h für eine Stufenleiter von Kühlwassermengen W, und zwar wachsend mit W entsprechend oben gegebenem Maassstabe, anzunehmen, diese h und W in Gl. (47) einzusetzen, um daraus die nöthige Ueberfallbreite b und damit schliesslich aus Formel (48) die Durchmesser d der obersten Ueberfälle für eine Reihe von Kondensatorkörpern zu finden (z. B. $d = 0{,}35$ m für $W = 1000$ l, und $d = 1{,}60$ m für $W = 25000$ l). Der mittlere Ueberfall erhält dann einen etwas grösseren Durchmesser d_1 und damit eine etwas kleinere Ueberfallhöhe h_1; indem man dann noch einen passenden Zwischenraum zwischen diesem Ueberfall und der Kondensatorwandung giebt, damit das herabfallende Wasser dem aufsteigenden Dampf- und Luftgemisch genügend Raum frei lässt, erhält man den **Durchmesser der Kondensationskörper**. Zeichnet man dann den obersten

---

[1)] Siehe z. B. den Bericht Kinbach's: „Das Elektricitätswerk an der Zollvereinsniederlage zu Hamburg" in der Zeitschr. d. Vereins deutsch. Ing. 1898, wo er S. 288 eine Tabelle mit Beobachtungen an einer unserer Kondensationen giebt, die darthut, wie dort in der That das Vakuum fortwährend um das physikalisch mögliche herumspielt. (Infolge Druckfehlers ist dort die 4. bis 9. Vertikalkolumne der Tabelle mit „Millimeter" überschrieben statt mit „Centimeter Vakuummeteranzeige".)

und den mittleren Ueberfall, ebenfalls mit angemessenem Vertikalabstand für das aufsteigende Gasgemenge, auf, fügt oben noch den
Kühlwassereintritt D und unten den Dampfeintritt B bei (s. Fig. 14),
so erhält man auch noch die Höhe und damit die Grösse der
Kondensatorkörper. Diese grösser zu machen, als sie sich auf dem
angegebenen Wege ergeben, hat keinen Zweck. Nur einen Raum
machen wir grösser als unbedingt nothwendig wäre, da wir uns
damit beinahe kostenlos eine erhebliche Vergrösserung des Kondensationsraumes schaffen; es betrifft das das oberste Stück A_1 des
Fallrohres (Fig. 14). Indem die Unterkannte des Kondensationskörpers immer 10 (bezw. 11) m über Unterwasserspiegel z—z gelegt werden muss, um auch bei höchstem Vakuum den Kondensator
frei von Fallwasser zu halten, während beim Vakuum des normalen
Betriebes der Wasserspiegel x—y im Fallrohr 1—2—3 m unterhalb
jener Kante liegen wird, so bleibt das oberste Stück Fallrohr vom
Abwasser unausgefüllt, und indem wir dieses obere Stück Fallrohr
einfach erweitern, schaffen wir eine gut wirkende Vergrösserung
des Kondensationsraumes, in welche sich das Wasser vom untersten
Ueberfall sowie der im Kondensator anlangende Dampf hineinstürzen. Die Hauptmasse des Dampfes wird sich in jenem Rohre A_1,
das auch ganz luftfrei ist, kondensiren, und die obern Theile des
Kondensators dienen dann nur noch zur Durchführung des Gegenstrom

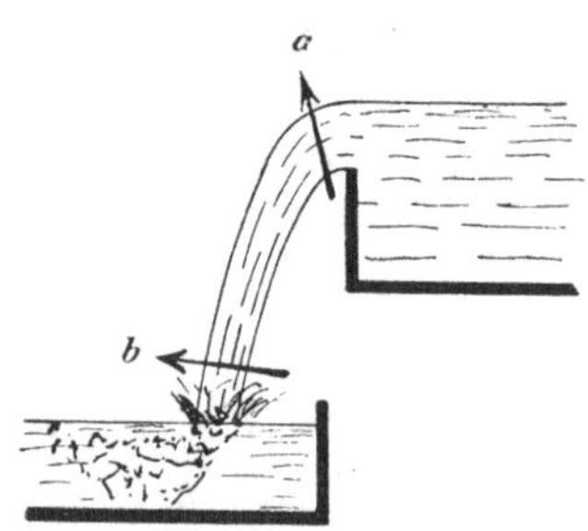

Fig. 16.

principes, zur Abkühlung des von der Luftpumpe nach oben gesogenen Gasgemenges, also zur grösstmöglichen Niederschlagung des in diesem enthaltenen Dampfes.

Der Druckverlust, den das Gasgemenge bei Durchbrechung der fallenden Wasserwände erleidet, ist äusserst gering, indem die Gase den Weg des geringsten Widerstandes einschlagen, also — Fig. 16 — nicht bei a, sondern bei b das Wasser durchsetzen; dort ist die hydraulische
Druckhöhe des Wassers $= 0$, indem sie sich gänzlich in Geschwindigkeit umgesetzt hat; die einzelnen im Stürzen begriffenen Wassertheilchen befinden sich also völlig drucklos neben- und übereinander; die Gasblasen können also beinah widerstandslos in den
Wasserstrahl eintreten, werden von demselben mit in das untergesetzte Becken niedergerissen und steigen dann auf der andern
Seite wieder auf, sofern sie aus nicht kondensirbarer Luft bestehen.
Ein gewisser Druckunterschied diesseits und jenseits der Wasser-

wände wird sich allerdings einstellen, denn sonst fände keine Fortbewegung des Gasgemenges statt; jedoch ist er sehr klein, da er nicht dazu zu dienen hat, eine in einem freifallenden Strahle eben nicht vorhandene Druckhöhe zu überwinden, sondern nur die Wassertheilchen etwas aus ihrer Bahn abzulenken.

Aus dem geschilderten Verhalten unserer Gegenstromkondensatoren geht hervor, dass es zur Erreichung eines vollständigen Wärmeaustausches zwischen Dampf und Kühlwasser keiner ängstlich weitgehenden Zertheilung des letzteren bedarf, wenn das Wasser nur einigermassen vertheilt, und besonders in starke Strömung versetzt wird, welch letzteres durch das Fallen des Wassers und sein Untenaufschlagen bewirkt wird. Alle Künsteleien in der Wasserzertheilung sind zwecklos; ebenso zweck- und werthlos sind spekulative Untersuchungen darüber, ob „regen-“, „schleier-“, „strahlen-“ etc. förmige Vertheilung des Wassers besser geeignet sei, um die Wärme des kondensirenden Dampfes „in das Innere des Wassers hineinzuleiten“. Bei der ausserordentlich schlechten Wärmeleitungsfähigkeit des Wassers kann von einer „Leitung“ der Wärme während der kurzen Zeit, in der ein Wassertheilchen durch den Kondensationsraum fällt, überhaupt nicht die Rede sein. Nur die Oberflächenschichten des Wassers nehmen Wärme auf, und zwar schon bei der geringsten Temperaturdifferenz sehr energisch, so dass Wasseroberfläche und umhüllende Dampfschicht so zu sagen augenblicklich auf gleiche Temperatur kommen. Bei der wirbelnden Bewegung der herabfallenden Wassermassen und beim wiederholten Aufschlagen derselben müssen aber alle Wassertheilchen wiederholt und genügend Male an die Ober- oder Aussenfläche gelangen, um die Dampfwärme direkt durch Berührung und ohne Vermittlung von Leitung vollständig aufnehmen zu können; denn wenn nicht alle Wassertheilchen thatsächlich vollen Wärmeaustausch mit dem Dampf erfahren würden, so könnte die Temperatur des ablaufenden Wassers trotz allen Gegenstromes sich auch nicht vollständig auf die dem Vakuum im Kondensator entsprechende erheben, was sie aber bei unsern Gegenstromkondensatoren trotz ihrer wenigen und dicken Ueberfälle erfahrungsgemäss doch thut.

Was hier in Bezug auf Kühlwasserzertheilung an Gegenstromkondensatoren nachgewiesen werden konnte, gilt auch ganz gleich für Parallelstromkondensatoren, da es sich hier einzig und allein um den Uebergang der Dampfwärme in das Wasser handelt. Wenn bei Gegenstrom eine ängstlich weitgehende Kühlwasserzertheilung zum völligen und gleichmässigen Wärmeaustausch zwischen Wasser und Dampf nicht nöthig ist, so ist sie es auch bei Parallelstrom nicht: es genügt auch hier, dass das Kühlwasser nur einigermassen zertheilt durch den Kondensationsraum falle, und dass dieser Raum nicht gar zu klein gewählt sei.

Wenn bei einem Parallelstromkondensator das Vakuum auch gar zu weit unter demjenigen bleibt, das der Temperatur des ablaufenden Wassers entspräche (selbst wenn der Maschinist durch Probiren die günstigste Stellung des Einspritzhahnes herausgefunden hat, vgl. Fig. 11 und die zugehörige Entwicklung am Schlusse des Abschnittes 5), so muss man den Fehler nicht etwa in ungenügender Kühlwasserzertheilung im Kondensationsraum suchen, welche einen Theil des Kühlwassers unbenützt habe durchgehen lassen, sondern dann liegt der Fehler beinah immer an zu kleiner Luftpumpe; an Hand der Gl. (32) S. 33 und der dazu gehörigen Entwicklung (wobei auch die dortige Fussnote zu beachten ist), hat man die in den Kondensator eintretende Luftmenge L, die oft viel grösser ist, als man bis jetzt angenommen hat, zu messen, und den so gemessenen Werth von L in Gl. (23) einzusetzen, und damit eine neue Luftpumpengrösse v_0 zu berechnen, welche nöthig ist, um das gewünschte Vakuum, den gewünschten Kondensatordruck p_0 zu erhalten; oder aber kann man die Leistung der vorhandenen Luftpumpe erhöhen durch Beigabe eines Nachkondensators nach Abschnitt 6.

Was schliesslich noch die Zeit betrifft, die der Dampf in einem Kondensator zum Kondensiren bedarf, so mag folgender, an einem gewöhnlichen Einspritzkondensator mit nasser Luftpumpe angestellte Indikatorversuch Aufschluss geben: Die Luftpumpe war direkt an die Kolbenstange des Niederdruckcylinders (600 mm Durchmesser, 600 mm Hub und 90 Touren) einer liegenden Tandemmaschine gekuppelt; in den — durchaus nicht grossen, eher kleinen — Kondensationsraum wurde das Kühlwasser, das der Kondensator selber ansaugt, durch ein Rohr mit Spritzlöchern eingeführt, etwa wie in Fig. 13; indem aber der Einspritzhahn nur auf etwa halbe Oeffnung gestellt werden durfte, um das höchst erreichbare Vakuum zu erhalten und den Kondensator nicht zu ersäufen, konnte von einem „Spritzen" des Wassers aus den Spritzlöchern des Wassereinfuhrrohres keine Rede sein, sondern das durch den Stellhahn abgedrosselte Wasser konnte nur matt in den

Kondensationsraum einlaufen. Es war ein gewöhnlicher Einspritzkondensator ohne alle Künstelei, wie man solche Kondensatoren zu Hunderten findet. Um Aufschluss über die Druckverhältnisse in solchem Kondensator zu erlangen, wurde ein Indikator in dessen Kondensationsraum — nicht in den Luftpumpencylinder — geschraubt, und die Indikatorschnur mit dem Kreutzkopf verbunden. Bei der relativen Kleinheit des Kondensationsraumes, in den das Kühlwasser kontinuirlich, der Dampf aber stossweise jeweilen nur am Ende jeden Hubes eintrat, wurde erwartet, dass an jedem HubEnde, bei jedem Dampfstoss, eine entsprechende Drucksteigerung im Kondensator sich bemerkbar machen werde, welche Drucksteigerung im Verlaufe des jeweilen folgenden Hubes sich wieder verlieren werde nach Massgabe der Zeit, die der plötzlich eingetretene Dampf zum Kondensiren brauche und während des Verlaufes des Hubes auch finde; es wurde also erwartet, der Indikatorstift werde eine in sich geschlossene Schleife, eine liegende „8" aufzeichnen, etwa wie in Fig. 17 angedeutet. Das war nicht der Fall: der Stift beschrieb auf dem hin- und hergehenden Papierstreifen eine vollständig gerade, in sich zurückkehrende,

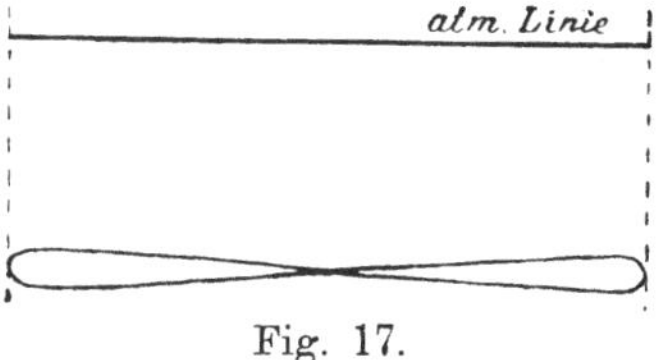

Fig. 17.

der atmosphärischen Linie parallele Linie. Das zeigt wiederum — worauf wir oben hingewiesen — dass schon die primitivste Art der Kühlwasserzertheilung genüge; anderntheiles aber auch, dass die Zeit, die zum Kondensiren nothwendig ist, unmessbar klein ist: der Druck in einem Kondensator wird nicht beeinflusst durch den periodisch wechselnden Zustand des zur Kondensation anlangenden Dampfes, sondern wird einzig und allein bestimmt durch die Temperatur des Warmwassers im Kondensator und durch die Menge der in ihm anwesenden Luft.

B. Oberflächenkondensation.

Oberflächenkondensatoren, bei denen — im Gegensatz zu Mischkondensatoren — der zu kondensirende Dampf durch Metallwände getrennt von dem Kühlwasser bleibt, werden in der Anlage immer theurer, brauchen viel mehr Kühlwasser, ihre Wartung ist viel umständlicher, ihre Lebensdauer kürzer, und ihre Betriebsarbeit unter sonst gleichen Umständen nur unwesentlich geringer als diejenige bei Mischkondensatoren. Dagegen haben die Oberflächenkondensatoren den einen Vortheil, dass man bei ihnen den kondensirten Dampf als destillirtes Wasser, das freilich auch sämmtliches Cylinderschmieröl enthält, wieder gewinnt, und dasselbe, nachdem es gereinigt worden, immer wieder zur Speisung der Dampfkessel verwendet werden kann. Wo man kein zur Kesselspeisung verwendbares Wasser sich billig verschaffen kann, also auf Seedampfern, oder auch z. B. in gewissen Grubenbezirken, wo man nur saure Wässer hat, deren Reinigung zu viel kosten würde, da greift man nothgedrungen zur Oberflächenkondensation; wo man aber gutes Speisewasser zur Verfügung hat, oder sich solches aus dem vorhandenen Wasser durch eine der heute so verbreiteten Einrichtungen zum Reinigen und Weichmachen des Wassers billig verschaffen kann, wird man die billigere und einfachere Mischkondensation vorziehen.

Während auch bei Oberflächenkondensation der Kondensationsraum immer ein geschlossenes Gefäss (Röhrenbündel, Hohlplattenkörper etc. mit grosser Oberfläche), bilden muss, da Vakuum in ihm erzeugt werden soll, so kann ihn das Kühlwasser entweder ebenfalls in geschlossenen Gefässen umgeben, in die er eingeschachtelt ist, oder aber jener geschlossene Kondensationsraum kann in Kühlwasser mit freier Oberfläche gelegt werden. Hiernach kann man unterscheiden. Kondensatoren mit offenem Kühlwasserraum und Kondensatoren mit geschlossener Kühlwasserführung, die wir — dem Vorgange Eberle's[1]) folgend — kurz als **offene** bezw. **geschlossene** Kondensatoren bezeichnen wollen.

Zu den **offenen Oberflächenkondensatoren** gehören diejenigen, deren Kondensationsgefässe C — Fig. 18 — in einem offenen Bassin, einem Kühlteiche liegen. Durch Rohr B tritt der zu kondensirende Dampf ein, während entweder durch Rohr E_1 das Kondenswasser und die Luft zusammen durch eine Nassluftpumpe abgesogen werden, oder aber die Luft durch ein Rohr E mit trockener Luftpumpe, und das Kondenswasser durch Rohr E_1 mit einer besonderen Warmwasserpumpe abgesogen wird. Ist dabei die Oberfläche des Kühlteiches nicht gross genug, dass das Kühlwasser die vom Dampf empfangene Wärme bei genügend niedriger Temperatur t_1 nach aussen abgeben kann (etwas Weniges durch

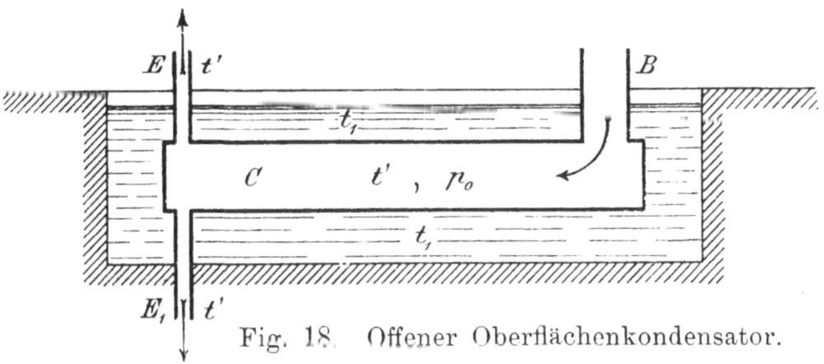

Fig. 18. Offener Oberflächenkondensator.

Strahlung, und etwas Weniges durch Erwärmung der darüber hinstreichenden Luft, die Hauptsache aber durch Verdunstung), so kann man ein Gradirwerk oder dergl. über das Wasserbassin stellen und das Kühlwasser zu genügender Kühlung unter Zuhilfenahme einer Pumpe über dieses Gradirwerk hinunterlaufen lassen, oder es zum selben Zwecke ebenfalls mit einer Pumpe durch Körting'sche Streudüsen in die Höhe werfen. Oder aber, man kann den in geeigneter Form herzustellenden Kondensatorkörper über das unten liegende Kühlwasserbassin stellen, mit einer Cirkulationspumpe das Kühlwasser heben und kontinuirlich über den Kondensator herunterrieseln lassen — „**Rieselkondensator**" —, wobei auch wieder die Verdampfungswärme des kondensirten Dampfes hauptsächlich durch Verdunstung des herabrieselnden Wassers abgeführt wird.

---

[1]) In seinem Aufsatze Centralkondensation in Heft 3 u. 4 des Jahrganges 1899 der Zeitschrift „Stahl und Eisen"; eine lehrreiche Arbeit, welche für die meisten modernen Kondensationssysteme Ausführungsbeispiele in Zeichnung und Beschreibung giebt.

Alle diese „offenen" Kondensatoren haben das Gemeinsame, dass sie an Kühlwasserzusatz pro Zeiteinheit nur soviel bedürfen, als während der gleichen Zeit durch Verdunstung in die Luft geht, also — wie wir im Kapitel „Kühlung" sehen werden — nicht ganz soviel, als in der Zeiteinheit Dampf kondensirt, oder Kesselspeisewasser gebraucht wird; von einem Kühlwasserverhältniss $n = \dfrac{W}{D}$ kann hier also nicht gesprochen werden. Es ist z. B. ganz gleichgültig, wie viel Wasser man über einen Rieselkondensator hinunterlaufen lässt, wenn er nur überall von Wasser bedeckt ist; die Kühlwirkung hängt nur von der der freien Luft gebotenen Oberfläche, nicht von der Dicke der rieselnden Wasserschicht ab. Ferner haben die offenen Kondensatoren gemeinsam, dass bei ihnen das die Kondensationskörper umgebende Kühlwasser überall ungefähr die gleiche Temperatur (t_1) hat, während im Innern der Kondensationsräume eine höhere, aber wieder überall gleiche Temperatur (t') herrscht. Kondensation nach Gegenstrom ist bei diesen offenen Kondensatoren nicht möglich, und sind ihre Luftpumpengrössen nach den später folgenden Formeln für Parallelstrom zu berechnen.

Bei geschlossenen Oberflächenkondensatoren tritt dagegen das Kühlwasser an einem Orte mit einer niedrigeren Temperatur t_0 ein, und an einem andern Orte, erwärmt durch die aufgenommene Verdampfungswärme des kondensirten Dampfes, mit einer höhern Temperatur t_1 aus. Hier kann man dann wieder — ähnlich wie bei Mischkondensatoren — das nöthige Kühlwasserverhältniss n berechnen, d. h. wie viele kg Wasser zur Kondensation von einem kg Dampf erforderlich sind. Ferner kann man hier auch nach Gegenstrom kondensiren, und sollte man das auch immer thun, da es hier sich ohne weiteres ausführen lässt. In Fig. 19 ist ein solcher Gegenstromkondensator schematisch dargestellt. Dampfeintritt B und Kühlwasseraustritt A liegen an einem Ende, Kühlwassereintritt D und Luftabfuhr E (oder E_1) am entgegengesetzten Ende des Kondensators, so dass die Strömung des Dampfes derjenigen des Kühlwassers entgegengeht und die Luft am kühlsten Orte aus dem Kondensationsraum herausgeholt wird. Nimmt man dort auch das Kondenswasser aus dem Kondensator, so wird sich dieses ebenfalls auf die Temperatur ($t_0 + \alpha$) der dort befindlichen Luft abgekühlt haben, und dann kann man die kühle Luft und das kühle Wasser durch das gleiche Rohr E_1 mittels nasser Luftpumpe abführen, wobei dann das Rohr E für die trockene Luftpumpe sowie diese selber entfällt. Während bei

M i s c h kondensation Gegenstrom nie mit nasser Luftpumpe durchführbar ist, weil dort immer das h e i s s e Wasser mit seinen
Dämpfen in die Luftpumpe gelangen würde, ist bei Oberflächenkondensation Gegenstrom auch mit nasser Luftpumpe möglich, weil
hier auch das Kondenswasser mitgekühlt werden kann. Man m u s s

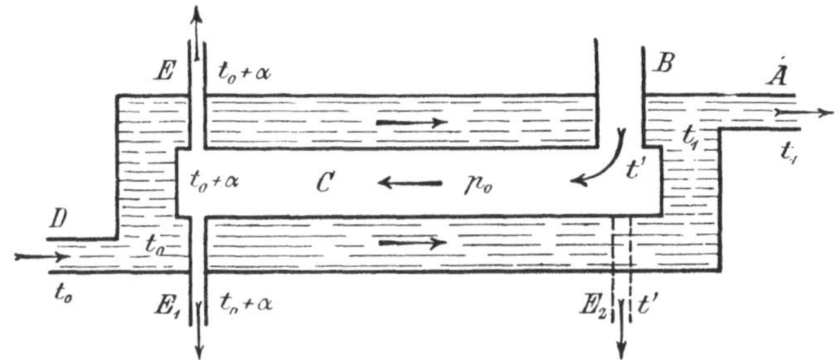

Fig. 19. Oberflächengegenstromkondensator.

das Kondenswasser aber auch nicht abkühlen, wenn man nicht
will; vielmehr kann man es — unbeschadet des Gegenstrom-
principes — auch aus dem heissesten Orte des Kondensationsraumes, beim Dampfeintritt B, durch ein Rohr E_2 mittels einer
Warmwasserpumpe abführen. Es ist das besonders dann vortheilhaft, wenn man den Dampf schon vor Eintritt in den Kondensator
entölt hat, also das Kondensat direkt wieder zur Speisung in den
Kessel zurückpumpen kann, wobei es naturlich so warm als möglich
gewünscht wird. Bei einem richtig angelegten Oberflächen-Gegen-
stromkondensator muss demnach die Luftpumpe immer an dem dem
Dampfeintritt entgegengesetzten Ende angreifen; ist sie eine „nasse“,
die mit der Luft auch das Kondensat absaugt, so werden Luft

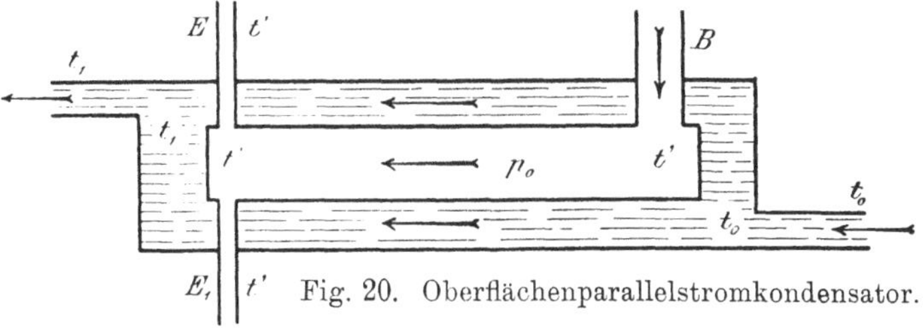

Fig. 20. Oberflächenparallelstromkondensator.

und Wasser durch Rohr E_1 abgeführt, und Rohre E und E_2 fallen
weg; ist sie eine „trockene“, so hat sie in E anzugreifen, während
die Warmwasserpumpe das Kondenswasser an einem beliebigen
passenden Orte (durch Rohr E_1 oder E_2) dem Kondensator entnehmen kann.

In Fig. 20 ist dann noch ein geschlossener Oberflächen-Parallel-strömkondensator schematisch dargestellt. Wendet man eine nasse Luftpumpe an, die Wasser und Luft zusammen aus dem Kondensator zu pumpen hat, so greift sie an Rohr E_1 an; ordnet man aber eine trockene Luftpumpe und eine besondere Warmwasserpumpe an, so soll erstere an Rohr E, letztere an Rohr E_1 angeschlossen werden.

1. Kühlwasserbedarf bei geschlossenen Oberflächen-kondensatoren.

Sei in Bezug auf Fig. 19 und 20 t_0 die Temperatur des zufliessenden, und t_1 die des abfliessenden Kühlwassers, und gebe man n kg Kühlwasser zur Kondensation von 1 kg Dampf, so hat man wieder — wie S. 12 —

$$\frac{\text{abgegebene Verdampfwärme } r}{\text{von 1 kg Dampf}} = \frac{\text{Wärmezunahme von } n \text{ kg Wasser}}{\text{von } t_0 \text{ auf } t_1 \text{ Grad}}$$

oder

$$r = n \cdot (t_1 - t_0)$$

wobei nach den früheren Bemerkungen zu Gl. (4) für Kondensatordämpfe die Verdampfwärme r konstant zu 570 Wärmeeinheiten gesetzt werden darf; damit erhält man das Kühlwasserverhältniss

$$n = \frac{570}{t_1 - t_0} \quad \ldots \ldots \ldots \quad (49)[1]$$

und die Kühlwassermenge W kg oder l pro Minute, um in derselben Zeit D kg Dampf zu kondensiren

$$W = n \cdot D \quad \ldots \ldots \ldots \ldots \quad (50)$$

---

[1]) Im Falle von Gegenstrom mit nasser Luftpumpe, wo sich auch noch das Kondenswasser von t' auf $t_0 + \alpha$ herunterkühlen soll, gehen obige Gleichungen über in

$$r + t' - (t_0 + \alpha) = n_1 (t_1 - t^0)$$

woraus

$$n_1 = \frac{570 + t' - (t_0 + \alpha)}{t_1 - t_3}$$

also

$$\frac{n_1}{n} = \frac{570 + t' - (t_0 + \alpha)}{570}$$

Die Differenz $t' - (t_0 + \alpha)$ pflegt nun selten etwa 20^0 zu übersteigen, also wird das Verhältniss $\frac{n_1}{n}$ höchstens $= \frac{590}{570} = 1,03$ werden, also n_1 nur etwa $3\,^0/_0$ grösser als n werden können; das ist so wenig, dass wir obige einfache Formel (49) für alle Fälle von Oberflächenkondensation gelten lassen.

Bei unendlich grosser Kühlfläche würde sich das Kühlwasser offenbar bis auf die im Innern des Kondensators herrschende Temperatur erwärmen, d. h. es würde, wie bei Mischkondensation, $t_1 = t'$ werden, unter t' die Temperatur des kondensirenden Dampfes verstanden, und zwar bei Gegenstrom (Fig. 19) an der heissesten Stelle beim Eintritt des Dampfes; der Oberflächenkondensator würde also unter sonst gleichen Umständen gleich viel Kühlwasser brauchen wie ein Mischkondensator. Bei endlicher Kühlfläche dagegen bleibt t_1 stets kleiner als t', also braucht ein Oberflächenkondensator stets mehr Kühlwasser als ein Mischkondensator.

---

2. Kühlfläche bei (offenen und geschlossenen) Oberflächenkondensatoren.

Prof. Werner folgert aus Versuchen von Noeggerath, dass die durch eine Scheidewand durchgehende Wärmemenge Q eher proportional dem Quadrate des Unterschiedes der beidseits von der Wand herrschenden Temperaturen gesetzt werden könne, als jenem Unterschiede selber; und Grashof (Theoret. Maschinenlehre Bd. III §§ 64, 68 und 109) folgt derselben Annahme, und erhält man nach ihm, wenn a einen Erfahrungskoefficienten, F die Grösse der Kühlfläche in Quadratmetern (und zwar $F_{off.}$ bei offenen Kondensatoren nach Fig. 18 mit überall gleicher Temperaturdifferenz $t' - t_1$, $F_{geg.}$ bei Gegenstromkondensatoren nach Fig. 19, und $F_{par.}$ bei Parallelstromkondensatoren nach Fig. 20), bedeutet:

Für offene Kondensatoren nach Schema Fig. 18:

$$Q = a \cdot F_{off.} \cdot (t' - t_1)^2$$

Für Gegenstromkondensatoren nach Schema Fig. 19:

$$Q = a \cdot F_{geg.} \{(t_0 + \alpha) - t_0\} \cdot \{t' - t_1\}$$
$$= a \cdot F_{geg.} \cdot \alpha \cdot (t' - t_1)$$

Für Parallelstromkondensatoren nach Schema Fig. 20:

$$Q = a \cdot F_{par.} \cdot (t' - t_0) \cdot (t' - t_1)^1)$$

---

[1]) Wenigstens die Ableitung dieser einfachen Gleichung sei hier gegeben: Auf der einen Seite der Scheidewand AB, Fig. 20a, sei Dampf von überall der gleichen und konstanten Temperatur t', während auf der andern Seite der Wand pro Zeiteinheit eine Wassermenge W kg in der Richtung AB fliesst, und sich dabei von der Eintrittstemperatur t_0 auf die Austrittstemperatur t_1 erwärmt. Bei dem Flächenelement dF der Scheidewand angekommen, habe

Ist wieder der minutliche Dampfverbrauch der kondensirten Maschinen D kg, so ist die minutlich durch die Kondensatorwandung an das Kühlwasser übergehende Wärmemenge $Q = r \cdot D = 570\,D$, und gehen damit obige Gleichungen über in

$$F_{off.} = \frac{570\,D}{a \cdot (t' - t_1)^2} \quad \cdots \cdots \cdots \quad (51)$$

$$F_{geg.} = \frac{570\,D}{a \cdot \alpha \cdot (t' - t_1)} \quad \cdots \cdots \cdots \quad (52)$$

$$F_{par.} = \frac{570\,D}{a \cdot (t' - t_0) \cdot (t' - t_1)} \quad \cdots \cdots \quad (53)$$

Wäre die Erfahrungszahl a, die für alle drei Fälle — wenn nur jeweilen die Wandungen des Kondensators aus gleichem Material und auch von gleicher Dicke sind — den gleichen Werth hat, bekannt, so könnte damit in jedem Falle die nöthige Kühlfläche F

---

das Wasser eine Temperatur von t erreicht; indem die Wassermenge W pro Zeiteinheit an diesem Flächenelement vorbeifliesst, erhöht sich deren Temperatur

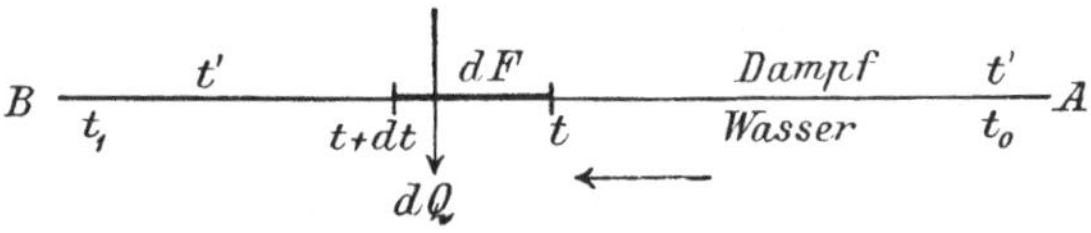

Fig. 20a.

auf $t + dt$; sie hat also beim Vorbeifliessen an dem Flächenelement eine Wärmemenge aufgenommen

$$dQ = W \cdot dt.$$

Anderseits geht pro Zeiteinheit laut unserm oben angenommenen Gesetze, nach welchem die durchgehende Wärme proportional dem Quadrate des Temperaturunterschiedes beidseits der Scheidewand ist, durch das Flächenelement dF eine Wärmemenge dQ durch

$$dQ = a \cdot (t' - t)^2 \cdot dF$$

wo a eine Beobachtungskonstante bedeutet. Durch Gleichsetzen dieser beiden gleichen Wärmemengen folgt

$$dF = \frac{W}{a} \cdot \frac{dt}{(t' + t)^2}$$

Dies in den Grenzen von $t = t_0$ bis $t = t_1$ integrirt, giebt:

$$F = \frac{W}{a} \left[\frac{1}{t' - t} \right]_{t_0}^{t_1} = \frac{W}{a} \left(\frac{1}{t' - t_1} - \frac{1}{t' - t_0} \right) = \frac{W(t_1 - t_0)}{a \cdot (t' - t_1) \cdot (t' - t_0)}$$

Nun ist aber $W(t_1 - t_0)$ eben die pro Zeiteinheit durch die ganze Scheidewand vom Dampf in das Wasser übergetretene Wärmemenge Q, also

$$F = \frac{Q}{a \cdot (t' - t_1) \cdot (t' - t_0)}$$

welcher Werth mit dem für $F_{par.}$ oben im Texte identisch ist.

berechnet werden, um bestimmte Temperaturdifferenzen $(t' - t_1)$, $(t' - t_0)$ und α zu erhalten. Die Bestimmung dieses Wärmetransmissions-Koefficienten a an ausgeführten Oberflächenkondensationen wäre einfach: man hätte nur in allen Fällen die Kühlfläche F in Quadratmetern, und das pro Minute aus dem Kondensator geschaffte Kondenswasser D in Litern, und die Temperaturen t' und t_1, ferner bei Parallelstromkondensation auch noch die Kühlwassertemperatur t_0 und bei Gegenstromkondensation ausser dieser auch noch die Temperatur $t_0 + \alpha$ an der kühlsten Stelle im Kondensator zu messen, die Werthe dieser beobachteten Grössen in die betreffende der Formeln (51), (52) oder (53) einzusetzen, um daraus sofort den Koefficienten a zu erhalten. Dabei wäre noch anzugeben das Material, aus dem die Kühlwandungen gebildet sind, und deren Dicke, und ferner noch, ob diese Wandungen glatt oder gerippt, und in welcher Weise gerippt. So würden sich für die verschiedenen Kategorien von Kühlkörpern (z. B. Messing- oder Kupferrohre von etwa 1 mm Wandstärke, schmiedeeiserne Gasrohre, Gusskörper von etwa 15 mm Wandstärke etc.) bestimmte Mittelwerthe des Koefficienten a ergeben, vorausgesetzt dass alle diese Beobachtungen an sonst zweckmässig angelegten Kondensatoren gemacht würden, bei denen die vorhandenen Kühlflächen nicht theilweise unwirksam gemacht worden sind durch sich anstauendes Kondenswasser oder durch todte (geschwindigkeitslose) Winkel, in denen sich stagnirende Luft angesammelt hätte. Dem Verfasser stehen keine solchen Beobachtungen zu Gebote; es wäre aber erwünscht, wenn solche angestellt und deren Resultate veröffentlicht würden.

Für eine Art von Oberflächenkondensatoren können wir, dem Vorgange Grashof's a. a. O. folgend, den Koefficienten a wenigstens ungefähr bestimmen, und gewinnen damit Mittel, um wenigstens relative Vergleichungen zu ziehen einestheils zwischen Oberflächenkondensatoren nach Gegenstrom und nach Parallelstrom, anderntheils zwischen Oberflächen- und Mischkondensation. Es betrifft das die Oberflächenkondensatoren auf Seedampfern, deren Kühlflächen durch Bündel von Messing- oder Kupferrohren (Durchmesser etwa 20 mm, Wandstärke etwa 1 mm) gebildet werden. Bei solchen Kondensatoren pflegt man („Hütte" 1899, II, S. 345) eine Kühlfläche von 0,17 qm pro PS_i (indicirte Pferdestärke) bei Verbundmaschinen, und von 0,14 qm pro PS_i bei Drei- und Vierfach-Expansionsmaschinen zu geben. Nimmt man den Dampfverbrauch der ersteren Maschinen im Mittel zu 7,85 kg, den der letzteren zu 6,40 kg pro PS_i und Stunde an, so giebt man also bei ersteren

Maschinen 0,0216 und bei letzteren 0,0218, im Mittel also 0,0217 qm Kühlfläche pro kg in der Stunde kondensirten Dampf, oder

$60 \cdot 0{,}0217 = 1{,}30$ qm pro kg Dampfverbrauch in der Minute. Setzt man also

$$F = m \cdot D \quad . \quad . \quad . \quad . \quad . \quad . \quad . \quad (54)$$

unter D kg wie immer die pro Minute kondensirte Dampfmenge, den minutlichen Dampfverbrauch, verstanden, so kann für Oberflächenkondensatoren mit dünnen Messing- oder Kupferscheidewänden

$$m = 1{,}30 \quad . \quad . \quad . \quad . \quad . \quad . \quad . \quad (54\,a)$$

genommen werden. (Für Kondensatoren mit Kühlkörpern aus Schmiede- oder Gusseisen wird diese Zahl m grösser sein müssen; Veröffentlichungen über diese zweite Erfahrungszahl wären ebenfalls erwünscht.)

Ferner giebt man — „Hütte" a. a. O. — bei solchen Kondensatoren 40—50 kg Kühlwasser pro kg zu kondensirenden Dampfes, also im Mittel $n = 45$; und wenn die mittlere Temperatur des Meerwassers — wenigstens für unsere Breitegrade — etwa $t_0 = 15^0$ gesetzt wird, so erhält man aus Gl. (49) die Temperatur des austretenden Kühlwassers

$$t_1 = \frac{570}{n} + t_0 = \frac{570}{45} + 15 = \sim 28^0$$

Da man mit solchen Kondensatoren auf Schiffen immer ein hohes Vakuum wünscht und auch erzielt, kann die Temperatur t', mit der der Dampf im Kondensator kondensirt, nur niedrig sein, sagen wir etwa $t' = 40^0$.

Endlich ist zu bemerken, dass, wenn auch manchmal solche Schiffskondensatoren so angelegt sind, dass der Weg des Dampfes dem des Wassers entgegenläuft, doch dabei bis heute der Gegenstrom nicht zielbewusst durchgeführt ist; hierzu müsste — ohne Vergrösserung des Kondensators — der Weg, den der Dampf dem Wasserlauf entgegen macht, länger angeordnet werden durch Vermehrung gewisser, die zickzackförmige Entgegenbewegung von Wasser und Dampf bewirkenden Scheidewände; und ferner müsste die Anordnung so getroffen werden, dass bei nasser Luftpumpe auch das Kondenswasser ordentlich gekühlt würde vor Eintritt in diese Pumpe. Nachdem bei den heutigen Anordnungen von Schiffskondensatoren auf alles das noch nicht gesehen wird, darf auf eine erhebliche Temperaturdifferenz an den Orten des Dampfein- und des Luft- und Wasseraustrittes im Kondensationsraum solcher Kondensatoren nicht gerechnet werden, vielmehr wird die Temperatur dort überall ziemlich die gleiche (t') sein; also werden alle heutigen Schiffskondensatoren noch der Gl. (53) für Parallelstrom folgen.

Setzt man nun alle die vorhin gefundenen Mittelwerthe

$$F = 1{,}30\,D \qquad t_0 = 15^0 \qquad t_1 = 28^0 \quad \text{und} \quad t' = 40^0$$

in eben diese Gl. (53) ein, so erhält man:

$$1{,}30\,D = \frac{570\,D}{a \,.\, (40-15) \,.\, (40-28)}$$

und hieraus den Transmissionskoefficienten

$$a = 1{,}46.$$

Grashof hat a. a. O. mit etwas andern Zahlenwerthen diesen Koefficienten zu $a = 95$ bezogen auf die Stunde als Zeiteinheit, $= \dfrac{95}{60} = 1{,}58$ pro Minute gefolgert, und nehmen wir hier als ungefähren Werth dieses Koefficienten

$$a = 1{,}50 \quad . \quad . \quad . \quad . \quad . \quad . \quad . \quad . \quad (55)$$

an, gültig für dünne Kühlwandungen aus Messing oder Kupfer; für Kühlwandungen aus Schmiede- und Gusseisen, und für dickere Wandungen wird dieser Koefficient kleiner sein.

3. Luftpumpengrösse bei Oberflächenkondensation.

Die Entwicklung der Grundgleichung (14) S. 22 ist wörtlich die gleiche, wie wir sie S. 19—22 für Mischkondensation gegeben haben. Es ist also wieder der Gesammtdruck p_0 des in die — trockene oder nasse — Luftpumpe eintretenden Gasgemenges, welcher Druck auch gleich dem Gesammtdruck — dem Vakuum — im Kondensator ist,

$$p_0 = l + d = \frac{L}{v_0} + d$$

eben die frühere Gl. (14). Hieraus ergiebt sich die nöthige minutliche Ansaugeleistung der trockenen Luftpumpe zu

$$v_0 = \frac{L}{p_0 - d} \quad . \quad . \quad . \quad . \quad . \quad . \quad . \quad (56)$$

deren Hubvolumen im Falle einer nassen Luftpumpe, die auch zugleich das Kondensat aus dem Kondensator zu schaffen hat, um

D l pro Minute zu vergrössern ist, unter D kg wieder den minutlichen Dampfverbrauch der kondensirten Maschinen verstanden.

In dieser Gl. (56) ist d wieder wie früher der Partialdruck des Dampfes in dem von der Luftpumpe angesogenen Dampf- und Luftgemisch, und hängt dieser Dampfdruck d wieder nur von der Temperatur des angesogenen Gasgemisches ab. Er ist also $= d_{t'}$ bei offenen Kondensatoren (Fig. 18) und bei nach reinem Parallelstrom gebauten (Fig. 20), und ergiebt sich für solche die nöthige Luftpumpenleistung nach Gl. (56) zu

$$v_{0\,par.} = \frac{L}{p_0 - d_{t'}} \quad \ldots \quad \ldots \quad \ldots \quad (57)$$

ganz gleich wie Gl. (23) für Mischkondensation, nur dass hier die minutlich eindringende Luftmenge L einen andern Werth hat.

Bei einem Gegenstromkondensator (Fig. 19), wo das angesogene Gasgemenge sich auf eine Temperatur $t_0 + \alpha$ abkühlt, d. h. bis auf eine Temperatur, die noch um α Grade höher bleibt als die Kühlwassertemperatur t_0, ist der Dampfdruck d in Gl. (56) $= d_{t_0 + \alpha}$, und erhält man somit die nöthige Luftpumpenleistung bei Gegenstrom

$$v_{0\,geg.} = \frac{L}{p_0 - d_{t_0 + \alpha}} \quad \ldots \quad \ldots \quad \ldots \quad (58)$$

ganz gleich wie Gl. (22) für Mischkondensation, nur mit anderem L und anderem α.

Man erkennt auch hier aus den Formeln (57) und (58), dass man bei Parallelstrom nie ein Vakuum (p_0) erhalten kann, das der Temperatur t' des kondensirenden Dampfes entspräche, indem dabei mit $p_0 = d_{t'}$ nach Gl. (57) die Luftpumpenleistung ∞ gross sein müsste; dass man dagegen bei Gegenstrom das physikalisch mögliche Vakuum von $p_0 = d_{t'}$ mit endlicher, aus Gl. (58) bestimmbarer Luftpumpengrösse erreicht.

Was die durch Undichtheiten am Abdampfrohrnetz und durch die Stopfbüchsen der kondensirten Maschinen eindringende Luftmenge betrifft, so ist diese natürlich die gleiche, ob sie in einen Oberflächen- oder in einen Mischkondensator geht; und die durch Undichtheiten am Kondensator selber eindringende Luftmenge darf bei beiden Kondensatorarten gleich angenommen werden, indem diese Luftmenge bei ordentlicher Instandhaltung der Apparate verschwindend klein ist. Da ferner bei Oberflächenkondensation das Kühlwasser und die in ihm absorbirte Luft nicht in den Kondensator eintritt, also λ in Gl. (29) S. 31 gleich Null ist, kann die pro

Minute in den Oberflächenkondensator von Dampfmaschinen eindringende Luftmenge L in Kubikmetern und bezogen auf Atmosphärenspannung gesetzt werden

$$L = \frac{\mu \cdot D}{1000} \quad \cdot \quad \cdot \quad \cdot \quad \cdot \quad \cdot \quad \cdot \quad (59)$$

wobei wieder, wie früher, der Undichtheitskoefficient

$$\mu = 1{,}80 + 0{,}010\, Z \text{ bei groben} \quad \cdot \quad \cdot \quad \cdot \quad \cdot \quad (60)$$

bis

$$\mu = 1{,}80 + 0{,}006\, Z \text{ bei feineren Betrieben} \quad \cdot \quad \cdot \quad (61)$$

angenommen werden mag, unter Z wieder die Gesammtlänge des
Abdampfrohrnetzes in Metern verstanden.

An einem

Beispiel

soll die Handhabung dieser Formeln bei Oberflächenkondensation
gezeigt werden:

Um eine direkte Vergleichung mit Mischkondensation zu erhalten, berechnen wir eine Oberflächen-Centralkondensation für die
gleiche Gruppe von Walzwerkmaschinen, für die wir S. 45 ff.
schon eine Misch-Centralkondensation berechnet haben. Es sei also
wieder die minutlich zu kondensirende Dampfmenge $D = 300$ kg,
die Kühlwassertemperatur $t_0 = 20^0$, die Länge der Abdampfrohr-
leitungen $Z = 100$ m, und man wolle ein Vakuum von $p_0 = 67$ cm
$= 0{,}12$ Atm. abs. erreichen.

Frage: Welche reine Luftpumpenleistung v_0 ist hierzu nothwendig, wenn man den Oberflächenkondensator

    a) nach Parallelstrom Fig. 20

    b) „ Gegenstrom „ 19

baut, und wenn man in beiden Fällen die $n = 45$ fache Kühlwassermenge (also $W = n \cdot D = 45 \cdot 300 = 13500$ l pro Minute) verwendet?

In beiden Fällen wird damit die Temperatur t_1 des austretenden
Kühlwassers nach Gl. (49)

$$t_1 = \frac{570}{n} + t_0 = \frac{570}{45} + 20 = \sim 33^0$$

Bei $Z = 100$ m und grobem Walzwerkbetrieb ist nach Gl. (60)
der Undichtheitskoefficient anzunehmen:

$$\mu = 1{,}80 + 0{,}01 \cdot 100 = 2{,}80$$

und also die pro Minute in den Kondensator kommende Luftmenge nach Gl. (59)

$$L = \frac{2{,}80 \cdot 300}{1000} = 0{,}84 \text{ cbm von Atmosphärenspannung.}$$

Führt man diesen Werth von L, sowie für p_0 den gewünschten Kondensatordruck 0,12 in Gl. (57) bezw. (58) ein, so erhält man die bezw. Luftpumpenleistungen:

$$v_{0\,par.} = \frac{L}{p_0 - d_{t'}} = \frac{0{,}84}{0{,}12 - d_{t'}}$$

$$v_{0\,geg.} = \frac{L}{p_0 - d_{t_0 + a}} = \frac{0{,}84}{0{,}12 - d_{t_0 + a}}$$

Man braucht also nur noch die Partialdrücke $d_{t'}$ bezw. $d_{t_0 + a}$ des Dampfes in dem in die Luftpumpe eintretenden Gasgemenge, oder also nur noch die Temperaturen t' bezw. $t_0 + a$ dieses Gasgemenges zu kennen, um sofort die nöthigen Luftpumpenleistungen v_0 angeben zu können.

Jene Temperaturen können wir aber rückwärts aus Gl. (53) bezw. (52) finden, wenn wir den Wärmetransmissionskoefficienten a kennen und der Kühlfläche F eine erfahrungsmässig angenommene Grösse geben. Bestehen die Kühlwandungen aus dünnem Messing oder Kupfer, so ist ungefähr $a = 1{,}50$, und pflegt man — Gl. (54) — für Oberflächenkondensatoren von solchem Material $m = 1{,}30$ zu nehmen, wonach in beiden Fällen die Kühlfläche

$$F = m \cdot D = 1{,}30 \cdot 300 = 390 \text{ qm}$$

würde.

Für Parallelstrom erhält man dann durch Vergleichung der Gl. (54) mit Gl. (53)

$$m = \frac{570}{a\,(t' - t_0)\,(t' - t_1)}$$

und setzt man hierin $m = 1{,}30$; $a = 1{,}50$; $t_0 = 20^0$ und $t_1 = 33^0$; so ergiebt sich die quadratische Gleichung

$$(t')^2 - 53\,t' + 368 = 0,$$

deren Auflösung

$$t' = + \frac{53}{2} \pm \sqrt{\frac{53^2}{4} - 368}$$

liefert, wobei nur das $+$ Zeichen der Quadratwurzel Sinn hat, so dass

$$t' = 44{,}8 = \sim 45^0$$

folgt, womit der Partialdruck des Dampfes in dem von der Luftpumpe angesogenen Gasgemenge wird:

$$d_{t'} = d_{45^0} = 0,093 \text{ Atm. abs.}$$

Somit erhalten wir die nöthige Luftpumpenleistung bei Parallelstrom

$$v_{0\,par.} = \frac{L}{p_0 - d_{t'}} = \frac{0,84}{0,120 - 0,093} = 31 \text{ cbm pro Minute.}$$

Hätte man es dann mit einer n a s s e n Luftpumpe zu thun, so
müsste ihre effektive Ansaugeleistung erhöht werden auf:

$$v_0 + \frac{D}{1000} = 31 + 0,3 = 31,3 \text{ cbm pro Minute.}$$

Bei G e g e n s t r o m ergiebt die Vergleichung von Gl. (54) mit
Gl. (52)

$$m = \frac{570}{a \cdot \alpha \cdot (t' - t_1)}$$

wobei nun t' die Temperatur gesättigten Wasserdampfes vom Drucke
$p_0 = 0,12$ ist, also $t' = 50^0$; hiermit und mit den übrigen Werthen
von $m = 1,30$; $a = 1,50$ und $t_1 = 33^0$ ergiebt sich die Temperaturdifferenz

$$\alpha = 17^0$$

also nun der Partialdruck des Dampfes in dem von der Luftpumpe
angesogenen Gasgemenge

$$d_{t_0 + \alpha} = d_{20 + 17} = d_{37^0} = 0,061$$

und damit die nöthige Luftpumpenleistung bei Gegenstrom

$$v_{0\,geg.} = \frac{L}{p_0 - d_{t_0 + \alpha}} = \frac{0,84}{0,120 - 0,061} = 14 \text{ cbm pro Minute,}$$

die sich im Falle einer nassen Luftpumpe auf

$$v_0 + \frac{D}{1000} = 14,3 \text{ cbm}$$

erhöhen würde, also nicht einmal halb so gross als bei Parallelstrom. Also hat auch bei Oberflächenkondensation die Anwendung
der Gegenstromwirkung in Bezug auf nöthige Luftpumpengrösse
ähnliche Vortheile wie bei Mischkondensation, nur muss das Gegenstromprincip auch ausgiebig durchgeführt werden, d. h. der Weg,
den der Dampf dem Wasser entgegen macht, lang genug gewählt
werden, so dass wirklich eine ausgiebige Temperaturdifferenz beim

Ein- und beim Austritt des Dampfes in den Kondensationsräumen zu Stande kommt; und im Falle der Anwendung einer Nassluftpumpe ist die Anordnung so zu treffen, dass nicht nur das Gasgemenge, sondern auch das Kondenswasser sich auf die Temperatur $t_0 + \alpha$ herabkühle. Eine trockene Luftpumpe, der man ein besonderes Warmwasserpümpchen beigiebt — das manchmal einfach die Speisepumpe sein kann — ist hier immer vorzuziehen.

Folgende Tabelle giebt die Zusammenstellung von Kühlwassermenge und Luftpumpengrösse für diese Centralkondensation für Walzwerkmaschinen, wenn selbe das eine Mal als Misch- und das andere Mal als Oberflächenkondensation gebaut wird:

Für $D = 300$ kg, $t_0 = 20^0$, $p_0 = 0,12$ Atm. und $\mu = 2,80$ wird:		bei	
		Misch-kondensation	Oberflächen-kondensation
Kühlwassermenge W { Parallelstrom		9000 l	13500 l
Gegenstrom		5700 l	13500 l
Reine Luftpumpenleistung v_0 { Parallelstrom		20 cbm	31 cbm
Gegenstrom		11 „	14 „

Dass bei Oberflächenkondensation die Luftpumpe nicht viel kleiner werden kann als bei Mischkondensation rührt daher, dass — entgegen der landläufigen Meinung — die durch Undichtheiten eindringende Luft die im Kühlwasser absorbirte weit übertrifft; dass die Luftpumpe im Gegentheil bei Oberflächenkondensation grösser wird, hat seinen Grund darin, dass hier das von jener Pumpe angesaugte Gasgemenge unter sonst gleichen Umständen immer wärmer ist; dabei wird aber die Luftpumpe nicht deswegen grösser, weil die wärmere Luft ein grösseres Volumen einnimmt als kühlere — dieser Grund spielt eine so untergeordnete Rolle, dass wir ihn in dieser ganzen Arbeit ausser Acht gelassen haben, — sondern weil in dem wärmern Gasgemenge der Dampf einen viel grösseren Druck ausübt, die Luft also in viel verdünnterem Zustande sich darin befindet.

Hätte man für die Walzwerkmaschinen obigen Beispieles einen offenen Oberflächenkondensator — z. B. einen Rieselkondensator — anlegen wollen, und hätte ihm wieder eine Kühlfläche von $F = 390$ qm gegeben, und wären die Luftverhältnisse (Wärme, Feuchtigkeitsgehalt, Luftzug), derart gewesen, dass die — nahezu überall gleiche — Temperatur des Rieselwassers sich auch zu

$t_1 = 33^0$ eingestellt hätte, so wäre wieder eine Luftpumpenleistung nöthig gewesen von

$$v_{0\,par.} = \frac{L}{p_0 - d_{t'}} = \frac{0{,}84}{0{,}12 - d_{t'}}$$

Die Temperatur t' findet man hier aus Gl. (51), indem man in diese die Werthe $F = 390$; $D = 300$; $a = 1{,}50$ und $t_1 = 33^0$ einsetzt, zu

$$t' = \sqrt{\frac{570\,D}{a\,.\,F}} + t_1 = 17 + 33 = 50^0$$

also

$$d_{t'} = 0{,}12 \text{ Atm.}$$

und

$$v_{0\,par.} = \frac{0{,}84}{0{,}12 - 0{,}12} = \frac{0{,}84}{0} = \infty$$

d. h. man erreicht mit dieser Einrichtung und unter den vorausgesetzten Verhältnissen das gewünschte Vakuum von $p_0 = 0{,}12$ Atm. n i c h t; hierzu müsste F grösser oder t_1 kleiner sein, damit $t' < 50^0$ würde.

Hat man aber zu diesem Rieselkondensator und unter den angegebenen Umständen eine Luftpumpe von endlicher Grösse, z. B. von $v_0 = 31$ cbm, wie vorhin bei dem Parallelstromkondensator, so kann man umgekehrt berechnen, welchen Kondensatordruck p_0 man damit erhält, nämlich:

$$p_0 = \frac{L}{v_0} + d_{t'} = \frac{0{,}84}{31} + d_{50^0} = 0{,}027 + 0{,}12 = 0{,}147 \text{ Atm. abs.,}$$

also ein etwas geringeres Vakuum als bei Parallelstrom.

C. Zeit zum ersten Evakuiren der Kondensationsräume.

In den Kapiteln A, 3 und B, 3 haben wir die Luftpumpengrösse v_0 bei Misch- und Oberflächenkondensation berechnet für den Beharrungszustand, wo die Luftpumpe bei einem konstant bleibenden Kondensatordruck p_0 die pro Minute in die Kondensatorräume eintretende Luftmenge L cbm (vom Atmosphärendruck $= 1$) auch pro Minute wieder hinausschafft. Es fragt sich nun aber noch, wie viel Zeit bedarf die Luftpumpe, um nach einem längeren Stillstande der Kondensation, während welchem der Kondensator und das Abdampfrohrnetz sich mit Luft von Atmosphärenspannung gefüllt haben, jenen Beharrungszustand p_0 herzustellen? Hierzu muss offenbar der Luftdruck von 1 sinken auf den schliesslichen Partialdruck l der Luft allein, also nach unserer früheren Bezeichnung auf $l = p_0 - d$.

Die pro Minute eintretende Luftmenge L ist in der ersten Periode des Evakuirens veränderlich, indem sie bei Beginn $= 0$ ist, und dann mit fortschreitender Luftverdünnung nach einem gewissen Gesetze wächst, bis sie mit Erreichung eines Kondensationsdruckes von $p_0 = 0{,}5$ Atm. ihren konstanten Werth von L erreicht, den sie nun auch bei weitergehender Evakuirung beibehält (vgl. S. 30). Da aber jene erste Periode immer nur sehr kurz ist, indem ein Gesammtdruck $p_0 = 0{,}5$ Atm. im Kondensator sehr rasch erreicht wird, wollen wir von der anfänglichen Veränderlichkeit von L absehen und annehmen, es dringen von Anfang an pro Minute L cbm Luft von Atmosphärenspannung ein.

Ferner nehmen wir an, man stelle zuerst mit der Luftpumpe das Vakuum her und lasse dann erst die angeschlossenen Dampfmaschinen angehen. Unter dieser Voraussetzung ist der abnehmende Luftdruck jederzeit überall in den Kondensationsräumen der gleiche, was nicht der Fall wäre — besonders bei Gegenstrom nicht —, wenn zu Beginn des Pumpens auch schon Dampf mit in den Kondensator strömte. Hat man dann so die schliessliche Luftverdünnung l hergestellt und lässt nun die Maschinen angehen, so springt der Kondensatordruck mit einem Male von l auf den Beharrungsdruck p_0 ($= l + d_{t_0 + a}$ bei Gegenstromkondensatoren und $= l + d_{t'}$ bei Parallelstromkondensatoren). Annähernd wird die Zeit für Erreichung des Beharrungsdruckes p_0 auf diese Weise die gleiche sein, als wie wenn Inbetriebsetzung der Kondensation und der kondensirten Maschinen zusammenfallen; und wenn die Zeiten etwas verschieden ausfallen, so liegt der Grund nicht darin, dass in letzterm Falle die Luftpumpe neben der Luft auch noch Dampf ansaugt — das würde gar keine Aenderung im Gange der Luftverdünnung bewirken — sondern darin, dass dann der Partialdruck l der Luft nicht an allen Orten der zu evakuirenden Räume der gleiche ist. Diesen Umstand in der Rechnung mit zu berücksichtigen, würde unpraktisch weit führen.

Sei nun in dem zu evakuirenden Raume von V cbm ($=$ Kondensatorraum $+$ Abdampfleitungen) nach Verlauf von T Minuten seit Inbetriebsetzung der Luftpumpe der anfängliche Druck von 1 Atm. gesunken auf den Betrag von l Atm., so treten im nächsten Zeittheilchen $L \cdot dT$ cbm Luft von der Atmosphärenspannung 1 ein, während anderseits $v_0 \cdot dT$ cbm Luft von der Luftpumpe abgesogen werden (was man sich hier zweckmässig vorstellt, als hätte sich das Volumen V durch Vorwärtsgehen des Luftpumpenkolbens auf $V + v_0 \cdot dT$ vergrössert), wobei der vorher bestandene Lufdruck l sinkt auf $l - dl$. Nach dem Mariotte'schen Gesetze (Druck $\times$ Volumen $=$ Konstans) hat man:

> Volumen $V \times$ dem Druck l der in den Kondensationsräumen vorhandenen Luft $+$ Volumen $L \cdot dT$ der eintretenden Luft $\times$ deren Druck 1

ist gleich dem

> vergrösserten Volumen $(V + v_0 dT) \times$ dessen kleinerem Drucke $(l - dl)$;

oder

$$V \cdot l + L \cdot dT \cdot 1 = (V + v_0 dT) \cdot (l - dl)$$
$$Vl \ + \ LdT \ = Vl + v_0 l dT - V dl - v_0 dT dl$$

woraus mit Vernachlässigung der ∞ kleinen Grösse zweiter Ordnung:

$$v_0 \cdot dT \cdot dl$$

folgt:

$$dT = V \cdot \frac{dl}{v_0 l - L}$$

mit wachsendem T nimmt l ab, also müssen dT und dl entgegengesetzte Vorzeichen haben, und wir müssen schreiben:

$$dT = -V \cdot \frac{dl}{v_0 l - L}$$

dies integrirt, giebt:

$$T = -\frac{V}{v_0} \log (v_0 l - L) + C$$

Für den Beginn des Pumpens, also für $T = 0$, ist $l = 1$ Atm., also

$$0 = -\frac{V}{v_0} \log (v_0 - L) + C$$

Diese Gleichung von der vorhergehenden subtrahirt, kommt

$$T = \frac{V}{v_0} \cdot \log \cdot \frac{v_0 - L}{v_0 l - L} \quad \ldots \ldots \quad (62)^1)$$

Nun ist aber die Luftpumpenleistung v_0 sowohl bei Misch- als bei Oberflächenkondensation

$$v_0 = \frac{L}{l}$$

setzt man diesen Werthen in Gl. (62) ein, so kommt

$$T = \frac{V}{v_0} \log \frac{\frac{L}{l} - L}{L - L} = \frac{V}{v_0} \cdot \log \frac{L\left(\frac{1}{l} - 1\right)}{0} = \frac{V}{v_0} \cdot \log \infty = \infty$$

d. h. streng genommen wird der Luftdruck (die Luftverdünnung) l, und damit der Beharrungsdruck $p_0 = l + d$ erst in ∞ ferner Zeit völlig erreicht; annähernd jedoch wird er schon in verhältnissmässig kurzer Zeit erreicht, wie folgendes

Beispiel

zeigt, dem wir die S. 34—38 behandelte Kondensation auf Rothe Erde zu Grunde legen wollen. Dort hatten die zu evakuirenden Räume einen Inhalt von $V = 190$ cbm, und mit einer Luftpumpe von $v_0 = 45$ cbm sollte ein Kondensatordruck von $p_0 = l + d = l + 0{,}084 = 0{,}224$ Atm., also ein schliesslicher Luftdruck von $l = 0{,}224 - 0{,}084 = 0{,}14$ Atm. hergestellt werden bei $L = 6{,}3$ cbm pro Minute

---

$^1)$ Für $L = 0$ folgt:

$$T = \frac{V}{v_0} \cdot \log \cdot \frac{1}{l} \quad \ldots \ldots \ldots \quad (62\,\mathrm{a})$$

als die nöthige Zeit in Minuten, um den Luftdruck in einem Gefässe, dessen Volumen V cbm beträgt und das von aussen keinen Zufluss erhält, mit einer Luftpumpe von der minutlichen Ansaugeleistung von v_0 cbm von Atmosphärenspannung 1 herabzubringen auf l Atm.

eindringender Luft von Atmosphärenspannung. Setzt man alle die Grössen in Gl. (62) ein, so kommt

$$T = \frac{190}{45}\log \cdot \frac{45 - 6,3}{45\,l - 6,3} = 4,22\log \cdot \frac{0,86}{l - 0,14}$$

hiernach wird

für $l = 1$ 0,7   0,5   0,4   0,3   0,2   0,15   0,14 Atm.

$T = 0$ 1,84   3,68   5,08   7   11,2   19 ∞ Minuten

Die Ergebnisse dieser Rechnung sind im Schaubild Fig. 21 veranschaulicht ;man sieht, wie selbst bei dieser Kondensation mit ihrem grossen Inhalt der luftverdünnten Räume (190 cbm) und der gewaltigen Menge der eindringenden Luft (6,3 cbm pro Minute)

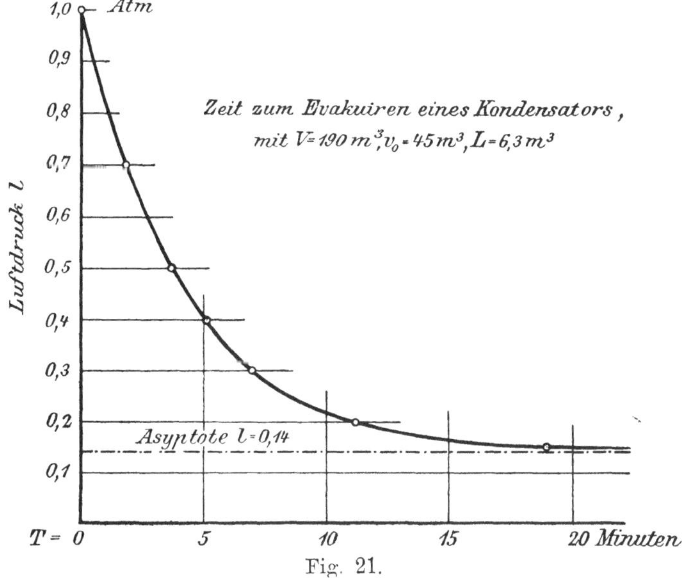

Fig. 21.

doch schon in etwa 20 Minuten der Luftdruck bis auf $^1/_{100}$ auf den schliesslich erreichbaren hinuntergeht; bei den meisten Kondensationen, wo V und L kleiner sind, wird der Beharrungszustand auch entsprechend früher erreicht. Keinesfalls nimmt man aus dem Umstand, dass es einige Minuten dauert, bis nach einem längeren Stillstande der Kondensation der Beharrungszustand erreicht wird, Veranlassung, die Luftpumpengrösse v_0 zu vergrössern, sondern man behält sie, wie wir sie früher für den Beharrungszustand berechnet haben. Bei grossen Kondensationsanlagen mit kontinuirlichem Tag- und Nachtbetrieb, wo die Pumpen auch über den Schichtwechsel nicht abgestellt werden, kommt übrigens die geringfügige Zeit zur Erreichung des Beharrungszustandes überhaupt nicht in Frage.

D. Kraftbedarf.

————

Wir berechnen hier nur den Arbeitsaufwand für die eigentlichen Kondensatorpumpen, welche Wasser in den Kondensator hinein- und Luft und Wasser aus demselben hinausschaffen; im Falle von Wasserrückkühlung ist dann noch die Arbeit der hierbei nöthigen Wasserpumpen (und event. Ventilatoren), deren Berechnung nichts Besonderes bietet, beizufügen. Die Arbeit jener Kondensatorpumpen berechnen wir zuerst für Mischkondensation als den allgemeineren Fall, und gewinnen dann durch Specialisirung auch die Formeln für Oberflächenkondensation.

1. Kraftbedarf bei Mischkondensation.

Die zu einem jeden Mischkondensator gehörenden Pumpen zerfallen in:

a) Wasserpumpen, deren Arbeit mit E_{wasser} oder E_w bezeichnet werde, und in

b) Luftpumpen, deren Arbeit E_{luft} oder E_l sei.

Die Wasserpumpen zerfallen wieder in:

1. Die Kaltwasserpumpe, welche das Kühlwasser von seinem natürlichen Wasserspiegel aus so hoch hebt, dass· es der Kondensator von dort aus selbstthätig ansaugen kann; die Arbeit dieser Pumpe werde mit $E_{kaltwasser}$ oder E_{kw} bezeichnet. Liegt der natürliche Wasserspiegel so hoch, dass der Kondensator sein Wasser ohne weiteres selbstthätig ansaugen kann, so fällt diese Pumpe und damit auch ihre Arbeit ganz weg und ist für diesen Fall $E_{kw} = 0$.

Wird das Kühlwasser aus einem genügend hochgelegenen Reservoir entnommen, in welches es künstlich hinaufgeschafft worden, so ist zwar auch keine besondere Kühlwasserpumpe nöthig, die

Arbeit E_{kw} aber doch nicht $= 0$, indem diese hier eben durch eine andere Pumpe geleistet wird.

2. Die Warmwasserpumpe, welche bei Kondensation mit nasser Luftpumpe das warme Wasser zusammen mit der Luft aus dem Kondensator schafft. Denjenigen Theil ihrer Gesammtarbeit, der auf Förderung des Wassers verwendet wird, bezeichnen wir mit $E_{warmwasser}$ oder E_{ww}. Auch bei Kondensation mit trockener Luftpumpe kann eine besondere Warmwasserpumpe dazu dienen, das warme Wasser für sich allein aus dem Kondensator zu ziehen, wobei dann ihre Arbeit eben $= E_{ww}$ ist. Doch wird in solchen Fällen — Anwendung trockener Luftpumpen — meistens der Kondensator so hoch gelegt, dass das warme Wasser aus ihm durch ein barometrisches Fallrohr selbstthätig und ohne Arbeitsaufwand abgeführt werden kann; in solchem Falle ist $E_{ww} = 0$ und fällt auch eine besondere Warmwasserpumpe weg.

Die Luftpumpe ist bei Kondensatoren mit barometrischem Fallrohr (und auch bei solchen mit besonderer Warmwasserpumpe) eine „reine Luftpumpe", die nur das Gasgemenge aus dem Kondensator ins Freie schafft; deren Arbeit ist mit E_l bezeichnet worden. Bei Kondensatoren mit nasser Luftpumpe ist ihre Thätigkeit mit der der Warmwasserpumpe in einer Pumpe vereinigt unter entsprechender Vergrösserung deren Cylinders. Nach unserer Bezeichnung ist dann bei einer solchen nassen Luftpumpe die Arbeit $E_l =$ demjenigen Theil der Gesammtarbeit dieser Pumpe, der dazu verwendet wird, das Gasgemenge aus dem Kondensatorinnern ins Freie hinauszuschaffen. Die ganze Arbeit einer solchen Nassluftpumpe ist also $= E_{ww} + E_l$. Wir werden aber im Folgenden nicht diese Summe berechnen, sondern, um einen vergleichenden Ueberblick über alle verschiedenen Fälle zu gewinnen, zerlegen wir die Gesammtarbeit E für den Betrieb einer jeden Kondensation, gleichgültig bei welcher Art von Kondensation und mit welcher Art von Pumpen diese Arbeit verrichtet wird, in die zwei Theile

1. $E_w =$ Arbeit zur Förderung des Wassers, sowohl in den Kondensator hinein (E_{kw}), als auch aus demselben hinaus (E_{ww}), wobei in gewissen Fällen die eine oder die andere $= 0$ sein kann; und in

2. $E_l =$ Arbeit zur Hinausbeförderung der Luft aus dem Kondensator, d. h. Arbeit zur Erhaltung des Vakuums;

d. h. wir berechnen die Summe

$$E = E_w + E_l \quad . \quad . \quad . \quad . \quad . \quad . \quad (63)$$

Arbeit zur Wasserförderung.

Diese ist

$$E_w = E_{kw} + E_{ww} \quad \ldots \ldots \ldots \quad (64)$$

Betrachten wir zuerst diese Arbeit bei einem Kondensator mit barometrischem Fallrohr und trockener Luftpumpe, wobei

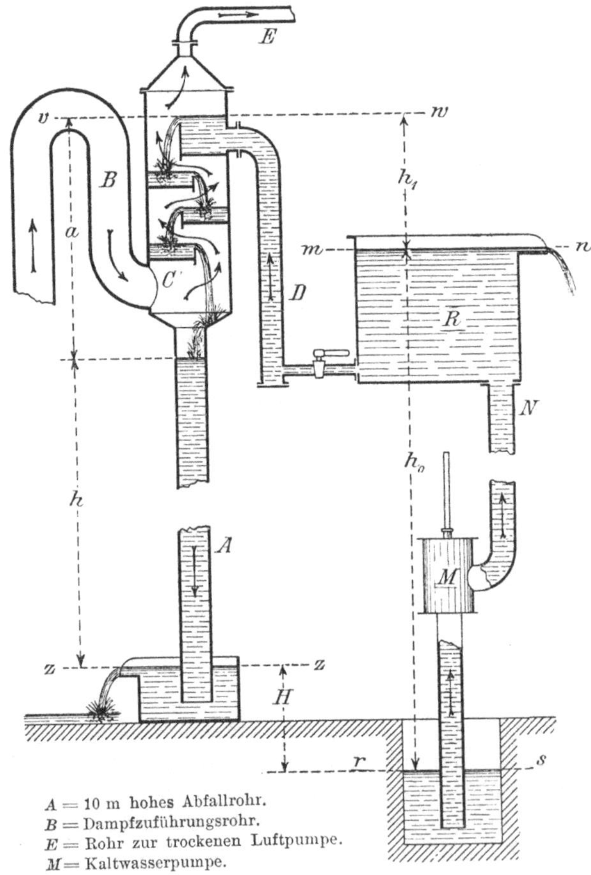

A = 10 m hohes Abfallrohr.
B = Dampfzuführungsrohr.
E = Rohr zur trockenen Luftpumpe.
M = Kaltwasserpumpe.

Fig. 22.

es gleichgültig ist, ob derselbe nach Parallelstrom oder, wie in Fig. 22 dargestellt, nach Gegenstrom arbeitet.

Da hier keine Wasserpumpe vorhanden, so ist $E_{ww} = 0$, und es besteht die Gesammtarbeit der Wasserförderung in derjenigen der Kühlwasserpumpe, und es ist also $E_w = E_{kw}$.

Hebt nun — Fig. 22 — die Kaltwasserpumpe M pro Minute

W l oder kg Wasser vom natürlichen Wasserspiegel r—s um die Höhe h_0 in einen Behälter R, von welchem aus der Kondensator das Wasser um die Höhe h_1 selbstthätig ansaugt, so ist die Arbeit der Kaltwasserpumpe

$$E_w = E_{kw} = W.h_0 \text{ kg-m pro Minute} \quad . \quad . \quad . \quad (65)$$

Bezeichnet dann noch in Fig. 22:

h die Höhe der am Kondensator freihängenden Wassersäule, wobei — wie man ohne weiteres erkennt —

$$h = 10(1 - p_0) \quad . \quad . \quad . \quad . \quad . \quad . \quad (66)$$

wenn man — wie für solche Rechnungen genau genug — die Wasserbarometerhöhe konstant zu 10 m annimmt und den Kondensatordruck p_0 in Atmosphären oder kg/qcm ausdrückt;

H die Höhe des ablaufenden Warmwassers über dem natürlichen Wasserspiegel r—s des Kühlwassers (wobei H je nach den örtlichen Verhältnissen auch $= 0$ oder negativ sein kann);

a diejenige Höhe, um welche das Wasser im Kondensator zusammenhanglos, „ohne Kontinuität", herabfällt, und die wir passend die „verlorene Fallhöhe" nennen wollen;

so ergiebt sich nach Fig. 22 die Förderhöhe des Wassers zu

$$h_0 = H + h + a - h_1$$

und durch Einsetzen dieses Werthes in Gl. (65) die Gesammtarbeit der Wasserbewegung bei Kondensatoren mit Fallrohr:

$$\begin{aligned} E_w &= W.[H + a + (h - h_1)] \\ \text{mit} \quad h &= 10(1 - p_0) \end{aligned} \Bigg\} \quad . \quad . \quad . \quad . \quad (67)$$

Nun betrachten wir die Arbeit E_w zur Förderung des Wassers bei einem Kondensator mit nasser Luftpumpe nach Fig. 23. Hier ist

$$E_w = E_{kw} + E_{ww}$$

$=$ der Summe der Arbeit der Kaltwasserpumpe M und eines gewissen Theiles der Arbeit der Nassluftpumpe L.

Die Arbeit der Kaltwasserpumpe ist wieder

$$E_{kw} = W.h_0$$

wobei nach den Bezeichnungen der Fig. 23

$$h_0 = H + a - h_1$$

also

$$E_{kw} = W(H + a - h_1) \quad . \quad . \quad . \quad . \quad . \quad (68)$$

Derjenige Theil E_{ww} der Gesammtarbeit der nassen Luftpumpe, der verwendet wird zur Förderung des Wassers aus dem Kondensationsraum, in dem ein niedriger Druck von p_0 Atm. herrscht, ins Freie hinaus, also in den höhern Druck von $p = 1$ Amt., kann betrachtet werden, als ob diese nasse Luftpumpe ihr Wasser auf eine Höhe x zu heben hätte, und findet sich dieses x folgendermassen: Denken wir uns den Druck p_0 im Innern des Kondensators

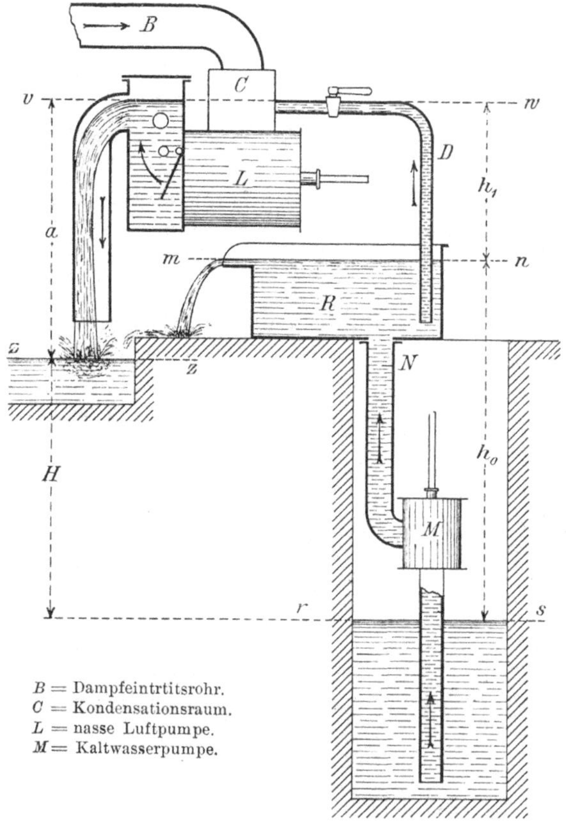

Fig. 23.

ausgeübt durch eine Wassersäule von einer Höhe h_2, und sei die Höhe der Wassersäule, welche dem äussern Luftdruck das Gleichgewicht hält, $= 10$ m, so ist offenbar:

$$x + h_2 = 10 \text{ m}.$$

Bezeichnen wir nun wieder mit h die Höhe derjenigen Wassersäule, die der Kondensator vermöge seiner Luftleere ansaugen könnte, so ist offenbar auch

$$h + h_2 = 10 \text{ m,}$$

d. h. jenes x ist $=$ diesem h, wonach also der Satz besteht:

> Wenn eine Pumpe Wasser aus dem luftverdünnten Raume eines Kondensators ins Freie schafft (ohne es weiter zu heben), so braucht sie dieselbe Arbeit, als ob sie dieses Wasser im Freien um die der Saugkraft im Kondensator entsprechende Höhe zu heben hätte.

Die Druckhöhe des Wassers der Nassluftpumpe ist also $= h$; die geförderte Wassermenge dieser Pumpe ist $= W + D$ (Wassermenge $+$ kondensirtem Dampf); also ihre Arbeit

$$E_{ww} = (W + D) \cdot h \qquad \dots \qquad (69)$$

Durch Zusammenzählen der Werthe (69) und (68) erhält man somit die Gesammtarbeit zur Wasserbewegung bei Mischkondensatoren mit Nassluftpumpe zu

$$\left. \begin{aligned} E_w &= W \cdot [H + a + (h - h_1)] + D \cdot h \\ \text{mit} \quad h &= 10\,(1 - p_0) \end{aligned} \right\} \quad \dots \quad (70)^1)$$

also $=$ der Arbeit E_w bei Kondensatoren mit Fallrohr, nur dass hier noch die Arbeit $D \cdot h$ zum Hinausschaffen des Kondenswassers aus dem Kondensator hinzutritt. Indem aber diese letztere Arbeit gewöhnlich gegenüber derjenigen zur Bewegung des Kühlwassers W verschwindend klein ist, kann man sagen: Die Arbeit zur Wasserbewegung ist unter sonst gleichen Umständen dieselbe, ob man es mit einem Kondensator mit Fallrohr oder mit einem solchen mit Nassluftpumpe zu thun hat; oder: die Gl. (67) gilt für beide Fälle.

---

1) Das Gefälle a — Fig. 23 — kann auch dann nicht ausgenutzt werden, wenn man das Ausgusswasser von der Pumpe weg in einem geschlossenen Rohre bis unter den Warmwasserspiegel z—z führen würde; denn weil mit dem Wasser zugleich Luft durch jenes Rohr gefördert wird, tritt keine „Kontinuität" des Wassers in jenem Rohre ein, es kann also keine Saugkraft ausüben, sondern das Wasser fällt frei in ihm hinab; also ist auch hier a eine „verlorene Fallhöhe".

Wenn ferner der Kondensator unter dem Grundwasserstand läge (wie etwa bei unterirdischen Maschinen), so hätte die nasse Luftpumpe ihr Wasser nicht nur ins Freie hinauszudrücken, sondern sie müsste es zudem noch heben. Die Grösse a — Fig. 23 — würde aber dabei in Gl. (70) nicht etwa negativ einzusetzen sein, sondern sie wäre $= 0$, wogegen einfach der mit H bezeichnete Abstand zwischen ursprünglichem Kaltwasserspiegel und schliesslichem Warmwasserspiegel entsprechend grösser würde.

Wenn man dann in beiden Fällen nicht wie in Figg. 22 und 23 das Kühlwasser zuerst in ein Reservoir R pumpt, sondern wenn man das Steigrohr N der Kühlwasserpumpe M direkt an das Kühlwasserzufuhrrohr D anschliesst (wie in Fig. 14 S. 71), so erstreckt sich die volle Saugkraft des Kondensators auch in die Kühlwasserzuleitung hinein, d. h. es wird die ausgenutzte Saughöhe $h_1 =$ der möglichen Saughöhe h, womit die für beide Fälle (Figg. 22 und 23) annähernd gültige Formel (67) übergeht in

$$E_w = W \cdot (H + a) \ . \ . \ . \ . \ . \ . \ . \ . \ (71)$$

Wenn die Saugkraft des Kondensators voll ausgenutzt wird, so ist also die totale Arbeit zur Wasserbewegung (in den Kondensator hinein und aus demselben heraus) einfach $=$ der Arbeit zur Hebung des Kühlwassers von dem ursprünglichen Kühlwasserspiegel um die verlorene Fallhöhe a über den schliesslichen Warmwasserspiegel, gerade als ob das Wasser gar keinen Kondensator hätte durchwandern müssen; dabei ist es ganz gleichgültig, ob diese Arbeit zur Wasserförderung durch eine Kühlwasserpumpe allein oder durch eine Warmwasserpumpe (nasse Luftpumpe) allein, oder durch zwei solcher Pumpen zusammen verrichtet wird.

Wir haben oben gesagt, „wenn die Saugkraft des Kondensators voll ausgenutzt wird“; da macht sich nun ein Unterschied zwischen Fall Fig. 22 und Fall Fig. 23 geltend: während man, wenn nur $H \gtreqless 0$, bei einem Kondensator mit Fallrohr (Fig. 22) immer die volle Saugkraft des Kondensators ausnutzen kann (durch einfachen direkten Anschluss des Steigrohres N an das Saugrohr D), so kann man das bei einem Kondensator mit nasser Luftpumpe (Fig. 23) nur dann, wenn der Kondensator mindestens um die Saughöhe h über dem natürlichen Kühlwasserspiegel liegt. Sobald er aber nicht so hoch liegt, so kann man zwar wohl die besondere Kühlwasserpumpe M weglassen, muss aber durch Stellung eines Drosselhahnes im Steigrohr einen Theil der Saugkraft abtödten: in Gl. (67) oder (70) ist also $h_1 < h$, das Glied $h - h_1$ verschwindet also nicht, die Arbeit zur Wasserförderung wird grösser. In diesem Falle — wenn also bei genügender Höhenlage des Kühlwasserspiegels bei Kondensation mit Nassluftpumpe eine Kühlwasserpumpe entbehrt werden kann — ist (s. Fig. 23) $H + a = h_1$ und geht Gl. (70) über in

$$E_w = W \cdot h + Dh = (W + D) \cdot h.$$

Wir werden aber von dieser specialisirten Formel keinen Gebrauch machen, sondern immer auf die allgemein gültige Gl. (70) bezw. (67) zurückgreifen.

Beispiel.

Es sei $D = 300$ kg Dampf pro Minute, Kühlwasserverhältniss $n = 30$, also minutliche Kühlwassermenge $W = 30 \cdot 300 = 9000$ kg. Ferner könne man das Kühlwasser aus einem Bache entnehmen, in den man es gleich unterhalb wieder einfliessen lässt, so dass $H = 0$ ist. Der Kondensatordruck sei $p_0 = 0,2$ Atm., also die volle Saughöhe des Kondensators $h = 10\,(1 - 0,2) = 8$ m. Die verlorene Fallhöhe a sei im Falle eines Kondensators mit Fallrohr (Fig. 22) $= 3$ m, und im Falle eines Kondensators mit nasser Luftpumpe (Fig. 23) liege der Kondensator ebenfalls um 3 m über dem Bache, so dass auch hier einestheils die verlorene Fallhöhe $a = 3$ m ist, anderntheils die ausnutzbare Saughöhe auch $h_1 = a = 3$ m beträgt, bei welcher kleinen Saughöhe die Kühlwasserpumpe M Fig. 23 wegfällt.

Alsdann ist die totale Arbeit zur Bewegung des Wassers:

   a) beim **Kondensator mit Fallrohr** nach **Fig. 22** und wenn dabei Rohr N direkt an Rohr D angeschlossen wird, nach Gl. (71):

$$E_w = W(H + a) = 9000\,(0 + 3) = 27000 \text{ kg-m pro Minute}$$

$$= \frac{27000}{60 \cdot 75} = \frac{27000}{4500} = 6 \text{ Pferde pro Sekunde}$$

   b) beim **Kondensator mit Nassluftpumpe** nach **Fig. 23** und gänzlichem Wegfall der Kaltwasserpumpe M nach Gl. (67):

$$E_w = W(H + a + h - h_1) = 9000\,(0 + 3 + 8 - 3) = 9000 \cdot 8$$
$$= 72000 \text{ kg-m pro}'$$

$$= \frac{72000}{4500} = 16 \text{ Pferde pro Sekunde,}[1]$$

also beinahe das Dreifache vom Falle a)! Entgegen der landläufigen Meinung, hochstehende Kondensatoren mit Fallrohr brauchen **mehr** Betriebsarbeit zur Wasserförderung als Kondensatoren mit nasser Luftpumpe, die ihr Wasser selber ansaugen, brauchen im Gegentheil **letztere** unter sonst gleichen Umständen immer mehr Arbeit, weil bei diesen eben nie die volle Saugkraft des Konden-

---

[1] Nach der genauen Formel (70) käme hierzu noch das Glied $D \cdot h$ zu addiren, so dass genau würde:

$$E_w = 72000 + 300 \cdot 8 = 72000 + 2400 = 74400 \text{ kg-m pro}' = \frac{74400}{4500} = 16,5 \text{ PS pro}''$$

also nur wenig verschieden vom Näherungswerthe 16 PS oben im Texte.

sators ausgenutzt werden kann noch darf. Rechnet man hierzu noch, dass man Kondensatoren mit Fallrohr nach Gegenstrom arbeiten lassen kann (während solche mit nasser Luftpumpe immer nur nach Parallelstrom arbeiten), und dass damit auch die zu fördernde Wassermenge viel kleiner wird, ferner dass auch noch die Luftpumpe v_0, also auch deren Arbeit kleiner wird, so erkennt man, dass Kondensation mit barometrischem Fallrohr, und ausserdem noch nach Gegenstrom arbeitend — wie die S. 69 beschriebene Weiss'sche Gegenstrom-Kondensation — principiell den kleinstmöglichen Arbeitsaufwand zum eigenen Betriebe erfordern, immer weniger als jede andere Kondensationsart.

Das bezieht sich auf Mischkondensation; wir werden aber noch sehen, dass der Ausspruch auch für Oberflächenkondensation gilt, so dass Gegenstrom-Mischkondensation mit Fallrohr auch in Beziehung auf Kraftverbrauch der Oberflächenkondensation vorzuziehen ist, und man diese letztere nur dann anwenden soll, wenn man durch Abwesenheit von gutem, zur Kesselspeisung geeigneten Wasser, absolut dazu gezwungen ist.

Arbeit zur Luftförderung.

Die Arbeit zur Luftförderung fällt etwas verschieden aus, je nachdem sie mittels trockener oder mittels nasser Luftpumpe geleistet wird. Wir berechnen hier zuerst die Kompressionsarbeit in trockener Luftpumpe.

Wenn Luft vom grösseren Volumen v_0 und kleinerem Drucke p_0 auf kleineres Volumen v und grösseren Druck p zusammengedrückt wird, so geht die Kompression nach einem durch die Gleichung der polytropischen Kurve

$$p \cdot v^n = p_0 \cdot v_0{}^n = \text{Konst.} \quad \ldots \ldots \quad (72)$$

ausgedrückten Gesetze vor sich, und erwärmt sich die Luft dabei. Wird von der entstehenden Kompressionswärme nichts entzogen (adiabatische Kompression), so ist $n = 1{,}41$; wird aber die Kompressionswärme vollständig entzogen, geht also die Kompression unter gleichbleibender Temperatur vor sich (isothermische Kompression), so ist $n = 1$, und Gl. (72) drückt das einfache Mariotte'sche Gesetz aus. In Wirklichkeit wird bei trockenen Luftpumpen, die immer äussern Kühlmantel erhalten sollen, ein Theil der Kompressionswärme entzogen, so dass der wirkliche Werth des Exponenten n irgendwo zwischen 1,41 und 1 liegt.

Dampf folgt bei seiner Kompression in trockener Luftpumpe ebenfalls dem in Gl. (72) ausgesprochenen Gesetze, und soll dabei der Exponent n etwa $=1,15$ bis $1,20$ sein, also ungefähr gleich dem, wie er in Wirklichkeit für Luft sein wird. Also folgt auch die Kompression eines Gemisches von Dampf und Luft jenem Gesetze. Wir legen aber unserer Rechnung nicht dieses Gesetz mit dem je nach den Umständen veränderlichen Exponenten n zu Grunde, sondern das einfache Mariotte'sche Gesetz mit $n = 1$, also

$$p \cdot v = p_0 \cdot v_0 = \text{Konst.} \quad \ldots \ldots \quad (73)$$

Wir vernachlässigen also die durch die Kompressionswärme verursachte Mehrarbeit; den damit begangenen Fehler schaffen wir dadurch weg, dass wir schliesslich die auf diese Weise erhaltene Kompressionsarbeit mit einem erfahrungsgemässen Widerstandskoefficienten (etwa $1,50$ bis $1,70$) multipliciren, der auch noch die übrigen Nebenhindernisse, Reibung etc. in sich begreift, wie wir auch die vorher erhaltene theoretische Arbeit E_w für die Wasserförderung mit einem solchen Widerstandskoefficienten multipliciren müssen, um die effektive Arbeit zu erhalten.

Wenn das Luft- oder Gasgemengevolumen v_0 mit dem Drucke p_0 — Fig. 24 — auf ein Volumen v mit dem Drucke p komprimirt wird, so sei dazu eine Arbeit E nöthig. Wird dieses Volumen v dann noch um das Differenzial $-dv$ weiter komprimirt, so ist die hierzu nöthige Arbeit dE, und ergiebt

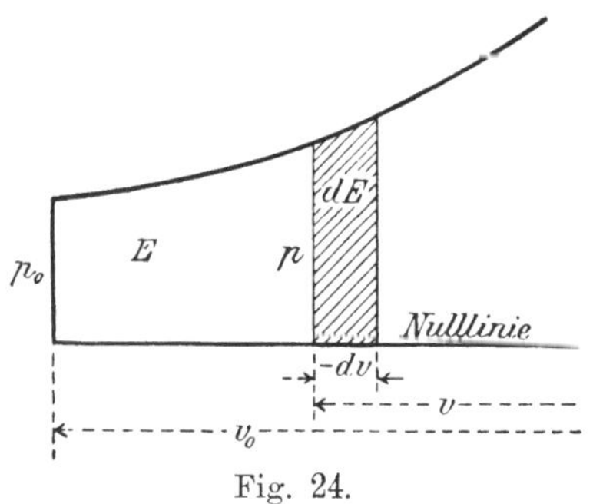

Fig. 24.

sich diese aus dem Arbeitsflächenstreifen der Fig. 24 zu

$$dE = - p \cdot dv$$

Damit diese Gleichung integrirt werden kann, muss die Variable p durch die Variable v ausgedrückt werden, was mittels Gl. (73) geschehen kann, nach welcher

$$p = \frac{p_0 \, v_0}{v}$$

ist, wo p_0 und v_0 als dem bekannten Anfangszustand angehörend, bekannt sind ($p_0 = $ Kondensatordruck, $v_0 = $ pro Minute von der Luftpumpe angesogenes Volumen). Diesen Werth von p oben eingesetzt, kommt

$$dE = - p_0 \, v_0 \cdot \frac{dv}{v}$$

und integrirt

$$E = - p_0\, v_0 \cdot \log v + C.$$

Für den Anfangszustand, den Beginn der Kompression, ist

$$E = 0 \qquad \text{und} \qquad v = v_0,$$

also

$$0 = - p_0\, v_0 \log v_0 + C$$

oder

$$C = + p_0\, v_0 \log v_0$$

Diesen Werth der Konstanten C oben eingesetzt, kommt

$$E = p_0\, v_0\, (\log v_0 - \log v) = p_0\, v_0 \log \frac{v_0}{v} \qquad . \quad . \quad . \quad (74)$$

oder da nach dem Mariotte'schen Gesetze auch

$$\frac{v_0}{v} = \frac{p}{p_0}$$

ist, so ergiebt sich die Kompressionsarbeit auch zu

oder, da $v_0 p_0 = v\, p$, auch

$$\left.\begin{array}{l} E = v_0\, p_0 \log \dfrac{p}{p_0} \\[2ex] E = v\, p \log \dfrac{p}{p_0} \end{array}\right\} \qquad . \quad . \quad . \quad . \quad . \quad . \quad (75)$$

Beim Komprimiren wird diese Arbeit verbraucht, beim Expandiren gewonnen.

Hiermit ist nun leicht die Arbeit $E_l =$ Fläche $ABCDA$, Fig. 25, der trockenen Luftpumpe zu berechnen; diese besteht aus:

1. Kompressionsarbeit $ABFGA$, welche nach Gl. (75)

$$= v_0\, p_0 \log \frac{p}{p_0} \text{ ist;}$$

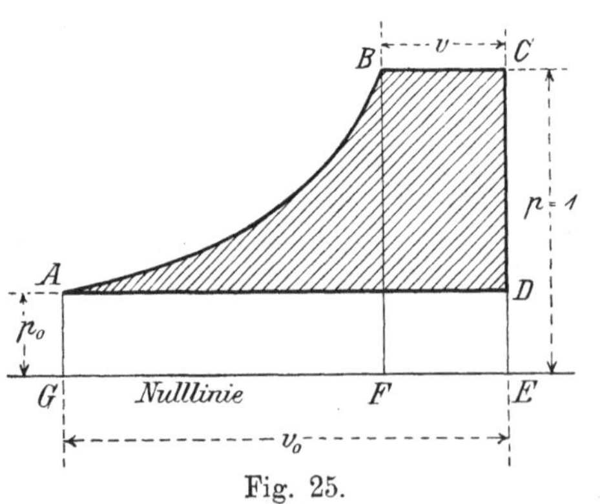

Fig. 25.

2. der Arbeit $BCEFB$, zum Hinausschieben des Gasgemenges in die freie Luft, $= v \cdot p$;

von der Summe dieser beiden Arbeiten ist abzuziehen:

3. Die Arbeitsfläche $ADEGA$ des Druckes p_0 hinter dem Kolben der Luftpumpe, welche Fläche $= v_0\, p_0$ ist.

Die Arbeitsfläche $ABCDA = E_l$ ist also

$$E_l = v_0\,p_0 \cdot \log \frac{p}{p_0} + v\,p - v_0\,p_0.$$

Nun ist aber nach dem Mariotte'schen Gesetze eben $v \cdot p = v_0 \cdot p_0$, womit sich schliesslich die Arbeit E_l zur Luftförderung in trockener Luftpumpe ergiebt zu

$$E_l = v_0\,p_0 \cdot \log \frac{p}{p_0} \quad \cdots \cdots \quad (76)$$

welche Gleichung mit Gl. (75) gleich lautet, wennschon sie eine andere Bedeutung hat.

Da wir die minutliche Ansaugeleistung der Luftpumpe (v_0) in Kubikmetern ausdrücken, müssen wir in Gl. (76) auch den Kondensatordruck p_0 in kg/qm ausdrücken, während wir p_0 bisher immer in Atmosph. oder kg/qcm ausgedrückt haben; wir haben also in Gl (76) 10000 p_0 statt p_0 zu schreiben, und erhalten

$$E_l = 10000\,v_0\,p_0 \log \frac{p}{p_0} \quad \cdots \cdots \quad (77)$$

indem wir unter dem *log* Zeichen nichts zu ändern haben, da wir dort p und p_0 in beliebigem Maasse — also auch in Atmosphären — messen können, weil diese Drücke dort nur als „Verhältniss" auftreten. Die Gl. (77) giebt (für v_0 in Kubikmetern pro Minute, und p und p_0 in Atmosphären) die Arbeitsleistung E_l in Kilogrammmetern pro Minute; dividiren wir das Ergebniss durch $60 \cdot 75 = 4500$, so erhalten wir die Arbeitsleistung in Sekundenpferden, und ist diese pro 1 cbm pro Minute angesogenen Gasgemenges (also $v_0 = 1$) und bei einem Kondensatordruck von p_0 Atm., und dem äusseren Luftdruck von $p = 1$ Atm.

$$(E_l) = \frac{10000}{4500} \cdot p_0 \cdot \log \frac{1}{p_0} = 2{,}22\,p_0 \log \cdot \frac{1}{p_0} \quad \cdots \quad (78)$$

Diese Formel ergiebt

für $p_0 =$	1	0,9	0,8	0,7	0,6	0,5	0,4	0,3	0,2	0,1	0 Atm.
$(E_l) =$	0	0,212	0,398	0,555	0,681	0,771	0,816	0,802	0,715	0,511	0 Pferde.

Die Ergebnisse dieser Rechnung sind in umstehender graphischen Tabelle Fig. 26 aufgetragen, und kann diese zur Ersparung von logarithmischen Rechnungen nach Gl. (77) benutzt werden.

Wie man sieht, ist die Arbeit zu Beginn des Evakuirens $= 0$, und zum Schlusse, wenn vollkommene Luftleere erreicht würde, wieder $= 0$; dazwischen giebt es einen gewissen Kondensatordruck p_0, bei dem die Arbeit E_l ein Maximum wird, und finden wir jenen

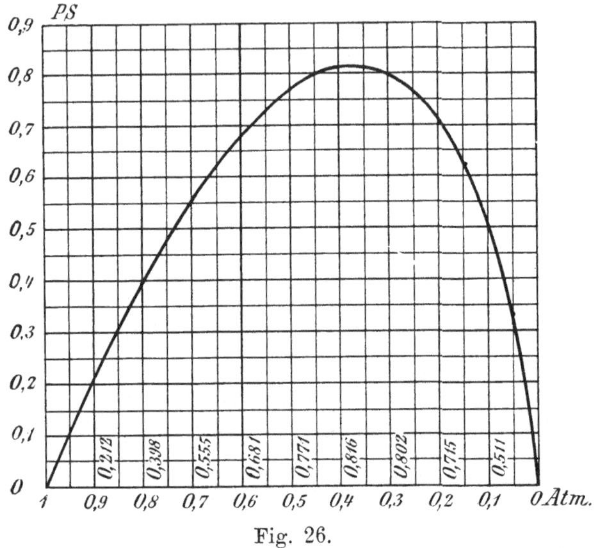

Fig. 26.

Druck p_0, indem wir Gl. (77) mit konstantem v_0 und p nach p_0 differenziren, und den Differenzialquotienten $\dfrac{dE_l}{dp_0} = 0$ setzen. Zu diesem Behufe schreiben wir Gl. (77) bequemer:

$$E_l = 10000\, v_0\, p_0\, (\log p - \log \cdot p_0)$$

differenzirt, giebt

$$dE_l = 10000\, v_0 \left\{ dp_0\, (\log p - \log p_0) - p_0\, \frac{dp_0}{p_0} \right\}$$

Also

$$\frac{dE_l}{dp_0} = 10000\, v_0\, \left(\log \frac{p}{p_0} - 1\right)$$

Dieser Werth wird zu Null, wenn

$$\log \cdot \frac{p}{p_0} = 1$$

woraus

$$\frac{p}{p_0} = e = 2{,}71828 \dots$$

oder

$$p_0 = \frac{p}{e} = \frac{1}{2{,}718} = 0{,}37 \text{ Atm.}$$

$\left. \phantom{\begin{matrix}a\\b\\c\end{matrix}} \right\}$ . . . . (79)

Es besteht also das Gesetz:

Eine Vakuumpumpe hat beim Leerpumpen eines Gefässes dann ihre Maximalarbeit zu verrichten, wenn der Druck im Gefässe auf $\frac{p}{e} = 0{,}37$ Atm. gesunken ist;

Dabei ist diese Maximalarbeit — indem wir $\log \frac{p}{p_0} = 1$ und $p_0 = \frac{1}{e}$ in Gl. (77) einsetzen —

$$E_{l,\,max} = 10000 \cdot v_0 \cdot \frac{1}{e} = 3700 \cdot v_0 \quad \ldots \quad (80)$$

in Kilogrammetern pro Minute, oder

$$E_{l,\,max} = \frac{3700}{4500} \cdot v_0 = 0{,}822 \cdot v_0 \ \text{Sekundenpferde} \quad . \ . \ (81)$$

Hierauf ist wohl zu achten bei Bestimmung der Dimensionen des Cylinders der die Luftpumpe antreibenden Dampfmaschine.

Arbeit zur Luftkompression in nasser Luftpumpe.

In einer nassen Luftpumpe, also bei Anwesenheit von Wasser, wird das angesogene Gasgemenge (Luft und Wasserdampf) nicht

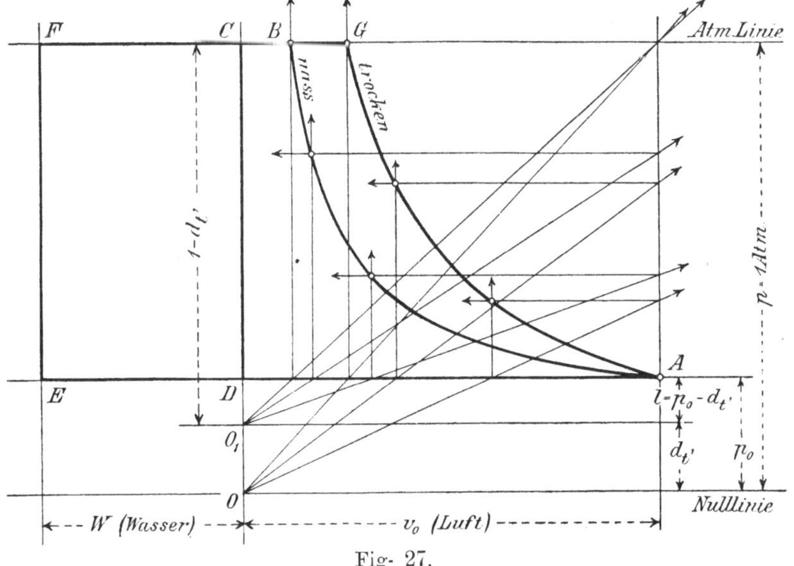

Fig. 27.

vom anfänglichen Gesammtdruck p_0 auf den Enddruck $p = 1$ Atm. komprimirt, sondern nur die Luft wird von ihrem anfänglichen

Partialdruck $(l = p_0 - d_{t'})$ auf ihren schliesslichen Partialdruck $(1 - d_{t'})$ komprimirt, gerade als ob gar kein Dampf anwesend wäre, indem der Theil von ihm, der beim Komprimiren zur Druckvermehrung beitragen würde, kondensirt (siehe Grashof, Theoret. Masch.-Lehre, Bd. III, S. 676). Während also in vorstehender Fig. 27 für trockene Luftpumpen die Mariotte'sche Hyperbel aus dem Pole O zu konstruiren ist, muss sie für nasse Luftpumpen aus dem Pole O_1 konstruirt werden, und man erhält die Arbeit zur Luftförderung

> bei trockener Luftpumpe als Fläche $AGCDA$, und
> bei nasser Luftpumpe als Fläche $ABCDA$,
> in welch letzterem Falle noch die Fläche $CFEDC$

als Arbeit für die Wasserförderung der Pumpe hinzutritt.

Ersetzt man in Gl. (77) den Anfangsdruck p_0 durch den anfänglichen Partialdruck der Luft $l = p_0 - d_{t'}$ und den Enddruck $p = 1$ durch den schliesslichen Partialdruck der Luft $1 - d_{t'}$, so erhält man die Arbeit zur Luftförderung bei nasser Luftpumpe

$$E_{l,\,nass} = 10000\,v_0\,l\log \cdot \frac{1 - d_{t'}}{l} = 10000\,v_0\,(p_0 - d_{t'}).\log \cdot \frac{1 - d_{t'}}{p_0 - d_{t'}} \quad (82)$$

Bedenkt man, dass nach Gl. (13) S. 20

$$l = \frac{L}{v_0} \quad \text{und} \quad v_0\,l = L$$

so lässt sich Gl. (82) auch für manche Rechnungen bequemer schreiben:

$$E_{l,\,nass} = 10000\,L.\log \cdot \frac{1 - d_{t'}}{L} \cdot v_0 \quad . \quad . \quad . \quad . \quad (83)$$

Sei beispielsweise

$$p_0 = 0{,}12 \text{ Atm.}$$
$$t' = 39^0, \text{ also } d_{t'} = 0{,}068 \text{ Atm.}$$

und

$$v_0 = 30 \text{ cbm pro Minute,}$$

so ergiebt sich die Arbeit zur Luftförderung

> mit trockener Luftpumpe nach Gl. (77)

$$E_l = 10000\,v_0\,p_0\log \frac{1}{p_0} = 10000 \cdot 30 \cdot 0{,}12 \cdot \log \frac{1}{0{,}12} = 36000 \cdot 2{,}12$$

$$= 76300 \text{ kg-m pro}' = \frac{76300}{4500} = 17 \text{ Sekundenpferde;}$$

mit nasser Luftpumpe nach Gl. (82)

$$E_{l,\,nass} = 10000 . v_0 (p_0 - d_{t'}) \log . \frac{1 - d_{t'}}{p_0 - d_{t'}}$$

$$= 300000 . (0{,}120 - 0{,}068) . \log . \frac{0{,}932}{0{,}052} = 15600 . 2{,}88 = 45000 \, \text{kg-m pro}'$$

$$= \frac{45000}{4500} = 10 \text{ Sekundenpferde.}$$

Nachdem so auch noch die Arbeit E_l zur Förderung der Luft gefunden, ist diese zu der schon früher berechneten Arbeit E_w für Wasserförderung zu addiren, um nach Gl. (63) die theoretische Gesammtarbeit zum Betriebe der Kondensation

$$E = E_w + E_l$$

zu erhalten. Diese mit einem erfahrungsgemässen Widerstands-koefficienten $\varphi > 1$ multiplicirt, erhält man die effektive Betriebsarbeit der Kondensation. Hierbei ist etwa

$$\left. \begin{array}{c} \varphi = 1{,}50 \text{ bis } 1{,}70 \\[2mm] \text{zu nehmen; wir werden im Verlaufe immer} \\[2mm] \varphi = 1{,}60 \end{array} \right\} \quad . \quad . \quad . \quad . \quad (84)$$

setzen.

An dieser Stelle können wir nun auch die vielfach verbreitete Ansicht auf ihre Richtigkeit prüfen:

> „mit einer Vergrösserung der (nassen) Luftpumpe sei — abgesehen von Nebenhindernissen, wie Kolbenreibung etc. — eine Steigerung des Arbeitsaufwandes nicht verknüpft, indem diejenige Mehrarbeit, welche während der saugenden Bewegung des Kolbens aufzuwenden sei, beim Rückgange des Kolbens durch den Atmosphärendruck in vollem Betrage der Maschine wieder zurückgegeben werde."

Wir brauchen blos eine bestimmte Kondensation mit bestimmtem, sich gleichbleibendem Dampfquantum, sich gleichbleibender Kühlwassermenge und -Temperatur, und sich gleichbleibenden Niveauverhältnissen der Wasserspiegel anzunehmen, und dann der nassen Luftpumpe verschiedene Grössen zu geben: so werden wir finden, dass sowohl Vakuum als Arbeitsaufwand sich mit der Luftpumpengrösse ändern; in welchen Verhältnissen, das möge das folgende Beispiel zeigen, dem wir wieder die Zahlen des Beispiels S. 45 zu Grunde legen wollen.

Es sei konstant

$$\left.\begin{array}{l} D = 300 \ \text{kg} \\ W = 9000 \ \text{,,} \end{array}\right\} \ \text{also} \ \ n = \frac{W}{D} = 30$$

$$t_0 = 20^0$$

also

$$t' = \frac{570}{n} + t_0 = 39^0$$

und damit

$$d_{t'} = 0{,}068 \ \text{Atm.}$$

und

$$L = 1{,}02 \ \text{cbm.}$$

Ferner sei in Bezug auf Fig. 23

$$H = 2 \ \text{m und} \ a = 3 \ \text{meter} .$$

der Kondensator stehe also um 5 m über dem Kühlwasserspiegel und sauge sein Wasser um die Höhe $h_1 = 5$ m selbstthätig an, und eine besondere Kühlwasserpumpe sei nicht vorhanden.

Nun nehmen wir in Zeile 1 der folgenden Tabelle verschiedene Grössen der reinen Luftpumpenleistung $v_0 = 5, 10, 20 \ldots.$ cbm an; die Leistung der nassen Luftpumpe muss dann je um

$$\frac{W + D}{1000} = \frac{9000 + 300}{1000} = 9{,}3 \ \text{cbm}$$

grösser sein.

In Zeile 2 schreiben wir die nach Gl. (23) sich für diese verschiedenen v_0 ergebenden Kondensatordrücke p_0 an, nämlich

$$p_0 = \frac{L}{v_0} + d_{t'} = \frac{1{,}02}{v_0} + 0{,}068 \ \text{Atm.}$$

Damit erhalten wir in Zeile 3 die Saugkraft des Kondensators

$$h = 10 \, (1 - p_0) \ \text{meter}$$

Jetzt können wir in Zeile 4 nach Gl. (70) die Arbeit E_w für die Wasserförderung anschreiben

$$E_w = W (H + a + h - h_1) + D . h = 9000 \, (2 + 3 + h - 5) + 300 . h$$
$$= 9300 . h$$

und in Zeile 5 nach Gl. (83) die Arbeit $E_{l, \, nass}$ für die Luftförderung

$$E_{l, \, nass} = 10000 \, L \log \frac{1 - d_{t'}}{L} \cdot v_0 = 10000 . 1{,}02 . 2{,}30 \, \text{Log} \cdot \frac{1 - 0{,}068}{1{,}02} \cdot v_0$$
$$= 23500 \, \text{Log} \, 0{,}914 . v_0$$

wobei wir von den natürlichen Logarithmen (log) auf Brigg'sche (Log) übergegangen sind.

In Zeile 6 erhalten wir die Summe $E = E_l + E_w$ als theoretischen Kraftbedarf in Kilogrammetern pro Minute.

Dividiren wir letzteren durch 4500, und multipliciren wir ihn mit dem Widerstandskoefficienten $\varphi = 1{,}60$, so erhalten wir schliesslich in Zeile 7 den effektiven Arbeitsbedarf der Kondensation für die verschieden grossen Luftpumpen.

1.	$v_0 \quad =$	5	10	20	50	∞	cbm p. '
2.	$p_0 = \dfrac{1{,}02}{v_0} + 0{,}068 =$	0,272	0,17$_0$	0,119	0,088	0,068	Atm.
3.	$h = 10\,(1 - p_0) =$	7,28	8,30	8,81	9,12	9,32	m
4.	$E_w = 9300 \,.\, h =$	67800	77200	82000	84700	86700	kg-m p. '
5.	$E_l = 23500\,\mathrm{Log}.\,0{,}914\,v_0 =$	15500	22600	29700	39000	∞	„
6.	$E = E_w + E_l =$	83300	99800	111770	123700	∞	„
7.	$E_{e\!f\!f.} = 1{,}60\,\dfrac{E}{4500} =$	29,6	35,4	39,6	43,8	∞	Pferde p. ''

Vergrössert man also die minutliche Leistung der nassen Luftpumpe von z. B. $5 + 9{,}3 = 14{,}3$ auf $20 + 9{,}3 = 29{,}3$ cbm, während alles übrige unverändert bleibt, so sinkt der Kondensatordruck von 0,27 Atm. auf 0,12 Atm., also um mehr als die Hälfte, und der totale Arbeitsaufwand für die Kondensation steigt von ~ 30 auf ~ 40 Pferde.

In Kapitel A, 5 haben wir ein Beispiel tabellarisch berechnet, um für Parallelstrom in bestimmtem Falle die kleinste Luftpumpengrösse zur Erreichung eines bestimmten Vakuums zu finden, und hat sich dabei das Schaubild Fig. 10 ergeben; ferner haben wir im selben Kapitel die verschiedenen Vakuas berechnet, die sich bei gegebener Nassluftpumpe für verschieden grosse Kühlwassermengen einstellen, und dabei das Schaubild Fig. 11 erhalten. Nun untersuchen wir diese Fälle auch in Hinsicht auf den Kraftbedarf, hauptsächlich um zu sehen:

im ersten Falle, ob etwa kleinste Luftpumpengrösse auch mit kleinstem Arbeitsaufwand zusammenfalle,

im zweiten Falle, wie sich der Arbeitsaufwand mit der veränderlichen Einspritzwassermenge verändere.

Fortsetzung des Beispiels S. 55, Schaubild Fig. 10

in Bezug auf den Kraftverbrauch bei verschiedener Grösse der Nassluftpumpe und verschiedener Kühlwassermenge zur Erreichung gleichen Vakuums.

In der ersten Zeile der folgenden Tabelle schreiben wir wieder die verschiedenen Temperaturen t' an, die das Heisswasser haben kann, und in der zweiten Zeile die diesen Temperaturen entsprechenden Dampfdrücke $d_{t'}$ wie in der Tabelle S. 56; dann in den drei folgenden Zeilen die früher gefundenen Werthe von l, W und v_0.

Um dann den Kraftbedarf für die Wasserförderung berechnen zu können, müssen die Wasserspiegelverhältnisse bekannt sein. Wir nehmen wieder an, der schliessliche Heisswasserspiegel liege um $H = 2$ m über dem natürlichen Kühlwasserspiegel, und die verlorene Fallhöhe a sei $= 3$ m. Wir lassen dann den Fall, die Parallelstromkondensation werde durch einen hochstehenden Kondensator mit Fallrohr bewirkt, ausser Acht und betrachten nur den Fall der Parallelstromkondensation mit Nassluftpumpe (Fig. 23); der Kondensator liege also um $H + a = 5$ m über Wasser, eine besondere Kühlwasserpumpe sei nicht für nöthig erachtet worden, die ausgenützte Saughöhe h_1 sei also 5 m. Da der Kondensator ein konstantes Vakuum von $p_0 = 0,12$ Atm. abs. erzeugen soll, so ist die mögliche Saughöhe also konstant $h = 10\,(1 - p_0) = 8,80$ m; ferner ist die konstante zu kondensirende Dampfmenge $D = 300$ kg pro Minute. Nach Gl. (70) ist somit die Arbeit zur Wasserbewegung

$$E_w = W\,(2 + 3 + 8,8 - 5) + 300\,.\,8,8 = 8,8\,W + 2640 \text{ kg-m pro'}$$

theoretisch,

und mit einem Widerstandskoefficienten von $\varphi = 1,60$

$$E_w = \frac{1,60}{4500}\,(8,8\,W + 2640) = 0,00313\,W + 0,94 \text{ Sekundenpferde effekt.};$$

das liefert die Werthe der Zeile 6.

Nach Gl. (82) ergiebt sich die effektive Arbeit zur Luftförderung, wieder mit einem Widerstandskoefficienten $\varphi = 1,60$, und indem wir von natürlichen Logarithmen zu Brigg'schen übergehen, zu

$$E_{l,\,nass} = \frac{1,60}{4500}\,.\,10000\,.\,2,30\,.\,v_0\,.\,l\,.\,\mathrm{Log}\,\frac{1 - d_{t'}}{l} = 8,2\,v_0\,l\,\mathrm{Log}\,\frac{1 - d_{t'}}{l}$$

Sekundenpferde effektiv;

das giebt die Werthe der Zeile 7.

Die Gesammtarbeit zum Betriebe der Kondensation in effektiven Sekundenpferden erhält man in Zeile 8 als die Summe $E = E_w + E_l$.

1.	$t' =$	20	25	30	35	40	45	50^0	Cels.
2.	$d_{t'} =$	0,022	0,031	0,041	0,055	0,072	0,093	0,120	Atm.
3.	$l =$	0,098	0,089	0,079	0,065	0,048	0,027	0	„
4.	$W =$	∞	34200	17100	11400	8550	6480	5700	kg
5.	$v_0 =$	∞	17,3	15	16,5	21,3	36,3	∞	cbm
6. $E_w = 0.00313\,W + 0,94 =$		∞	108,94	54,14	36,54	27,74	21,24	18,80	PSe
7. $E_l = 8{,}2\,v_0\,l\,\mathrm{Log}\cdot\dfrac{1 - d_{t'}}{l} =$		∞	13,10	10,50	10,20	10,75	12,32	∞	„
8. $E = E_w + E_l =$		∞	122,0	64,6	46,7	38,5	33,6	∞	„

Im Schaubild Fig. 28 sind die Werthe dieser Tabelle als Ordinaten zu den zugehörigen Temperaturen t' als Abscissen aufgetragen, nämlich die effektiven Arbeiten E_w zur Wasserförderung, E_l zur Luftförderung, und die Gesammtarbeit $E = E_w + E_l$. Ferner ist zur Uebersicht noch die Grösse der Nassluftpumpe $v_0 + \dfrac{W + D}{1000}$ aus Schaubild Fig. 10 hineinpunktiert worden (wobei man sich nur die Ordinaten in Kubikmetern, statt Pferden, ausgedrückt zu denken hat).

Man sieht, dass die kleinste Luftpumpengrösse (etwa 28 cbm pro Minute) nicht zusammentrifft mit der kleinstmöglichen Betriebsarbeit (etwa 33 effekt. Pferde); jene tritt ein — vgl. Fig. 10 —

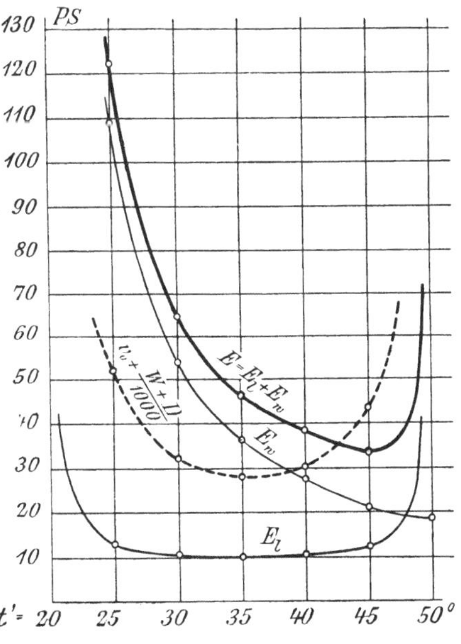

Fig. 28. Kraftbedarf einer Parallelstromkondensation mit Nassluftpumpe. Für $D = 300$ kg, $p_0 = 0{,}12$ Atm, $t_0 = 20^0$ und $H = 2$ m, $a = 3$ m.

bei $t' =$ etwa 35^0 und dem Kühlwasserverhältniss $n = 38$, also einer Kühlwassermenge von 11400 Minutenliter, während diese eintritt bei etwa $t' = 46^0$, $n = 22$, also $W = 6600$ Minutenlitern, aber einer Gesammtansaugeleistung der Nassluftpumpe von etwa 45 cbm pro Minute.

Man erkennt ferner aus dem Schaubilde Fig. 28, dass die Arbeit zur Wasserförderung diejenige zur Luftförderung bei solchen Nassluftpumpen erheblich überwiegt, und dass es auch dort, wo man Kühlwasser in Hülle und Fülle hat, und wo es auch vom Kondensator selbstthätig angesaugt wird, durchaus nicht vortheilhaft ist, recht v i e l Wasser zu geben, um eine kleinere Luftpumpe zu erhalten, sondern dass es sich im Gegentheil im Interesse eines sparsamen Betriebes empfiehlt, w e n i g e r Wasser zu nehmen, dafür aber zur Erreichung des gewollten Vakuums eine entsprechend grössere Nassluftpumpe anzuordnen. Im vorliegenden Falle würde man sich etwa für folgende Verhältnisse entschliessen: Kühlwasserverhältniss etwa $n = 25$, also minutliche Einspritzwassermenge $W = 7500$ l, wobei die minutliche effektive Ansaugeleistung der Nassluftpumpe etwa $= 35$ cbm betragen müsste, und die Gesammtarbeit zum Betriebe der Kondensation etwa 35 effektive Pferdestärken betrüge; (dass Ansaugeleistung und effektive Pferde der Pumpe hier gleiche Ziffern zeigen, ist natürlich nur Zufall).

Fortsetzung des Beispiels S. 60, Schaubild Fig. 11

in Bezug auf den Kraftverbrauch bei gegebener Nassluftpumpe.

Dort hatten wir berechnet, welche Vakuen man erhält, wenn der Maschinist bei gegebener Ansaugeleistung der Nassluftpumpe $\left(v_0 + \dfrac{W + D}{1000} = 28 \text{ cbm pro}'\right)$ mehr oder weniger Einspritzwasser giebt.

In Zeile 1, 2 und 3 der folgenden Tabelle schreiben wir die zusammengehörenden Grössen von W, p_0 und t' aus der Tabelle S. 60 nochmals an; in Zeile 4 den zu t' gehörenden Partialdruck $d_{t'}$ des Dampfes; in Zeile 5 den Partialdruck der Luft $l = p_0 - d_{t'}$; in Zeile 6 die minutliche Leistung der Nassluftpumpe für L u f t -

förderung $v_0 = 28 - \dfrac{W + D}{1000} = 28 - \dfrac{W}{1000} - \dfrac{300}{1000} = 27,7 - \dfrac{W}{1000}$;

in Zeile 7 die dem Vakuum p_0 entsprechende mögliche Saughöhe $h = 10 (1 - p_0)$ des Kondensators. Ferner sei wieder $H = 2$ m und $a = 3$ m; der Kondensator sauge also sein Wasser wieder um

$h_1 = 5$ m selbstthätig an ohne Mitwirkung einer Kaltwasserpumpe. Damit ist die Arbeit zur Wasserförderung nach Gl. (70) wieder

$$E_w = W(2 + 3 + h - 5) + 300\,h = (W + 300)\,.\,h \text{ kg-m pro' theoret.,}$$

$$= 1{,}60\,\frac{(W + 300)\,h}{4500} = 0{,}000356\,(W + 300)\,h \text{ Sekundenpferde eff.,}$$

was Zeile 8 giebt.

In Zeile 9 schreiben wir die effektive Arbeit für Luftförderung an nämlich

$$E_l = \frac{1{,}60}{4500} \cdot 10000 \cdot 2{,}30\,v_0\,l\,\text{Log}\,\frac{1 - d_{t'}}{l} = 8{,}2\,.\,v_0\,l\,\text{Log}\,\frac{1 - d_{t'}}{l}$$

und in Zeile 10 schliesslich die Gesammtarbeit zum Betriebe der Kondensation.

1.	$W =$	3000	6000	12000	21000	1 pro Minute
2.	$p_0 =$	0,45	0,15	0,12	0,23	Atm. abs.
3.	$t' =$	77	48,5	34	28⁰	Cels.
4.	$d_{t'} =$	0,412	0,11	0,052	0,037	Atm. abs.
5.	$l = p_0 - d_{t'} =$	0,038	0,04	0,068	0,193	„ „
6.	$v_0 = 27{,}7 - \dfrac{W}{1000} =$	24,7	21,7	15,7	6,7	cbm p.
7.	$h = 10\,(1 - p_0) =$	5,5	8,5	8,8	7,7	m
8.	$E_w = 0{,}000356\,(W + 300)\,.\,h =$	6,45	19,1	38,9	58,2	Sek. Pfde. eff.
9.	$E_l = 8{,}2\,v_0\,l\,\text{Log}\,\dfrac{1 - d_{t'}}{l} =$	9,10	9,40	10,0	7,50	„ „ „
10.	$E = E_w + E_l =$	15,55	28,5	48,9	65,7	„ „ „

Im Schaubild Fig. 29 sind die Werthe E_w, E_l und $E = E_w + E_l$ als Ordinaten zu den zugehörigen Kühlwassermengen als Abscissen aufgetragen. Ferner ist zur Uebersicht nochmals aus Fig. 11 die Kurve des Kondensatordruckes p_0 für $D = 300$ kg Dampf pro Minute punktiert eingezeichnet (wobei man als Höhenmaassstab 10 PS = 0,10 Atm. anzusehen hat).

Man erkennt auch hier wieder, wie mit steigender Wasserzugabe der Kraftbedarf der Kondensation stark zunimmt. Der Maschinist soll also mit möglichst wenig Wasser — möglichst geringer Oeffnung des Einspritzhahnes — arbeiten; wenn er dabei auch einige Centimeter unter dem höchst erreichbaren Vakuum bleibt, so verzehrt die Kondensation dafür viel weniger an eigener Betriebsarbeit. Um das höchst erreichbare Vakuum ($p_0 = 0{,}12$ Atm. $= 67$ cm) mit dieser Nassluftpumpe zu erhalten, müsste man pro Minute etwa 12 cbm Wasser ansaugen lassen, und verbrauchte dabei die Kondensation etwa 49 PS_e; begnügt man sich aber mit einem Vakuum von $p_0 = 0{,}15$ Atm. $= 64{,}5$ cm, so darf der Kondensator pro Minute

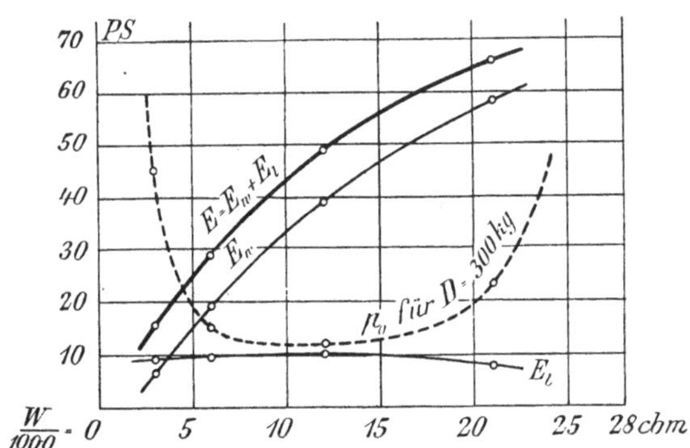

Fig. 29. Kraftbedarf einer gegebenen Nassluftpumpe $\left(v_0 + \dfrac{W+D}{1000} = 28 \text{ cbm}\right)$ bei verschiedener Einspritzwassermenge.

Für $D = 300$ kg, $t_0 = 20^0$, $H = 2$ m, $a = 3$ m.

nur etwa 6 cbm Wasser ansaugen, und verbraucht dabei nur etwa 28,5 PS_e. Wie wir später im Kapitel „Nutzen der Kondensation" sehen werden, ist der Mehrdampfverbrauch der kondensirten Maschinen durch die Verschlechterung des Vakuums um 2,5 cm eher kleiner als die Dampfersparniss durch 20,5 PS_e Wenigerkraftverbrauches der Kondensation. Diese Verhältnisse sind insbesondere in Fällen knappen Kühlwassers wohl zu erwägen.

---

2. Kraftbedarf bei Oberflächenkondensation.

Auch hier theilt sich die Betriebsarbeit wieder in solche für Wasserförderung (E_w) und solche für Luftförderung (E_l), und zerfällt erstere wieder in Arbeit zur Förderung des Kühlwassers (E_{kw}) und Arbeit zur Förderung des Warmwassers (E_{ww}), während die Luftförderung ebenfalls wie bei Mischkondensation entweder mittels nasser Luftpumpe bewirkt werden kann, welche das warme

Wasser und die Luft zusammen aus dem Kondensator zieht, oder aber mit trockener Luftpumpe, wenn das Kondenswasser mittels besonderer Warmwasserpumpe, oder mittels barometrischem Fallrohr — welch letzteres aber bei Oberflächenkondensation kaum vorkommt — aus dem Kondensator geschafft wird.

Arbeit der Kaltwasserpumpe.

Liegt der Kondensator um die Höhe a über dem Abflussgraben für das erwärmte Kühlwasser, und dieser wieder um die Höhe H über dem natürlichen Wasserspiegel des Kühlwassers (vgl. Fig. 23, S. 108), so hat auch hier die Kühlwasserpumpe die minutliche Kühlwassermenge W auf die Höhe $H + a$ zu heben; da aber hier keine Luft zugleich mit dem Wasser durch das Rohr a gefördert wird, kann das Wasser durch ein bis unter den Warmwasserspiegel reichendes Rohr „mit Kontinuität" geführt werden; die „verlorene Fallhöhe" a ist also nicht mehr verloren, sondern dies Gefälle wird ausgenützt, und ist die wirksame Hubhöhe der Kaltwasserpumpe nur $= H$, so dass die Arbeit der Kaltwasserpumpe bei Oberflächenkondensation ist

$$E_{kw} = W \cdot H \quad \ldots \quad \ldots \quad \ldots \quad (85)$$

Arbeit zur Förderung des Warmwassers.

Um pro Minute D kg Kondenswasser aus dem Innern des Kondensators mit dem Drucke von p_0 Atm. herauszuholen und in die freie Luft von 1 Atm. Druck zu schaffen, bedarf es nach früherem einer Arbeit von

$$\left.\begin{aligned} E_{ww} &= D \cdot h \\ h &= 10 \cdot (1 - p_0) \end{aligned}\right\} \quad \ldots \quad \ldots \quad (86)$$

mit

Die Gesammtarbeit zur Wasserförderung

bei Oberflächenkondensation ist also

$$E = E_{kw} + E_{ww} = W \cdot H + D \cdot h \quad \ldots \quad \ldots \quad (87)$$

(Diese Gleichung hätte auch direkt aus der analogen Gl. (70) für Mischkondensation erhalten werden können, wenn man dort für die Förderung des Kühlwassers

1. $h_1 = 0$ setzt, weil hier das Kühlwasser nicht vom Kondensator angesogen wird;
2. auch $h = 0$ setzt, weil die Saugkraft eines Oberflächenkondensators mit der Bewegung des Kühlwassers nichts zu schaffen hat;
3. auch $a = 0$ setzt, wie oben bemerkt.)

Arbeit zur Luftförderung

Für diese gelten die gleichen, schon für Mischkondensation abgeleiteten Gleichungen; also bei trockener Luftpumpe

$$E_l = 10000\, v_0\, p_0 \log \frac{p_0}{p} \quad\quad\quad\quad (88)$$

und bei nasser Luftpumpe

$$E_{l,\,nass} = 10000\, v_0\, l \log \frac{1 - d_{t'}}{l} = 10000\, v_0\, (p_0 - d_{t'}) . \log \frac{1 - d_{t'}}{p_0 - d_{t'}} \quad (89)$$

Die effektive Gesammtarbeit

zum Betriebe einer Oberflächenkondensation ist wieder

$$\left.\begin{aligned} E &= \varphi\,(E_w + E_l) \\ \varphi &= 1{,}60 \end{aligned}\right\} \quad\quad\quad\quad (90)$$

wobei wieder etwa angenommen werden möge.

Nunmehr können wir für das Beispiel einer Central-kondensation für eine Gruppe von Walzwerkmaschinen (mit $D = 300$ kg minutlichem Dampfverbrauch), wofür wir Kühl-wasserbedarf und Luftpumpengrösse S. 45 ff. für Mischkonden-sation, und S. 95 ff. für Oberflächenkondensation berechnet haben, und wobei mit Kühlwasser von $t_0 = 20^0$ ein Kondensatordruck von $p_0 = 0{,}12$ Atm. ($= 67$ cm) erzielt werden soll, auch noch den Kraftbedarf rechnen, wenn die Kondensation

    a) als Mischkondensation, und zwar das eine Mal nach Parallel-strom, das andere Mal nach Gegenstrom,

    b) als Oberflächenkondensation, und zwar wieder nach Parallel-strom sowohl als nach Gegenstrom

gebaut wird.

Damit wir direkt vergleichbare Zahlenwerthe erhalten, setzen wir in allen Fällen gleiche Wasserniveauverhältnisse voraus, nämlich es liege — vgl. Fig. 23 — der Kühlwasserspiegel um $H = 2$ m unter dem schliesslichen Warmwasserspiegel; der Parallelstrom-Mischkondensator (mit nasser Luftpumpe), ebenso der Oberflächen-kondensator (sowohl nach Parallel- als nach Gegenstrom) liege um $a = 3$ m über dem Warmwasserspiegel, und beim Gegenstrom-Mischkondensator mit Fallrohr sei die verlorene Fallhöhe a (vgl. Fig. 14, S. 71) ebenfalls $= 3$ m.

Hiermit behandeln wir die vier Hauptfälle:

a) Mischkondensator nach Parallelstrom und mit nasser Luftpumpe; (wir lassen also den seltener vorkommenden Fall, Parallelstrom mit trockener Luftpumpe, weg).

b) Mischkondensator nach Gegenstrom mit Fallrohr nach Fig. 14; (wir lassen also den selten vorkommenden Fall, das Fallrohr werde durch eine besondere Warmwasserpumpe ersetzt, weg).

c) Oberflächenkondensator nach Parallelstrom mit Nassluftpumpe; (wir lassen also den Fall weg, dass dabei die Luft durch eine trockene Luftpumpe und das Kondensat durch eine besondere Warmwasserpumpe aus dem Kondensator geschafft wird).

d) Oberflächenkondensator nach Gegenstrom mit trockener Luftpumpe und besonderer Warmwasserpumpe; (hierbei lassen wir also den Fall einer Nassluftpumpe weg, welche sich hier auch weniger eignet).

a) Mischkondensator mit Nassluftpumpe.

Da der Kondensator nur um $H + a = 2 + 3 = 5$ m über dem Kühlwasserspiegel liegt, so kann eine besondere Kühlwasserpumpe wegfallen, und der Kondensator sein Wasser selber um die Höhe $h_1 = 5$ m ansaugen. Diesen Werth, sowie die volle Saugkraft $h = 10\,(1 - p_0) = 10\,(1 - 0{,}12) = 8{,}8$ m in Gl. (70) eingesetzt, finden wir die Arbeit zur Wasserförderung:

$$E_w = W\,(H + a + h - h_1) + D.h = 9000\,(2 + 3 + 8{,}8 - 5) + 300.8{,}8$$
$$= 9300 . 8{,}8 = 81800 \text{ kg-m pro}'$$

Arbeit zur Luftförderung:

mit $l = p_0 - d_{t'} = 0{,}120 - 0{,}068 = 0{,}052$ und $v_0 = 20$ (S. 46)

nach Gl. (82):

$$E_{l,\,nass} = 10000 . v_0\,l . \log \frac{1 - d_{t'}}{l} = 100000 . 20 . 0{,}052 \log \frac{0{,}932}{0{,}052}$$
$$= 29900 \text{ kg-m pro}'$$

Also Totalarbeit

$$E = E_w + E_l = 81800 + 29900 = 111700 \text{ kg-m pro}' \text{ theoretisch,}$$
$$= \frac{1{,}60}{4500} . 111700 = \textbf{40 PS}_e \text{ effektiv.}$$

b) Mischkondensator nach Gegenstrom, nach Fig. 14

Arbeit zur Wasserförderung nach Gl. (71) und mit $W = 5700$ l (S. 47):

$$E_w = W\,(H + a) = 5700\,(2 + 3) = 28500 \text{ kg-m pro}'$$

Arbeit zur Luftförderung nach Gl. (77) und mit $v_0 = 11$ cbm (S. 48):

$$E_l = 10000\, v_0\, p_0 \log \frac{p}{p_0} = 10000 \cdot 11 \cdot 0{,}12 \cdot \log \cdot \frac{1}{0{,}12} = 28000 \text{ kg-m pro}'$$

Also Totalarbeit

$$E = E_w + E_l = 28500 + 28000 = 56500 \text{ kg-m pro}' \text{ theoretisch,}$$

$$= \frac{1{,}60}{4500} \cdot 56500 = \mathbf{20\ PS_e} \text{ effektiv.}$$

c) Oberflächenkondensator nach Parallelstrom.

Arbeit zur Wasserförderung nach Gl. (87) mit $W = 13500$ l pro' (S. 95) und $h = 10\ (1 - p_0) = 10\,(1 - 0{,}12) = 8{,}8$ m.

$$E_w = W \cdot H + D \cdot h = 13500 \cdot 2 + 300 \cdot 8{,}8 = 29640 \text{ kg-m pro}'$$

Arbeit zur Luftförderung mit nasser Luftpumpe nach Gl. (89) mit $v_0 = 31$ cbm und $p_0 - d_{t'} = 0{,}12 - 0{,}093 = 0{,}027$ Atm. (S. 97)

$$E_{l,\,nass} = 10000\, v_0\, (p_0 - d_{t'}) \log \frac{1 - d_{t'}}{p_0 - d_{t'}} = 10000 \cdot 31 \cdot 0{,}027 \cdot \log \frac{0{,}907}{0{,}027}$$

$$= 29300 \text{ kg-m.}$$

Also Totalarbeit

$$E = E_w + E_l = 29640 + 29300 = 58940 \text{ kg-m pro}' \text{ theoretisch}$$

$$= \frac{1{,}60}{4500} \cdot 58940 = \mathbf{21\ PS_e} \text{ effektiv.}$$

d) Oberflächenkondensator nach Gegenstrom.

Arbeit zur Wasserförderung, gleich wie im vorigen Falle c)

$$E_w = 29640 \text{ kg-m pro}'$$

Arbeit zur Luftförderung mit trockener Luftpumpe nach Gl. (88) mit $v_0 = 14$ cbm pro' (S. 97)

$$E = 10000\, v_0\, p_0 \log \frac{p}{p_0} = 10000 \cdot 14 \cdot 0{,}12 \cdot \log \frac{1}{0{,}12} = 35600 \text{ kg-m pro}'$$

Also Totalarbeit

$$E = E_w + E_l = 29640 + 35600 = 65240 \text{ kg-m pro}' \text{ theoretisch,}$$

$$= \frac{1{,}60}{4500} \cdot 65240 = \mathbf{23\ PS_e} \text{ effektiv.}$$

In der folgenden Tabelle stellen wir nun Kühlwasserbedarf, Luftpumpengrösse, Wasserpumpengrösse, Summe von Wasser- und Luftpumpen, und Kraftbedarf für diese Kondensation zusammen, wenn sie — unter sonst genau den gleichen Umständen — einmal als Misch-, das andere Mal als Oberflächenkondensation, und dann je wieder nach Parallel- oder nach Gegenstrom ausgeführt wird.

Nehmen wir noch an, die kondensirten Maschinen brauchen pro PS_i und Stunde 9 kg Dampf, so beträgt die ganze kondensirte Maschinenkraft bei einem minutlichen totalen Dampfverbrauch von 300 kg, also einem stündlichen Dampfverbrauch von 18000 kg, etwa $\dfrac{18000}{9} = 2000\ PS_i$; oder bei einem indicirten Wirkungsgrade von etwa $0,85 \sim 0,85 \cdot 2000 = 1700\ PS_e$. Hiermit konnten wir in der Tabelle auch noch die Anzahl Procente angeben, welche die Kondensation von der effektiven kondensirten Maschinenkraft für ihren eigenen Bedarf verzehrt.

3. Zusammenstellung der Hauptergebnisse

des öfter behandelten Beispiels einer Centralkondensation für eine Gruppe von Walzwerkmaschinen.

Für: $D = 300$ kg, $t_0 = 20^0$, $p_0 = 0{,}12$ Atm., $H = 2$ m und $a = 3$ m wird:	bei	
	Mischkondensation	Oberflächenkondensation
nach Parallelstrom		
Kühlwassermenge $W =$	9000 l p. ′	13500 l p. ′
Nassluftpumpe $v_0 + \dfrac{W \mid D}{1000} =$	29,3 cbm p. ′	31,3 cbm p. ′
Kühlwasserpumpe $=$	—	13,5 „ „
Luft- und Wasserpumpen zusammen	29,3 „ „	44,8 „ „
Effektiver Kraftbedarf $=$	40 PS_e	21 PS_e
in Procenten der kondensirten Maschinenkraft (1700 (PS_e)) $\Big\}=$	2,36 %	1,24 %
nach Gegenstrom		
Kühlwassermenge $W =$	5700 l p. ′	13500 l p. ′
Trockene Luftpumpe $v_0 =$	11 cbm p. ′	14 cbm p. ′
Warmwasserpumpe $=$	—	0,3 „ „
Kaltwasserpumpe $=$	5,7 „ „	13,5 „ „
Luft- und Wasserpumpen zusammen	16,7 „ „	27,8 „ „
Effektiver Kraftbedarf $=$	20 SP_e	23 PS_e
in Procenten der kondensirten Maschinenkraft (1700 PS_e) $\Big\}=$	1,18 %	1,35 %

E. Nutzen der Kondensation.

Der Nutzen der Kondensation an Dampfmaschinen äussert sich verschieden, je nach der Steuerungsart derselben. Bei Maschinen ohne Expansion oder bei solchen, deren Steuerung nur fixe Expansion zulässt, deren Kraftregulirung also durch Drosselung des Eintrittsdampfes bewirkt werden muss, besteht der Nutzen der Kondensation darin, dass die Spannung des eintretenden Dampfes weiter heruntergedrückt werden darf, so dass die Maschine bei dem durch den Kondensator bewirkten kleineren Gegendruck die gleiche Arbeit leistet, die sie vorher ohne Kondensator, also mit höherem Gegendruck geleistet hatte. Das eintretende Dampfvolumen bleibt dasselbe, aber die Spannung des Dampfes, also auch dessen Gewicht wird kleiner, also braucht weniger Wasser verdampft zu werden, und besteht darin die Ersparniss durch Kondensation. Diesen Fall — keine, oder aber fixe Expansion — werden wir in einem spätern Abschnitt behandeln.

a. Maschinen mit variabler Expansion.

Bei Maschinen mit variabler Expansion besteht der Nutzen der Kondensation darin, dass bei gleichbleibendem Drucke des Eintrittsdampfes bei dem durch den Kondensator verminderten Gegendampfdruck vor dem Kolben zur Erzeugung einer gleichen Arbeitsleistung ein kleinerer Füllungsgrad genügt. Aus dieser Verkleinerung des Füllungsgrades ergiebt sich eine gewisse Dampf- und damit wieder eine gewisse Kohlenersparniss. Um diese zu finden, stellen wir im Folgenden zunächst die allgemeine Arbeitsgleichung für Dampfmaschinen auf zur Feststellung der Beziehungen zwischen Eintrittsspannung, Füllungsgrad, Gegendampfdruck und

Kompression in Bezug auf die geleistete Arbeit; damit finden wir dann den neuen kleineren Füllungsgrad, der genügt, um bei dem durch Anbringung der Kondensation verminderten Gegendruck die gleiche Arbeit wie bei dem vorherigen grösseren Füllungsgrade ohne Kondensation zu leisten; aus dieser Verminderung des Füllungsgrades wird sich dann die Ersparniss an Nutzdampf ergeben, und daraus schliesslich die Ersparniss an Totaldampfverbrauch, die dann auch direkt der wirklichen Kohlenersparniss entspricht.

----

1. Arbeitsgleichung für Dampfmaschinen.

Für Expansion wie für Kompression des Dampfes legt man das Gesetz zu Grunde

$$p \cdot v^n = \text{Const.}$$

wobei man früher

$$n = 1{,}125 \text{ für Expansion, und}$$
$$n = 1{,}12 \text{ bis } 1{,}20 \text{ für Kompression}$$

setzte. Nachdem man aber gefunden, dass in Wirklichkeit der Dampf — wenigstens der nichtüberhitzte, und hier, wo wir es

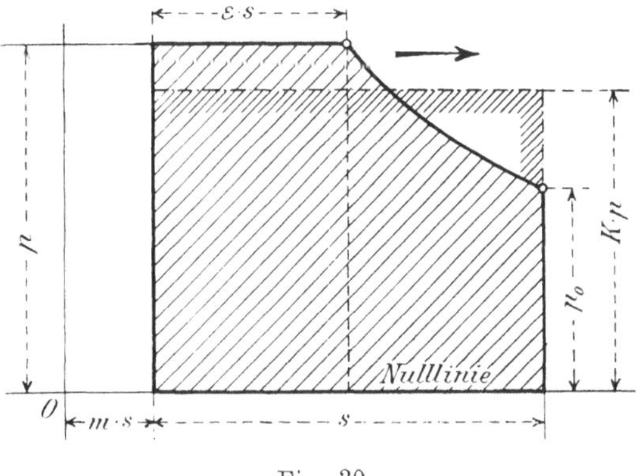

Fig. 30.

immer mit Kondensationsmaschinen zu thun haben, ist der Dampf wenigstens im weiteren Verlaufe der Expansion sicherlich nie mehr überhitzt — eher obigem Gesetze mit dem Exponenten $n = 1$ (und zwar bei Expansion wie bei Kompression), also dem einfachen Mariotte'schen Gesetze folgt, wird dieses neuerdings allgemein der Berechnung von Dampfmaschinen zu Grunde gelegt, und thun wir dies auch hier. Expansions- und Kompressionsarbeit bei Dampf sind also gleich wie bei Luft, und für diese haben wir jene Arbeiten schon berechnet (S. 113 u. 114).

Mit Bezug auf die Bezeichnungen der Fig. 30, wenn noch F die Kolbenfläche in qcm bedeutet, ist die **Arbeit des Hinterdampfes** — dargestellt durch die schraffirte Fläche — bei einem einfachen Kolbenhube:

Volldruckarbeit $F \cdot p \cdot \varepsilon s +$ Expansionsarbeit des Dampfvolumens $F \cdot ms + F \cdot \varepsilon s = Fs(m + \varepsilon)$, das vom Drucke p auf den Druck p_0 expandirt, und wobei es nach Gl. (75) eine Arbeit verrichtet von

$$F \cdot s\,(m + \varepsilon) \cdot p \cdot \log \frac{p}{p_0}$$

Nun ist aber wieder nach Mariotte:

$$p_0\,(s + ms) = p\,(\varepsilon s + ms)$$

woraus

$$\frac{p}{p_0} = \frac{s + ms}{\varepsilon s + ms} = \frac{1 + m}{\varepsilon + m}$$

also wird obige Expansionsarbeit auch $= Fs\,(m + \varepsilon) \cdot p \cdot \log \dfrac{1 + m}{\varepsilon + m}$

und somit die totale Arbeit E_h des Hinterdampfes während eines einfachen Hubes

$$E_h = F \cdot p \cdot \varepsilon s + Fs\,(m+\varepsilon)\,p \log \frac{1+m}{\varepsilon+m} = F \cdot s\left\{\varepsilon + (\varepsilon+m)\log\frac{1+m}{\varepsilon+m}\right\} \cdot p$$

Der Faktor $\left\{\varepsilon + (\varepsilon+m)\log\dfrac{1+m}{\varepsilon+m}\right\}$ ist aber für jeden bestimmten Fall, also für jeden bestimmten Füllungsgrad ε bei einem bestimmten schädlichen Raume m eine ganz bestimmte nicht variable Grösse, die man für verschiedene m und für eine Reihe von ε ein- für allemal tabellarisch ausrechnen kann. Bezeichnen wir jenen Faktor mit K, so schreibt sich die Arbeit des Hinterdampfes

$$E_h = F \cdot Kp \cdot s \quad \ldots \ldots \ldots \quad (91)$$

mit

$$K = \varepsilon + (\varepsilon + m)\log \cdot \frac{1+m}{\varepsilon+m} \quad \ldots \ldots \quad (92)$$

Gl. (91) neben Fig. 30 gehalten ergiebt, dass Kp einfach die **mittlere Hinterdampfspannung** bedeutet, und nennt man deswegen den Werth K den **Spannungskoefficienten für den Hinterdampf,** der also eine Zahl bedeutet, welche mit der wirklichen Eintrittsspannung p multiplicirt eine mittlere Dampfspannung Kp giebt, bei welcher der Hinterdampf ohne Expansion dieselbe Arbeit verrichten würde, wie sie der wirkliche Dampfdruck mit Expansion verrichtet.

Der Koefficient m des schädlichen Raumes ist ungefähr:

bei Steuerung mit Corlissrundschiebern $\qquad$ $m = 0,03$

„ „ „ Flachschiebern und Ventilen $m = 0,07$

„ „ „ Kolbenschiebern $\qquad$ $m = 0,10$

In der folgenden Tabelle haben wir die Werthe des Hinterdampf-Spannungskoefficienten K nach Gl. (92) für eine Stufenfolge von Füllungsgraden ε ausgerechnet, und zwar für schädliche Räume von $m = 0,03$, $m = 0,07$ und $m = 0,10$.

Hinterdampf-Spannungskoefficient K.

Für $\varepsilon =$	0	0,05	0,10	0,20	0,30	0,40	0,50	0,60	0,80	1
bei $m = 0,03$	0,106	0,254	0,369	0,545	0,675	0,775	0,852	0,908	0,978	1
bei $m = 0,07$	0,191	0,313	0,412	0,572	0,692	0,787	0,858	0,913	0,981	1
bei $m = 0,10$	0,240	0,348	0,440	0,590	0,704	0,800	0,866	0,916	0,981	1

In der graphischen Tabelle Fig. 31 haben wir diese Spannungskoefficienten aufgetragen, und stellt die unterste Kurve die Werthe von K für $m = 0,03$, die oberste dieselben für $m = 0,10$ und die mittlere, stärker ausgezogene Kurve dieselben für $m = 0,07$ dar; in der graphischen Tabelle Fig. 32 ist dann der untere Theil der Kurven — des genaueren Ablesens wegen — im vergrösserten Massstabe wiederholt, und sollen diese beiden graphischen Tabellen bei einschlägigen Rechnungen zur direkten Ablesung der Spannungskoefficienten dienen, die erste bei grösseren, die zweite bei kleineren Füllungsgraden.

Von der geleisteten Arbeit E_h des Hinterdampfes ist die Arbeit E_g des Vorderdampfes, des Gegendruckes, abzuziehen, um die zur Wirkung kommende Arbeit $E = E_h — E_g$ bei einem einfachen Hube des Kolbens zu erhalten.

Mit Bezug auf Fig. 33 besteht die Arbeit E_g des Gegendruckes — die schraffirte Fläche — aus der Volldruckarbeit des Gegendruckes $p_1 F$ auf dem Wege $s — cs$, also aus $p_1 Fs (1 — c)$, plus einer Kompressionsarbeit, indem das Dampfvolumen $F(cs + ms) = Fs(c + m)$

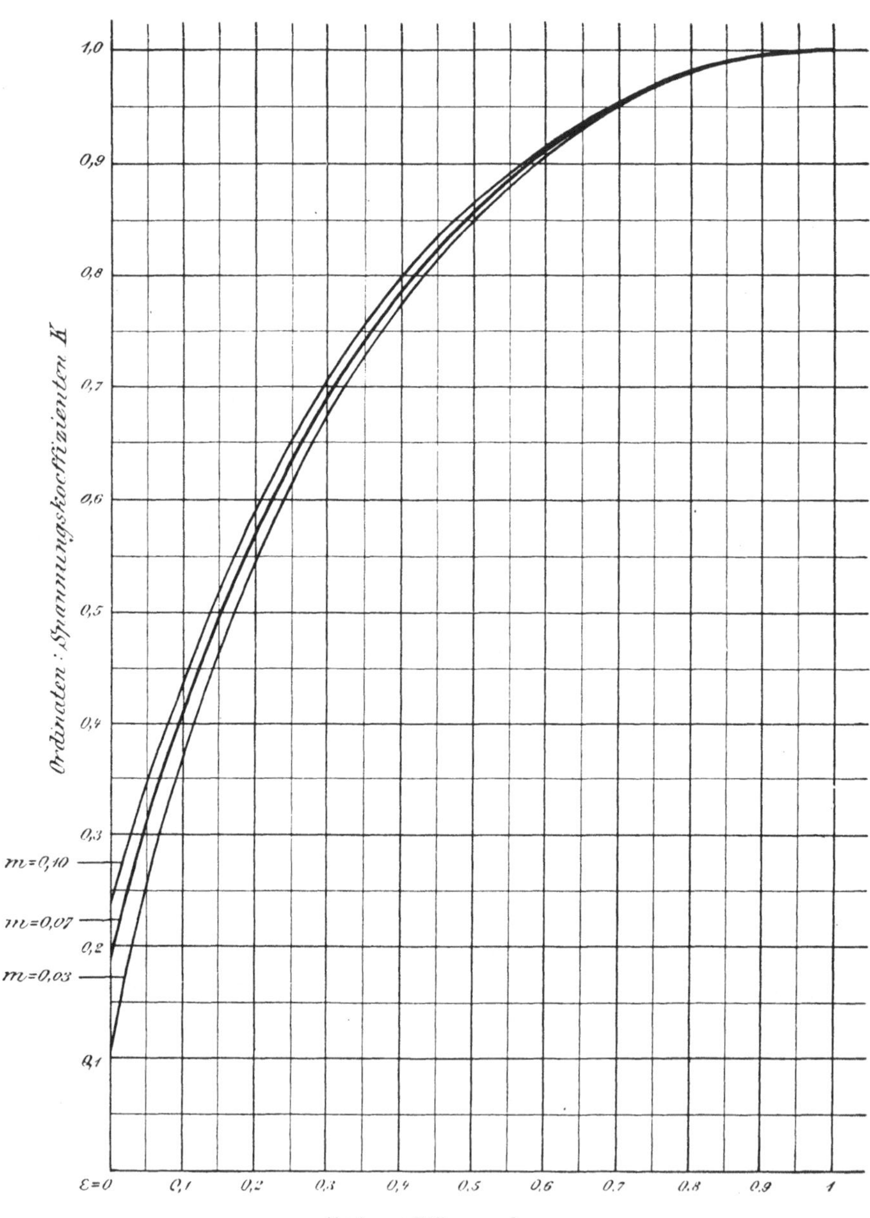

Abscissen: Füllungsgrade ε.

Fig. 31. Werthe des Spannungskoefficienten K.

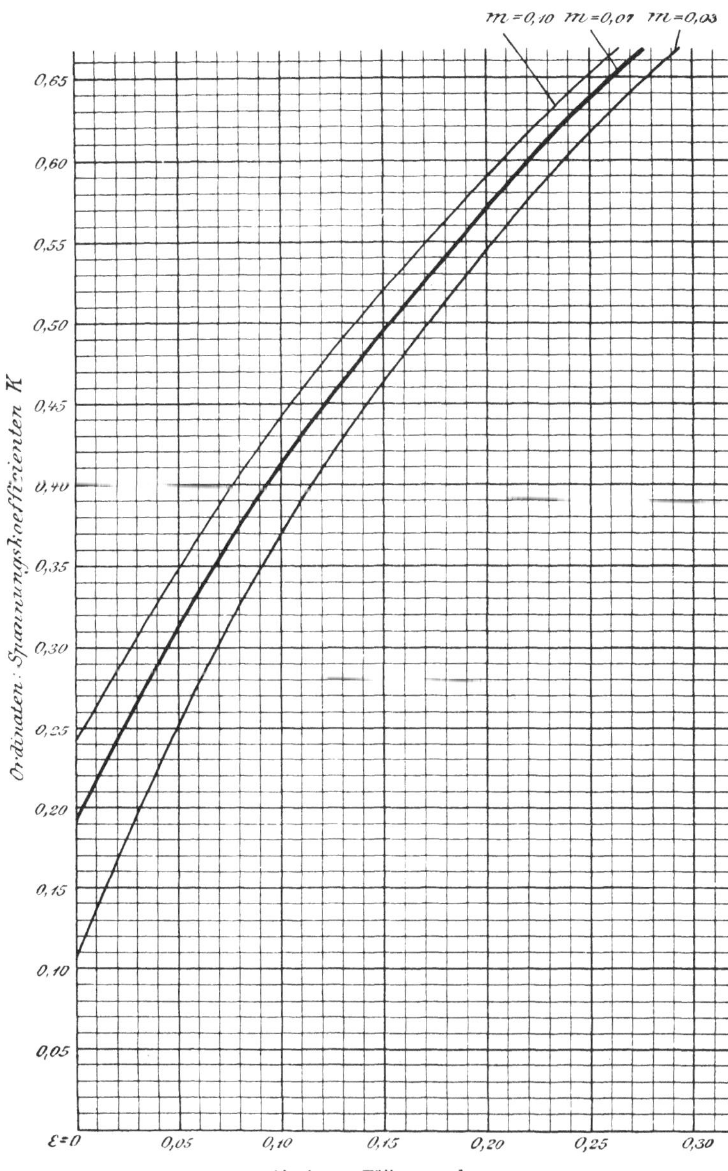

Fig. 32. Werthe des Spannungskoefficienten *K*.
(In vergrössertem Massstabe.)

vom Drucke p_1 auf den Kompressionsdruck p_c zuzammengedrückt wird, und ist diese Arbeit wieder nach Gl. (75)

$$= F s (c + m) p_1 \log \frac{p_c}{p_1}$$

nun ist aber

$$\frac{p_c}{p_1} = \frac{ms + cs}{ms} = \frac{m + c}{m}$$

also jene Kompressionsarbeit

$$= F s (c + m) p_1 \log \cdot \frac{m + c}{m}$$

und also die ganze Arbeit des Gegendruckes

$$E_g = p_1 F s (1 - c) + F s (c + m) p_1 \log \frac{m + c}{m}$$

oder

$$E_g = F . s . \left\{ 1 - c + (c + m) \log \frac{c + m}{m} \right\} \cdot p_1$$

Bezeichnen wir den Faktor in der Klammer, der nur von der relativen Grösse des schädlichen Raumes m und von dem relativen Kolbenwege c der Kompression abhängt, mit K_g, so schreibt sich diese Gleichung

$$E_g = F . K_g p . s \qquad \qquad (93)$$

mit

$$K_g = 1 - c + (c + m) \log \frac{c + m}{m} \qquad (94)$$

wobei K_g den Spannungskoefficienten für den Gegendampf darstellt, d. h. eine Zahl, die mit dem anfänglichen Gegendruck p_1 multiplicirt,

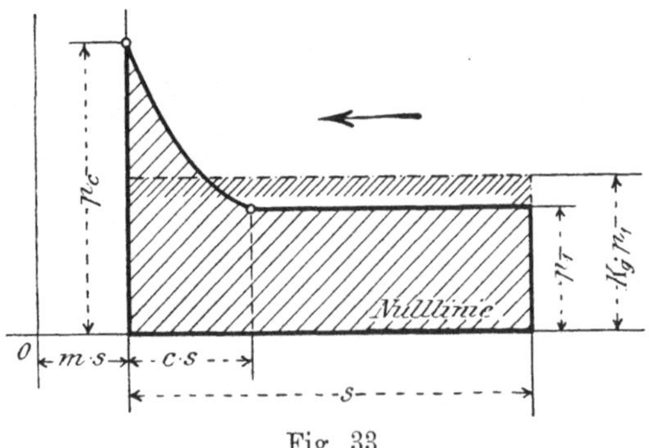

Fig. 33.

einen mittleren auf der ganzen Hublänge gleichförmig wirksamen Gegendruck $K_g . p_1$ ergiebt (vgl. Fig. 33).

In der folgenden Tabelle haben wir die Werthe des Gegendampf-Spannungskoefficienten K_g nach Gl. (94) für eine Stufenfolge von Kompressionsgraden c ausgerechnet, und zwar wieder für den schädlichen Raum von $m = 0,03$, $m = 0,07$ und $m = 0,10$.

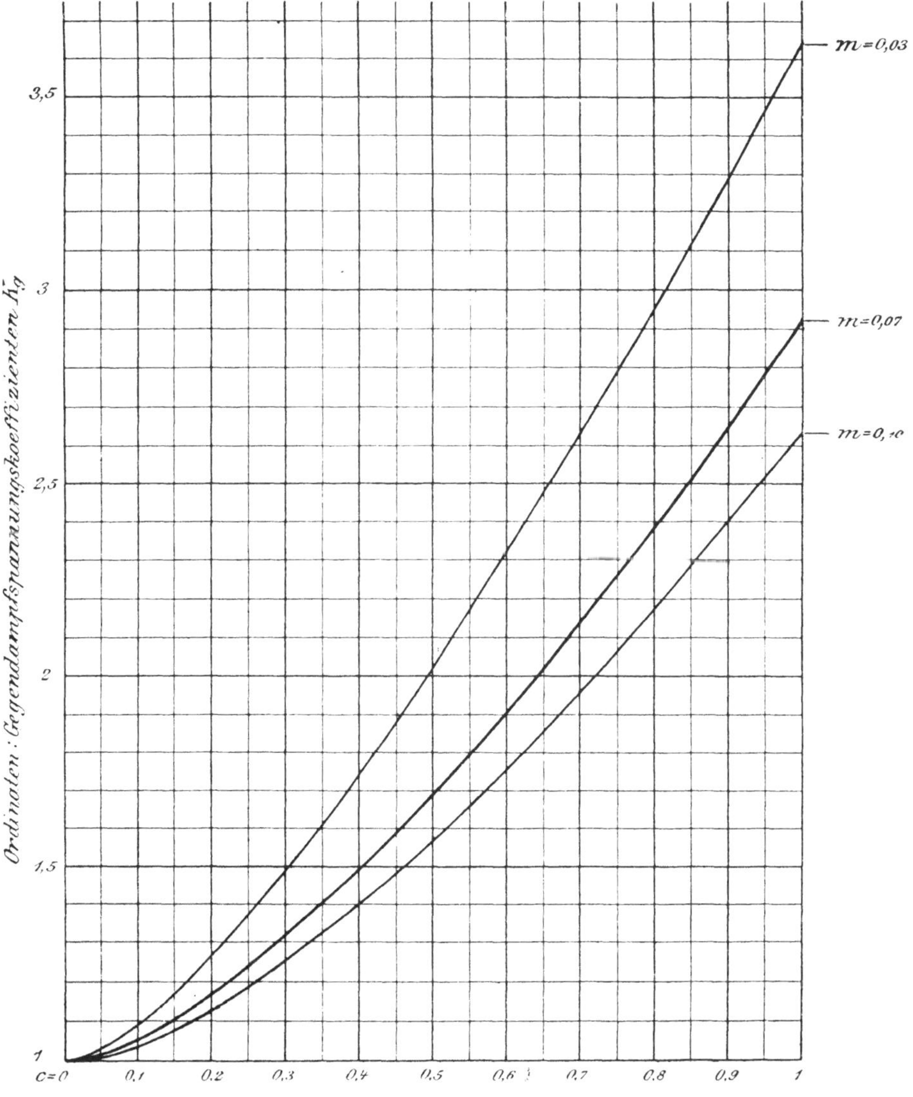

Fig. 34. Werthe des Gegendampf-Spannungskoefficienten Kg.

Gegendampf-Spannungskoefficient K_g.

Für $c=$	0	0,05	0,10	0,15	0,20	0,30	0,40	0,50	0,70	1
bei $m=0,03$	1	1,028	1,091	1,172	1,268	1,492	1,743	2,020	2,630	3,640
bei $m=0,07$	1	1,015	1,051	1,102	1,164	1,316	1,495	1,690	2,140	2,920
bei $m=0,10$	1	1,011	1,039	1,079	1,130	1,254	1,404	1,575	1,963	2,637

In der graphischen Tabelle Fig. 34 haben wir auch diese Spannungskoefficienten aufgetragen zu bequemer Ablesung derselben und zum Interpoliren zwischenliegender Werthe.

Die theoretische Arbeit E bei einem einfachen Kolbenhub erhält man nun, indem man von der Arbeit des Hinterdampfes (nach Gl. 91) diejenige des Vorder- und Gegendampfes (nach Gl. 93) abzieht:

$$E = F \cdot Kp \cdot s - F \cdot K_g p_1 \cdot s = F \cdot s \left(Kp - K_g p_1 \right) \quad . \quad . \quad (95)$$

Diese Arbeit E wird durch die Fläche des stark ausgezogenen theoretischen Diagrammes Fig. 35 dargestellt (als Differenz der Flächen Fig. 30 und Fig. 33).

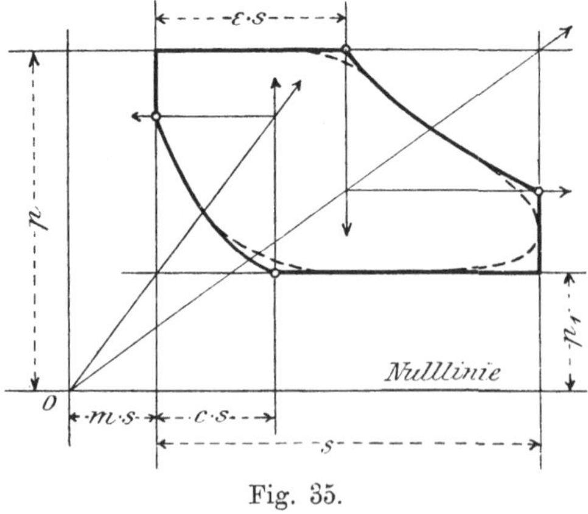

Fig. 35.

Handelt es sich um Mehrfachexpansionsmaschinen, so hat man für das Diagramm Fig. 35 das ideelle Gesammtdiagramm, das „rankinisirte" Diagramm zu nehmen, wie Fig. 36 ein solches für eine Compoundmaschine darstellt. Dabei sind die Hubvolumina beider Cylinder auf gleichen Durchmesser, auf den des

Niederdruckcylinders reducirt, und entsprechen s_h bezw. s_n den Hüben des Hoch- bezw. Niederdruckcylinders, und ist $\dfrac{s_n}{s_h} = \dfrac{V}{v}$ das Volumverhältniss von Nieder- zu Hochdruckcylinder. Der schädliche Raum $m_i s_i$ und die Füllung $\varepsilon_i s_i$ sind diejenigen des Hochdruckcylinders; hätte man also z. B. Ventilsteuerung, bei der die schädlichen Räume $7\,^0/_0$ des Hubvolumens betrügen, so wäre die Strecke $m_i s_i = 0{,}07 \cdot s_h$ zu machen; und wäre die Füllung des Hochdruckcylinders $= 0{,}15$, so müsste die Strecke $\varepsilon_i s_i = 0{,}15 \cdot s_h$ sein. So erhält man einen idealen Cylinder, dessen Durchmesser $=$ dem

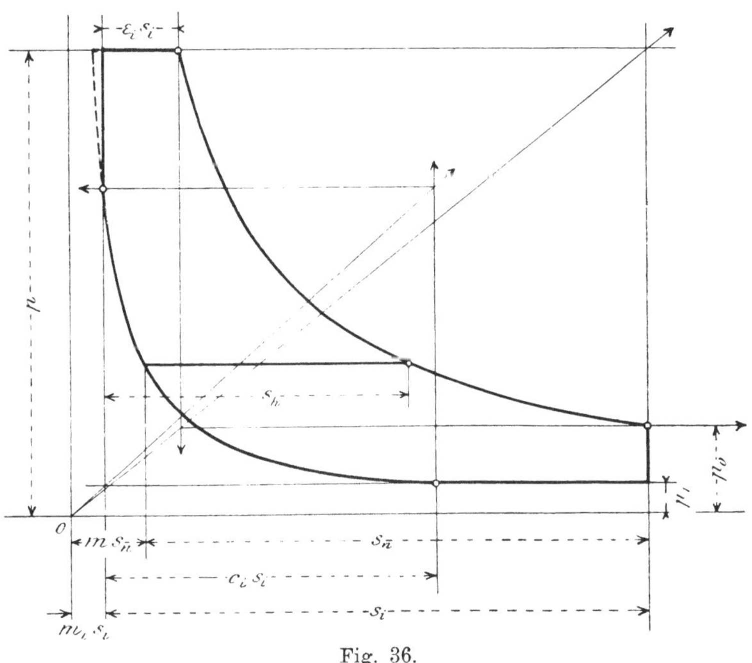

Fig. 36.

des Niederdruckcylinders, dessen Hub $= s_i$, dessen schädlicher Raum $= m_i s_i$, und bei dem der Kompressionsweg $= c_i s_i$ ist, und hat man in unsern früheren Formeln

für ε das aus dem Gesammtdiagramm Fig. 36 zu entnehmende Verhältniss

$$\frac{\varepsilon_i s_i}{s_i} = \varepsilon_i$$

für m das Verhältniss

$$\frac{m_i\, s_i}{s_i} = m_i$$

und für c das Verhältniss

$$\frac{c_i\, s_i}{s_i} = c_i$$

einzusetzen und wie bei Eincylindermaschinen zu rechnen.

Dabei ist stillschweigend vorausgesetzt, der Pol O für das Niederdruckdiagramm falle mit dem Pol O für das Hochdruckdiagramm zusammen, wie es für die hier verfolgten Zwecke mit genügender Annäherung auch der Fall ist, d. h. das Verhältniss der Strecken $m\, s_n : s_n$ in Fig. 36 stelle annähernd das Verhältniss des schädlichen Raumes des Niederdruckcylinders zu dessen Hubvolumen dar.

Das wirkliche Indikatordiagramm — in Fig. 35 punktirt — zeigt noch einige Verluste an Arbeitsfläche infolge unvermeidlichen kleinen Drosselns des ein- und austretenden Dampfes durch die Steuerungsorgane sowie durch den verfrühten Austritt; bei Mehrfachexpansionsmaschinen kommt hierzu noch der Spannungsabfall von Cylinder zu Cylinder. Nachdem wir in Gl. (95) — in Verbindung mit Gl. (92) und (94) — alles aus den gegebenen Elementen genau berechnet haben, was man berechnen kann, mag es genügen, für die unvermeidlichen kleinen Verluste an theoretischer Arbeit erfahrungsgemässe Annahmen zu machen, und mögen diese Verluste am theoretischen Diagramme dargestellt werden durch eine (gedachte) Dampfspannung p_v, die während des ganzen Kolbenweges s den Gegendruck vermehrt; wir setzen also diese Verluste E_v

$$E_v = F . s . p_v \ . \ . \ . \ . \ . \ . \ . \ . \ . \ . \quad (96)$$

Hiermit wird die wirkliche indicirte Arbeit schliesslich

$$E_i = E - E_v = F . s . \left\{ K . p - K_g . p_1 - p_v \right\} = F . s . p_i' . \ . \quad (97)$$

wo

$$p_i = K p - K_g p_1 - p_v \ . \ . \ . \ . \ . \ . \quad (98)$$

die mittlere indicirte Spannungsdifferenz beidseits des Kolbens darstellt, die man an einem wirklichen Indikatordiagramm erhält, wenn man seine durch Planimetriren gefundene Arbeitsfläche durch die Länge des Diagrammes dividirt.

Der verlorene Dampfdruck p_v mag etwa gesetzt werden:

bei Eincylindermaschinen . . . . $p_v = 0{,}10$ bis $0{,}20$ Atm.

bei Compoundmaschinen . . .
$\left\{\begin{array}{l} \text{Drosselung . . } 0{,}20 \text{ „ } 0{,}30 \text{ „} \\ \text{Spannungsabfall } \underline{0{,}10} \text{ „ } \underline{0{,}20} \text{ „} \\ \text{zusammen } p_v = 0{,}30 \text{ „ } 0{,}50 \text{ „} \end{array}\right.$

bei Dreifachexpansionsmaschinen
$\left\{\begin{array}{l} \text{Drosselung . . } 0{,}30 \text{ „ } 0{,}40 \text{ „} \\ \text{Spannungsabfall } \underline{0{,}20} \text{ „ } \underline{0{,}40} \text{ „} \\ \text{zusammen } p_v = 0{,}50 \text{ „ } 0{,}80 \text{ „} \end{array}\right.$
$\qquad (99)$

die kleineren Werthe bei normaler, die grösseren bei maximaler Belastung der Maschine.

In Gl. (97) ist F die Kolbenfläche in Quadratcentimetern und p_i die mittlere Spannungsdifferenz in Atmosphären oder kg pro qcm, also $F . p_i''$ der mittlere aktive Kolbendruck in Kilogrammen; denkt man sich — wie hier bislang immer geschehen — unter s die Hublänge in Metern, so gibt Gl. (97) die indicirte Arbeit in Kilogrammmetern pro einfachen Kolbenhub. Denkt man sich aber unter s den Kolbenweg in Metern pro Sekunde, also die Kolbengeschwindigkeit, der wir den Buchstaben u beilegen wollen, so erhält man

$$E_i = F . u . p_i \qquad . \quad . \quad . \quad . \quad . \quad . \quad (100)$$

als indicirte Arbeit in Sekundenkilogrammmetern, also

$$E_i = \frac{F . u . p_i}{75} \qquad . \quad . \quad . \quad . \quad . \quad . \quad (101)$$

in Sekundenpferden, wobei p_i immer aus Gl. (98) zu berechnen ist.

Mit diesen Gleichungen in Verbindung mit den graphischen Tabellen Fig. 31, 32 und 34 der Spannungskoefficienten kann nun die Leistung gegebener Dampfmaschinen berechnet werden; oder aber umgekehrt können die Dimensionen einer Dampfmaschine für eine gewollte indicirte Leistung bestimmt werden, und geben wir hierfür je ein Beispiel.

1. Beispiel.

Eine Eincylinderauspuffmaschine (also Gegendruck etwa $p_1 = 1{,}10$ Atm.), mit Kolbenschiebersteuerung (also schädlicher Raum etwa $m = 0{,}10$), einem Kolbendurchmesser von 600 mm (also $F = 2830$ qcm), einem Hube von $s = 900$ mm bei $n = 100$ Umdrehungen pro Minute (also $u = \dfrac{n . s}{30} = \dfrac{100 . 0{,}9}{30} = 3$ m Kolbengeschwindigkeit pro Sekunde), arbeite mit $\varepsilon = 0{,}60$ Füllung, und einem Kompressionswege von $c = 0{,}25$, und mit einem Dampfdruck im Schieberkasten von $p = 8$ Atm.

Wie gross wird die indicirte Leistung dieser Maschine sein?

Nach graphischer Tabelle Fig. 31 ist für $m = 0{,}10$ und $\varepsilon = 0{,}6$ der Spannungskoefficient $K = 0{,}91$, also

die mittlere Hinterdampfspannung $Kp = 0{,}91 \cdot 8 = 7{,}28$ Atm. abs.

Nach graphischer Tabelle Fig. 34 ist für $m = 0{,}10$ und $c = 0{,}25$ der Gegendampfspannungskoefficient $K_g = 1{,}19$, also

der mittlere Gegendruck $K_g \cdot p_1 = 1{,}19 \cdot 1{,}10 = 1{,}31$ Atm. abs.

Nach den Angaben unter (99) kann für Verluste bei dieser Maschine, die — bei ihrer grossen Füllung — ihre Maximalarbeit leisten wird, gesetzt werden

$$p_v = 0{,}20 \text{ Atm. abs.}$$

Damit ist nach Gl. (98) die mittlere indicirte Spannungsdifferenz

$$p_i = 7{,}28 - 1{,}31 - 0{,}20 = 5{,}77 \text{ Atm. abs.}$$

Also nach Gl. (101) die indicirte Arbeit der Maschine

$$E_i = \frac{2830 \cdot 3 \cdot 5{,}77}{75} = 655 \text{ PS}_i.$$

2. Beispiel, Berechnung einer Compoundmaschine:

Die Maschine soll bei einem Admissionsdruck $p = 8$ Atm., einem durch einen Kondensator hergestellten Gegendruck von $p_1 = 0{,}25$ Atm., einem Enddruck im grossen Cylinder von $p_0 = 0{,}8$ Atm. und einer sekundlichen Kolbengeschwindigkeit $u = 3{,}50$ m eine indicirte Leistung von $E_i = 900$ PS$_i$ geben. Die schädlichen Räume betragen bei Hoch- wie bei Niederdruckcylinder 8 $^0/_0$.

Hauptfrage: Wie gross wird der Durchmesser des Niederdruckcylinders, wenn im Interesse eines sparsamen Dampfverbrauches sowie sanften Ganges der Maschine bis nahe auf die Eintrittsspannung, sagen wir bis auf $p_c = 7$ Atm. komprimirt wird?

Zuerst konstruiren wir nach Fig. 36 das ideelle Gesammtdiagramm. Wir tragen die — noch unbekannte — Hublänge s_i des ideellen Cylinders als eine beliebige Länge, z. B. 200 mm, ab. Ferner können wir Eintrittsspannung $p = 8$, Endspannung $p_0 = 0{,}8$, Kompressionsdruck $p_c = 7$ und Gegendruck $p_1 = 0{,}25$ Atm. — z. B. im Maassstabe 20 mm $= 1$ Atm. — auftragen. Nun könnten wir sofort vom Enddruck p_0 ausgehend rückwärts die Expansionslinie, und vom Kompressionsdruck p_c ausgehend ebenfalls rückwärts die Kompressionslinie konstruiren, wenn wir nur die relative Grösse des schädlichen Raumes $m_i s_i$, also die Lage des Poles O kennen würden. Nehmen wir zuerst an, der Hub s_n des Niederdruckcylinders sei **gleich** dem Hube s_i des ideellen Cylinders (obschon jener immer etwas kleiner ist), so wäre der gesuchte schädliche Raum m_i der auf den **Niederdruckcylinder** reducirte schädliche Raum des Hochdruckcylinders. Letzterer ist aber $= 0{,}08$; also der reducirte schädliche Raum $m_i = 0{,}08 \cdot \dfrac{v}{V}$. Das Cylindervolumenverhältniss $\dfrac{v}{V}$ kennen wir vorerst aber auch noch nicht, jedoch wissen wir aus Erfahrung, dass es zwischen $\dfrac{1}{2}$ bis $\dfrac{1}{3}$ liegt; nehmen wir hierfür im Mittel $\dfrac{v}{V} = \dfrac{1}{2{,}5}$, so würde $m_i = \dfrac{0{,}08}{2{,}5} = 0{,}032$. Nun ist aber der Hub s_i des ideellen Cylinders etwas grösser als der Hub s_n des Niederdruckcylinders, und zwar darf man für Zweifachexpansionsmaschinen im Mittel

$$s_i = 1{,}08\, s_n$$

annehmen. Also haben wir das Volumenverhältniss des Hochdruckcylinders zum ideellen Cylinder zu nehmen nicht

$$\frac{v}{V} = \frac{s_h}{s_n} = \frac{1}{2{,}5}, \quad \text{sondern} \quad \frac{v}{V} = \frac{s_h}{s_i} = \frac{s_h}{1{,}08\, s_n} = \frac{1}{1{,}08 \cdot 2{,}5} = \frac{1}{2{,}70}$$

und damit wird der reducirte schädliche Raum

$$m_i = \frac{0{,}08}{2{,}70} = 0{,}0297 = \sim 0{,}03.$$

Hiermit können wir den Pol O (um $0{,}03 \cdot 200 = 6$ mm rückwärts von der Strecke s_i) aufzeichnen, und Expansions- wie Kompressionskurve konstruiren, und der Zeichnung entnehmen:

den Kompressionsweg

$$= 163 \text{ mm, also } c_i = \frac{163}{200} = 0{,}81;$$

und die Füllung des ideellen Cylinders

$$= 14 \text{ mm, also } \varepsilon_i = \frac{14}{200} = 0{,}07.$$

Aber auch ohne zu zeichnen können wir ε_i und c_i berechnen aus:

$$\frac{p}{p_0} = \frac{1+m_i}{\varepsilon_i+m_i}; \text{ also } \varepsilon_i = (1+m_i)\frac{p_0}{p} - m_i = (1+0,03)\frac{0,8}{8} - 0,03$$

$$= \sim 0,07$$

und

$$\frac{p_c}{p_1} = \frac{m_i+c_i}{m_i}; \text{ also } c_i = m_i\frac{p_c}{p_1} - m_i = 0,03 \cdot \frac{7}{0,25} - 0,03 = 0,81.$$

Für die Füllung $\varepsilon_i = 0,07$ und den schädlichen Raum $m_i = 0,03$ ist nach der graphischen Tabelle Fig. 32 der Hinterdampfspannungskoefficient $K = 0,30$, also die mittlere Hinterdampfspannung

$$K \cdot p = 0,30 \cdot 8 = 2,40 \text{ Atm.}$$

Für $m_i = 0,03$ und $c_i = 0,81$ ist laut graphischer Tabelle Fig. 34 $K_g = 3,0$, also die mittlere Gegendampfspannung

$$K_g \cdot p_1 = 3,0 \cdot 0,25 = 0,75 \text{ Atm.}$$

Für Verluste am Diagramm kann nach (99) eine Vermehrung der Gegendampfspannung angenommen werden von $p_v = 0,30$ Atm.

Damit erhalten wir nach Gl. (98) die mittlere indicirte Spannungsdifferenz

$$p_i = Kp - K_g p_1 - p_v = 2,40 - 0,75 - 0,30 = 1,35 \text{ Atm. abs.}$$

und hiermit aus Gl. (101) die nöthige Kolbenfläche des Niederdruckcylinders

$$F = \frac{75\,E_i}{u \cdot p_i} = \frac{75 \cdot 900}{3,5 \cdot 1,35} = 14300 \text{ qcm}$$

$$+ 2\,^0/_0 \text{ für Kolbenstange } \underline{300}$$

$$14600 \text{ qcm}$$

dem entspricht ein Durchmesser des Niederdruckcylinders von

$$d_n = 1,36 \text{ m.}$$

Den Hub s_n des Niederdruckcylinders können wir beliebig wählen; nehmen wir ihn z. B. $= 1,500$ m, so ergiebt sich eine minutliche Umdrehzahl von

$$n = \frac{30 \cdot u}{s_n} = \frac{30 \cdot 3,5}{1,5} = 70.$$

In dem in grösserm Maassstabe ausgeführten, hier nicht hingezeichneten Diagramme haben wir weiter noch — mittels Planimetriren — die Gesammtdiagrammfläche durch eine horizontale Gerade in zwei gleiche Hälften getheilt, für den Fall, dass gleiche Arbeit von Hoch- und von Niederdruckcylinder verlangt wird. Wir entnehmen jenem Diagramm hierfür:

$$\text{Receiverdruck } p_r = 2{,}05 \text{ Atm.,}$$

ferner bei einer Länge $s_i = 200$ m (vgl. Fig. 36)

die reducirte Hublänge s_h des Hochdruckcylinders $= 74$ mm,

die Hublänge s_n des Niederdruckcylinders $= 186$ mm,

also das Verhältniss der Volumina $\dfrac{v}{V} = \dfrac{74}{186} = \dfrac{1}{2{,}52}$.

Mit diesen Zahlen kommt noch:

Der auf den Niederdruckcylinder (nicht ideellen Cylinder) reducirte Füllungsgrad $\varepsilon = \dfrac{14}{186} = 0{,}075$; der Füllungsgrad des Hochdruckcylinders an und für sich

$$\varepsilon_h = \frac{V}{v} \cdot \varepsilon = 2{,}52 \cdot 0{,}075 = 0{,}19;$$

und will man endlich dem Hochdruckcylinder gleichen Hub wie dem Niederdruckcylinder geben, so muss sein Durchmesser sein:

$$d_h = \sqrt{\frac{v}{V}} \cdot d_n = \sqrt{\frac{1}{2{,}52}} \cdot 1{,}36 = 0{,}855 \text{ m.}$$

Schreiben wir der Vollständigkeit wegen noch die Temperaturen t des Eintrittsdampfes von $p = 8$, des Receiverdampfes von $p_r = 2{,}05$ und des Austrittsdampfes von $p_1 = 0{,}25$ Atm. an, so kommt:

$$\begin{array}{llllll}
\text{bei } p = 8 & \text{Atm. ist} & t = 171^0 & \text{also Temperaturgefälle} & = 50^0 \\
\text{,, } p_r = 2{,}02 & \text{,,} & \text{,,} & t = 121^0 & \\
\text{,, } p_1 = 0{,}25 & \text{,,} & \text{,,} & t = 57^0 & \text{,,} \qquad \text{,,} & = 64^0
\end{array}$$

Das Temperaturgefälle im Niederdruck- ist also grösser als im Hochdruckcylinder. Hätte man es in beiden Cylindern zu einem Minimum machen wollen, so hätte man das ganze Gefälle auf beide Cylinder zu gleichen Theilen vertheilen müssen, so dass $p_r = 1{,}65$ Atm., entsprechend dem Temperaturmittel von 114^0 geworden wäre. Damit wäre der Hochdruckcylinder grösser, der Niederdruckcylinder kleiner (kürzer) geworden, und hätte der erstere erheblich mehr Arbeit als der letztere geleistet, was bei Tandem-Anordnung nichts ausmacht, bei Compound-Anordnung aber oft nicht erwünscht ist.

10*

Mit unsern Gleichungen, in Verbindung mit den graphischen Tabellen für die Spannungskoefficienten, können wir aber auch noch and ere Aufgaben lösen. Im folgenden Abschnitt werden wir mit ihnen den neuen Füllungsgrad berechnen, wenn sich die Gegendampfspannung infolge angebrachter Kondensation vermindert; hier wollen wir noch zeigen, wie sich der Füllungsgrad ändert, wenn der Dampfdruck p veränderlich ist.

Wenn eine Dampfmaschine bei dem Füllungsgrade ε, dem Admissionsdrucke p und dem Gegendampfdruck p_1 eine gewisse, nach Gl. (97) zu berechnende indicirte Arbeit E_i leistet, wie gross muss der Füllungsgrad ε' sein, bei welchem sie die gleiche Arbeit mit gleichem Gegendampfdruck p_1, aber einem andern Admissionsdruck p' leistet?

Diese Arbeit ist analog Gl. (97)

$$E_i = F.s\left(K'p' - K_g . p_1 - p_v\right),$$

diesen Werth gleich gesetzt demjenigen aus Gl. (97) giebt

$$K'p' = Kp,$$

woraus der neue Hinterdampfspannungskoefficient

$$K' = \frac{p}{p'}\cdot K \qquad \ldots \ldots \ldots \quad (102)$$

Beispiel:

Eine Schiebermaschine mit $m = 0{,}07$ arbeite bei dem normalen Dampfdrucke von $p = 8$ Atm. mit einem normalen Füllungsgrade $\varepsilon = 0{,}15$. Welchen Füllungsgrad ε' wird der Regulator einstellen, wenn der Dampfdruck bei gleichbleibender Arbeit auf $p' = 5$ Atm. abs. sinkt?

Nach graphischer Tabelle Fig. 32 ist für $m = 0{,}07$ und $\varepsilon = 0{,}15$ der ursprüngliche Spannungskoefficient $K = 0{,}50$; also der neue Spannungskoefficient nach Gl. (102)

$$K' = \frac{8}{5}\cdot 0{,}50 = 0{,}80.$$

Zu diesem Werth von K' in graphischer Tabelle Fig. 31 wieder rückwärts den zugehörigen Füllungsgrad ε' gesucht, findet sich dieser zu

$$\varepsilon' = 0{,}42.$$

2. Berechnung des neuen Füllungsgrades nach Anbringung von Kondensation.

Wenn eine Dampfmaschine **ohne** Kondensation bei einem Admissionsdrucke p, einem Füllungsgrade ε und einer Gegendampfspannung p_1 nach Gl. (101) eine Arbeit E_i geleistet hat, und sie soll die gleiche Arbeit, aber nun **mit** Kondensation leisten, wobei die Gegendampfspannung auf p_1' und der Füllungsgrad auf ε' sinkt, so ist diese Arbeit analog Gl. (97)

$$E_i = Fs \left(K'p - K_g\, p_1' - p_v \right),$$

indem dieser Werth = dem aus Gl. (97) gesetzt wird, kommt

$$Fs \left(K'p - K_g\, p_1' - p_v \right) = Fs \left(Kp - K_g p_1 - p_v \right)$$

und daraus der neue Spannungskoefficient

$$K' = K - \frac{p_1 - p_1'}{p} \cdot K_g \quad \ldots \ldots \quad (103)$$

zu welchem aus Tafel Fig. 31 oder **32** der neue Füllungsgrad ε' gefunden wird.

Beispiel:

Bei einem Dampfdruck von $p = 6$ Atm. abs. sei die Füllung einer Ventilmaschine ohne Kondensation $\varepsilon = 0{,}25$ und der Gegendampfdruck $p_1 = 1{,}15$ Atm. abs. Durch Anbringung von Kondensation werde der letztere auf $p_1' = 0{,}28$ Atm. herabgebracht, während alles übrige, insbesondere auch der schädliche Raum ($m = 0{,}07$ angenommen) und der Kompressionsweg ($c = 0{,}20$ angenommen) gleich bleibt. Wie gross wird der neue Füllungsgrad ε'?

Für $\varepsilon = 0{,}25$ und $m = 0{,}07$ wird nach graphischer Tabelle Fig. 31 der Spannungskoefficient $K = 0{,}625$; der Gegendampfspannungskoefficient nach graphischer Tabelle Fig. 34 für $c = 0{,}20$ und $m = 0{,}07 : K_g = 1{,}16$; diese Werthe, sowie $p = 6$ und $p_1 = 1{,}15$ und $p_1' = 0{,}28$ in Gl. (103) eingesetzt, findet sich der neue Spannungskoefficient

$$K' = 0{,}625 - \frac{1{,}15 - 0{,}28}{6} \cdot 1{,}16 = 0{,}457.$$

Zu diesem neuen Spannungskoefficienten in graphischer Tabelle Fig. 32 wieder den zugehörigen Füllungsgrad ε' gesucht, findet sich dieser zu

$$\varepsilon' = 0{,}123.$$

Durch Anbringung der Kondensation ist in diesem Falle also der Füllungsgrad von 0,25 auf 0,123, also auf den 0,49 fachen Werth des ursprünglichen gesunken. In Fig. 37 sind die Diagramme mit und ohne Kondensation aufgezeichnet, und wenn man sie planimetrirt, findet man sie flächengleich.

Das bezieht sich auf den Fall, dass man den Kompressionsweg c nicht geändert hat. Wie man aus den Diagrammen Fig. 37 sieht, erhält man mit Kondensation einen viel kleineren Kompressionsdruck als wie ohne Kondensation.

Mit Rücksicht auf sanften Gang der Maschine ist es wünschenswerth, den Kompressionsdruck bei Kondensation durch Vergrösserung des Kompressionsweges c auf c' zu erhöhen, was bei Ventil- und Corlisssteuerung sich in ausgiebigem Maasse, bei gewöhnlicher Schiebersteuerung hingegen nur in geringem Maasse ausführen lässt.

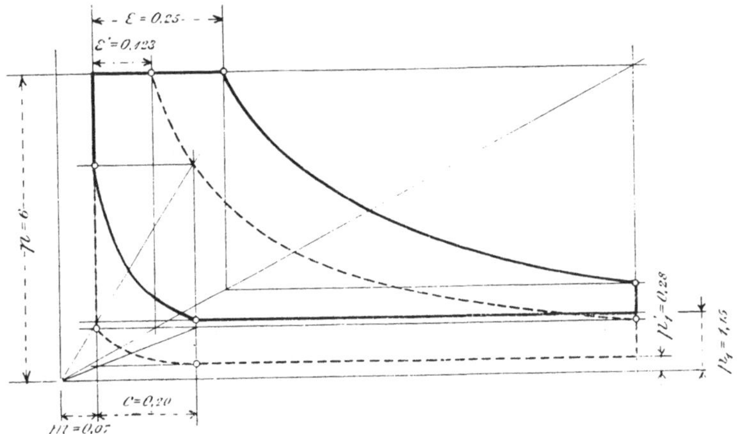

Fig. 37.

Erhöht man den Kompressionsweg von c auf c', womit der Gegendruckspannungskoefficient K_g auf K'_g steigt, so ist die indicirte Arbeit der Maschine nach Anbringung der Kondensation und Erhöhung der Kompression wieder nach Gl. (97)

$$E_i = Fs\,(K'p - K'_g\,p'_1 - p_v)$$

und indem dieser Werth $=$ dem nach Gl. (97) sein muss, kommt

$$Fs\,(K'p - K'_g\,p'_1 - p_v) = Fs\,(Kp - K_g\,p_1 - p_v)$$

und daraus der neue Spannungskoefficient

$$K' = K - \frac{K_g\,p_1 - K'_g\,p'_1}{p} \quad \ldots \ldots \quad (104)$$

Erhöht man also in unserm Beispiel den Kompressionsweg

$c = 0{,}20$ auf z. B. $c' = 0{,}50$, wofür man aus graphischer Tabelle Fig. 34 (für $m = 0{,}07$)

$$K_g' = 1{,}69$$

findet, so wird nach Gl. (104) der neue Spannungskoefficient

$$K' = 0{,}625 - \frac{1{,}16 \cdot 1{,}15 - 1{,}69 \cdot 0{,}28}{6} = 0{,}482;$$

diesem neuen Spannungskoefficienten K' entspricht nach graphischer Tabelle Fig. 32 der neue Füllungsgrad

$$\varepsilon' = 0{,}14.$$

Mit Vergrösserung der Kompression ist also der neue Füllungsgrad etwas grösser geworden als ohne jene Vergrösserung der Kompression ($\varepsilon' = 0{,}140$ statt $\varepsilon' = 0{,}123$).

9. Berechnung der Ersparniss an Nutzdampf.

Unter dem „Nutzdampf" versteht man das Volumen Dampf vom Kesseldruck p, oder das Gewicht dieses Dampfes, das bei Nichtvorhandensein von Dampfverlusten (durch Abkühlung und Undichtheiten) in die Maschine kommen würde, und zwar betrachten wir vorerst diese Dampfmasse für einen einfachen Hub.

Wenn die Dampfausströmung vor dem rückkehrenden Kolben um einen Kolbenweg cs vor Hub-Ende (s. Fig. 38) abgesperrt wird, so komprimirt der weitergehende Kolben den vor ihm abgesperrten Dampf auf dem Wege cs bis ans Hub-Ende; von dort ab wird er vom nun einströmendem frischen Kesseldampf weiter komprimirt bis auf den Kesseldruck p, wobei er zu einem Volumen $F(ms - m_r s)$ zusammengedrückt wird, ($F = $ Kolbenfläche). Bei dem neuen Hube kommt also ein Volumen neuen Dampfes (Nutzdampf) in die Maschine von $F(m_r s + \varepsilon s) = F \cdot s(m_r + \varepsilon)$ oder ein Nutzdampfgewicht von

$$D_u = \frac{\gamma}{10000} Fs(m_r + \varepsilon) \quad . \quad . \quad . \quad . \quad (105)^1)$$

---

^{1}) Denkt man sich — wie beim Uebergang von Gl. (97) auf (100) — unter s nicht den Weg des Kolbens pro einen einfachen Hub, sondern pro 1 Sekunde, so ist der nutzbare Dampfverbrauch pro Sekunde

$$D_u = \frac{\gamma}{10000} Fu(m_r + \varepsilon) \quad . \quad . \quad . \quad . \quad . \quad (105\text{a})$$

wobei $u = $ Kolbengeschwindigkeit pro Sekunde.

wenn γ das Gewicht von 1 cbm Dampf vom Drucke p Atm. bedeutet (siehe Dampftabelle II hinten), und wobei der Divisor 10000 daher rührt, dass wir zwar s in Metern, F dagegen in Quadratcentimetern ausdrücken. Die Grösse m_r ist der in Bezug auf den Dampfverbrauch reducirte Koefficient des schädlichen Raumes, und also wohl von dem frühern Koefficienten m zu unter-

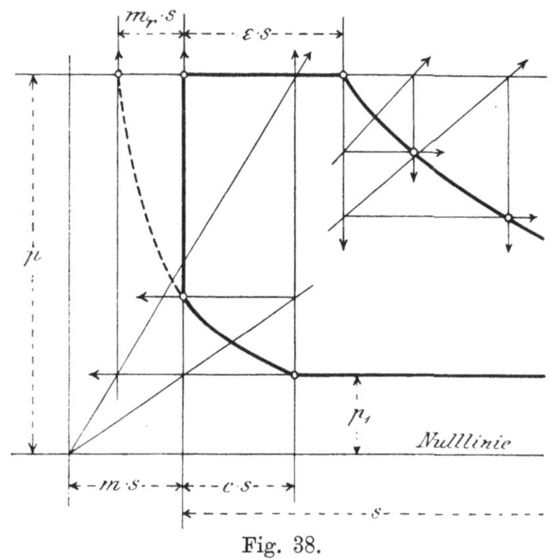

Fig. 38.

scheiden, der einfach den Rauminhalt des ganzen schädlichen Raumes in sich begriff.

Nach dem Mariotte'schen Gesetze ($v \cdot p =$ Konst.) findet sich durch Ansehen der Fig. 38 dieser reducirte Koefficient m_r aus

$$F(cs + ms) \cdot p_1 = F(ms - m_r s)p,$$

woraus

$$m_r = m - (c + m)\frac{p_1}{p} \qquad \ldots \ldots \quad (106)$$

(Steigt hierin der Kompressionsweg c bis auf $c = m\left(\dfrac{p}{p_1} - 1\right)$, so steigt die Kompressionsspannung gerade bis zur Eintrittsspannung, und es wird $m_r = 0$; wäre c noch grösser, so fände Ueberkompression statt, und m_r würde negativ; solcher Fall ist durch richtige Anordnung der Steuerung und durch genügende Grösse des schädlichen Raumes zu vermeiden.)

Hat man nun durch Anbringung von Kondensation den Gegendampfdruck von p_1 auf p_1', und damit nach letztem Abschnitt den Füllungsgrad von ε auf ε' vermindert. so wird nun das verminderte

Nutzdampfgewicht nach Anbringung der Kondensation zufolge der Gl. (105)

$$D_n' = \frac{\gamma}{10000} F s (m_r + \varepsilon') \quad . \quad . \quad . \quad . \quad . \quad (107)$$

wobei nach Gl. (106)

$$m_r' = m - (c + m) \frac{p_1'}{p} \quad . \quad . \quad . \quad . \quad . \quad (108)$$

wenn an der Steuerung nichts geändert worden, hingegen

$$m_r' = m - (c' + m) \frac{p_1'}{p} \quad . \quad . \quad . \quad . \quad . \quad (109)$$

wenn bei Anbringung der Kondensation der vorherige Kompressionsweg c auf c' vergrössert worden.

Die Dampfersparniss durch Kondensation findet sich als Differenz des ursprünglichen und des nachherigen Dampfverbrauches Gl. (105)—(107)

$$D_n - D_n' = \frac{\gamma}{10000} F \varepsilon \left[(m_r + \varepsilon) - (m_r' + \varepsilon') \right]$$

und damit die relative Nutzdampfersparniss ϱ, d. h. das Verhältniss dieser Ersparniss zum ursprünglichen Nutzdampfverbrauch

$$\varrho = \frac{D_n - D_n'}{D_n} = \frac{(m_r + \varepsilon) - (m_r' + \varepsilon')}{m_r + \varepsilon} = 1 - \frac{m_r' + \varepsilon'}{m_r + \varepsilon} \quad (110)$$

wobei m_r aus (106), m_r' aus (108) bezw. (109) und ε' nach dem vorhergehenden Abschnitt zu berechnen sind.

Für unser letztes Beispiel, in welchem der Füllungsgrad von $\varepsilon = 0{,}250$ auf $\varepsilon' = 0{,}123$ bezw. $0{,}140$ verringert worden, kommt nach Gl. (106)

$$m_r = 0{,}07 - (0{,}20 + 0{,}07) \frac{1{,}15}{6} = 0{,}018$$

und nach Gl. (108), wenn der Kompressionsweg mit $c = 0{,}20$ belassen wurde:

$$m_r' = 0{,}07 - (0{,}20 + 0{,}07) \frac{0{,}28}{6} = 0{,}057,$$

dagegen nach Gl. (109), wenn nach Anschluss der Maschine an die Kondensation der Kompressionsweg von $c = 0{,}20$ auf $c' = 0{,}50$ erhöht wurde:

$$m_r' = 0{,}07 - (0{,}50 + 0{,}07) \frac{0{,}28}{6} = 0{,}043.$$

Damit kommt die relative Nutzdampfersparniss nach Gl. (110) a) bei gleichbelassener Kompression ($c = 0{,}20$)

$$\varrho = 1 - \frac{0{,}057 + 0{,}123}{0{,}018 + 0{,}250} = 0{,}328 = \sim 33\,^0/_0,$$

b) bei Vergrösserung der Kompression ($c' = 0{,}50$)

$$\varrho = 1 - \frac{0{,}043 + 0{,}140}{0{,}018 + 0{,}250} = 0{,}317 = \sim 32\,^0/_0;$$

in beiden Fällen also ziemlich dasselbe. In der That wird durch Vergrösserung des Kompressionsweges c in Gl. (110) im Zähler des zweiten Gliedes der vom Frischdampf nachzufüllende Theil m_r' des schädlichen Raumes m kleiner (s. Fig. 38), dagegen der Füllungsgrad ε' grösser, so dass sehr annähernd die Summe $m_r' + \varepsilon'$, und damit auch ϱ gleich bleibt.

Wenn man also in solchen Fällen, wo es leicht geschehen kann, bei nachträglichem Anschluss einer vorher nicht kondensirten Maschine an eine Kondensation auch thatsächlich die Kompression durch Vergrösserung des Kompressionsweges c erhöht, so ist es doch nicht unumgänglich nöthig, in der Rechnung darauf Rücksicht zu nehmen, und kann man sich damit diese Rechnung manchmal vereinfachen; die beiden dadurch in der Rechnung begangenen kleinen Fehler heben sich gegenseitig annähernd auf.

4. Berechnung der effektiven Dampfersparniss.

Der Dampfkessel muss mehr Dampf erzeugen, als den im letzten Abschnitt berechneten Nutzdampf D_n, der in der Maschine wirklich zu nützlicher Verwendung gelangt, indem er auch noch für die Dampfverluste aufkommen muss, die man $= \alpha\,D_n$, d. h. proportional dem Nutzdampfe setzen kann. Die gesammte, vom Dampfkessel pro Zeiteinheit zu erzeugende Dampfmenge ist somit

$$D = D_n + \alpha\,D_n = (1 + \alpha)\,D_n \quad \ldots \quad (111)$$

und dies ist auch der effektive Dampfverbrauch der Maschine, der wiederum direkt proportional ist dem effektiven Kohlenverbrauch.

Indem die durch die Füllungsverkleinerung in Folge der Anbringung von Kondensation im letzten Abschnitt berechnete absolute Dampfersparniss nach Gl. (110) $= \varrho \cdot D_n$ ist, ergiebt sich die relative

Dampfersparniss bezogen auf den Gesammtdampfverbrauch vor Anbringung der Kondensation zu

$$\eta = \frac{\varrho\, D_a}{D} = \frac{\varrho\, .\, D_n}{(1+\alpha)\, D_n} = \frac{\varrho}{1+\alpha} \quad \ldots \ldots \quad (112)$$

Die Dampfverluste, herrührend
1. von Abkühlungsverlusten des Dampfes in der Dampfzuleitung und den Heizmänteln vor Eintritt in die Cylinder,
2. vom Abkühlungsverlust infolge des Temperaturgefälles im Cylinder — dieser ist weitaus der grösste, —
3. von etwaiger Undichtheit an Kolben und Steuerungsorganen,

diese Dampfverluste kann man zur Zeit nicht „berechnen", und wird wohl auch nie dazu kommen. Dagegen weiss man aus Erfahrung — und die Maschinenfabriken, die bei ihren Dampfmaschinen Garantien für Dampfverbrauch übernehmen müssen, wissen es sogar sehr gut — wie viel Dampf effektiv pro indicirte Pferdestunde jede Gattung der heutigen Dampfmaschinen braucht; umgekehrt kann man berechnen (nach Gl. 105 oder 105a) wie viel Nutzdampf dieselbe Maschine unter den gleichen Umständen braucht; in der Differenz findet man so den gesuchten Dampfverlust. Wenn man z. B. weiss — d. h. nachgemessen hat — dass eine Eincylinderauspuffmaschine bei deren normalem Füllungsgrade, Tourenzahl und Dampfdruck pro PS_i und Stunde $D = 13{,}50$ kg Dampf verbraucht, während die nach Gl. (105a) für die gleichen Verhältnisse berechnete Nutzdampfmenge der Maschine z. B. $D_n = 8{,}70$ kg betrüge, so wäre nach Gl. (111)

$$1 + \alpha = \frac{D}{D_n} = \frac{13{,}50}{8{,}70} = 1{,}55$$

also der Dampfverlustkoefficient

$$\alpha = 0{,}55$$

d. h. der Kessel muss ein um $55\,^0/_0$ grösseres Dampfgewicht erzeugen als es in der Maschine nutzbar zur Wirkung kommt.

So kann sich jede Maschinenfabrik ihren Erfahrungen entsprechend für jede Maschinengattung und für verschiedene Verhältnisse den Dampfverlustkoefficienten α bestimmen und damit rechnen. Man wird diesen Koefficienten bei Compound- und Mehrfachexpansionsmaschinen kleiner finden als bei Eincylindermaschinen, weil dort der Hauptdampfverlust, der durch Wärmeaustausch zwischen Dampf und Cylinderwandung im Innern des Cylinders bewirkte, infolge kleineren Temperaturgefälles in jedem einzelnen

Cylinder, kleiner wird. Im weitern wird der Verlustkoefficient grösser bei Maschinen mit Kondensation als bei solchen ohne Kondensation, weil bei ersteren eben das Temperaturgefälle in den Cylindern wieder grösser wird.

Als Mittelwerthe für den Verlustkoefficienten α legen wir hier für Auspuffmaschinen zu Grunde:

$$
\left.
\begin{array}{lll}
\text{bei Eincylindermaschinen} & \text{Dampfverlust } \alpha = 0{,}55 \\
\text{„ Zweifachexpansionsmaschinen} & \text{„} \quad \alpha = 0{,}35 \\
\text{„ Dreifachexpansionsmaschinen} & \text{„} \quad \alpha = 0{,}25
\end{array}
\right\} \quad (113)
$$

Für Kondensationsmaschinen sind diese Verluste, die wir dann mit α' bezeichnen wollen, grösser, die Werthe unter (113) also mit einem Faktor $a > 1$ zu multipliciren; wir nehmen diesen Faktor zu

$$ a = 1{,}40 $$

als passend an für einen Gegendruck im Cylinder (Kondensatordruck) von $p_1' = 0{,}20$ Atm. Für andere Werthe des Kondensatordruckes p_1', und wenn man obige Werthe von α nach (113) für $p_1 = 1$ annimmt, dann diese proportional der Abnahme des Gegendruckes von p_1 bis zu p_1' steigen lässt, so dass bei $p_1' = 0{,}20$ α auf $\alpha' = 1{,}40\,\alpha$ angestiegen ist, erhält man dann den Faktor a zu

$$ a = 1 + \frac{1 - p_1'}{2} $$

und damit den Dampfverlustkoefficienten für Kondensationsmaschinen

$$ \alpha' = \left(1 + \frac{1 - p_1'}{2} \right) \cdot \alpha \quad \ldots \ldots \quad (114) $$

wobei α nach den Angaben aus (113) zu entnehmen.[1])

---

[1]) Streng genommen stellt Gl. (112) nur einen Annäherungswerth für die effektive Dampf- und Kohlenersparniss η dar. Denn wenn mit berücksichtigt wird, dass der Dampfverlust mit Kondensation grösser ist als ohne Kondensation, so ist genau gerechnet die Dampfersparniss durch Kondensation $=$ dem vorherigen Gesammtdampfverbrauch minus dem nachherigen, also $= D - D' = (1 + \alpha)\,D_n - (1 + \alpha')\,D_n'$, und damit die wirkliche Dampfersparniss bezogen auf den ursprünglichen wirklichen Dampfverbrauch

$$ \eta = \frac{D - D'}{D} = \frac{(1 + \alpha)\,D_n - (1 + \alpha')\,D_n'}{(1 + \alpha)\,D_n} = \frac{D_n - D_n'}{(1 + \alpha)\,D_n} + \frac{\alpha\,D_n - \alpha'\,D_n'}{(1 + \alpha)\,D_n} $$

$$ = \frac{\varrho}{1 + \alpha} + \frac{\alpha\,D_n - \alpha'\,D_n'}{(1 + \alpha)\,D_n} $$

Damit wäre also z. B. der Dampfverlustkoefficient einer Compoundmaschine mit Kondensation bei einem vom Kondensator hergestellten Gegendruck von $p_1' = 0{,}30$ Atm.

$$\alpha' = \left(1 + \frac{1 - 0{,}30}{2}\right) \cdot 0{,}35 = 1{,}35 \cdot 0{,}35 = 0{,}47.$$

Im letzten Abschnitt haben wir für unser Beispiel die Nutzdampfersparniss zu $\varrho = 0{,}33$ bezw. $= 0{,}32$, im Mittel also zu $\varrho = 0{,}325$ berechnet. Nehmen wir an, dies Beispiel beziehe sich auf eine Eincylindermaschine, bei der nach (113) der Dampfverlust α etwa zu $0{,}55$ angenommen werden kann, so ergiebt sich mit diesen Werthen von ϱ und α die Ersparniss an effektiv verbrauchtem Dampf durch Anbringung von Kondensation zu

$$\eta = \frac{\varrho}{1 + \alpha} = \frac{0{,}325}{1 + 0{,}55} = 0{,}21$$

d. h. $21\,^0/_0$ des vorherigen Dampfverbrauches, und so viel beträgt auch die effektive Kohlenersparniss.

Führen wir hierin für α' den Werth der Gl. (114) ein; setzen wir ferner nach Gl. (110) $D_n' = D_n - \varrho\, D_n = (1 - \varrho)\, D_n$, so kommt:

$$\eta = \frac{\varrho}{1 + \alpha} + \underbrace{\frac{\alpha}{2\,(1 + \alpha)} \left\{ \varrho\,(3 - p_1') + p_1' - 1 \right\}}_{F}$$

wobei man den zweiten Summanden als Fehlerglied F bezeichnen kann, das wir bei Aufstellung von Gl. (112) vernachlässigten, so dass:

$$F = \frac{\alpha}{2\,(1 + \alpha)} \left\{ \varrho\,(3 - p_1') + p_1' - 1 \right\}$$

$\qquad (112\mathrm{a})$

Für gröbere Uebersichtsrechnungen wird man sich der einfachen Näherungsgleichung (112) bedienen, für genaue Rechnung jedoch obiger Gl. (112a) mit Berücksichtigung des Fehlergliedes.

In dem oben im Texte gleich zur Behandlung kommenden Beispiele ist

$$\alpha = 0{,}55 \qquad \varrho = 0{,}325 \qquad p_1' = 0{,}28;$$

damit wird das Fehlerglied:

$$F = \frac{0{,}55}{2 \cdot 1{,}55} \left\{ 0{,}325\,(3 - 0{,}28) + 0{,}28 - 1 \right\} = 0{,}177\,(0{,}88 - 0{,}72) = +\,0{,}028$$

Während die Ausrechnung oben im Texte die effektive Dampfersparniss nach der einfachen Näherungsformel (112) zu

$$\eta = 0{,}21$$

ergiebt, ist sie in Wirklichkeit hier etwas grösser, nämlich

$$\eta = 0{,}21 + 0{,}028 = 0{,}238;$$

in andern Fällen wird F negativ und dann ist dieser negative Werth des Fehlergliedes vom Näherungswerthe $\dfrac{\varrho}{1 + \alpha}$ abzuziehen.

Noch erhebt sich die Frage, ob, nachdem zwar unsere Berechnung bis und mit der Berechnung der Nutzdampfersparniss ϱ genau durchgeführt werden konnte, dagegen die weitere Berechnung der effektiven Dampfersparniss blos auf Annahmen für den schwankenden Werth α des Dampfverlustes beruht, ob eben Veränderungen in diesem schwankenden Werthe von α unsere Rechnungsergebnisse stark beeinflussen, so dass diese vielleicht recht zweifelhaft werden?

Würde in obigem Beispiele der Verlustkoefficient, den wir zu $\alpha = 0,55$ angenommen haben, in Wirklichkeit auf $\alpha = 0,70$ steigen, oder auf $\alpha = 0,40$ fallen (sich also um mehr als $30\,^0/_0$ ändern), so würde die Kohlenersparniss werden

$$\eta = \frac{0,325}{1,70} = 0,19$$

bezw.

$$\eta = \frac{0,325}{1,40} = 0,23$$

statt

$$\eta = \frac{0,325}{1,55} = 0,21$$

bei $\alpha = 0,55$; die Ersparniss würde also blos um etwa $2\,^0/_0$ kleiner, bezw. grösser werden, als nach der von uns gemachten Annahme für den Dampfverlustkoefficienten. Selbst grössere Schwankungen im Werthe des Dampfverlustes, die den Dampf- und Kohlenverbrauch selber allerdings bedeutend beeinflussen, haben auf die Ersparniss an Dampf und Kohlen nur einen untergeordneten Einfluss.

Nach dem hier entwickelten Rechnungsgange und nach den der Reihe nach aufgestellten Gleichungen kann man nun die Dampfbezw. Kohlenersparniss berechnen, die man erhält, wenn man eine vorher nicht kondensirte Maschine nachträglich mit Kondensation versieht, oder an eine Centralkondensation anschliesst. Führt man die Rechnung für verschiedene Gegendampfdrücke (annähernd Kondensatordrücke) p_1', etwa für

$$p_1' = 0,50,\ 0,40,\ 0,30,\ 0,20,\ 0,10\ \text{Atm.}$$

durch — wie das später in einem ausführlichen Beispiele gemacht werden wird — so erkennt man auch, in welchem Maasse sich der Nutzen mit dem Kondensatordruck, dem Vakuum, ändert. Im folgenden Abschnitt wollen wir aber noch direkt den Dampfbezw. Kohlenmehr- bezw. Minderverbrauch berechnen, wenn an einer schon mit Kondensation versehenen Maschine der Kondensatordruck, also auch der Gegendampfdruck p_1' um eine kleine Grösse steigt oder fällt.

* * *

5. Einfluss verschieden hohen Vakuums auf den effektiven Dampf- und Kohlenverbrauch bei Kondensationsmaschinen mit variabler Füllung.

Wenn bei gleichbleibendem Admissionsdruck p infolge Schwankens des Vakuums im Kondensator der Gegendampfdruck p_1' in der Maschine um einen kleinen Betrag dp_1' zu- oder abnimmt, so muss der Regulator den Füllungsgrad ε' um eine kleine Grösse $d\varepsilon'$ vergrössern oder verkleinern, wenn die Maschine die gleiche indicirte Arbeit E_i leisten soll, die sie vorher geleistet hatte. Setzen wir also E_i nach der allgemeinen Arbeitsgleichung (97) konstant, also

$$Fs\,(Kp - K_g\,p_1' - p_v) = \text{Konst.}$$

und differenziren diese Gleichung nach ε' und p_1', indem alle übrigen Grössen konstant bleiben, so bekommen wir den Zusammenhang von $d\varepsilon'$ mit dp_1', den wir vor allem kennen müssen. In obiger Gleichung ist der Gegendampfspannungskoefficient K_g nach Gl. (94) eine Funktion von nur dem Kompressionswege c und der Grösse m des schädlichen Raumes, also ist K_g in Bezug auf ε' und p_1' eine konstante Grösse. Dagegen ist der Hinterdampfspannungskoefficient K mit ε' veränderlich, nämlich nach Gl. (92)

$$K = \varepsilon' + (m + \varepsilon') \log \frac{1 + m}{\varepsilon' + m}$$

Führen wir diesen Werth in obige Gleichung ein, so kommt

$$Fs\left\{ p\varepsilon' + p\,(m + \varepsilon') \log \frac{1 + m}{\varepsilon' + m} - K_g\,p_1' - p_v \right\} = \text{Konst.}$$

$$\varepsilon' + (m + \varepsilon') \log \frac{1 + m}{\varepsilon' + m} = \frac{\text{Konst.}}{Fs\,p} + \frac{K_g\,p_1'}{p} + \frac{p_v}{p}$$

oder die konstanten Grössen rechts zu einer neuen Konstanten vereinigt:

$$\varepsilon' + (m + \varepsilon') \log \frac{1 + m}{\varepsilon' + m} = K_g \cdot \frac{p_1'}{p} + \text{Konst.,}$$

oder zum Differenziren bequemer geschrieben:

$$\varepsilon' + (m + \varepsilon') \log (1 + m) - (m + \varepsilon') \log (\varepsilon' + m) = K_g \frac{p_1'}{p} + \text{Konst.},$$

diese Gleichung nun nach ε' und p_1' differenzirt:

$$d\varepsilon' + \log (1 + m)\, d\varepsilon' - \log (\varepsilon' + m)\, d\varepsilon' - (m + \varepsilon') \cdot \frac{d\varepsilon'}{\varepsilon' + m} = \frac{K_g}{p} \cdot dp_1' + 0$$

und hieraus einfach:

$$d\varepsilon' = -\frac{K_g}{p \cdot \log \cdot \dfrac{1 + m}{\varepsilon' + m}} \cdot dp_1' \quad \ldots \quad \ldots \quad (115)$$

Wäre also beispielsweise bei einer Maschine

der schädliche Raum $m = 0{,}07$

der Kompressionsweg $c = 0{,}40$

also nach graphischer Tabelle Fig. 34 $K_g = 1{,}49$

der Admissionsdruck $p = 10$ Atm.

der normale Füllungsgrad $\varepsilon' = 0{,}10$

also

$$\log \frac{1 + m}{\varepsilon' + m} = \log \frac{1{,}07}{0{,}17} = 1{,}84$$

so betrüge bei dieser Maschine die Aenderung des Füllungsgrades

$$d\varepsilon' = \frac{1{,}49}{10 \cdot 1{,}84} \cdot dp_1' = 0{,}081\, dp_1'$$

und würde der Gegendruck p_1' — gleichgültig wie gross oder klein er an und für sich sein möge, da ja p_1' aus Gl. (115) weggefallen — um z. B. $dp_1' = 0{,}05$ Atm. $(= 3{,}8$ cm Quecksilber) steigen oder fallen, so müsste sich der Füllungsgrad um

$$d\varepsilon' = 0{,}081 \cdot 0{,}05 = 0{,}004$$

vergrössern, bezw. verkleinern, also von $\varepsilon' = 0{,}10$ auf $\varepsilon' = 0{,}104$ steigen, bezw. auf $\varepsilon' = 0{,}096$ fallen, damit die Maschine die gleiche indicirte Arbeit leiste wie vorher.

Gerade wie wir früher aus der Verkleinerung des Füllungsgrades $(\varepsilon - \varepsilon')$ auf die Ersparniss ϱ an Nutzdampf, und aus dieser auf die effektive Ersparniss η an Gesammtdampf geschlossen haben, schliessen wir nun auch aus der Füllungsänderung $d\varepsilon'$ auf die Aenderung $d\eta$ des Gesammtdampfverbrauches, wenn der Gegendruck sich um dp_1' ändert.

Führen wir in Gl. (112) den Werth der Nutzdampfersparniss ϱ aus Gl. (110) ein, so kommt:

$$\eta = \frac{(\varepsilon - \varepsilon') + (m_r - m_r')}{(\varepsilon + m_r)(1 + \alpha')}$$

wobei wir nur im Nenner α' statt α schreiben mussten, da wir es hier mit einer Maschine zu thun haben, die auch schon v o r Aenderung des Gegendampfdruckes oder des Vakuums mit Kondensation versehen war, und kann dieses α' nach Gl. (114) in Verbindung mit (113) angenommen werden.

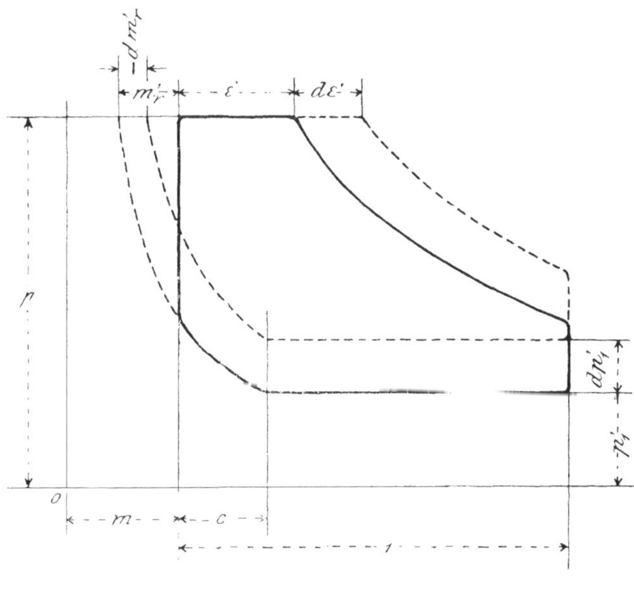

Fig. 39.

Sobald die Aenderungen der Grössen ε und m_r k l e i n werden, geht $(\varepsilon - \varepsilon')$ über in das Differenzial von ε oder ε', d. h. in $d\varepsilon'$; ebenso $(m_r - m_r')$ in dm_r' und η in $d\eta$, und dann kann man obige Gleichung schreiben

$$d\eta = \frac{d\varepsilon' + dm_r'}{(\varepsilon' + m_r')(1 + \alpha')}$$

wobei man den Dampfverlustkoefficienten α' für kleinere Aenderungen des Gegendampfdruckes p_1' als unveränderlich ansehen kann.

(Diese Gleichung hätten wir auch d i r e k t aus Fig. 39 ableiten können, wobei nur zu berücksichtigen gewesen wäre, dass das Differenzial dm_r' immer entgegengesetztes Zeichen erhalten muss wie das Differenzial dp_1', weil wenn p_1' zunimmt, dann m_r' abnimmt und umgekehrt.

Nun ist nach Gl. (108)

$$m_r' = m - (c + m)\frac{p_1'}{p}$$

dies nach p_1' differenzirt, giebt

$$dm_r' = -\frac{c+m}{p}\,dp_1'.$$

Diesen Werth, sowie den Werth für $d\varepsilon'$ nach Gl. (115) oben eingesetzt, kommt

$$d\eta = \frac{\dfrac{K_g}{\log \cdot \dfrac{1+m}{\varepsilon'+m}} - (c+m)}{(\varepsilon'+m_r')\cdot(1+\alpha')\cdot p}\cdot dp_1' \quad . \quad . \quad . \quad (116)^1)$$

Für bequemere Rechnung können wir aus diesem Ausdruck noch den log wegbringen; es ist nämlich aus Gl. (92) für den Hinterdampfspannungskoefficienten K:

$$\log \frac{1+m}{\varepsilon'+m} = \frac{K-\varepsilon'}{m+\varepsilon'}$$

Damit schreibt sich Gl. (116) auch:

$$\left.\begin{array}{c}
d\eta = \dfrac{K_g\cdot\dfrac{m+\varepsilon'}{K-\varepsilon'} - (c+m)}{(\varepsilon'+m_r')(1+\alpha')p}\,dp_1' \\[3mm]
m_r' = m - (c+m)\dfrac{p_1'}{p}
\end{array}\right\} \quad . \quad . \quad . \quad (117)$$

mit

wobei die Spannungskoefficienten K und K_g für Hinterdampf und

---

$^1)$ Vernachlässigt man für die Expansion die Grösse m des schädlichen Raumes, so geht in Gl. (116) der $\log \dfrac{1+m}{\varepsilon'+m}$ über in $\log \dfrac{1}{\varepsilon'}$; vernachlässigt man weiter noch die Kompression, so wird $K_g = 1$, $m_r' = m$, und $dm_r' = 0$, also auch $c+m = 0$, und Gl. (116) geht in die vom Ingenieur Popper-Wien in der Zeitschr. d. österr. Ing. u. Archit.-Vereins, 1893, Heft 24, aufgestellte Gleichung über

$$d\eta = \frac{dp_1'}{p\,(\varepsilon'+m)\,(1+\alpha')\log \dfrac{1}{\varepsilon'}} \quad . \quad . \quad . \quad . \quad (116a)$$

welche Gleichung aber wegen Vernachlässigung des schädlichen Raumes in Bezug auf die Expansionskurve und wegen gänzlicher Vernachlässigung der Kompression nur grobe Annäherungswerthe geben kann, die, besonders bei kleinen Füllungen und starker Kompression, also gerade bei guten Maschinen, sehr weit ab von der Wahrheit liegen können; unsere obige Gl. (116) giebt dagegen in allen Fällen genaue Resultate, und sind bei deren Herleitung nicht einmal die unvermeidlichen Verluste (p_v) an indicirter Arbeitsfläche (durch Drosselung und event. Spannungsabfall) vernachlässigt worden; dass diese Verluste p_v aus obiger Gl. (116) verschwunden, ist nicht durch Ausserachtlassung derselben bewirkt worden, sondern die Grösse p_v ist bei der Herleitung der Gl. (115) rechnungsmässig herausgefallen.

Gegendruck aus den graphischen Tabellen Figg. 31, 32 und 34 entnommen werden.

Bei Mehrfachexpansionsmaschinen sind die Koefficienten m, ε und c auf den ideellen Cylinder zu beziehen, d. h. auf einen Cylinder vom Durchmesser des Niederdruckcylinders und einem Hube s_i, welcher Cylinder — indicirt — gerade das Gesammtdiagramm ergeben würde; für Zweifachexpansionsmaschinen siehe Fig. 36, für Dreifachexpansionsmaschinen Fig. 40.

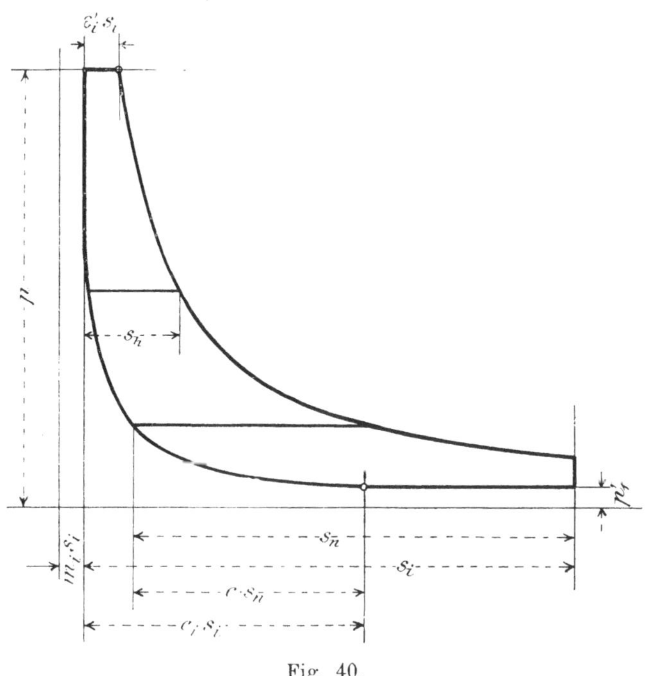

Fig. 40.

Setzt man (Fig. 36 und Fig. 40)

$$s_i = a \cdot s_n,$$

so kann man die Verhältnisszahl a, und zwar sowohl bei Zweifach- wie bei Dreifachexpansionsmaschinen im Mittel zu $a = 1{,}08$ annehmen.

Damit ergiebt sich, wenn ε' der Füllungskoefficient des Hochdruckcylinders ist, der auf den ideellen Cylinder reducirte Füllungskoefficient

$$\varepsilon_i' = \frac{s_h}{s_i} \cdot \varepsilon' = \frac{s_h}{a \cdot s_n} \cdot \varepsilon' = \frac{v}{a \cdot V} \cdot \varepsilon' = \frac{v}{1{,}08 \cdot V} \cdot \varepsilon' \quad . \quad . \quad (118)$$

und der auf den ideellen Cylinder reducirte schädliche Raum, wenn m der schädliche Raum des Hochdruckcylinders ist, und auch auf diesen bezogen wird

$$m_i = \frac{s_h}{s_i} \cdot m = \frac{s_h}{a \cdot s_n} \cdot m = \frac{v}{a \cdot V} \cdot m = \frac{v}{1{,}08 \cdot V} m \quad . \quad . \quad (119)$$

und endlich findet man den auf den ideellen Cylinder bezogenen Kompressionsweg c_i, wenn c denselben bezogen auf den Hub s_n des Niederdruckcylinders bedeutet aus Fig. 40

$$c_i s_i - c s_n = s_i - s_n$$

$$c_i = 1 - \frac{s_n}{s_i} + \frac{c s_n}{s_i}$$

oder

$$\left. \begin{aligned} c_i &= 1 - \frac{1}{a} + \frac{c}{a} = 1 - \frac{1-c}{a} \\ c_i &= 0{,}075 + \frac{c}{1{,}08} \end{aligned} \right\} \quad . \quad . \quad . \quad (120)$$

und mit $a = 1{,}08$

das giebt für

$c =$	0,10	0,20	0,30	0,50	0,70	1
$c_i =$	0,17	0,26	0,35	0,54	0,72	1

Dabei pflegt das Volumenverhältniss des Niederdruckcylinders zum Hochdruckcylinder zu sein:

bei Zweifachexpansionsmaschinen $\dfrac{V}{v} = 2$ bis 3

„ Dreifachexpansionsmaschinen $\dfrac{V}{v} = 5{,}5$ bis 7.[1]

Beispiel der Anwendung der Gleichung (117).

Eine Maschinenfabrik habe eine Compoundmaschine zu liefern, die an eine schon bestehende Centralkondensation angeschlossen werden soll, und garantire bei einem Admissionsdrucke $p = 9$ Atm. abs.,

---

[1] Man hat bislang immer den „ideellen" Cylinder gleich dem Niederdruckcylinder, d. h. $s_i = s_n$, oder unsern Faktor $a = 1$ gesetzt, weil man eben überhaupt die Kompression in allen solchen Rechnungen nicht als Veränderliche behandelt hatte, sondern sie nur summarisch mit irgend einem, meistens nicht entfernt zutreffenden konstanten Mittelwerth in Rechnung zog. So erhielt man rohe Näherungswerthe, während die Resultate unserer — durchaus nicht komplicirteren — Rechnung der Wahrheit viel näher kommen.

einem Gegendampfdruck von 60 cm $= 0,21$ Atm. abs., bei normaler Arbeitsleistung der Maschine einen Dampfverbrauch von 7,20 kg pro PS_i und Stunde. Nun stelle sich bei den Abnahmeversuchen ein Dampfverbrauch von $D = 7,60$ kg heraus, allerdings bei einem Gegendampfdruck von $p_i' = 55$ cm $= 0,276$ Atm. In solchem Falle wird die liefernde Maschinenfabrik die Schuld für die 0,40 kg Mehrdampfverbrauch dem Kondensator in die Schuhe schieben, der eben ein um 5 cm zu geringes Vakuum herstelle, „denn eine Vermehrung des Gegendruckes von 5 cm Quecksilber mache bei dem grossen Querschnitte des Niederdruckcylinders einer Compoundmaschine eben sehr viel aus."

An Hand der Gl. (117) können wir den Mehrdampfverbrauch durch die Vakuumverschlechterung von

$$dp_i' = 5 \text{ cm} = \frac{5}{76} = 0,066 \text{ Atm.}$$

genau berechnen. Es mögen die Verhältnisse der Maschine noch folgende sein:

Volumenverhältniss der beiden Dampfcylinder $\dfrac{V}{v} = 2,6$.

Der auf den Hochdruckcylinder bezogene Füllungsgrad desselben bei normaler Leistung der Maschine $\varepsilon = 0,23$; also nach Gl. (118):

der Füllungsgrad des ideellen Cylinders $\varepsilon_i' = \dfrac{1}{1,08 \cdot 2,6} \cdot 0,23 = 0,08$.

Der auf den Hochdruckcylinder bezogene schädliche Raum desselben $m = 0,085$; also nach Gl. (119):

der auf den ideellen Cylinder reducirte schädliche Raum

$$m_i = \frac{1}{1,08 \cdot 2,6} \cdot 0,085 = 0,03.$$

Der auf den Niederdruckcylinder bezogene Kompressionsweg $c = 0,50$; also nach Gl. (120):

der auf den ideellen Cylinder reducirte Kompressionsweg

$$c_i = 0,075 + \frac{0,50}{1,08} = 0,54.$$

Ferner ist nach Gl. (114) und (113) der Dampfverlustkoefficient

$$\alpha' = \left(1 + \frac{1 - p_i'}{2}\right) \cdot \alpha = \left(1 + \frac{1 - 0,276}{2}\right) \cdot 0,35 = 0,48.\,^1)$$

---

[1]) Die Grössen ε_i, m_i und c_i wird man in Wirklichkeit nicht „berechnen", wie wir oben gethan haben, sondern man wird sie — da ja die Maschine

Weiter kommt mit obigen Grössen

$$m_r' = m_i - (c_i + m_i)\frac{p_i'}{p} = 0{,}03 - (0{,}54 + 0{,}03)\cdot\frac{0{,}276}{9} = 0{,}0126$$

und für $\varepsilon_i' = 0{,}08$ und $m_i = 0{,}03$ ist der Hinterdampfspannungskoefficient nach graphischer Tabelle Fig. 32 $K = 0{,}323$, während für $c_i = 0{,}54$ und $m_i = 0{,}03$ der Gegendampfspannungskoefficient nach graphischer Tabelle Fig. 34 $K_g = 2{,}15$ ist.

Führen wir alle diese Werthe in die Gl. (117) ein, so erhält man den Minderdampfverbrauch der Maschine, wenn die Gegendampfspannung von 0,276 auf 0,210 Atm. sinkt (oder das Vakuum von 55 auf 60 cm steigt), zu

$$d\eta = \frac{K_g\dfrac{m_i + \varepsilon_i'}{K - \varepsilon_i'} - (c_i + m_i)}{(\varepsilon_i' + m_r')(1 + \alpha')p}\, dp_i'$$

$$= \frac{2{,}15\dfrac{0{,}03 + 0{,}08}{0{,}323 - 0{,}08} - (0{,}54 + 0{,}003)}{(0{,}08 + 0{,}0126)(1 + 0{,}48)\,.\,9}\cdot 0{,}066$$

$$d\eta = 0{,}021 = 2{,}1\,{}^0/_0;$$

d. h. wenn das Vakuum um 5 cm höher, also auf der geforderten Höhe von 60 cm gewesen wäre, so hätte die Maschine $2{,}1\,{}^0/_0$, also $0{,}021\,.\,7{,}60 = 0{,}16$ kg weniger Dampf, also $7{,}60 - 0{,}16 = 7{,}44$ kg pro PS_i und Stunde gebraucht; der Dampfverbrauch wäre also doch noch um 0,24 kg über dem garantirten geblieben.

So kann in jedem gegebenen Falle nach Gl. (117) der procentuale Mehr- bezw. Minderdampfverbrauch für eine gegebene Gegendruckvermehrung bezw. Verminderung genau berechnet werden.

Wir benützen nun diese Gleichung noch, um die Aenderung des Dampfverbrauches pro 1 cm Vakuumänderung, also für

---

schon vorliegt — direkt aus dem rankinisirten Diagramme abmessen, also genau der Wirklichkeit entsprechend erhalten. — Ebenso wird man den Dampfverlustkoeffizienten α' nicht nach unsern „Annahmen" annehmen, sondern man wird nur den Nutzdampfverbrauch D_n nach Gl. (105) oder (105a) berechnen, dann aber in Gl. (111) für D den bei den Abnahmeversuchen gefundenen wirklichen Dampfverbrauch einsetzen und daraus vermittels $\alpha' = \dfrac{D - D_n}{D_n}$ den wirklichen Dampfverlustkoeffizienten α' bestimmen.

$$dp_1 = \frac{1}{76} \text{ Atm.,}$$ zu berechnen, und zwar — um eine Uebersicht über die Verhältnisse zu erhalten — unter mittleren Annahmen sowohl für Eincylindermaschinen als auch für Mehrfachexpansionsmaschinen (wobei unter letzteren Zweicylindermaschinen und Dreicylindermaschinen zusammengefasst werden).

a) Setzt man bei Eincylindermaschinen im Mittel etwa:

$$m = 0,07; \quad c = 0,20; \quad \frac{p_1'}{p} = \frac{0,25}{7} = 0,036,$$

so wird $m_r = 0,07 - 0,27 \,.\, 0,036 = 0,06$; und aus Fig. 34 $K_g = 1,16$. Ferner kann man nach Gl. (114) und (113) für Eincylinderkondensationsmaschinen bei $p_1' = 0,25$ annehmen etwa $\alpha' = 0,75$. Mit allen diesen Werthen ergiebt sich aus Gl. (117) das Produkt $p \,.\, d\eta$.

$$p \,.\, d\eta = \frac{\dfrac{1,16\,(0,07 + \varepsilon')}{K - \varepsilon'} - 0,27}{(\varepsilon' + 0,06)\,.\,1,75} \cdot \frac{1}{76} \quad . \quad . \quad . \quad (121)$$

Hiernach sind die Werthe von $p \,.\, d\eta$ für eine Reihe von Füllungsgraden ε' in folgender Tabelle ausgerechnet.

b) Bei Mehrfachexpansionsmaschinen kann man im Mittel etwa setzen:

$$m_i = 0,03; \quad c_i = 0,50; \quad \frac{p_1'}{p} = \frac{0,25}{10} = 0,025;$$

damit wird $m_r = 0,03 - 0,53 \,.\, 0,025 = 0,017$; und aus Fig. 34 $K_g = 2,02$. Ferner kann man für solche Maschinen den Dampfverlust bei $p_1' = 0,25$ nach Gl. (114) und (113) etwa annehmen zu $\alpha' = 0,41$. Mit diesen Werthen erhält man aus Gl. (117):

$$p \,.\, d\eta = \frac{\dfrac{2,02\,(0,03 + \varepsilon')}{K - \varepsilon'} - 0,53}{(\varepsilon' + 0,017)\,.\,1,41} \cdot \frac{1}{76} \quad . \quad . \quad . \quad (122)$$

Nach dieser Formel sind die Werthe von $p \,.\, d\eta$ für Mehrfachexpansionsmaschinen in folgender Tabelle berechnet.

Werthe von $p \,.\, d\eta$ pro 1 cm Vakuumänderung.

$\varepsilon' =$	0	0,02	0,05	0,10	0,15	0,20	0,25	0,30	0,40	0,60	1
Eincylindermaschinen	0,020		0,018	0,017		0,017		0,017	0,018	0,025	∞
Mehrfachexp.-maschinen	0,022	0,032	0,036	0,036	0,036	0,035					

Da die Füllungsgrade ε' bei Eincylinderkondensationsmaschinen in der Regel innerhalb der Grenzen $\varepsilon' = 0{,}05$ bis $0{,}40$; bei Mehrfachexpansionsmaschinen innerhalb der Grenzen $\varepsilon'_i = 0{,}02$ bis $0{,}20$ liegen; so sieht man aus obiger Tabelle, dass innerhalb dieser praktischen Grenzen die Grösse $p \cdot d\eta$ nahezu konstant ist, so dass sich die verhältnissmässige Dampfverbrauchsänderung pro 1 cm Vakuumänderung ergiebt:

bei Eincylindermaschinen zu

$$d\eta = \frac{0{,}017}{p} \qquad \ldots \ldots \ldots \quad (123)$$

bei Mehrfachexpansionsmaschinen zu

$$d\eta = \frac{0{,}035}{p} \qquad \ldots \ldots \ldots \quad (124)$$

Kann man also z. B. das Vakuum einer Eincylinderkondensationsmaschine bei einem Admissionsdrucke von $p = 6$ Atm. abs. um 3 cm steigern, so erzielt man damit nach Gl. (123) eine Dampfersparniss von

$$d\eta = 3 \cdot \frac{0{,}017}{6} = 0{,}0085 = \sim 1\,^0/_0$$

und büsst man an einer Mehrfachexpansionsmaschine bei z. B. $p = 12$ Atm. am Vakuum 4 cm ein, so hat das nach Gl. (124) einen Mehrdampfverbrauch zur Folge von

$$d\eta = 4 \cdot \frac{0{,}035}{12} = 0{,}0117 = 1{,}2\,^0/_0.$$

Dabei erinnere man sich, dass die Formeln (123) und (124) nur übersichtliche Näherungswerthe geben, während man für genaue Rechnung immer auf Gl. (117) zurückgreifen wird.

b. Maschinen mit fixer Expansion.

Eine Maschine mit dem Admissionsdruck p, der Füllung ε, dem Gegendruck p'_1, der bei Auspuff ins Freie stattfindet, leistet nach Gl. (97) die indicirte Arbeit

$$F s \left(K p - K_g p_1 - p_v \right).$$

Wird diese Maschine an eine Kondensation angeschlossen, durch welche der Gegendruck p_1 auf p'_1 herabgemindert wird

(s. Fig. 41), ohne dass irgend etwas an der Steuerung geändert wird, so kann zur Erreichung gleicher Arbeitsleistung der Ad-

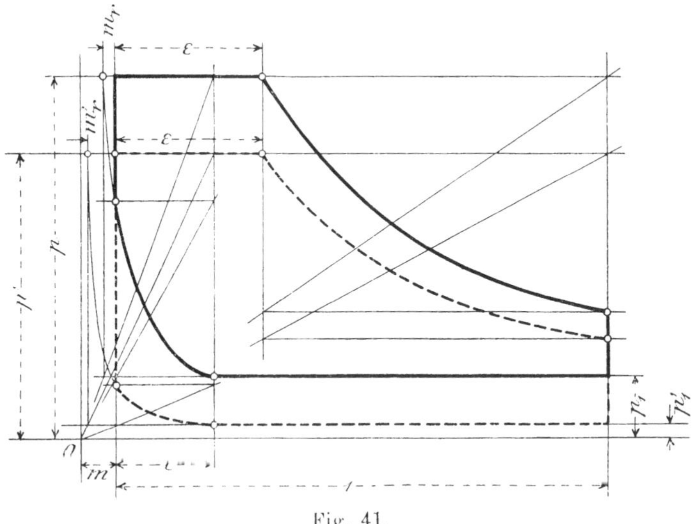

Fig. 41.

missionsdruck p auf einen kleinern Werth p' heruntergedrosselt werden, und leistet nun die Maschine die indicirte Arbeit

$$F s \left(K p' - K_g p'_1 - p_v \right).$$

Durch Gleichsetzen beider Ausdrücke für die gleiche Arbeitsleistung folgt

$$K p - K_g p_1 = K p' - K_g p'_1,$$

woraus sich der neue gedrosselte Admissionsdruck p' ergiebt:

$$p' = p - \frac{K_g}{K} \left(p_1 - p'_1 \right) \quad . \quad . \quad . \quad . \quad . \quad (125)$$

Sei γ das Gewicht von 1 cbm Dampf von p Atm. Druck,
γ' „ „ „ 1 „ „ „ p' „ „

so ist — wie bei der Entwicklung der Gl. (105) — der Nutzdampfverbrauch vor Anschluss an die Kondensation

$$D_n = \frac{\gamma}{10000} F s \left(m_r + \varepsilon \right)$$

und nach Anschluss an die Kondensation

$$D'_n = \frac{\gamma'}{10000} F s \left(m'_r + \varepsilon \right)$$

und damit die auf den ursprünglichen Nutzdampfverbrauch bezogene
Ersparniss an Nutzdampf

$$\varrho = \frac{D_n - D'_n}{D_n} = \frac{\gamma\,(m_r + \varepsilon) - \gamma'\,(m'_r + \varepsilon)}{\gamma\,(m_r + \varepsilon)}$$

wobei nach (106) und (108)

$$m_r = m - (c + m)\frac{p_1}{p}$$

$$m'_r = m - (c + m)\frac{p'_1}{p'}$$

$$\left.\qquad\qquad\qquad\right\} \quad . \quad . \quad (126)$$

Ist dann wieder α der ursprüngliche Dampfverlust, also
$D = (1 + \alpha)\,D_n$ der ursprüngliche Gesammtdampfverbrauch, so ergiebt sich die Dampfersparniss $\left(\varrho \cdot D_n\right)$ bezogen auf den ursprünglichen Gesammtdampfverbrauch zu

$$\eta = \frac{\varrho\,D_n}{(1 + \alpha)\,D_n} = \frac{\varrho}{1 + \alpha} \quad . \quad . \quad . \quad . \quad (127)$$

wie Gl. (112).

Bei unserm unter Abschnitt a) berechneten Beispiele haben
wir gesehen, wie die Kondensation durch Verkleinerung des
Füllungsgrades eine effektive Dampf- also auch Kohlenersparniss
bewirkte von

$$\eta = 0{,}21 = 21\;{}^0/_0.$$

Nun rechnen wir für die gleiche Maschine und für die
gleichen Verhältnisse, also für

$$p = 6 \qquad \varepsilon = 0{,}25 \qquad m = 0{,}07 \qquad c = 0{,}20 \text{ und } p_1 = 1{,}15$$

die effektive Dampfersparniss aus, wenn wieder durch Anbringung
von Kondensation der Gegendruck auf $p'_1 = 0{,}28$ Atm. herabgesetzt
wird, aber bei gleichbleibender Füllung, wogegen jedoch durch
Drosselung des Eintrittsdampfes der vorherige Admissionsdruck $p = 6$ Atm. auf p' herabgemindert wird.

Für $\qquad m = 0{,}07 \qquad c = 0{,}20 \text{ und } \varepsilon = 0{,}25$
findet man aus Fig. 31 und 34

Hinterdampfspannungskoefficient $\quad K = 0{,}625$
Gegendampfspannungskoefficient $\quad K_g = 1{,}16.$

Damit erhält man nach Gl. (125) den herabgedrosselten Admissionsdruck

$$p' = 6 - \frac{1{,}16}{0{,}625}\,(1{,}15 - 0{,}28) = 4{,}40 \text{ Atm.}$$

Damit nach den Hilfsgleichungen unter (126)

$$m_r = 0,07 - 0,27\,\frac{1,15}{6} = 0,02$$

$$m_r' = 0,07 - 0,27\,\frac{0,28}{4,4} = 0,05.$$

Ferner wird nach den Dampftabellen

für $p = 6$ Atm., Gewicht pro cbm $\gamma = 3,26$ kg

„ $p = 4,40$ „ „ „ „ $\gamma' = 2,44$ „

Damit kommt nach Gl. (126) die Nutzdampfersparniss

$$\varrho = \frac{3,26\,(0,02 + 0,25) - 2,44\,(0,05 + 0,25)}{3,26\,(0,02 + 0,25)} = 0,17.$$

Und ist auch hier wieder der ursprüngliche Dampfverlustkoefficient $\alpha = 0,55$, so wird die **effektive Dampfersparniss bei fixer Expansion**

$$\eta = \frac{\varrho}{1 + \alpha} = \frac{0,17}{1,55} = 0,11,$$

d. h. 11 $^0/_0$ des ursprüglichen Dampfverbrauches, während sie (S. 157) unter sonst den gleichen Verhältnissen bei **variabler** Expansion 21 $^0/_0$ betrug.

Im Falle der Drosselung und fixer Expansion wird das Temperaturgefälle im Cylinder um ein paar Grade kleiner; ferner wird der eintretende Dampf durch die Drosselung noch etwas nachgetrocknet; durch beide Umstände wird der Dampfverlust etwas kleiner; sagen wir, er sinke dadurch gleich von 0,55 auf 0,40 herab, so käme die effektive Dampfersparniss bei fixer Expansion

$$\eta = \frac{\varrho}{1 + \alpha} = \frac{0,17}{1,40} = 0,12 = 12\ ^0/_0,$$

also — gegenüber 21 $^0/_0$ — immer noch weit unter der bei variabler Expansion erreichbaren Ersparniss. Hieraus ziehen wir den Schluss:

> Bei Maschinen mit fixer Expansion ist der Nutzen der Kondensation erheblich (etwa um die Hälfte) geringer als bei solchen mit variabler vom Regulator beherrschten Expansion.

Also darf man bei gewissen alten und unmodernen Maschinen mit wirklich unverstellbarer Expansion und etwa einem auf Drosselklappe wirkenden Regulator durch Anschluss an eine Kondensation nur eine reducirte, nach Gl. (125) bis (127) berechenbare Dampfersparniss erwarten.

Dagegen giebt es eine grosse Klasse von Maschinen, bei denen zwar der Füllungsgrad auch nicht von einem Regulator eingestellt wird, aber doch jederzeit von Hand verstellt werden kann, wenn er auch nicht fortwährend verstellt wird, indem man den Gang der Maschine entsprechend deren wechselndem Kraftbedarf durch Drosselung mit dem Admissionsventile oder -Schieber bewirkt. Solchen Maschinen kommt der Anschluss an eine Kondensation immer noch in beinahe vollem Maasse zu Gute, indem der Maschinist eben nach Anschluss an eine Kondensation einen bedeutend kleineren Füllungsgrad einstellt und von diesem aus — gerade wie vorher von dem grösseren Füllungsgrade aus — den Gang der Maschine durch Drosselung regelt. So geschieht das besonders bei den Reversirmaschinen in den Walzwerken, bei Fördermaschinen etc.

Zu den Maschinen mit fixer Expansion gehören auch diejenigen mit **Vollfüllung,** bei denen also konstant $\varepsilon = 1$ ist.

Bei Volldruckmaschinen kann Kompression in Bezug auf den Dampfverbrauch keinen Nutzen bewirken, wie wir in Kap. H „die Steuerung der Kondensationsmaschinen" sehen werden. Es ist deswegen der Kompressionsweg $c = 0$ zu setzen (auch wenn er vielleicht in Wirklichkeit nicht $= 0$ ist). Damit wird der Gegendampfspannungskoefficient $K_g = 1$; ebenso wird (für $\varepsilon = 1$) der Treibdampfspannungskofficient $K = 1$. Hiermit wird nach Gl. (97) die indicirte Arbeit einer solchen Volldruckmaschine

$$E_i = F_s \left(p - p_1 - p_v \right).$$

Wird durch Kondensation der Gegendruck von p_1 auf p_1' herabgemindert, so kann auch der Druck p des Eintrittsdampfes auf einen Werth p' heruntergedrosselt werden, so dass

$$E_i = F_s \left(p' - p_1' - p_v \right)$$

gleich dem vorherigen E_i ist. Durch Gleichsetzen beider Ausdrücke folgt

$$p' - p_1' = p = p_1 \quad \ldots \ldots \ldots \quad (128)$$

d. h. die Differenz zwischen Ein- und Austrittsspannung vor Anbringen der Kondensation ist gleich derjenigen nach Anbringung der Kondensation, ein Resultat, das man auch direkt aus Fig. 42 hätte ablesen können. Die Ersparniss an Nutzdampf ist hier einfach die Differenz der specifischen Dampfgewichte, und die relative Nutzdampfersparniss

$$\varrho = \frac{\gamma - \gamma'}{\gamma} \quad \ldots \ldots \ldots \quad (129)$$

Wäre also z. B. der Druck p vor der Kondensation $= 7$ Atm., der Gegendruck $p_1 = 1,10$ Atm., und würde man diesen Gegendruck durch Kondensation auf $p_1' = 0,20$, also um 0,90 Atm. herunter-

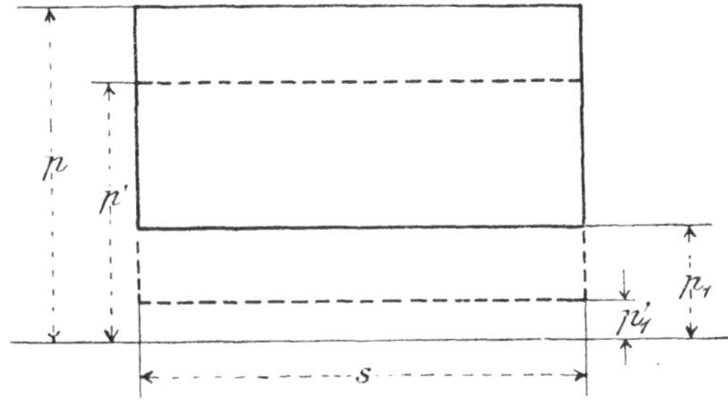

Fig. 42.

bringen, so könnte man auch den Eintrittsdampf um 0,90 Atm., also auf $p' = 6,10$ Atm. herabdrosseln.

Nach den Dampftabellen ist

$$\text{für } p = 7 \quad \text{Atm.} \qquad \gamma = 3,77 \text{ kg}$$
$$\text{„ } p' = 6,10 \text{ „} \qquad \gamma' = 3,61 \text{ „}$$

also die Nutzdampfersparniss

$$\varrho = \frac{3,77 - 3,31}{3,77} = 0,12$$

und die effektive Dampfersparniss, wenn für eine Eincylindermaschine ohne Kondensation der Dampfverlustkoefficient wieder zu

$$\alpha = 0,55$$

angesetzt wird:

$$\eta = \frac{\varrho}{1 + \alpha} = \frac{0,12}{1,55} = 0,0775 = 7^3/_4 \,^0/_0 \quad . \quad . \quad . \quad (130)$$

Da in unserm Falle das Temperaturgefälle im Cylinder vor Anbringung der Kondensation, entsprechend den Drücken $p = 7$ Atm. und $p_1 = 1,10$ Atm., $= 165^0 - 103^0 = 62^0$ war, während es nach Anbringung der Kondensation, entsprechend den Drücken $p' = 6,10$ und $p_1' = 0,20$ Atm., $= 160^0 - 60^0 = 100^0$ ist, so wird der Dampfverlust bei Anbringung von Kondensation steigen, sagen wir z. B. auf $\alpha' = 0,75$, und dann beträgt die effektive Dampfersparniss noch

$$\eta = \frac{0,12}{1,75} = 0,068 = 7 \,^0/_0$$

Bei Maschinen mit Vollfüllung, deren es aber auch nur wenige giebt, ist somit der Nutzen der Kondensation geringer, und mag er etwa noch den dritten Theil desjenigen bei Expansionsmaschinen mit veränderlicher Füllung betragen.

F. Durchrechnung einer Centralkondensationsanlage.

Nachdem wir gelernt haben, die Grösse einer Kondensation (bestimmt durch Kühlwasserbedarf und nöthige Luftpumpenleistung) für ein bestimmtes Vakuum zu berechnen, ferner den Kraftverbrauch solcher Kondensation und deren Nutzen, kommt nun die weitere Hauptfrage nach der wirthschaftlich günstigsten Höhe des Vakuums. Diese Frage, deren Beantwortung von so vielen besonderen Umständen abhängt, lässt sich nicht analytisch oder allgemein behandeln; sie muss für jeden einzelnen Fall rechnerisch untersucht werden, und wollen wir hier eine Kondensationsanlage ganz durchrechnen. Daraus wird einerseits ersichtlich werden, auf welche Art und in welcher Reihenfolge man solche Rechnungen durchführen soll, um nicht eine, sondern gleich eine ganze Reihe von Kondensationen zu erhalten, aus der man dann die günstigste auswählen kann; anderseits werden sich aus solcher übersichtlicher Bearbeitung, wenn sie auch nur eine Anlage betrifft, doch wichtige Schlüsse ergeben über den allgemeinen Zusammenhang zwischen dem Aufwand an Mitteln für eine Kondensation und dem Nutzen derselben, d. h. über die Rente des für Erstellung der Kondensation aufgewandten Kapitals.

Als Beispiel behandeln wir den Fall, dass für eine Gruppe bestehender, nicht kondensirter Maschinen eines Hüttenwerkes, einer elektrischen Centrale etc. nachträglich eine Centralkondensation angelegt werden soll. Genau die gleiche Rechnung kann für Neuanlagen von Dampfmaschinen, die von vornherein mit Kondensation versehen werden sollen, durchgeführt werden, indem man deren Dampfverbrauch zuerst ohne und dann mit Kondensation berechnet.

Die Rechnung wird folgendem Gedankengang folgen:

Zuerst berechnen wir den Nutzen, wenn wir die jetzige

Auspuffspannung ($p_1 = 1,15$ bis $1,10$ Atm.) durch Anbringung von Kondensation ermässigen auf

$$p_1' = \quad 0,60 \quad 0,50 \quad 0,40 \ldots 0,10 \quad 0 \text{ Atm. abs.}$$

Hierauf berechnen wir die Mittel — Kühlwasserbedarf, Luftpumpengrösse etc. — um diese verminderten Gegendrücke in den Maschinen herzustellen, und erhalten so eine Reihe von Kondensationen von wachsender Grösse.

Dann berechnen wir den Kraftbedarf für jede dieser Kondensationsgrössen, woraus sich die Betriebskosten ergeben; ebenso lassen wir uns für jede einen Kostenanschlag geben, wonach wir die Amortisationskosten der verschiedenen Kondensationsgrössen bestimmen können.

Betriebs- plus Amortisationskosten ziehen wir vom früher ermittelten Bruttonutzen ab und finden so den Nettonutzen der verschiedenen Kondensationsgrössen, aus denen wir die uns passende auswählen: haben wir genügend Geldmittel, so wählen wir die Anlage, die den grössten Nutzen ergiebt; sind die Geldmittel beschränkt, so wählen wir eine kleinere, billigere Anlage, die einen immerhin noch schönen Nutzen giebt; jedenfalls ist man auf diese Weise in die angenehme Lage versetzt, mit voller Erkenntniss der Sache seine Wahl treffen zu können.

Es seien nun sieben Maschinen mit variabler Expansion gegeben, für die eine Centralkondensation erstellt werden soll; so muss nach obigem Rechnungsplane zuerst der Bruttonutzen der Kondensation für jede einzelne Maschine ermittelt werden. Damit wir durch siebenmalige Wiederholung derselben Rechnung, nur mit andern Zahlen, den Leser nicht ermüden, wollen wir annehmen, es seien unter den sieben Maschinen einige unter sich gleich, und mögen die gleichen Maschinen auch unter gleichen Umständen arbeiten. Es mögen also die sieben Maschinen aus z. B. drei gleichen Compoundmaschinen (Gruppe A) und vier gleichen Eincylindermaschinen (Gruppe B) bestehen, dann haben wir die Nutzenberechnung für jede dieser Gruppen, also nur zweimal auszuführen.

Maschinengruppe A.

Die drei Compoundmaschinen mögen folgende Verhältnisse haben·

Durchmesser des Niederdruckcylinders $= 1100$ mm

   also Kolbenfläche . . . . . . $F = 9500$ qcm

Kolbengeschwindigkeit pro Sekunde . . $= 3,60$ m

   also pro Minute . . . $u = 60 . 3,60 = 216$ m

Admissionsdruck . . . . . . $p = 10$ Atm. abs.

   also nach Dampftabelle II . . . $\gamma = 5,27$ kg/cbm

Jetzige Auspuffspannung . . . . . $p_1 = 1,10$ Atm. abs.

Ferner sei, bezogen auf das (rankinisirte) Gesammtdiagramm der Füllungsgrad bei normaler Arbeitsleistung . . . $\varepsilon_i = 0,13$

Ausnahmsweise und für kurze Zeiten könne er aber steigen auf . . . . $\varepsilon_{i\ max.} = 0,18$

Der Kompressionsweg vor Anbringung der Kondensation sei . . . . $c_i = 0,24$

Der schädliche Raum . . . . $m_i = 0,03$

Damit erhalten wir den in Bezug auf den Dampfverbrauch reducirten schädlichen Raum nach Gl. (106)

$$m_r = m_i - \left(c_i + m_i\right)\frac{p_1}{p} = 0,03\,(0,24 + 0,03)\frac{1,10}{10} = 0,03 - 0,03 = 0$$

und damit nach Gl. (105a) den Nutzdampfverbrauch pro Minute bei normaler Belastung der Maschine

$$D_n = \frac{8}{10000}\,F.\,u\left(m_r + \varepsilon_i\right) = \frac{5,27}{10000} \cdot 9500.\,216\,(0 + 0,13) = 140\ \text{kg}$$

und bei der Maximalbelastung der Maschine

$$D_{n\ max.} = \frac{5,27}{10000} \cdot 9500.\,216\,(0 + 0,18) = 194\ \text{kg}.$$

Beträgt der Dampfverlust bei diesen Compoundmaschinen ohne Kondensation 35 $^0/_0$ vom Nutzdampf (also $\alpha = 0,35$), so ist der ursprüngliche effektive Dampfverbrauch der drei Maschinen zusammen

$$D = 3\,(1 + \alpha)\,D_n = 3.\,1,35.\,140 = 566\ \text{pro Minute}$$
$$D_{max.} = 3\,(1 + \alpha)\,D_{n\ max.} = 3.\,1.35.\,194 = 784\ \text{,,}\qquad \text{,,}$$

und beträgt der Dampfverbrauch von solchen Compoundmaschinen bei Auspuff ins Freie pro PS$_i$ und Stunde etwa 9,80 kg, so leisten diese drei Maschinen bei normaler Belastung etwa

$$\frac{60.\,566}{9,80} = \sim 3500\ \text{PS}_i.$$

Für die Berechnung des Nutzens der Kondensation ist natürlich nur der normale Dampfverbrauch bei mittlerer Belastung der Maschinen zu Grunde zu legen und nicht der nur selten eintretende Maximalverbrauch, weil man sich sonst einen viel zu grossen Nutzen herausrechnen würde. Dagegen muss die Kondensation selber, d. h. deren Kühlwassermenge, so bemessen werden, dass sie auch noch die Maximaldampfmenge kondensiren kann; dies der Grund, warum wir oben auch noch den Maximaldampfverbrauch angegeben haben. Wir werden am rechten Orte darauf zurückkommen.

Unsere Compoundmaschinen mögen Ventilsteuerung haben, bei der man den Kompressionsweg leicht vergrössern kann, und stelle man die Steuerung nach Anbringung der Kondensation so ein, dass $c_i' = 0{,}55$ wird.

Zur Berechnung des Nutzens der Kondensation schreiben wir nun in folgender Tabelle I, Zeile 1 die neuen Gegendampfspannungen p_1' an, die wir durch Anbringung von Kondensation erhalten wollen.

Für diese Werthe von p_1', und mit den übrigen gegebenen Werthen von p, p_1, ε_i, c_i und c_i' erhalten wir die neuen Hinterdampfspannungskoefficienten K' nach Gl. (104)

$$K' = K - \frac{K_g p_1 - K_g' p_1'}{p}$$

für $m_i = 0{,}03$ und $\varepsilon_i = 0{,}13$ wird nach graph. Tabelle Fig. 32 $\quad K = 0{,}425$

" " " " " $c_i = 0{,}24$ " " " " " 34 $\quad K_g = 1{,}35$

" " " " " $c_i' = 0{,}55$ " " " " " 34 $\quad K_g' = 2{,}16$

da nach $p_1 = 1{,}10$ Atm und $p = 10$ Atm., so wird

$$K' = 0{,}425 - \frac{1{,}35 \cdot 1{,}10 - 2{,}16 \cdot p_1'}{10} = 0{,}276 + 0{,}216 \cdot p_1'.$$

Nach dieser Gleichung sind in Zeile 2 der Tabelle I die neuen Hinterdampfspannungskoefficienten berechnet für die in Zeile 1. angeschriebenen neuen Vorderdampfspannungen.

Zu diesen Werthen K' wieder in graph. Tabelle Fig. 32 die zugehörigen Werthe von ε_i' gesucht, erhalten wir in Zeile 3 der Tabelle I die neuen Füllungsgrade ε_i', welche bei den verschiedenen Vorderdampfspannungen (oder den verschiedenen „Vakuen") gerade die gleiche Arbeitsleistung der Maschinen geben, welche letztere ohne Kondensation, also bei der ursprünglichen Auspuffspannung $p_1 = 1{,}10$ Atm. und dem ursprünglichen Füllungsgrade $\varepsilon_i = 0{,}13$ gegeben hatten.

In Zeile 4 der Tabelle schreiben wir die Grösse des in Bezug auf den Dampfverbrauch reducirten schädlichen Raumes m_r' nach Gl. (109) an, nämlich

$$m_r' = m_i - (c_i' + m_i) \frac{p_1'}{p} = 0{,}03 - (0{,}55 + 0{,}03) \cdot \frac{p_1'}{10} = 0{,}03 - 0{,}058 \cdot p_1'.$$

In Zeile 5 schreiben wir nach Gl. (110) die durch die Kondensation bewirkte Ersparniss an Nutzdampf bezogen auf den ursprünglichen Nutzdampfverbrauch an:

$$\varrho = 1 - \frac{m_r' + \varepsilon_i'}{m_r + \varepsilon_i} = 1 - \frac{m_r' + \varepsilon_i'}{0 + 0{,}13}$$

I. Berechnung des Bruttonutzens bei Maschinengruppe A.

1.	Vorderdampfdruck $p_1' =$	0,60	0,50	0,40	0,30	0,20	0,10	0 Atm. abs.
2.	$K' = 0{,}276 + 0{,}216\, p_1' =$	0,405	0,384	0,362	0,341	0,319	0,298	0,276
3.	Also neuer Füllungsgrad $\varepsilon' =$	0,118	0,108	0,097	0,088	0,077	0,067	0,057
4.	$m_r' = 0{,}03 - 0{,}058\, p_1' =$	$-\,0{,}005$	$+\,0{,}001$	0,007	0,013	0,018	0,024	0,030
5.	Nutzdampfersparniss $\varrho = 1 - \dfrac{m_r' + \varepsilon_i'}{0{,}13} =$	0,13	0,16	0,20	0,23	0,27	0,30	0,33
6.	Effekt. Dampfersp. n. Gl. (112) $= \dfrac{\varrho}{1{,}35} =$	0,097	0,118	0,148	0,170	0,200	0,222	0,244
7.	Fehlerglied $F = 0{,}13\left\{ \varrho\,(3 - p_1') + p_1' - 1 \right\} =$	$-\,0{,}012$	$-\,0{,}016$	$-\,0{,}010$	$-\,0{,}010$	$-\,0{,}006$	$-\,0{,}004$	$-\,0{,}001$
8.	Effekt. Dampfersp. $\eta = \dfrac{\varrho}{1{,}35} + F =$	0,085	0,102	0,138	0,160	0,194	0,218	0,243
9.	Jährliche Kohlenersparniss $\eta\,.\,2420 =$	206	247	334	387	469	527	Doppellader
10.	Jährlicher Bruttonutzen $\eta\,.\,2420\,.\,140 =$	28800.—	34600.—	46800.—	54200.—	65700.—	73800.—	Mark
11.	Zu kondens. Dampf $D' = (1 - \eta)\,566 =$	518	508	488	476	457	442	kg pro Min.

In Zeile 6 schreiben wir den angenäherten Werth der effektiven Dampfersparniss

$$\frac{\varrho}{1+\alpha} = \frac{\varrho}{1,35}$$

nach Gl. (112) an; dann in Zeile 7 nach der genauen Gl. (112a) das Fehlerglied

$$F = \frac{\alpha}{2\,(1+\alpha)}\left\{\varrho\,(3-p_1') + p_1' - 1\right\} = \frac{0,35}{2\,.\,1,35}\cdot\left\{\varrho\,(3-p_1') + p_1' - 1\right\}$$

$$= 0,13\left\{\varrho\,(3-p_1') + p_1' - 1\right\}$$

womit in Zeile 8 durch Addition der Werthe der Zeilen 6 und 7 der genaue Werth der Dampfersparniss sich ergiebt zu

$$\eta = \frac{\varrho}{1,35} + F;$$

da F hier durchweg negativ ist, wird es von $\dfrac{\varrho}{1,35}$ abgezogen.

Ebenso gross wie die effektive Dampfersparniss ist auch die effektive Kohlenersparniss bezogen auf den ursprünglichen Kohlenverbrauch. Angenommen die verwendeten Kohlen ergäben in der Kesselanlage eine achtfache Verdampfung (d. h. 1 kg Kohle verdampfe 8 kg Wasser), so brauchte es bei dem ursprünglichen Dampfverbrauch von $D = 566$ kg pro Minute $\dfrac{566}{8} = 70,75$ kg Kohle pro Minute oder $= 60 \cdot 70,75 = 4250$ pro Stunde. Sind die Maschinen (bei Tag- und Nachtschichten) pro Tag 19 Stunden in Betrieb und im Jahre 300 Tage, so hat der ursprüngliche jährliche Kohlenverbrauch vor Errichtung der Kondensation betragen

$$19 \cdot 300 \cdot 4250 = 24\,200\,000 \text{ kg} = 2420 \text{ Doppellader à } 10\,000 \text{ kg}.$$

Die effektive jährliche Kohlenersparniss beträgt also $\eta \cdot 2420$ Doppellader, welche Werthe in Zeile 9 der Tabelle I angeschrieben sind.

Und ist am betreffenden Orte der heutige Preis eines Doppelladers Kohlen $= 140.-$ M., so ergiebt sich der jährliche Bruttonutzen der Kondensation zu $\eta \cdot 2420 \cdot 140$ M., s. Zeile 10 der Tabelle.

In Zeile 11 haben wir dann noch den nach Abzug des durch die Kondensation ersparten Dampfes ηD übrig bleibenden Dampf

$$D' = (1 - \eta)\,D = (1 - \eta)\,.\,566$$

hingeschrieben, der pro Minute zu kondensiren bleibt.

Maschinengruppe B.

Die vier Eincylindermaschinen mögen folgende Verhältnisse aufweisen:

Cylinderdurchmesser = 680 mm   also Kolbenfläche $F = 3630$ qcm
Kolbengeschw. pro Sek. = 3,30 m   also pro Minute $u = 60 \cdot 3,3 = 198$ m
Admissionsdruck $p = 6$ Atm. abs. also . . . . . $\gamma = 3,26$ kg/cbm
Jetzige Auspuffspannung ohne Kondensation . . . . $p_1 = 1,15$ Atm. abs.
Jetziger Füllungsgrad bei gewöhnl. Leistung d. Maschinen $\varepsilon = 0,30$
Maximaler Füllungsgrad . . . . $\varepsilon_{max.} = 0,45$
Kompressionsweg (vor und nach Anbringung der Kon-
 densation gleich) . . . . $c = 0,18$
Schädlicher Raum . . . . $m = 0,07$.

Damit erhalten wir den in Bezug auf den Dampfverbrauch reducirten schädlichen Raum nach Gl. (106)

$$m_r = m - (c + m)\frac{p_1}{p} = 0,07 - (0,18 + 0,07)\frac{1,15}{6} = 0,022$$

und damit nach Gl. (105a) den normalen Nutzdampfverbrauch pro Minute

$$D_n = \frac{\gamma}{10000} F u (m_r + \varepsilon) = \frac{3,26}{10000} \cdot 3630 \cdot 198 \, (0,022 + 0,300) = 75 \, \text{kg}$$

und bei Maximalbelastung der Maschine

$$D_{n \, max.} = \frac{3,26}{10000} \cdot 3630 \cdot 198 \, (0,022 + 0,450) = 110 \, \text{kg}.$$

Beträgt bei diesen Eincylindermaschinen der Dampfverlust 55 $^0/_0$ vom Nutzdampf (also $\alpha = 0,55$), so ist der ursprüngliche effektive Dampfverbrauch der vier Maschinen der Gruppe B

$$D \quad = 4\,(1 + \alpha)\,D_n \quad = 4 \cdot 1,55 \cdot 75 \quad = 465 \text{ kg pro Minute}$$
$$D_{max.} = 4\,(1 + \alpha)\,D_{n\,max.} = 4 \cdot 1,55 \cdot 110 = 680 \quad \text{\textemdash} \quad \text{\textemdash} \quad \text{\textemdash}$$

Und brauchen solche Eincylinderauspuffmaschinen etwa 13,5 kg Dampf pro PS_i und Stunde, so leisten sie bei normalen Betrieben eine Arbeit von $\dfrac{60 \cdot 465}{13,5} = 2040 \; \text{PS}_i$.

Im ganzen hat also unsere Kondensation $3500 + 2040 = \sim 5500$ PS_i zu kondensiren.

Zur Berechnung des Nutzens der Kondensation schreiben wir wieder in folgender Tabelle II Zeile 1 die neuen Gegendampfspannungen p_1' an, die die anzubringende Kondensation herstellen soll.

Für diese Werthe von p_1', sowie mit den übrigen gegebenen

Werthen von p, p_1, m, ε und c erhalten wir den neuen Hinterdampfspannungskoefficienten K' nach Gl. (103)

$$K' = K - \frac{p_1 - p_1'}{p} \cdot K_g$$

für $m = 0{,}07$ und $\varepsilon = 0{,}30$ wird nach graph. Tabelle Fig. 31 $K = 0{,}69$
„ „ „ „ „ $c = 0{,}18$ „ „ „ „ „ 34 $K_g = 1{,}14$

und mit $p = 6$ Atm., $p_1 = 1{,}15$ Atm. abs. wird:

$$K' = 0{,}69 - \frac{1{,}15 - p_1'}{6} 1{,}14 = 0{,}47 + 0{,}19 \, p_1' ;$$

das giebt in Zeile 2 der Tabelle II die neuen Hinterdampfspannungskoefficienten K'.

Zu diesen Werthen K' finden wir wieder rückwärts aus der
graphischen Tabelle Fig. 32 die in Zeile 3 angeschriebenen neuen
Füllungsgrade ε'.

Ferner schreiben wir in Zeile 4 die Grösse des in Bezug auf
den Dampfverbrauch reducirten schädlichen Raumes für die verschiedenen Gegendampfdrücke p_1 nach Gl. (108) an

$$m_r' = m - (c + m) \frac{p_1'}{p} = 0{,}07 - (0{,}18 + 0{,}07) \frac{p_1'}{6} = 0{,}07 - 0{,}042 \cdot p_1'.$$

In Zeile 5 ergiebt sich nach Gl. (110) die Ersparniss an
Nutzdampf

$$\varrho = 1 - \frac{m_r' + \varepsilon'}{m_r + \varepsilon} = 1 - \frac{m_r' + \varepsilon'}{0{,}022 + 0{,}300} = 1 - \frac{m_r' + \varepsilon'}{0{,}322} \cdot$$

In Zeile 6 schreiben wir den angenäherten Werth der effektiven Dampferspaniss

$$\frac{\varrho}{1 + \alpha} = \frac{\varrho}{1 + 0{,}55}$$

nach Gl. (112) an; dann Zeile 7 nach der genauen Gl. (112a) das
Fehlerglied

$$F = \frac{\alpha}{2 (1 + \alpha)} \left\{ \varrho (3 - p_1') + p_1 - 1 \right\} = 0{,}177 \left\{ \varrho (3 - p_1') + p_1' - 1 \right\},$$

womit in Zeile 8 durch Addition der Zeilen 6 und 7 der richtige
Werth der effektiven Dampfersparniss

$$\eta = \frac{\varrho}{1{,}55} + F$$

sich ergiebt.

II. Berechnung des Bruttonutzens bei Maschinengruppe B.

1.	Vorderdampfdruck $p_1' =$	0,60	0,50	0,40	0,30	0,20	0,10	0 Atm. abs.
2.	$K' = 0,47 + 0,19\,p_1' =$	0,584	0,57	0,55	0,53	0,51	0,49	0,47
3.	Also neuer Füllungsgrad $\varepsilon' =$	0,21	0,196	0,183	0,169	0,155	0,144	0,132
4.	$m_r' = 0,07 - 0,042\,p_1' =$	0,045	0,049	0,053	0,057	0,062	0,066	0,070
5.	Nutzdampfersparniss $\varrho = 1 - \dfrac{m_r' + \varepsilon'}{0,322} =$	0,21	0,240	0,268	0,300	0,326	0,348	0,373
6.	Effekt. Dampfersp. n. Gl. (112) $= \dfrac{\varrho}{1,55} =$	0,135	0,155	0,173	0,193	0,210	0,224	0,240
7.	Fehlerglied $F = 0,177\left\{\varrho\,(3 - p_1') + p_1' - 1\right\} =$	$+\,0,018$	$+\,0,018$	$+\,0,017$	$+\,0,020$	$+\,0,020$	$+\,0,020$	$+\,0,021$
8.	Effekt. Dampfersp. $\eta = \dfrac{\varrho}{1,55} + F =$	0,153	0,173	0,190	0,213	0,230	0,244	0,261
9.	Jährliche Kohlenersparniss $\eta \cdot 2120 =$	324	366	402	450	487	516	Doppellader
10.	Jährlicher Bruttonutzen $= \eta \cdot 2120 \cdot 140 =$	45300.—	51300.—	56200.—	63000.—	68100.—	72300.—	Mark
11.	Zu kondens. Dampf $D' = (1 - \eta)\,465 =$	394	384	377	366	358	352	kg pro Min.

Ebenso gross ist auch die effektive Kohlenersparniss. Werden auch hier wieder Kohlen mit achtfacher Verdampfung verfeuert, so brauchen unsere Maschinen B ohne Kondensation pro Minute

$$\frac{D}{8} = \frac{465}{8} = 58{,}1 \text{ kg oder pro Stunde} = 60 \,.\, 58{,}1 = 3480 \text{ kg Kohlen;}$$

und arbeiten diese Maschinen pro Tag 21 Stunden, und im Jahre 290 Tage, so betrug deren ursprünglicher Kohlenverbrauch ohne Kondensation

$$21 \,.\, 290 \,.\, 3480 = 21\,200\,000 \text{ kg} = 2120 \text{ Waggons à } 10000 \text{ kg.}$$

Die effektive Kohlenersparniss beträgt also $\eta \,.\, 2120$ Doppellader pro Jahr, s. Zeile 9.

Bei dem Kohlenpreise von Mk. 140 pro Doppellader ergiebt sich damit die jährliche Bruttoersparniss durch Kondensation in Zeile 10 zu $140 \,.\, \eta \,.\, 2120$ Mk.

In Zeile 11 haben wir wieder den übrig gebliebenen Dampf $D' = (1 - \eta)\, D = (1 - \eta) \,.\, 465$ hingeschrieben, der nach Anbringung der Kondensation noch zu kondensiren bleibt. —

Die in Zeilen 8 der beiden vorstehenden Tabellen berechneten effektiven Brutto-Ersparnisse, an denen man einen, sonst an Ergebnissen „theoretischer Rechnung" beliebten Abstrich nicht zu machen hat, indem alle thatsächlich auftretenden Umstände bei der Rechnung auch Berücksichtigung gefunden haben: jene Brutto-Ersparnisse treten ein, mag nun der Gegendruck in den kondensirten Maschinen durch irgend welche Art von Kondensation auf die vorausgesetzten Grössen p_1' vermindert worden sein, also gleichgültig, ob durch Oberflächen- oder Mischkondensation, ob nach Gegenstrom oder nach Parallelstrom, ob an jede Maschine ein besonderer Kondensator angehängt wird, oder ob für alle Maschinen zusammen eine Centralkondensation erstellt wird; (und ebenso wäre es auch gleichgültig, ob die Compoundmaschinen der Gruppe A auf festem Lande oder auf einem Seedampfer arbeiten.) — Der Netto-Nutzen der Kondensation dagegen, den man nach Abzug der Betriebs- und Amortisationskosten vom Bruttonutzen erhält, wird für die verschiedenen Kondensationsarten verschieden sein, indem die eine mehr Betriebskraft und mehr Anlagekosten erfordert als die andere.

Im Schaubild Fig. 43 haben wir die procentualen Brutto-Ersparnisse für die beiden Maschinengruppen als Ordinaten zu den zugehörigen Vorderdampfdrücken p_1 als Abscissen aufgetragen: man sieht, wie mit abnehmendem Vorderdampfdruck p_1', oder wachsendem Vakuum, der Bruttonutzen — und zwar sehr nahe umgekehrt proportional p_1'[1]) — zunimmt; bei dem praktisch höchst erreichbaren Vakuum, als welches etwa ein solches von $p_1' = 0{,}10$ Atm. abs. angesehen werden kann, beträgt der Bruttonutzen 22 bezw. $24\,^0/_0$, im Mittel also $23\,^0/_0$. Aber auch schon bei ganz geringen Vakuen ergiebt sich schon ein ganz ansehnlicher Nutzen; wenn wir den Vorderdampfdruck p_1 durch Kondensation auch nur z. B. auf $p_1' = 0{,}40$ Atm. ermässigen, erhalten wir schon eine Bruttoersparniss von 19 bezw. $14\,^0/_0$, im Mittel also von $16{,}5\,^0/_0$; es ist aber klar, dass es zur Herstellung des hohen Vakuums von $p_1' = 0{,}10$ eines

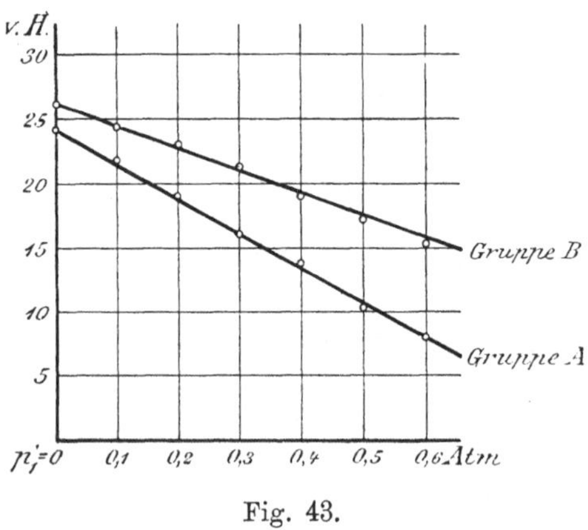

Fig. 43.

unverhältnissmässig viel grösseren, theureren und mehr Kraft brauchenden Kondensationsapparates bedarf als zur Herstellung des niedrigen Vakuums von $p_1' = 0{,}40$ Atm., welches aber auch schon einen schönen Nutzen gewährt. Daraus schliessen wir jetzt schon — worauf wir noch eingehend zurückkommen werden — dass nicht das „höchste Vakuum" das wirthschaftlich vortheilhafteste sein kann, sondern dass letzteres in einer gewissen, jeweilen zu ermittelnden mässigen Höhe liegen muss. Dass man diesen Satz noch zu wenig beachtet, und im Gegentheil immer das „höchste" Vakuum anstrebt, mag seinen Grund darin haben, dass die Kondensationsmaschinen liefernden Fabriken ihre Dampfverbrauchs-

---

[1]) Der Umstand, dass die Funktion η innert der in der Praxis vorkommenden Grenzen (p_1' zwischen 0,5 und 0) in Bezug auf die Variable p_1' geradlinig verläuft (s. Fig. 43), giebt den empirischen Beweis dafür, dass unsere früheren wichtigen Gleichungen (116) und (117) nicht nur für unendlich kleine, oder sagen wir sehr kleine Aenderungen dp_1' von vielleicht nur $^1/_2$ bis 1 cm Aenderung der Vakuumanzeige gelten, sondern auch für grössere Vakuumänderungen von $dp_1' = 5 — 10 — 20$ cm, wenn diese nur innert der Grenzen von $p_1' = 0$ bis etwa $p_1' = 0{,}50 — 0{,}60$ liegen. — Der analytische Beweis hiefür hätte erbracht werden müssen durch Ableitung des zweiten Differenzialquotienten $\dfrac{d^2\eta}{(dp_1')^2}$, und den Nachweis, dass dessen Werth zwischen den Grenzen $p_1' = 0$ bis $p_1' = 0{,}50$ nahezu konstant bleibe, was aber — wegen Mitänderung von ε' und m_r' mit p_1' in Gl. (116) — auf komplicirte Formeln und weitläufige Untersuchungen geführt hätte.

garantien auf die „indicirte Leistung" beziehen, unter dieser jedoch nur diejenige der Dampfcylinder selber verstehen, während doch die Kondensatorpumpen ebenfalls indicirt, und ihr indicirter Verbrauch von der Leistung der Dampfcylinder abgezogen werden sollte. Thut man das nicht, so ist allerdings das höchste Vakuum scheinbar auch das vortheilhafteste, weil die indicirte Leistung der Dampfcylinder damit die höchste wird, aber auf Kosten des Kohlenverbrauches, indem der übergrosse Kondensator zu seinem Betriebe wieder zuviel von jener indicirten Arbeit aufzehrt. Wie falsch es ist, bei Kondensationsmaschinen von der indicirten Leistung der Dampfcylinder nicht diejenige der Pumpen abzuziehen, geht auch klar daraus hervor, dass man dann gar keinen richtigen Vergleich gewinnt zwischen dem Dampfverbrauch einer Kondensations- und demjenigen einer Auspuffmaschine, indem man ja gar nicht beide mit dem gleichen Maassstabe gemessen hat! In neuerer Zeit, wo man viele Dampfmaschinen zu direkter Ankuppelung an Dynamomaschinen baut, in welchem Falle man unmittelbar die Nutzleistung der Dampfmaschine — nicht deren indicirte — aus der elektrischen Leistung der Dynamomaschine genau bestimmen kann, wird bei solchen Maschinen die Garantie des Dampfverbrauches auch in Bezug auf diese Nutzleistung verlangt, und dann hat das Paradiren mit „höchstem Vakuum" für die liefernde Maschinenfabrik keinen Werth mehr. Indem man die an solchen Maschinen für elektrische Betriebe über die vortheilhafteste Höhe des Vakuums gemachten Erfahrungen auch für Maschinen für andere Betriebe gelten lässt, wird der Satz, dass das höchste Vakuum immer wirthschaftlich zu theuer erkauft sei, zu allgemeinerer Würdigung gelangen.

Nachdem wir aus den Tabellen I und II gesehen, welchen Brutto-Nutzen (Brutto-Kohlenersparniss) man erhält, wenn man durch Anbringung irgend einer Art von Kondensation den vorherigen Gegendruck des Abdampfes von $p_1 = 1,10$ bis $1,15$ Atm. herabmindert auf $p_1' = 0,60\ 0,50 \ldots \ldots 0,10$ Atm., müssen wir nun die hierzu nöthige Kondensation berechnen, besonders also die Kühlwassermenge und Luftpumpengrösse, deren es bedarf, um eben den Vorderdampfdruck so zu mindern.

Für jede beliebige Kondensationsart, die man wählen mag, Oberflächen- oder Mischkondensation, nach Parallel- oder Gegenstrom, auch für gewöhnliche Einzelkondensatoren mit Nassluftpumpe findet man die Formeln und Beispiele dazu in den Kapiteln *A* und B dieser Schrift. Wir führen nun unser Beispiel weiter unter der Annahme, man errichte für unsere sieben Maschinen eine Centralkondensation, und zwar unter Mischung des Dampfes mit dem Wasser, und wählen hierfür eine „Weiss'sche Gegenstrom-Kondensation" nach Fig. 14. Für diese haben wir also Kühlwassermenge und Luftpumpengrösse zu bestimmen, und thun dies wieder für eine Reihe verschiedener Kühlwassertemperaturen, um auch in dieser Hinsicht wieder einen weiten Ueberblick über die Verhältnisse zu gewinnen.

Zwecks solcher tabellarischen Berechnung schreiben wir in der folgenden Tabelle III — nachdem wir der Uebersicht halber in Zeile 1 nochmals die neuen Vorderdampfdrücke p_1', und in Zeile 2 den summarischen Bruttonutzen bei Maschinengruppen A und B aus Tabellen I und II angesetzt haben — in Zeile 3 die verschiedenen Kondensatordrücke p_0 an unter der die Rechnungsergebnisse sichernden Voraussetzung, diese Drücke dürfen nur 0,8 p_1' betragen, d. h. es gehen 20 $^0/_0$ des Vakuums auf dem Wege vom Kondensator bis in die Dampfcylinder hinein verloren.

Vollständig bis auf die Temperatur t' gesättigten Wasserdampfes, die diesen Kondensatordrücken p_0 entsprechen (welche Temperaturen man aus der Dampftabelle I hinten entnimmt), kann sich das Wasser bei Gegenstromkondensation erwärmen, und erhalten wir so in Zeile 4 die Temperaturen t' des ablaufenden heissen Wassers.

In Zeile 5 schreiben wir dann noch die summarische Dampfmenge D' für die beiden Maschinengruppen aus Tabelle I und II an, die nach Anbringung der Kondensation zu kondensiren übrig bleibt.

Mit den Temperaturen t' des ablaufenden heissen Wassers aus Zeile 4 und den verschiedenen Kühlwassertemperaturen t_0 ergeben sich in den Zeilen 6, 9, 12, 15, 18 und 21 die Werthe des jeweilen nothwendigen Kühlwasserverhältnisses n nach Gl. (3) S. 44

$$n = \frac{570}{t' - t_0}$$

und hiermit in je der darauf folgenden Zeile die anzuwendenden Kühlwassermengen

$$W = n \cdot D' \text{ kg oder } \frac{W}{1000} = \frac{n \cdot D'}{1000} \text{ cbm pro Minute.}$$

Um die nöthige minutliche Luftpumpenleistung nach Gl. (22) S. 45

$$v_0 = \frac{L}{p_0 - d_{t_0 + a}}$$

zu finden, müssen wir vor allem die pro Minute eintretende Luftmenge L (in Kubikmetern und von Atmosphärenspannung) nach Gl. (29) oder (30) S. 45 — hier bequemer nach Gl. (29) — berechnen oder richtiger „schätzen":

$$L = \frac{\lambda W}{1000} + \mu \frac{D'}{1000}$$

wobei der Absorptionskoefficient nach Gl. (26) S. 45

$$\lambda = 0{,}02$$

ist, so dass

$$L = 0{,}02 \frac{W}{1000} + \mu \frac{D'}{1000}$$

Nach Zeile 5 unserer Tabelle III ist die zu kondensirende Dampfmenge D' je nach dem Vakuum verschieden, und zwar abnehmend mit steigendem Vakuum; also würde nach obiger Gleichung bei höherem Vakuum durch die undichten Stellen in die gleiche Abdampfleitung und durch die Stopfbüchsen in die gleichen Maschinen weniger Luft eindringen als bei niedrigerem Vakuum, während nach den Ausführungen S. 30 diese Luftmenge doch konstant ist. Dass man die durch undichte Stellen eindringende Luft aber — S. 31 — proportional dem Dampfverbrauch setzte, hatte nicht den Sinn, dass die Luftmenge bei den gleichen Maschinen grösser oder kleiner, je nach deren momentanem Dampfverbrauch werde, sondern nur dass sie bei grössern Maschinen, (die ja im allgemeinen dann auch mehr Dampf brauchen), grösser werde. Für die gleichen Maschinen aber ist ein mittlerer Dampfverbrauch einzusetzen, der für unsern Fall aus Zeile 5 der Tabelle III sich zu etwa $D'_{mittel} = 850$ kg ergiebt. Damit wird

$$L = 0{,}02 \frac{W}{1000} + 0{,}850 \cdot \mu.$$

Den Undichtheitskoefficienten μ wollen wir nach Gl. (37a) bezw. (38a) S. 41 annehmen, welche Gleichungen ihrer Form nach noch zutreffender sein werden als die ursprünglichen Gl. (37) bezw. (38). Wir nehmen dann an, unsere Maschinen stehen in einem Hüttenwerke, also in einem gröbern Betriebe, wonach Formel (37a) anzuwenden wäre

$$\mu = 1{,}50 + 0{,}005\,Z + 0{,}30\,N.$$

Die Anzahl der Maschinen ist hier $N = 7$; die Gesammtlänge des Abdampfrohrnetzes sei $Z = 450\,m$; damit kommt

$$\mu = 1{,}50 + 2{,}25 + 2{,}10 = 5{,}85.$$

III. Berechnung der eigentlichen Kondensation.

1.	Neuer Vorderdampfdruck $p_1' =$		0,60	0,50	0,40	0,30	0,20	0,10	Atm. abs.
2.	Bruttonutzen $=$		74100.—	84900.—	103000.—	117200.—	133800.—	146100.—	Mark pro Jahr
3.	Kondensatordruck $p_0 = 0,8\,p_1' =$		0,48	0,40	0,32	0,24	0,16	0,08	Atm. abs.
4.	Heisswassertemperatur $t' =$		81	76	71	64	56	42⁰	Celsius
5.	Zu kondens. Dampf $D' =$		912	892	865	842	815	794	kg pro Minute
6.	$t_0 = 10^0$	$n =$	8	8,6	9,4	10,5	12,4	17,8	kg Wasser pro 1 kg Dampf
7.		$\dfrac{W}{1000} =$	7,3	7,7	8,1	8,9	10,1	14,1	cbm pro Minute
8.		$v_0 =$	11,3	13,7	17,3	23,8	37,4	86,6	„ „ „
9.	$t_0 = 20^0$	$n =$	9,35	10,2	11	13	15,8	26	kg Wasser pro 1 kg Dampf
10.		$\dfrac{W}{1000} =$	8,5	9,1	9,5	10,9	12,8	20,6	cbm pro Minute
11.		$v_0 =$	11,8	14,4	18,5	25,7	42,8	113	„ „ „
12.	$t_0 = 30^0$	$n =$	11,2	12,4	13,9	16,8	21,9	47,5	kg Wasser pro 1 kg Dampf
13.		$\dfrac{W}{1000} =$	10,2	11	12	14,2	17,9	37,7	cbm pro Minute
14.		$v_0 =$	12,6	15,7	20,5	29,5	54,2	230	„ „ „
15.	$t_0 = 40^0$	$n =$	13,9	15,8	18,4	23,8	35,6	285	kg Wasser pro 1 kg Dampf
16.		$\dfrac{W}{1000} =$	12,7	14.1	15,9	20	29	—	cbm pro Minute
17.		$v_0 =$	14,1	18,1	23,6	38	90	—	„ „ „
18.	$t_0 = 50^0$	$n =$	18,4	21,9	27,2	40,7	95	—	kg Wasser pro 1 kg Dampf
19.		$\dfrac{W}{1000} =$	16,8	18,6	23,5	34,4	—	—	cbm pro Minute
20.		$v_0 =$	17,2	23,4	34,6	66	—	—	„ „ „
21.	$t_0 = 60^0$	$n =$	27,1	35,6	52,3	142	—	—	kg Wasser pro 1 kg Dampf
22.		$\dfrac{W}{1000} =$	24,7	31,7	45,3	—	—	—	cbm pro Minute
23.		$v_0 =$	24,6	39,4	80	—	—	—	„ „ „

Für Kühlwassertemperaturen $t_0 =$

Also die pro Minute in den Kondensator kommende Luft

$$L = 0,02\,\frac{W}{1000} + 0,85\,.\,5,85 = 0,02\,\frac{W}{1000} + 5 \text{ cbm.}$$

Also z. B. bei $p_0 = 0,16$ Atm. und $t_0 = 30^0$, wo nach unserer Tabelle III Zeile 13 $\frac{W}{1000} = 17,9$ cbm ist, kommt

$$L = 0,02\,.\,17,9 + 5 = 0,36 + 5 = 5,36 \text{ cbm.}$$

Hiermit muss die Luftpumpenleistung werden:

$$v_0 = \frac{L}{p_0 - d_{t_0 + \alpha}} = \frac{0,02\,\dfrac{W}{1000} + 5}{p_0 - d_{t_0 + \alpha}}$$

Indem man den Temperaturunterschied α nach Gl. (17) S. 45 schätzt, erhält man z. B. für $t_0 = 30^0$ und $p_0 = 0,16$ Atm., also $t' = 64^0$

$$\alpha = 4 + 0,1\,(t' - t_0) = 4 + 0,1\,(64 - 30) = \sim 7^0$$

und damit nach der Dampftabelle I hinten den Partialdruck des Dampfes in dem von der Luftpumpe angesogenen Gemenge von Luft und Dampf

$$d_{t_0 + \alpha} = d_{37^0} = 0,061 \text{ Atm.}$$

Also die Luftpumpenleistung für $p_0 = 0,16$ Atm. und $t_0 = 30^0$

$$v_0 = \frac{L}{p_0 - d_{t_0 + \alpha}} = \frac{5,36}{0,16 - 0,061} = \frac{5,36}{0,099} = 54,2 \text{ cbm pro Minute;}$$

so sind die sämmtlichen Luftpumpengrössen v_0 in den Zeilen 8, 11, 14, 17, 20 und 23 der Tabelle III berechnet, und ist damit diese Tabelle fertig.

Diese lehrreiche Tabelle zeigt uns z. B., dass, wenn wir Kühlwasser von 10—20⁰, also **natürliches Kühlwasser** haben, und damit den höchst erreichbaren Brutto-Jahresnutzen von Mk. 146 000, den man bei einem Vakuum von $p_0 = 0,08$ Atm. erhält, erreichen wollen, wir bei $t_0 = 10^0$ eine minutliche Kühlwassermenge von 14,1 cbm, und eine Luftpumpe von 87 cbm Minutenleistung in Benutzung nehmen müssen; und bei $t_0 = 20^0$ eine Kühlwassermenge von 21 cbm bei einer Luftpumpenleistung von 113 cbm pro Minute. Begnügen wir uns dagegen mit einem Bruttonutzen von $\sim 134\,000$ Mk., den man bei einem Vakuum von $p_0 = 0,16$ Atm. erhält, so brauchte man bei jenen Kühlwassertemperaturen nur 10—13 cbm Kühlwasser bei Luftpumpengrössen von nur 37—43 cbm Leistung pro Minute zu nehmen.

Hat man es mit einer Kondensationsanlage mit Rückkühlung des Wassers zu thun, wobei die Temperatur t_0 desselben 30—50⁰ betragen und zuweilen noch höher steigen kann, so sieht man aus der Tabelle III, dass man damit das höchste Vakuum, und damit die höchsten Bruttoersparnisse überhaupt gar nicht mehr erreichen kann, und um so weniger, je wärmer das Kühlwasser ist. Ferner sieht man auch, wie gewaltig Kühlwassermenge und Luftpumpengrösse mit dem geforderten Nutzen ansteigen, so dass es immer gerathen erscheint, nicht den höchst möglichen Nutzen zu verlangen, sondern sich mit einem mittleren, dafür leichter erreichbaren zu begnügen. In dieser Beziehung spricht das Schaubild Fig. 44, in

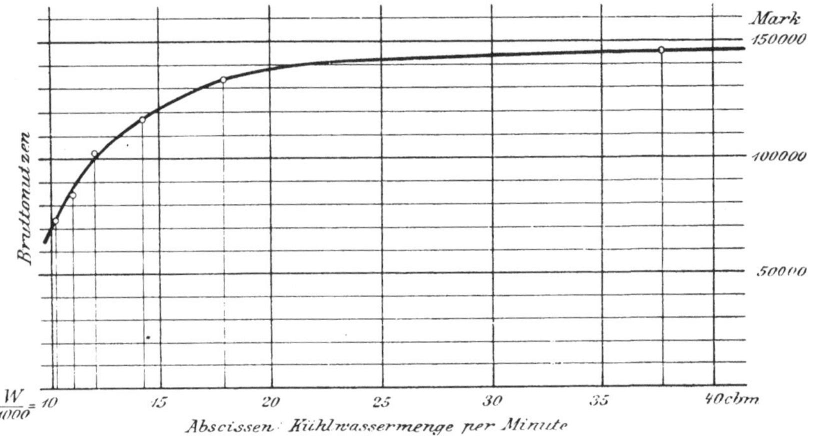

Fig. 44. Jährlicher Bruttonutzen bezogen auf Kühlwassermenge bei $t_0 = 30^0$.

dem wir die Bruttonutzen laut Tabelle III als Ordinaten zu den nöthigen Kühlwassermengen als Abscissen, und zwar für $t_0 = 30^0$ (also $\dfrac{W}{1000}$ nach Zeile 13) aufgetragen haben, eine deutliche Sprache: es ist unmöglich, dass jemand nach Anschauung dieses Bildes noch den höchst möglichen Nutzen von Mk. 146 000 bei einem zwar noch erreichbaren Vakuum von $p_0 = 0{,}08$ Atm. verlangen kann, wozu — ganz abgesehen von der überaus grossen Luftpumpe von $v_0 = 230$ cbm — man die gewaltige Wassermenge von ∽ 38 cbm pro Minute in Cirkulation setzen müsste, was grosse Wasserpumpen, Kondensatorkörper, Wasserleitungen, und grosse Ausdehnung des Kühlwerkes — um pro Minute 38 cbm Wasser von 42⁰ auf 30⁰ herunterzukühlen — verlangen würde, während man bei einer

Wassermenge von 12—18 cbm pro Minute, und ganz bescheidenen Luftpumpengrössen schon Bruttonutzen von 100000 M. bis 135000 M. erhalten kann, entsprechend Vakuen von $p_0 = 0,32 - 0,16$ Atm. abs.

Nun berechnen wir noch die Abzüge am Bruttonutzen 1. für Eigenkraftbedarf der Kondensation, 2. wegen geringerer Vorwärmung des Speisewassers nach Anbringung der Kondensation, und 3. für Amortisation des Anlagekapitals derselben, um wenigstens in einem Falle klar zu sehen, in welcher Höhe des Vakuums der wirthschaftliche Nutzen am höchsten sei. Wir wollen dabei annehmen, unsere Kondensation arbeite mit Rückkühlung des Wassers, und den Fall durchrechnen, dass die Kühlanlage das Wasser im Jahresmittel auf

$$t_0 = 30^0$$

abkühle (so dass wir also mit den Werthen der Zeilen 13 und 14 in Tabelle III zu rechnen haben).

a) Eigenkraftbedarf der Kondensation.

Es sind drei Pumpen zu betreiben: 1. die Kühlwasserpumpe, die das gekühlte Wasser von der Kühlanlage in den Kondensator schafft; 2. die Heisswasserpumpe, welche das aus dem Kondensator ablaufende heisse Wasser auf die Kühlanlage pumpt (oder — bei Körting'schen Streudüsen z. B. — unter entsprechenden Druck versetzt); 3. die trockene Luftpumpe. Zur tabellarischen Berechnung des Kraftverbrauches schreiben wir in Zeile 1 der folgenden Tabelle IV wieder die verschiedenen Kondensatordrücke p_0 aus Tabelle III an.

1. Kühlwasserpumpe:

Diese Pumpe hat pro Minute eine Kühlwassermenge von W kg oder l, die aus Zeile 13 der Tabelle III zu entnehmen ist, um eine Höhe $h_0 = H + b + l - h$ (siehe Fig. 14 S. 71) zu heben; ihre Arbeit ist somit

$$E_w = \frac{W \cdot (H + b + l - h)}{60 \cdot 75} \quad \text{Sekundenpferde.}$$

Da wir hier eine Kondensation mit künstlich gekühltem Wasser haben, steht es uns frei, den Wasserspiegel des gekühlten Wassers gerade auf die Höhe $z - z$ des Heisswasserspiegels unter dem Kondensator zu legen, womit $H = 0$ wird. Ferner liege die Unterkante des Kondensatorkörpers um $b = 10$ m über dem Heisswasser-spiegel. Die Saughöhe des Kondensators beträgt $h = 10\,(1 - p_0)$ m. Damit wird die Arbeit der Kühlwasserpumpe:

$$E_w = \frac{W\{10 + l - 10\,(1 - p_0)\}}{60 \cdot 75} = \frac{W \cdot (l + 10\,p_0)}{4500}$$

Die Konstruktionshöhe l des Kondensatorkörpers (s. Fig. 14) ent-nehmen wir unsern Konstruktionszeichnungen ($l = 3{,}20$ m für $W = 10000$ l, dann wachsend mit W, so dass $l = 4{,}80$ m für $W = 25000$ l wird). So sind die Werthe der Zeile 2, Tabelle IV, gefunden worden.

2. Heisswasser-(Gradirwerks-)Pumpe:

Diese soll immer etwa $10-20\,^0/_0$ mehr Wasser schöpfen, als in der gleichen Zeit in den Kondensator gepumpt wird, weil sie auch noch das Kondenswasser mit dem Kühlwasser auf das Kühl-werk zu fördern hat, welches freilich weniger als $10-20\,^0/_0$ vom Kühlwasser beträgt; den kleinen Ueberschuss lässt man durch ein Ueberlaufrohr vom Kühlwasserbassin in das Heisswasserbassin unter dem Kondensator zurücklaufen. Die minutliche Wassermenge ist also im Mittel $= 1{,}15\,W$, wo W wieder aus Zeile 13, Tabelle III, zu entnehmen ist. Die Höhe, um die diese Wassermenge zu heben ist, sei 10 m; dann ist die Arbeit der Gradirwerkspumpe in Sekundenpferden

$$E_{gr} = \frac{1{,}15\,W \cdot 10}{4500}$$

wonach die Werthe der Zeile 3, Tabelle IV, berechnet worden sind.

3. Luftpumpe:

Diese hat pro Minute v_0 cbm (aus Zeile 14, Tabelle III) vom Drucke p_0 Atm. anzusaugen und in die freie Luft, wo $p = 1$ Atm. ist, hinaus zu schaffen, was nach Gl. (77) eine sekundliche Arbeit erfordert von

$$E_l = \frac{10000\,v_0\,p_0}{4500} \cdot \log \frac{1}{p_0} = v_0 \cdot 2{,}22\,p_0 \log \frac{1}{p_0}$$

Die Werthe $2{,}22\,p_0 \log \dfrac{1}{p_0}$ liest man aus der graphischen Tabelle Fig. 26 ab, multiplicirt selbe mit den entsprechenden Werthen von v_0 und erhält so die Werthe der Zeile 4, Tabelle IV.

IV. Eigenkraftbedarf der Kondensation bei $t_0 = 30°$.

1.	Kondensatordruck $p_0 =$	0,48	0,40	0,32	0,24	0,16	0,08	Atm. abs.
2.	Kühlwasserpumpe $E_w = \dfrac{W \cdot h_0}{4500} =$	17,9	17,9	17,6	18,9	22,2	58,5	PS theoretisch
3.	Heisswasserp. $E_{gr} = \dfrac{1,15 \cdot W \cdot 10}{4500} =$	25,8	28,2.	30,7	36,3	45,7	96,5	„ „
4.	Luftpumpe $E_l = 2,22 \cdot v_0 \, p_0 \log \dfrac{1}{p_0} =$	9,8	12,9	16,6	22.2	34,2	103,5	„ „
5.	$E = E_w + E_{gr} + E_l =$	53,5	59,0	64,9	77,4	102,1	258,5	PS theoretisch
6.	$1,60 \cdot E =$	86	95	104	124	163	413	PS_e effektiv
7.	$\dfrac{1,60 \cdot E}{0,85} =$	101	112	122	146	192	486	PS_i indicirt
8.	Eigenkraftbedarf $=$	1,84	2,04	2,22	2,66	3,50	8,84	Proc. d. kond. Kraft
9.	Kohlen $= \dfrac{1,60\,E}{0,85} \cdot 1,035 =$	104,5	116	126	151	198	503	Doppellader pr. Jahr
10.	Kohlenwerth $=$	14650.—	16250.—	17650.—	21200.—	27800.—	70500.—	Mark pro Jahr

Durch Addition der Werthe der Zeilen 2, 3 und 4 erhält man in Zeile 5 die theoretische Arbeit zum Betrieb sämmtlicher Pumpen der Kondensation

$$E = E_w + E_{gr.} + E_l \text{ Sec. Pferde.}$$

Indem man für Reibungs- und sonstige Widerstände des Wassers in den Pumpen und Rohrleitungen, und für Erhitzung der Luft in der Luftpumpe etc. — welche Widerstände man in jedem einzelnen Fall berechnen kann — $60\,^0/_0$ zur theoretischen Arbeit zuschlägt, — also recht reichlich — erhält man in Zeile 6, Tabelle IV, die effektive Arbeit $1{,}60\,E$ zum Betrieb der Kondensation.

Sei der indicirte Wirkungsgrad der Dampfmaschinen, welche die Pumpen der Kondensation treiben, etwa $= 0{,}85$, so ergibt sich der indicirte Kraftbedarf der Kondensation in Zeile 7 zu

$$\frac{1{,}60\,E}{0{,}85}$$

Seite 191 haben wir die gesammte kondensirte Maschinenkraft zu 5500 PS_i bestimmt. Vergleicht man hiermit den Eigenkraftbedarf der Kondensation, so findet man in Zeile 8, Tabelle IV, wie viel Procente der kondensirten Maschinenkraft die Kondensation selber (inkl. der Wasserrückkühlung) zu ihrem Betriebe braucht.

Die beiden Dampfmaschinen zum Betriebe der Kondensatorpumpen, nämlich die eine, die sämmtliche Wasserpumpen treibt, und deren Tourenzahl und Leistung konstant bleibt, und die andere, die nur die Luftpumpe treibt, und deren Tourenzahl mittels Leistungsregulator verstellt werden kann entsprechend der veränderlichen Leistung v_0: diese Dampfmaschinen werden natürlich auch an die Centralkondensation angeschlossen, und möge deren Dampfverbrauch pro PS_i und Stunde etwa 11,5 kg betragen, so ist der Dampfverbrauch zum Betriebe der Kondensation pro Stunde

$$= \frac{1{,}60\,E}{0{,}85} \, 11{,}5 \text{, wobei die indicirte Arbeit } \frac{1{,}60\,E}{0{,}85} \text{ aus Zeile 7, Tabelle IV}$$

zu entnehmen. Arbeitet die Kondensation Tag und Nacht durch, d. h. pro Tag 24 Stunden,[1]) während die kondensirten Maschinen

---

[1]) Hier — wie noch mehrerenortes — rechnen wir der Sicherheit halber zu ungünstig; in Wirklichkeit wird man während der Ruhepausen nur die Luftpumpe weiterarbeiten lassen, um das Vakuum jederzeit bereit zu halten, die Wasserpumpen wird man aber abstellen oder nur ganz langsam weitergehen lassen.

19 bezw. 21 Stunden arbeiten, so ist der Dampfverbrauch der Kondensation pro Tag

$$= \frac{1{,}60\,E}{0{,}85} \cdot 11{,}5 \cdot 24 = \frac{1{,}60\,E}{0{,}85} \cdot 276$$

also im Jahr zu 300 Arbeitstagen

$$= \frac{1{,}60\,E}{0{,}85} \cdot 276 \cdot 300 = \frac{1{,}60\,E}{0{,}85} \cdot 82\,800 \text{ kg Dampf pro Jahr;}$$

und da die Kessel 8 fache Verdampfung haben, so ist der Kohlenverbrauch für die Kondensation

$$\frac{1{,}60\,E}{0{,}85} \cdot \frac{82\,800}{8} = \frac{1{,}60\,E}{0{,}85} \cdot 10\,350 \text{ kg Kohle,}$$

$$= \frac{1{,}60\,E}{0{,}85} \cdot 1{,}035 \text{ Doppellader à } 10\,000 \text{ kg pro Jahr;}$$

das gibt die Werthe der Zeile 9, Tabelle IV.

Da der Preis der Kohle zu 140 Mk. pro Doppellader angenommen ist, so beträgt die jährliche Ausgabe für Kohlen zum Betriebe der Kondensation

$$= \frac{1{,}60\,E}{0{,}85} \cdot 1{,}035 \cdot 140 \text{ Mk.,}$$

Zeile 10, Tabelle IV.

b) Mehrausgabe wegen geringerer Vorwärmung des Speisewassers.

Vor Errichtung der Kondensation hatte der Abdampf der Auspuffmaschinen eine Temperatur von etwas über 100°, und könnte man mit ihm, indem man ihn durch geeignete Vorwärmapparate leitete, das Speisewasser, sagen wir auf $t = 95°$ vorwärmen. Nach Anbringung der Kondensation hat der Abdampf nur noch die in Zeile 4, Tabelle III, angeschriebene Temperatur t'; indem man den Dampf wieder vor Eintritt in den Kondensator durch geeignete Vorwärmer leitet[1] — die sich in diesem Falle wie Oberflächen-

---

[1] Bei Anbringung von solchen Vorwärmern ist zweierlei zu beachten:
1. darf durch sie der Querschnitt für den durchgehenden Dampf nicht verengt werden, damit das vom Kondensator rückwärts in die Dampfcylinder sich fortpflanzen sollende Vakuum nicht beeinträchtigt werde:
2. ist für prompte Ableitung des sich im Vorwärmer bildenden Kondenswassers zu sorgen: kann man den Vorwärmer zum Kondensatorkörper hinauf — s. Fig. 14 — verlegen, so kann man das Kondenswasser einfach auch durch ein unten unter Wasser ausmündendes, mindestens 10 m hohes Fallrohr selbstthätig abführen; muss aber der Vorwärmer tiefer gelegt werden, so ist eine besondere, tief zu legende kleine Pumpe zum Herausschaffen des Kondenswassers vorzusehen.

kondensatoren verhalten, und deren Kühl- oder hier vielmehr Wärmfläche nach Gl. (53) zu berechnen ist — kann man das Speisewasser wieder vorwärmen bis auf eine Temperatur nahe an t', sagen wir bis auf $t' - 5^0$. Während man also vor Anbringung der Kondensation das Speisewasser auf 95^0 vorwärmen konnte, kann man es nachher nur noch auf $t' - 5$ vorwärmen, also um

$$95 - (t' - 5) = 100 - t'$$

Grad weniger; also müssen nachher jedem Kilogramm Speisewasser im Kessel $(100 - t')$ WE (Wärmeeinheiten) mehr zugeführt werden als vorher.[1]) Da die minutliche Speisewassermenge D' kg beträgt (Zeile 5, Tabelle III), so ist die im Kessel mehr zuzuführende Wärmemenge pro Minute

$$(100 - t') \cdot D'$$

was die Werthe der Zeile 2 der folgenden Tabelle V liefert.

Aus unserer Annahme, dass die Kessel mit 8 facher Verdampfung arbeiten, also 1 kg Kohle, 8 kg Wasser von 95^0 zu Dampf von im Mittel (aus den Kesselbatterien für Maschinengruppen A und B) $\dfrac{10 + 6}{2} = 8$ Atm. abs., entsprechend einer Temperatur von 171^0 verwandelt, folgt, dass 1 kg Kohle

$$8 \cdot \left\{(606,5 + 0,305 \cdot 171) - 95\right\} = 8 \cdot 563,7 = 4500 \text{ WE}$$

nützlich an die Kessel abgibt.

V. Geringere Vorwärmung des Speisewassers.

1. Kondensatordruck $\quad p_0 =$	0,48	0,40	0,32	0,24	0,16	0,08	Atm. abs.
2. Wärmemenge $\qquad D' (100 - t') =$	17350	21200	25100	30300	35800	47000	WE p. Min.
3. Mehrkohlenbedarf $\qquad \dfrac{D' (100 - t')}{4500} =$	3,85	4,71	5,57	6,73	7,95	10,4	kg „ „
4. Mehrkohlenbedarf $\qquad 35,4 \dfrac{D' (100 - t')}{4500} =$	137	167	197	238	281	368	Doppellader pro Jahr
5. Geldaufwand hierfür $\quad =$	19200.—	23400.—	27600.—	33400.—	39400.—	51600.—	Mark p. Jahr

[1]) In Wirklichkeit macht sich die Sache viel günstiger: wo sieben grosse Maschinen an eine Kondensation angeschlossen werden, ist immer noch die eine oder andere Maschine da, die aus irgend einem Grunde nicht an die Kondensation angeschlossen wird. Dann nimmt man den heissen Abdampf eben dieser Maschine zum vollständigen Vorwärmen des Speisewassers. Und da man hierzu nicht viel Dampf braucht — nach S. 13 giebt jedes Kilogramm

Somit braucht es für die mehr zuzuführende Wärmemenge der Zeile 2

$$\frac{D'\,(100-t')}{4500} \text{ kg Kohlen pro Minute,}$$

welche Werthe in Zeile 3 der Tabelle V angeschrieben sind.[1]

Da die kondensirten Maschinen pro Tag im Mittel

$$\frac{19+21}{2} = 20 \text{ Stunden,}$$

und pro Jahr im Mittel

$$\frac{290+300}{2} = 295 \text{ Tage}$$

arbeiten, wird also jener Mehrkohlenverbrauch wegen geringerer Vorwärmung des Speisewassers

$$60.20.295 . \frac{D'\,(100-t')}{4500} = 354\,000\,\frac{D'\,(100-t')}{4500}\text{ kg pro Jahr}$$

$$-\ 35,4\,\frac{D'\,(100-t')}{4500}\text{ Doppellader pro Jahr,}$$

was die Zeile 4, Tabelle V, gibt.

Bei dem Preise von 140 M. pro Doppellader gibt das die in Zeile 5 berechnete Mehrausgabe für Kohlen

$$140.35,4\,\frac{D'\,(100-t')}{4500}\text{ M. pro Jahr.}$$

---

ca. 570 W E ab — wird man hiermit auch nach Erstellung der Kondensation noch eine ebenso gute oder nur wenig geringere Vorwärmung des Speisewassers erzielen als wie vorher, so dass die grossen Summen, die wir in Tabelle V für besondere Nachwärmung des Speisewassers im Kessel berechnen und nachher vom Bruttonutzen in Abzug bringen, in Wirklichkeit ganz oder zum grossen Theil wegfallen. Im Text oben lassen wir aber diesen günstigen praktischen Umstand ausser Acht und führen unsere Rechnung streng durch, als ob unsere sieben Maschinen nur auf sich selber angewiesen wären.

Uebrigens sieht man aus den Zahlen der Tabelle V, welch grossen Effekt gute Speisewasservorwärmung bewirkt; man thut daher gut, manchmal rein nur zu diesem Zwecke eine oder mehrere Maschinen vom Anschluss an eine Centralkondensation auszuschliessen.

[1]) Wenn die Dampfkessel v o r Anbringung der Kondensation eine bestimmte Verdampfungsziffer aufweisen, so werden sie n a c h Erstellung der Kondensation, wo sie um 15—20 % weniger Dampf zu erzeugen haben, eine grössere Verdampfung aufweisen, und wird zudem im Dampfe weniger Wasser mitgerissen, derselbe also trockener sein; aus beiden Gründen wird wiederum etwas an Kohle gespart; es ist ja bekannt, wie wohlthätig eine Entlastung auf den Kesselbetrieb wirkt. Indem wir oben von diesem sich nicht wohl ziffernmässig ausdrücken lassenden Umstand abgesehen haben, wird unsere Nutzenberechnung auch hier wieder zu ungünstig, also wiederum um so sicherer.

c) Amortisation des Anlagekapitals (bei $t_0 = 30^0$) und Wartung
der Kondensation.

Um die ungefähren Erstellungskosten der Kondensationsanlage
kennen zu lernen, haben wir uns von einer solche Kondensationen
ausführenden Maschinenfabrik für vier verschiedene Grössen (von
zusammengehörenden Werthen von W und v_0 aus Zeilen 13 und 14
der Tabelle III) die Totalpreise zusammenstellen lassen, die alles
zur Anlage Gehörende enthalten, nämlich: Kondensatorkörper mit
den Fallrohren und eiserner Gerüstthurm dazu, eine Luft- und

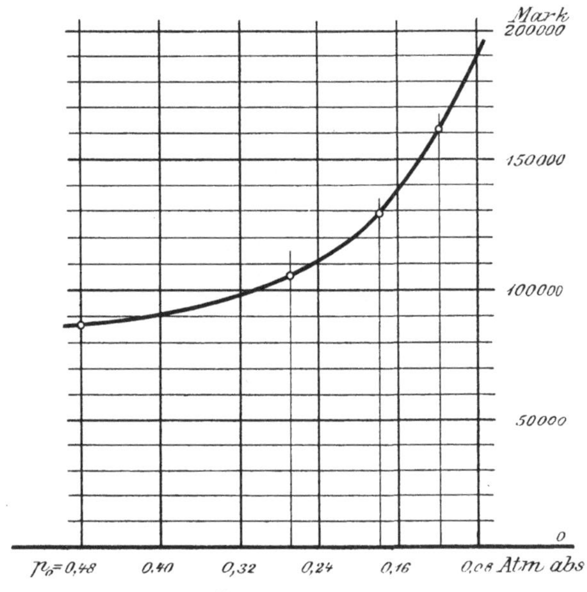

Fig. 45.   Erstellungskosten.

zwei Wasserpumpen, je eine Dampfmaschine zum Antrieb der erstern
und der beiden letztern, alles einschliesslich Aufstellung; ferner
eine komplete Wasserrückkühlanlage, die $\dfrac{W}{1000}$ cbm Wasser pro
Minute (Zeile 13, Tabelle III) von t' (Zeile 4, Tabelle III) im Jahresmittel auf $t_0 = 30^0$ herunterkühlt; ebenso ist in den Preisen das
vorausgesetzte Abdampfrohrnetz von 450 m Länge und auch 100 m
Wasserrohrleitung von und zu der Kühlanlage, überhaupt alles,
was zur vollständigen Kondensationsanlage gehört, inbegriffen. Nur
der Preis, bezw. der Zins für das für die Rückkühlanlage benöthigte
Grundstück, sowie ein etwa besonders benöthigter Schuppen für

Unterbringung der Pumpanlagen für die Kondensation ist darin nicht enthalten.

Diese vier Preise der vier verschiedenen Kondensationsgrössen haben wir als Ordinaten zu den Abscissen des Kondensatordruckes p_0 aufgetragen, den man mit jenen Kondensationsanlagen vermöge deren Grössen von Luftpumpe (v_0) und Kühlwassermenge (W) nach Tabelle III erhalten kann. Durch diese so erhaltenen vier Punkte haben wir eine verbindende Kurve gelegt, Fig. 45, welche nun annähernd das Anlagekapital einer Kondensationsanlage für jedes beliebig gewünschte Vakuum angiebt. Aus dieser Preiskurve, Fig. 45, die selbstverständlich nur für die Anlage unseres Bei-spieles und bei den für dieses vorausgesetzten — ziemlich un-günstigen — Umständen gilt, ergeben sich die in folgender Tabelle VI Zeile 2 angeschriebenen Erstellungskosten K der ver-schiedenen Grössen der Kondensationsanlage. Wenn danach ein Vakuum von z. B. $p_0 = 0,16$ Atm. abs. verlangt würde, würde die ganze Anlage etwa 137000 M. kosten; begnügt man sich dagegen mit einem Vakuum von $p_0 = 0,40$ Atm. abs., so würde eine dieses Vakuum leistende Anlage schon für 91000 M. zu erstellen sein.

Soll nun die Anlage in n Jahren zurückbezahlt — amortisirt — sein, so ist vom Bruttogewinn, den dieselbe der Kohlenkassa einbringt, jährlich ein Betrag von

$$R_n = \frac{K \cdot p^n (p - 1)}{p^n - 1} \quad\quad \ldots \ldots \quad (131)$$

zu entnehmen und an die Kasse zurückzugeben, die s. Z. vor-schussweise die Erstellung der Kondensation bezahlt hat. In obiger, der Zinseszins- und Rentenrechnung entnommenen Formel bedeutet p den „Zinsfaktor", und ist $p = 1,05$, wenn wir einen Zinsfuss von $5\,^0/_0$ annehmen. Soll dann die Anlage in z. B. $n = 8$ Jahren amor-tisirt sein, so ergiebt obige Formel mit $p = 1,05$ und $n = 8$ die jähr-liche Amortisationsquoten

$$R_8 = \frac{K}{6,45}$$

die in Zeile 3, Tabelle VI angeschrieben sind.

Eine besondere Wartung braucht solche Kondensation nicht; die kann der nächste Maschinist oder Schmierer mitbesorgen. Für dessen Mitwirkung, für Schmier- und Putzmaterial etc. setzen wir in Zeile 4, Tabelle VI nochmals $10\,^0/_0$ des Amortisationsbetrages an; (wollte Jemand hierfür lieber $20\,^0/_0$ rechnen, so würden die Schlussresultate dadurch wenig beeinflusst).

VI. Amortisation und Unterhalt.

1. Kondensatordruck $p_0 =$	0,48	0,40	0,32	0,24	0,16	0,08	Atm.
2. Anlagekapital $K =$	88000.—	91000.—	98000.—	110000.—	137000.—	190000.—	Mark
3. Amortisationsquote $R_8 = \dfrac{K}{6,45} =$	13600.—	14100.—	15200.—	17100.—	21200.—	29400.—	Mark p. Jahr
4. Schmierung etc. $0,1\,R =$	1360.—	1410.—	1520.—	1710.—	2120.—	2940.—	„ „ „
5. Amortisation u. Unterhalt	14960.—	15510.—	16720.—	18810.—	23320.—	32340.—	Mark p. Jahr

Durch Addition von 3 und 4 finden wir in Zeile 5, Tabelle VI den jährlich für Verzinsung und Amortisation des Anlagekapitals, sowie für Unterhalt auszugebenden Betrag.

Nachdem wir so sämmtliche Abzüge am Bruttonutzen berechnet haben, können wir in Schlusstabelle VII schliesslich den Nettonutzen der Kondensation darstellen.

VII. Zusammenstellung der Resultate; Nettonutzen.

1. Kondensatordruck $p_0 =$	0,48	0,40	0,32	0,24	0,16	0,08	Atm.
2. Anlagekapital	88000.—	91000.—	98000.—	110000.—	137000.—	190000.—	Mark
3. Bruttonutzen	74100.—	84900.—	103000.—	117200.—	133800.—	146100.—	Mark p. Jahr
4. ab: Eigenkraftverbrauch .	14650.—	16250.—	17650.—	21200.—	27800.—	70500.—	Mark p. Jahr
5.　„　Nachwärmung des Speisewassers . . .	19200.—	23400.—	27600.—	33400.—	39400.—	51600.—	„ „ „
6.　„　Amortis. u. Unterhalt	14960.—	15510.—	16720.—	18810.—	23320.—	32340.—	„ „ „
7.　„　Spesen 4, 5 und 6 .	48810.—	55160.—	61970.—	73410.—	90520.—	154440.—	Mark p. Jahr
8. Nettonutzen 3—7 =	25290.—	29740.—	41030.—	43790.—	43280.—	—8340.—	Mark p. Jahr
9. Das Anlagekapital verzinst sich also zu . .	29	32	42	40	32	—	$^0/_0$ pro Jahr

In Zeile 2 haben wir nochmals die Erstellungskosten der Kondensation angeschrieben, wenn sie im Kondensator das in Zeile 1 angegebene Vakuum erzeugen soll, und in Zeile 3 den früher berechneten Bruttonutzen dieser Anlagen; dann in Zeile 7 die sum-

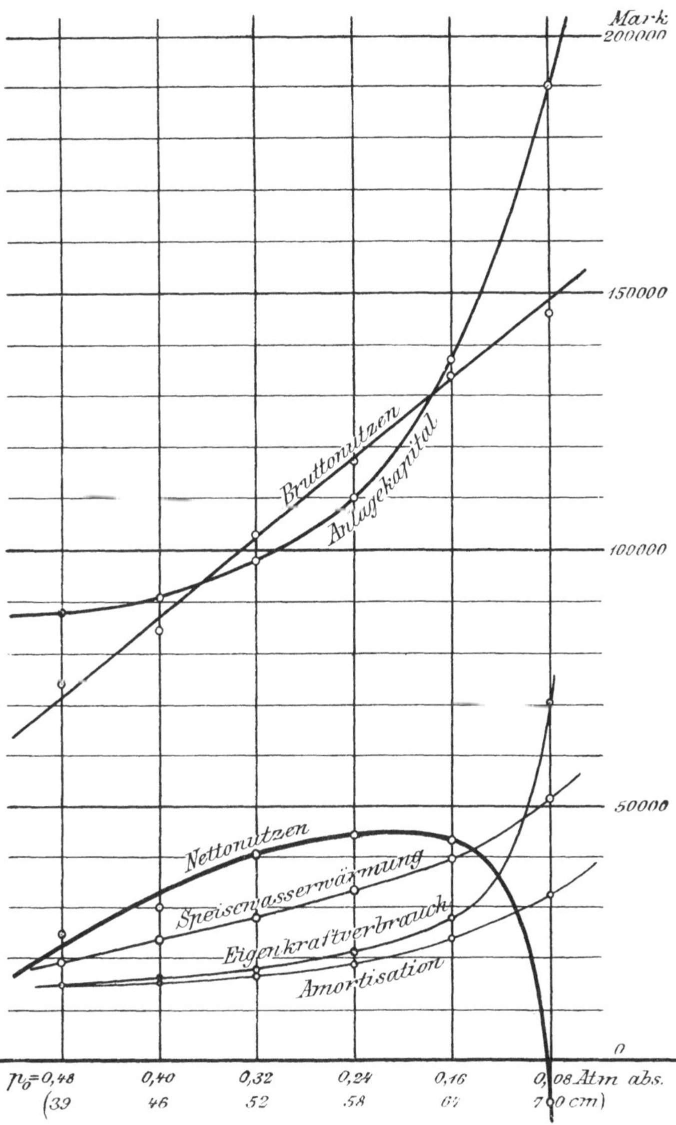

Fig. 46. Erstellungskosten, Brutto- und Nettonutzen einer Centralkondensation mit Wasserrückkühlung und einem Abdampfrohrnetz
von zusammen 450 m Länge,
für sieben Maschinen von zusammen 5500 PS$_i$.

marischen Abzüge für Eigenkraftverbrauch, Wenigervorwärmung des Speisewassers und für Amortisation und Unterhalt. Damit finden wir endlich in Zeile 8 den Nettonutzen der verschieden grossen Anlagen. Durch Vergleich dieses Nettonutzens mit dem jeweiligen Anlagekapital findet sich noch in Zeile 9 der Procentsatz, zu dem das Anlagekapital sich über den landesüblichen Zinsfuss hinaus verzinst. — Im Schaubild Fig. 46 haben wir alle diese Werthe (mit Ausnahme der letztern) zu lebendiger Anschauung gebracht.

Bei dieser (Gegenstrom-, Misch-) Centralkondensation mit Wasserrückkühlung (im Mittel auf $t_0 = 30^0$) und unter den angegebenen Umständen liegt also das wirthschaftlich günstigste Vakuum, der höchst erreichbare absolute Jahresnutzen, bei einem Kondensatordruck von etwa $p_0 = 0{,}24$ Atm. (= 58 cm), also einem Vorderdampf-

druck $p_1' = \dfrac{p_0}{0{,}8} = 0{,}30$ Atm. (= 53 cm).

Hätten wir natürliches Kühlwasser gehabt, so wäre der Bruttonutzen derselbe geblieben — dieser hängt, wie wir gesehen haben, nur von der Höhe des Vakuums, der Art der kondensirten Maschinen, deren Füllungsgrad, dem Dampfdruck etc. ab, nicht aber von der Art der Kondensation — dagegen hätte sich das Anlagekapital um die Kühlanlage und die Heisswasserpumpe, und der Eigenbedarf sich um den Betrieb der letztern vermindert; ferner wäre das natürliche Kühlwasser kühler gewesen als das künstlich gekühlte; also hätte man auch weniger Wasser gebraucht, womit wieder Anlagekapital und Eigenkraftbedarf sich vermindert hätten. Dagegen wäre die Ausgabe für Nachwärmung des Speisewassers etwas grösser geworden. Im Schaubild Fig. 46 hätte sich also der Abzug für Eigenkraftverbrauch bedeutend, derjenige für Amortisation etwas vermindert, wogegen der Abzug für Speisewasserwärmung sich wieder etwas vermehrt hätte. Der Nettonutzen wäre seiner absoluten Grösse nach erhöht worden, sein Maximum aber wieder in der Nähe von $p_0 = 0{,}24$ Atm. geblieben.

Hätte man schliesslich — wiederum im Falle natürlichen Kühlwassers — jede der sieben Maschinen mit einem Einzelkondensator (Nassluftpumpe und also Parallelstrom) versehen, so wären die Werthe der Zeile 4, Tabelle VII „Eigenkraftverbrauch" insofern kleiner geworden, als wegen der nun kurzen Abdampfleitungen viel weniger äussere Luft in den Kondensator eingedrungen wäre, die wieder hinausgeschafft werden muss; er wäre aber wieder grösser geworden, weil Parallelstrom erheblich mehr Wasser gebraucht. Ungefähr wäre der Eigenkraftverbrauch derselbe geblieben wie im letzten Falle (Centralkondensation mit natürlichem Kühlwasser). Der Abzug für Nachwärmung des Speisewassers wäre etwas grösser geworden, da bei Parallelstrom die Temperatur t' des Mischwassers kleiner bleibt. Was die Anlagekosten betrifft, so ist es sicher, dass die sieben Einzelkondensatoren weniger gekostet hätten als eine Centralkondensation (ohne Kühlwerk), wenn man nur die maschinelle Erstellung der Kondensatoren, d. h. der Nassluftpumpen selber ins Auge fasst. Rechnet man aber auch noch die Erstellung von sieben Brunnen hinzu, oder ein Pumpwerk, das das Wasser von einem Centralbrunnen aus den einzelnen Kondensatoren zuführt, weil dieselben es mit Sicherheit auf grössere Entfernungen nicht ansaugen können; rechnet man ferner noch hinzu die Kanalisationen etc. für Abfuhr des warmen Wassers, so wird die Differenz in den Anlagekosten für sieben solche Einzelkondensatoren oder für eine Centralkondensation nicht mehr sehr erheblich sein,[1]) die Amortisationskosten würden sich also bei Einzelkondensatoren nur unbedeutend vermindern. Eine genaue Nutzenberechnung — wie sie hier für eine Centralkondensation durchgeführt wurde — würde auch bei Einzelkondensatoren für diese sieben Maschinen das wirthschaftlich günstige Vakuum zwischen $p_0 = 0{,}24$ bis etwa höchstens $p_0 \doteq 0{,}16$ Atm. ($= 58 - 65$ cm) liegend ergeben.

[1]) Der Vortheil von Centralkondensationen gegenüber Einzelkondensatoren liegt nicht hauptsächlich darin, dass erstere — wenigstens bei grossen Anlagen — billiger zu erstellen sind, sondern in der Betriebssicherheit, die sie gewähren. Man weiss ja, wie oft eine Maschine nur deswegen zum Stilleliegen kommt, weil an dem mit ihr gekuppelten Kondensator etwas in Unordnung gekommen ist. Bei einer Centralkondensation, die ganz für sich besteht, kann man aber die Pumpen etc. in aller Freiheit — ohne gezwungene Rücksichtnahme auf andere Verhältnisse — so zweckmässig anlegen, dass Störungen der Kondensation — wenn sie nur nach gutem Princip und richtig ausgeführt ist — nur selten eintreten. Dann werden auch die Hauptmaschinen viel einfacher, übersichtlicher und zugänglicher und damit eben betriebssicherer, wenn sie nicht durch einen angebauten Einzelkondensator beengt werden. Ebenso wird deren Bedienung einfacher. — Das Vakuum ist immer schon vor Anlassen der Maschine vorhanden, was sehr werthvoll bei Maschinen mit intermittirendem Betriebe, wie Konvertergebläsen, Walzenzugmaschinen, Fördermaschinen etc., deren leichtes Anlaufen, auch unter Belastung, dadurch gesichert ist. — Geben eine Reihe von Maschinen mit wechselndem Dampfverbrauch ihren Abdampf in einen (Central-)Kondensator, so werden die Schwankungen in der zu kondensirenden Dampfmenge geringer. — Errichtet man für eine Reihe von Maschinen — wie man dies bei elektrischen Centralen thut — zwei Kondensationen, so hat man eine einfache und sichere Reserve, während man zu diesem Zwecke kaum jede Maschine mit zwei Einzelkondensatoren versehen würde etc. etc.

Die kondensirten Maschinen mögen welcher Art immer sein, auch die Kondensation mag welcher Art immer sein (Oberflächen- oder Mischkondensation, nach Parallel- oder Gegenstrom, Einzel- kondensatoren oder Centralkondensation) wenn man die Konden- sation für eine Stufenleiter verschieden hohen Vakuas durchrechnet, und die Resultate wie in Fig. 46 aufzeichnet, so wird man immer ein dieser Figur ähnliches Bild erhalten:

Der Bruttonutzen wird eine nach rechts ansteigende Gerade geben. Das Anlagekapital giebt eine nach unten konvexe Kurve, die mit steigendem Vakuum stark ansteigt; also bildet auch die Linie für den jährlichen Amortisations- betrag eine nach rechts ansteigende, nach unten konvexe Kurve. Ebenso die Linien für Eigenkraftbedarf und für Speisewassernachwärmung. Also bildet die Summe der Abzüge vom Bruttonutzen eine nach unten konvexe, rechts steil ansteigende Kurve; also muss die Kurve des Netto- nutzens eine nach oben konvexe sein, und immer ein Maximum aufweisen. Die Abscisse dieses Maximums, d. h. das wirthschaftlich günstige Vakuum, wird nicht stark variiren, und würde eine umständliche Untersuchung aller Fälle vermuthlich das Resultat ergeben, dass das günstigste Vakuum immer und für alle Fälle etwa innerhalb den Grenzen $p_0 = 0,25$ bis $p_0 = 0,15$ Atm. (oder zwischen 57 bis 65 cm Vakuummeteranzeige) liegt.

Zurückkommend auf die Weiterführung unseres speciellen Falles stehen wir nun vor der Frage: welche der berechneten Kondensationsgrössen sollen wir zur Ausführung wählen?

Aus der letzten Zeile unserer Haupttabelle VII sehen wir, dass jede der berechneten Kondensationsgrössen — mit Ausnahme der letzten für $p_0 = 0,08$ Atm. — eine gute Kapitalanlage ergiebt. Vom rein kaufmännischen Standpunkt aus würden wir ein Vakuum von $p_0 = 0,32$ (Vorderdampfdruck $p_1' = 0,40$ Atm. abs.) wählen, das wir mit einer Kondensation erhalten würden, die — Zeilen 13 und 14 der Tabelle III — eine Kühlwassermenge von $W = 12$ cbm und eine Luftpumpenleistung von $v_0 = 20,5$ cbm pro Minute erfordern würde; diese Kondensationsgrösse würde nach Tabelle VII ein An- lagekapital von 98000 M. erheischen, das sich — über die üblichen $5\,{}^0/_0$ hinaus — mit jährlich $42\,{}^0/_0$ verzinsen würde. Dieser Kon- densationsgrösse könnten wir auch vom technischen Standpunkt aus beistimmen, wenn der Dampfverbrauch der kondensirten Maschi- nen völlig konstant wäre (und wenn man auch sicher wüsste, dass später nie der Fall eintreten könnte, dass man etwa noch eine weitere Maschine an die erstellte Kondensation anschliessen möchte). Nun ist aber voraussetzungsgemäss der Dampfverbrauch nicht konstant, sondern bei der Maschinengruppe A kann er von dem normalen $D = 566$ kg pro Minute zeitweise auf ein Maximum von $D_{max.} = 784$ kg, und bei der Maschinengruppe B vom normalen $D = 465$ auf $D_{max.} = 680$ kg steigen. Trifft es sich nun zufällig, dass im gleichen Augenblicke sämmtliche sieben kondensirte Maschinen ihre Maximalbeanspruchung erleiden, so kann — wenn auch nur für kurze Zeit — der Dampfverbrauch — ohne Kondensation — auf

$$D_{max.} = 784 + 680 = 1464 \text{ kg}$$

pro Minute ansteigen, und auch diese Dampfmenge muss noch kondensirt werden, und zwar auch noch im Sommer, wenn das auf dem Kühlwerk gekühlte Wasser am wärmsten ist; d. h. es ist die Forderung zu stellen:

> Die Temperatur t' des ablaufenden heissen Wassers muss auch bei dem Maximaldampfverbrauch $D_{max.}$ und der Sommertemperatur $t_{0,max.}$ des gekühlten Wassers noch unter 100^0 bleiben.

Dies nicht deswegen, weil sonst ein Fallenlassen des Wassers eintreten würde; das geschieht bei der hier vorausgesetzten Kondensation nach Fig. 14 nie, weil ihr das Wasser zwangsweise zugepumpt wird. Hingegen tritt ein anderer Umstand ein, wenn der Dampf in solcher Kondensation nicht mehr vollständig kondensirt, sei es nun, dass zu wenig Wasser oder zu viel Dampf kommt: es treten im Fallrohr heftige Schläge auf, indem in einem Augenblick, in dem vielleicht wieder etwas weniger Dampf kommt, wieder vollständige Kondensation stattfindet, und das Wasser im Fallrohr vom dampfförmigen, also elastischen Zustand, in flüssigen, also unelastischen übergeht, und umgekehrt. (Kommt gar kein Wasser oben in den Kondensator, so geht der Dampf ohne irgend eine Störung unten zum Fallrohr hinaus.)

Würden wir nun die Kondensation mit nur $\dfrac{W}{1000} = 12$ cbm pro Minute wählen, so hätten wir (indem wir der Sicherheit halber von vornherein annehmen, der Nutzen der Kondensation sei $= 0$, d. h. der ursprüngliche Dampfverbrauch würde bei ungünstigen Umständen durch die Kondensation nicht vermindert) das Kühlwasserverhältniss

$$u_{min.} = \frac{W}{D_{max}} = \frac{12000}{1464} = 8,2.$$

Damit käme nach Gl. (6) die Temperatur des ablaufenden heissen Wassers

$$t' = \frac{570}{n} + t_0 = \frac{570}{8{,}2} + t_0 = 70^0 + t_0$$

Würde die Sommertemperatur des gekühlten Wassers auch nur auf $t_0 = 40^0$ steigen, so würde

$$t' = 110^0$$

es fände also keine Kondensation mehr statt, d. h. die gewählte Kondensationsgrösse mit $\dfrac{W}{1000} = 12$ cbm Wasser ist für die Zeiten des Maximaldampfverbrauches zu klein.

Wir wählen daher aus unserer Tabelle VII eine grössere Kondensation, und zwar die Nummer, die ein Vakuum von

$$p_0 = 0{,}16 \text{ Atm.} \left(\text{oder } p_1' = \frac{0{,}16}{0{,}8} = 0{,}20 \text{ Atm.}\right)$$

giebt, wozu nach Tabelle III Zeilen 13 und 14 ein Kühlwasserquantum von $\dfrac{W}{1000} = 17{,}9 = \sim 18$ cbm und eine Luftpumpenleistung von $v_0 = 54{,}2$ cbm erforderlich sind.

Hiermit wird das Kühlwasserverhältniss

$$n_{min.} = \frac{W}{D_{max.}} = \frac{18000}{1464} = 12 \cdot 3$$

also

$$t' = \frac{570}{n} + t_0 = 46 + t_0.$$

Würde die Sommertemperatur des gekühlten Wassers auf $t_0 = 40^0$ oder selbst auf $t_0 = 50^0$ steigen, so würde $t' = 86^0$ bezw. 96^0, also im ungünstigsten Falle immer noch unter 100^0 bleiben, so dass diese Kondensationsgrösse (minutliche Kühlwassermenge $\dfrac{W}{1000} = 18$ cbm und minutliche Luftpumpenansaugeleistung $v_0 = \sim 54$ cbm) mit Sicherheit ausreicht.[1]

---

[1] Sie wird umsomehr mit Sicherheit ausreichen, als den Temperaturen $t' = 86^0$ bezw. 96^0 nach der Dampftabelle I hinten schon Vakuen von 0,592 bezw. 0,865 Atm. abs. entsprechen, bei denen sich schon ein Nutzen der Kondensation geltend macht, wodurch der ursprüngliche Maximaldampfverbrauch schon etwas vermindert, also $n_{min.}$ grösser und damit t' kleiner wird. Man könnte diesen Verhältnissen rechnerisch nachgehen. Es empfiehlt sich aber. einfach zu prüfen, ob das gewählte Kühlwasserquantum ausreiche für den ursprünglichen Maximaldampfverbrauch; wenn ja, so ist es dann umsomehr ausreichend für den durch Kondensation reducirten Maximaldampfverbrauch.

Damit erhalten wir nach Tabelle III bei normalem Dampfverbrauch, und wenn sich das Wasser auf dem Kühlwerk im Jahresmittel auf $t_0 = 30^0$ abkühlt, ein Vakuum von $p_0 = 0{,}16$ Atm. ($= 64$ cm) und kostet die ganze Kondensationsanlage inkl. allem, was dazu gehört, lt. Tabelle VII ~ 134000 M., und bringt einen Jahresnutzen von ~ 43000 M., so dass sich also das Anlagekapital zu $32\,^0/_0$ verzinst.

Hätte man sich in der Wirkung des Wasserkühlwerkes — des einzigen, a priori nicht sicher bestimmbaren Faktors — verrechnet, würde selbes das Wasser im Jahresmittel nicht auf $t_0 = 30^0$, sondern nur auf $t_0 = 40^0$ kühlen, so würde man nach Tabelle III, Zeile 16 mit $\dfrac{W}{1000} = 18$ cbm ein Vakuum von etwa $p_0 = 0{,}28$ Atm. erhalten, wofür das Schaubild Fig. 46 einen jährlichen Bruttonutzen von 110000 M. zeigt. Die Totalabzüge, die vom Bruttonutzen bei unserer Kondensation zu machen sind, betragen laut Zeile 7, Tabelle VII $\sim 90\,000$ M., so dass sich dann immer noch ein Jahresnutzen von 20000 M. ergeben würde, oder das Anlagekapital der Kondensation (134000 M.) sich immer noch mit $15\,^0/_0$ über den landesüblichen Zins hinaus verzinste. In solchem Falle — nämlich wenn die a priori nicht genau bestimmbare Wirkung der Kühlanlage hinter der gewünschten zurückgeblieben ist — wird man sich übrigens keineswegs mit dem kleiner gewordenen Nutzen begnügen, sondern man wird die Kühlanlage entsprechend erweitern (also ein Stück anbauen, wenn sie aus einem Gradirwerk, mehr Streudüsen anfügen, wenn sie aus einem Bassin mit Körting'schen Streudüsen besteht, etc.), und ist bei Errichtung jeder Kühlanlage von vornherein die Möglichkeit solcher spätern Erweiterung vorzusehen.

G. Abdampfleitung.

Das im Kondensator erzeugte Vakuum möglichst unverkürzt
bis an die Maschinen heranzuleiten, ist Aufgabe der weit genug
zu wählenden Abdampfleitung; und es von dort wiederum
möglichst unverkürzt in die Dampfcylinder hineinzubringen, Aufgabe
einer richtig anzuordnenden Steuerung.

Damit der Dampf sich von den Maschinen nach dem Kondensator zu bewege, muss der Druck am Anfang der Abdampfleitung,
also eben bei den Maschinen, grösser sein als am Ende dieser
Leitung bei der Einmündung in den Kondensator, d. h. es muss
ein gewisser Druckunterschied, ein Spannungsverlust, oder ein
Verlust an Vakuum stattfinden. Der ganze Spannungsverlust zerfällt in zwei Theile: a) zur Erzeugung der Dampfgeschwindigkeit
in der Abdampfleitung, b) zur Ueberwindung der Widerstände in jenem Rohre.

Zur Erzeugung einer Dampfgeschwindigkeit v (Meter pro Sekunde)
braucht es einen Druckunterschied gleich am Anfang der Leitung von

$$Z_1 = \gamma \cdot \frac{v^2}{2g} \text{ in kg/qm} = \frac{\gamma}{10^4} \cdot \frac{v^2}{2g} \text{ in kg/qcm} \quad . \quad . \quad (132)$$

(siehe z. B. Grashof, Theoret. Masch.-Lehre, Bd. I, S. 552, Gl. 7),
wobei $\gamma =$ Gewicht eines Kubikmeter Dampfes von der betr. Spanung
ist, und aus der Dampftabelle I hinten entnommen werden kann.
Die Spannung solchen Abdampfes pflegt selten 0,25 Atm. zu übersteigen, wofür $\gamma = 0{,}16$ kg/cbm beträgt; ferner pflegt — wie wir
noch sehen werden — die Geschwindigkeit solchen Abdampfes in
den Rohren um $v = 100$ m herum zu liegen; mit diesen Zahlen
erhält man aus Gl. (132) einen durchschnittlichen Werth des

Spannungsverlustes zur Erzeugung der Abdampfgeschwindigkeit:

$$Z_1 = \frac{0,16}{10^4} \cdot \frac{100^2}{2 \cdot 9,81} = 0,00815\,\text{Atm.} = 76 \cdot 0,00815 = 0,62\,\text{cm Quecksilb.}$$

Nach den Uebersichtsformeln (123) bezw. (124) S. 168 ergiebt eine solche Vakuumverschlechterung von 0,62 cm einen Mehrdampfverbrauch:

bei Eincylindermaschinen und einem Dampfdruck von z. B. $p = 7$ Atm.

$$d\eta = Z_1 \cdot \frac{0,017}{p} = 0,62 \cdot \frac{0,017}{7} = 0,0015 = 0,15\,\%$$

und bei Mehrfachexpansionsmaschinen und einem Dampfdruck von z. B. $p = 11$ Atm.

$$d\eta = Z_1 \cdot \frac{0,035}{p} = 0,62 \cdot \frac{0,035}{11} = 0,002 = 0,20\,\%.$$

Das ist so verschwindend wenig, dass wir von dem Spannungsverlust zur Erzeugung der Abdampfgeschwindigkeit vollständig absehen.

Was die Widerstände des bewegten Abdampfes in der Rohrleitung betrifft, so liegt bei längeren Leitungen, wenn diese frei sind von unzweckmässigen scharfen Krümmungen, von Verengungen u. dergl., der Hauptwiderstand, der einen Spannungsabfall bewirkt, in der Reibung, und können in diesen die übrigen kleinern Widerstände eingerechnet gedacht werden. Wie bei Wasser, Luft und Gasen kann man auch bei Wasserdampf für den Reibungswiderstand die Formel, oder das Gesetz

$$Z = a \cdot \gamma \cdot \frac{l}{d} \cdot v^2 \quad \ldots \ldots \ldots \quad (133)$$

zu Grunde legen, wobei a eine Beobachtungskonstante, l die Länge und d die Weite der Leitung in Metern, v die Dampfgeschwindigkeit in m/Sek., und γ wieder das Gewicht von 1 cbm Abdampf von der betr. mittleren Spannung ist.

Für Dampfzuleitungen, also dichten Dampf, für mässige Dampfgeschwindigkeiten von etwa $v = 20$ m, und für engere Rohre (etwa 140 mm Weite) haben die Professoren Fischer und Gutermuth den Koefficienten a bestimmt zu

$$a = \frac{15}{10^4} \text{ bezw.} = \frac{15}{10^8} \quad \ldots \ldots \ldots \quad (134)$$

je nachdem man Z in kg/qm oder in kg/qcm also in Atmosphären erhalten will.

Für Abdampfleitungen, also dünnen Dampf, mit grossen Geschwindigkeiten ($v = 80 - 160$ m) und weiten Rohren (bis 1,5—2 m) ist der Koefficient a aber noch nicht bestimmt worden, und ist es bis dahin noch ganz unsicher, ob der Fischer-Gutermuth'sche Werth dieses Koefficienten auch für solche Abdampfleitungen gilt. (Einige spärliche Beobachtungen, die aber nicht derart angestellt wurden, dass daraus der Koefficient a hätte berechnet werden können, lassen vermuthen, dass dieser Koefficient für dünnen Abdampf grösser sei.)

Hätte man diesen Koefficienten für Abdampf, so hätte man zur Bestimmung des Rohrdurchmessers einer Abdampfleitung (ganz wie zu der einer Dampfzuleitung) für ein gegebenes Dampfgewicht und gegebenen Kondensatordruck zuerst das Dampfvolumen pro Sekunde auszurechnen, dann irgend einen Durchmesser d der Leitung anzunehmen, für diesen Durchmesser die Geschwindigkeit v zu berechnen, alle diese Werthe von v, l, d und γ in Gl. (133) einzusetzen, um zu sehen, ob der dabei eintretende Spannungsverlust Z innerhalb zulässiger Grenzen bliebe. Wäre das nicht der Fall, so müsste ein grösserer Durchmesser angenommen werden, um ein kleineres v und damit auch ein kleineres Z zu erhalten. Durch solch mühsame successive Näherungsrechnungen — die von Rohrstrang zu Rohrstrang, von Abzweigung zu Abzweigung wiederholt werden müssten, — würde man schliesslich die Weiten sämmtlicher Abdampfrohre so erhalten, dass der Gesammtspannungsverlust zwischen Maschinen und Kondensator ein gewisses Maass (z. B. $Z = 0{,}07$ Atm. $= \sim 5$ cm Hg.) nicht übersteige.

Da man jenen Koefficienten a für dünnen Abdampf aber noch nicht kennt, bleibt uns zur Zeit nichts anders übrig, als zur Bestimmung der Abdampfrohrweiten eine empirische Näherungsformel abzuleiten, deren Bau den Regeln der Hydraulik möglichst folgt, und deren Koefficienten so gewählt werden, dass die Resultate der Formel mit guten, bewährten Ausführungen übereinstimmen. Eine solche Näherungsformel erhalten wir auf folgende Weise:

Wenn man aus Erfahrung weiss, dass man bei einer gewissen Abdampfmenge, einer gewissen mittleren Abdampfspannung, einer gewissen Abdampfrohrlänge l, einem gewissen Rohrdurchmesser d_1 und also auch einer gewissen Dampfgeschwindigkeit v_1 einen gewissen kleinen, unschädlichen Druckverlust Z_1 erlitten hat, und diese Grössen in Gl. (133) einsetzt, so kommt

$$Z_1 = a \cdot \gamma \cdot \frac{l}{d_1} \cdot v_1^2$$

Will man nun bei ungefähr der gleichen mittleren Dampfspannung für eine andere Dampfmenge, also bei anderem d und v, aber bei gleicher Rohrlänge l den gleichen Druckverlust Z_1 zulassen, so hat man nur den Werth von Z aus Gl. (133) gleich dem obigen Z_1 zu setzen, und erhält so

$$\gamma \cdot \frac{l}{d} \cdot v^2 = \gamma \cdot \frac{l}{d_1} \cdot v_1^2$$

woraus

$$v = \frac{v_1}{\sqrt{d_1}} \cdot \sqrt{d} \quad . \quad . \quad . \quad . \quad . \quad . \quad (135)$$

Nun weiss man, dass bei solchen Abdampfleitungen von etwa

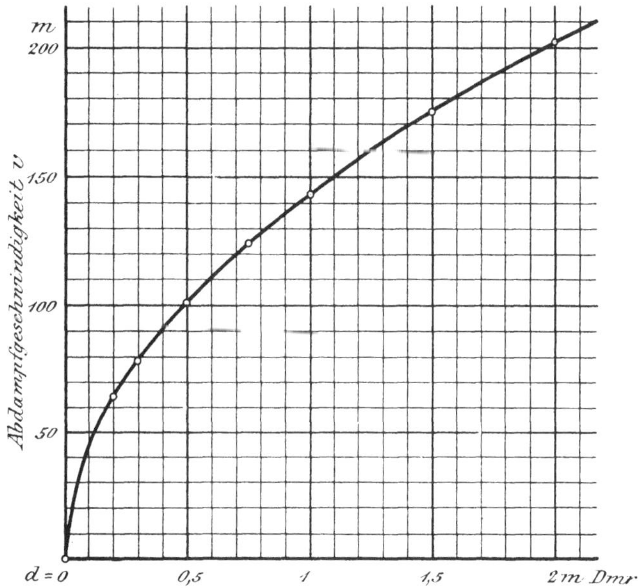

Fig. 47. Zulässige Dampfgeschwindigkeit v in kurzen
Abdampfleitungen $(l = 0)$.

$d_1 = 0{,}40$ m Weite, und bei kurzer Länge von l, etwa 10—20—30 m, wie sie bei Verdampfapparaten von Zuckerfabriken vorkommen, die Dampfgeschwindigkeit v_1 etwa 90 m betragen darf, ohne dass ein merklicher Druckverlust sich zeigt. Setzt man diese Werthe von v_1 und d_1 in Gl. (135) ein, so erhält man die zulässigen Geschwindigkeiten v für bestimmte Rohrweiten d aus

$$v = \frac{90}{\sqrt{0{,}4}} \cdot \sqrt{d} = 143 \cdot \sqrt{d} \quad . \quad . \quad . \quad . \quad (136)$$

wonach

$$\text{für } d = 0,2 \quad 0,3 \quad 0,5 \quad 0,75 \quad 1 \quad 1,5 \quad 2 \text{ m}$$
$$v = 64 \quad 78 \quad 101 \quad 124 \quad 143 \quad 175 \quad 202 \text{ m}$$

werden darf, aber nur bei kurzer Rohrleitung. Diese Werthe sind in graphischer Tabelle Fig. 47 aufgetragen.

Bezeichnet man mit $\triangle$ das Volumen von 1 kg Abdampf von der mittleren Spannung im Abdampfrohrnetz, wobei $\triangle$ aus Dampftabelle I hinten zu entnehmen ist, so ist das pro Sekunde durch ein Abdampfrohr strömende Dampfvolumen

$$v \cdot \frac{\pi \cdot d^2}{4} = \frac{\triangle \cdot D'}{60}$$

indem wir mit D' die minutliche Abdampfmenge bezeichnet haben. Hieraus wird

$$d^2 = \frac{4 \cdot \triangle \cdot D'}{\pi \cdot 60 \cdot v} = \frac{\triangle \cdot D'}{47,1 \cdot v}$$

und weil, als reciproke Werthe, $\triangle = \dfrac{1}{\gamma}$ ist, so wird auch:

$$d^2 = \frac{D'}{47,1 \cdot \gamma \cdot v} \quad \cdot \quad \cdot \quad \cdot \quad \cdot \quad \cdot \quad \cdot \quad (137)$$

und hierin den Werth für v aus Gl. (136) eingesetzt:

$$d^2 = \frac{D'}{47,1 \cdot 143 \cdot \gamma \cdot \sqrt{d}} = \frac{D'}{6720 \cdot \gamma \cdot \sqrt{d}}$$

oder

$$d^{\frac{5}{2}} = \frac{D'}{6720 \cdot \gamma}$$

Im letzten Kapitel haben wir gesehen, dass die Spannung des Abdampfes, der Kondensatordruck, immer innerhalb der Grenzen 0,25—0,15 Atm. liegt (bezw. dass es keinen Werth hat, noch unter diesen Druck herunterzugehen), so dass laut Dampftabelle das specifische Gewicht des Abdampfes zwischen 0,10 und 0,16 liegt, also im Mittel $\gamma_{mittel} = 0,13$ gesetzt werden kann. Damit kommt für solchen Abdampf

$$d^{\frac{5}{2}} = \frac{D'}{6720 \cdot 0,13} = \frac{D'}{873} {}^{1})$$

---

[1]) Setzt man aus der allgemein gültigen Gl. (133) den Werth von

$$v = \sqrt{\frac{Z \cdot d}{a \cdot \gamma \cdot l}}$$

in die ebenfalls allgemein gültige Gl. (137) ein, so kommt

oder

$$d = \frac{(D')^{0,4}}{15} \quad \ldots \qquad \ldots \quad (138)$$

Diese Formel giebt

für $D' = 0 \quad 10 \quad 50 \quad 100 \quad 200 \quad 500 \quad 1000 \quad 2000$ kg p. M.
$d = 0 \quad 0,17 \quad 0,32 \quad 0,42 \quad 0,555 \quad 0,80 \quad 1,05 \quad 1,39$ m

und sind diese Werthe in umstehender graphischer Tabelle Fig. 48 aufgetragen, und gelten selbe für **kurze Leitungen**.[1]

$$d^2 = \frac{D' \sqrt{a \cdot \gamma \cdot l}}{47,1 \cdot \gamma \cdot \sqrt{Z \cdot d}} = b \cdot \frac{D' \sqrt{l}}{\sqrt{Z \cdot \gamma \cdot d}}$$

wenn man die Konstante $\dfrac{\sqrt{a}}{47,1} =$ einer neuen Konstanten b setzt. Daraus erhält man die weitere allgemein gültige Gleichung

$$d^{\frac{5}{2}} = b \cdot D' \left(\frac{l}{Z \cdot \gamma} \right)^{\frac{1}{2}} \qquad \text{oder} \qquad d = (b)^{0,4} \cdot (D')^{0,4} \cdot \sqrt[5]{\frac{l}{Z \cdot \gamma}} \quad \ldots \quad (137a)$$

Also ist der Rohrdurchmesser der 5. Wurzel aus der Länge l und dem reciproken Werthe der Dampfdichte γ proportional; also bewirken relativ grosse Aenderungen von l und γ nur relativ kleine Aenderungen von d; also ist es ganz gerechtfertigt, wenn wir für γ, das sich ja so wie so nur in engen Grenzen ändert, oben einen Mittelwerth annehmen.

Ist d der Rohrdurchmesser um ein gewisses Dampfgewicht D' bei einer Dampfdichte γ durch die Leitung von l m Länge bei einem Druckverlust von Z Atm. zu schicken, so findet sich der Rohrdurchmesser d_1 um das gleiche Dampfgewicht, aber bei anderer Dampfdichte γ_1 durch die gleich lange Rohrleitung und bei gleichem Druckverlust Z zu schicken, aus

$$\frac{d_1}{d} = \sqrt[5]{\frac{\gamma}{\gamma_1}};$$

wäre also $\gamma = 0,13$ und $\gamma_1 = 0,10$ (so dass γ dem Mittelwerth im Text oben und γ_1 dem einen Grenzwerth von γ entspräche), so käme:

$$d_1 = \sqrt[5]{\frac{0,13}{0,10}} \cdot d = \sqrt[5]{1,3} \cdot d = 1,05 \, d.$$

Den Fehler, den wir in der Näherungsformel für den Rohrdurchmesser d dadurch begehen, dass wir für die Dichte des Abdampfes nicht ihren wirklichen veränderlichen Werth, sondern nur einen Mittelwerth einsetzen, beträgt also im ungünstigsten Falle nur 5 % der Rohrweite d.

[1] Nach dieser graphischen Tabelle Fig. 48 sollte auch die **Weite der Abdampfstutzen** sämmtlicher Dampfcylinder, die ihren Dampf in einen Kondensator abgeben, bemessen werden. Häufig findet man sie mit viel geringerem Durchmesser ausgeführt, indem man sie in irgend ein Verhältniss zu dem „Hubvolumen" gesetzt hat; das ist aber grundsätzlich nicht richtig: Abdampfstutzen, jedenfalls aber Abdampfleitung, sollen sich nach dem durchgehenden **Dampfvolumen** richten, so dass die mittlere Dampfgeschwindigkeit nicht zu gross wird. Freilich wird diese Geschwindigkeit in den engen Dampfkanälen im Cylinder noch viel grösser. Diese Kanäle sind aber **kurz**, und der Weg, den der Dampf aus dem Cylinder bis in die Mündung des Abdampf-

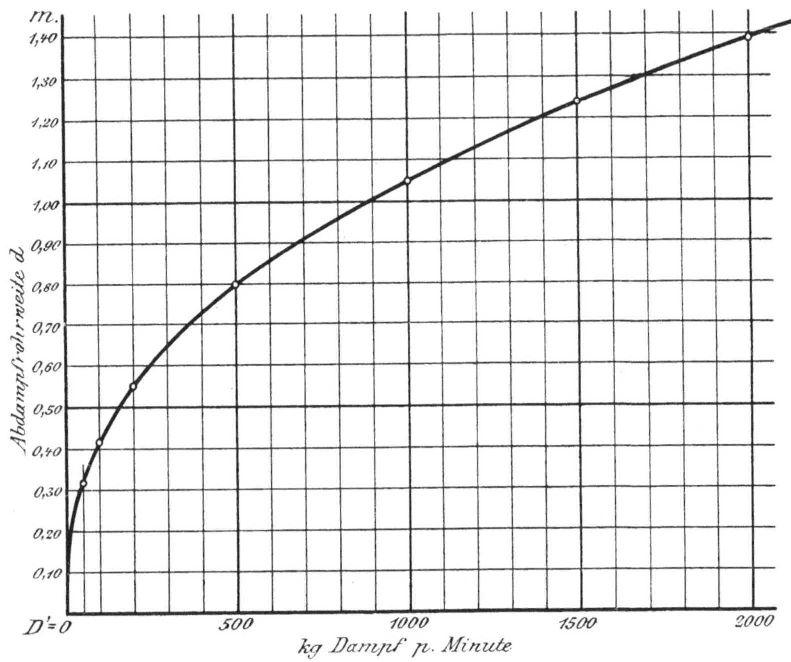

Fig. 48. Weite der Abdampfleitungen (für $l = 0$).

Für die Lichtweiten langer Leitungen, die wir mit d_l be
zeichnen wollen, versehen wir die rechte Seite der Gl. (138) mit
einem Faktor $(1 + m \cdot l)$, so dass

$$d_l = (1 + m\,l)\frac{(D')^{0,4}}{15} = (1 + m\,l)\,.\,d \quad . \quad . \quad . \quad (139)$$

und bestimmen die Konstante m aus den Verhältnissen einiger guter
Ausführungen:

Bei einer Leitungslänge von $\qquad\qquad\quad l = \quad$ 126 $\quad$ 184 $\quad\quad$ 230 m

und einer minutlichen Dampfmenge von $D' = \quad$ 767 $\quad$ 733 $\quad$ 1600 kg

betrug die ausgeführte Rohrweite $\quad\quad d_l = \quad$ 1,10 $\quad$ 1,25 $\quad\quad$ 1,70 m

während die nach Gl. (138) für „kurze" Leitungen berechnete, oder
aus Fig. 48 einfach abgelesene Rohrweite betragen hätte

$$d = \quad 0,94 \quad | \quad 0,92 \quad | \quad 1,27 \text{ m}$$

---

stutzens zurückzulegen hat, beträgt selbst bei der allergrössten Maschine
kaum 1,50 m. Auf solch kurzem Wege lässt sich der abgehende Dampf schon
eine gewisse Einschnürung gefallen, ohne zu starke Drosselung zu erleiden;
anders ist es aber bei längern Abdampfleitungen, ja selbst schon bei der doch
kurzen Leitung zu angekuppelten Einzelkondensatoren.

Setzt man diese Werthe von d_l, l und d in Formel (139) ein, so findet man die Konstante

$$m = \left| \; 0{,}0014 \; \right| \; 0{,}0020 \; \left| \; 0{,}0015; \right.$$

also im Mittel

$$m = \frac{0{,}0049}{3} = \sim \frac{1}{600}$$

Wählt man somit die Lichtweite einer Abdampfleitung von der Länge l nach der Formel

$$d_l = \left(1 + \frac{l}{600}\right) \cdot d \quad \ldots \ldots \quad (140)$$

wobei d nach Formel (138) zu berechnen, oder einfacher aus der graphischen Tabelle Fig. 48 abzulesen ist, so findet sich diese Rohrweite in Uebereinstimmung mit bewährten Ausführungen, und wird man zwischen Kondensator und kondensirten Maschinen nur wenige Centimeter Vakuumverlust haben.

Dabei ist unter l, sofern es sich um eine Centralkondensation handelt, nicht nur die Länge des gerade betrachteten Zweigstranges verstanden, sondern für jeden Rohrstrang die Länge des Weges, den der Dampf von der entferntesten Maschine, die noch an den betreffenden Rohrstrang angeschlossen ist, bis zum Kondensator zurückzulegen hat. So ist für Berechnung des Sammelrohrstranges CD Fig. 49 die Länge

$$l = CD + DA = 280 \,\text{m},$$

ebenso für die Berechnung des Zweigrohres AD die Länge $l = AD + DC = 280\,\text{m}$,

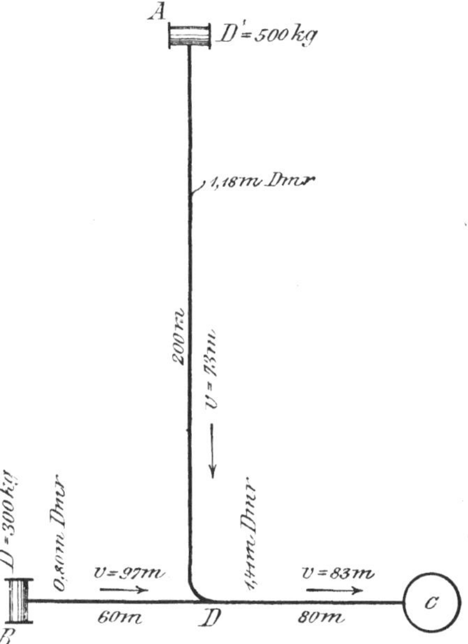

Fig. 49. Abdampfleitung von den Maschinen A und B nach dem Kondensator C.

dagegen für die Berechnung des Zweigrohres BD die Länge $l = BD + DC = 140\,\text{m}$ in Formel (140) einzusetzen. Damit wird die Erweiterung der Rohre in allen Rohrsträngen eines Abdampfrohrnetzes ungefähr proportional der absoluten Länge des Dampfweges, den jedes Dampftheilchen von seiner betreffenden Maschine bis zum Kondensator zurückzulegen hat.

Beispiel.

Die Maschine A Fig. 49 sende durch das Zweigrohr AD von 200 m Länge und durch das Sammelrohr DC von 80 m Länge pro Minute $D' = 500$ kg Dampf zum Kondensator C, und die Maschine B durch das 60 m lange Zweigrohr BD und das gleiche Sammelrohr pro Minute $D' = 300$ kg Dampf; welche Weite erhalten die drei Rohrstränge?

Sammelrohr CD:

Pro Minute durchgehender Abdampf $D' = 500 + 300 = 800$ kg; damit würde nach graphischer Tabelle Fig. 48, wenn die Leitung kurz wäre, die Rohrweite $d = 0,96$ m. Der weiteste Weg, den dieses Rohr passirender Dampf zurückzulegen hat, ist aber $l = AD + DC = 200 + 80 = 280$ m. Also ist nach Gl. (140) dem Rohr eine Lichtweite zu geben von

$$d_l = \left(1 + \frac{280}{600}\right) \cdot 0,96 = 1,47 \cdot 0,96 = \mathbf{1,41}\ \mathbf{m}.$$

Zweigrohr AD:

$$D' = 500\ \text{kg, also nach Fig. 48}\ d = 0,80\ \text{m}$$
$$l = 200 + 80 = 280\ \text{m}$$

also $\qquad d_l = \left(1 + \frac{280}{600}\right) \cdot 0,80 = 1,47 \cdot 0,80 = \mathbf{1,18}\ \mathbf{m}.$

Zweigrohr BD:

$$D' = 300\ \text{kg, also nach Fig. 48}\ d = 0,65\ \text{m}$$
$$l = 60 + 80 = 140\ \text{m}$$

also $\qquad d_l = \left(1 + \frac{140}{600}\right) \cdot 0,65 = 1,23 \cdot 0,65 = \mathbf{0,80}\ \mathbf{m}.$

Sei nun der Kondensatordruck z. B. $p_0 = 0,15$ Atm., also das specifische Volumen $\triangle = 9,65$ cbm/kg, so ist das Dampfvolumen Q pro'' durch die drei Rohrstränge:

	CD	DA	DB
$Q = \dfrac{\triangle D'}{60} =$	129	80,5	48,5 cbm
also bei der Querschnittfläche $F = \dfrac{\pi d_l^2}{4} =$	1,56	1,10	0,50 qm
die Geschwindigkeit $v = \dfrac{Q}{F} =$	83	73	97 m

Diese Geschwindigkeiten v sind zur Uebersicht auch in Fig. 49 eingeschrieben.

Endlich haben wir noch an Hand der Gl. (133) mit dem Gutermuth'schen Koefficienten $a = \dfrac{15}{10^8}$, und der für $p_0 = 0,15$ Atm. bestehenden Dampfdichte $\gamma = 0,10$ kg/cbm den Spannungsverlust

$$Z = a \cdot \gamma \cdot \frac{l}{d_l} \cdot v^2 = \frac{15}{10^8} \cdot 0{,}10 \frac{l}{d_l} \cdot v^2 = \frac{15}{10^9} \cdot \frac{l}{d_l} \cdot v^2 \text{ Atm.}$$

für die drei einzelnen Rohrstrecken ausgerechnet (wobei hier nun für l nur die Länge eines jeden einzelnen Rohrstranges für sich einzusetzen ist) und so gefunden:

Spannungsverlust in der Rohrstrecke CD: $Z = 0{,}006$ Atm. $= 0{,}5$ cm Hg.

„ „ „ „ DA: $Z = 0{,}0135$ „ $= 1{,}0$ „ „

„ „ „ „ DB: $Z = 0{,}0106$ „ $= 0{,}8$ „ „

Also Vakuumverlust der Maschine A bis Kondensator $Z = 0{,}5 + 1 = 1{,}5$ cm

„ „ „ „ B „ „ $Z = 0{,}5 + 0{,}8 = 1{,}3$ „

also unter sich nicht erheblich verschieden, aber beide erheblich zu klein, indem unter den vorausgesetzten Umständen der Spannungsverlust doch wenigstens einige Centimeter beträgt. Daraus sehen wir wieder, dass der für dichten Dampf geltende Gutermuth'sche Koefficient a für dünnen Dampf erheblich zu klein sein muss.

Bei sehr langen Rohrleitungen wird man mit deren Lichtweite — der Erstellungskosten wegen — etwas unter den aus der empirischen Formel (140) hervorgehenden Werthen (nie aber unter den Werthen der Formel 138) bleiben, was dann einen etwas grössern Vakuumverlust zur Folge hat; wie wir aber in den beiden vorhergehenden Kapiteln gesehen haben, drückt eine kleine Verminderung des Vakuums (von 5—10 cm Hg. $= 0{,}07 — 0{,}13$ Atm.) den Nutzen der Kondensation nur unbedeutend herunter.

Schliesslich ist als Hauptsache für die Ausführung der Ab-

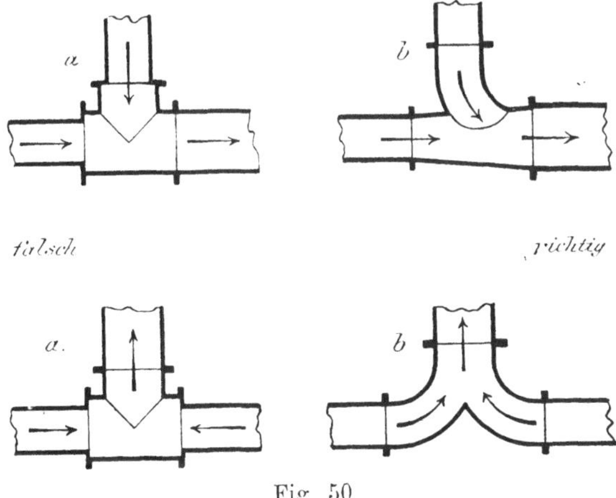

Fig. 50.

dampfleitungen noch zu bemerken, dass die Zusammenführung verschiedener Dampfströme stets tangential geschehen soll, dass also Rohranschlüsse Fig. 50 nie nach den Formen a geformt werden dürfen, sondern stets nach den Formen b auszuführen sind.

H. Die Steuerung bei Kondensationsmaschinen.

In Bezug auf die Dampfeintrittseite besteht in der Aufgabe der Steuerung bei Auspuff- oder bei Kondensationsmaschinen kein Unterschied; dagegen hat die Steuerung auf der Austrittsseite bei allen Cylindern, die ihren Dampf in einen Kondensator ausstossen, schwierigere Bedingungen zu erfüllen hinsichtlich raschen Abströmens des Abdampfes und hinsichtlich genügender Kompression.

a) Steuerung in Bezug auf die Abströmung des Abdampfes.

Indem man nur in den Hoch- und Mitteldruckcylindern von Mehrfachexpansionsmaschinen den Dampf vollständig expandiren lässt — bis in die Spitze des Diagrammes hinaus — bei allen andern Cylindern, also insbesondere auch bei denen, die ihren Dampf in einen Kondensator ausstossen, dagegen nur unvollständig expandirt, um nicht gar zu grosse Cylinder zu erhalten, findet sich im Moment des Eröffnens des Dampfaustrittes, oder am Ende der Expansion, hinter dem Kolben Dampf von einer Spannung w, die grösser ist als die schliessliche mittlere Spannung p_1' am Anfang des Abdampfrohres, s. Fig. 51. Es findet also beim Dampfaustritt ein Spannungsabfall statt. Damit nun das vom Kondensator unter Aufwand beträchtlicher Mittel erzeugte, und durch die Abdampfleitung bis an die Dampfcylinder herangeleitete Vakuum auch voll und ganz in dieselben hineingelange, und zwar von Anfang des rückkehrenden Hubes an, soll jener Spannungsabfall schon vor dem Hubwechsel sich vollziehen, so dass der zurückkehrende Kolben vor sich schon vom toten Punkte an nur noch Dampf von der Abdampfspannung p_1' findet, den er nun vor sich her nach Massgabe der zuerst zunehmenden, dann wieder abnehmenden Kolbengeschwindigkeit hinausschiebt, und sind die Dampfkanäle immer weit genug, dass das ohne jede merkbare Drosselung geschchen kann.

Damit sich jener Spannungsabfall schon vor Hubende vollziehen kann, so dass er beim Durchlaufen des Todpunktes durch
die Kurbel, oder doch gleich nachher, beendet sei, ist nöthig:

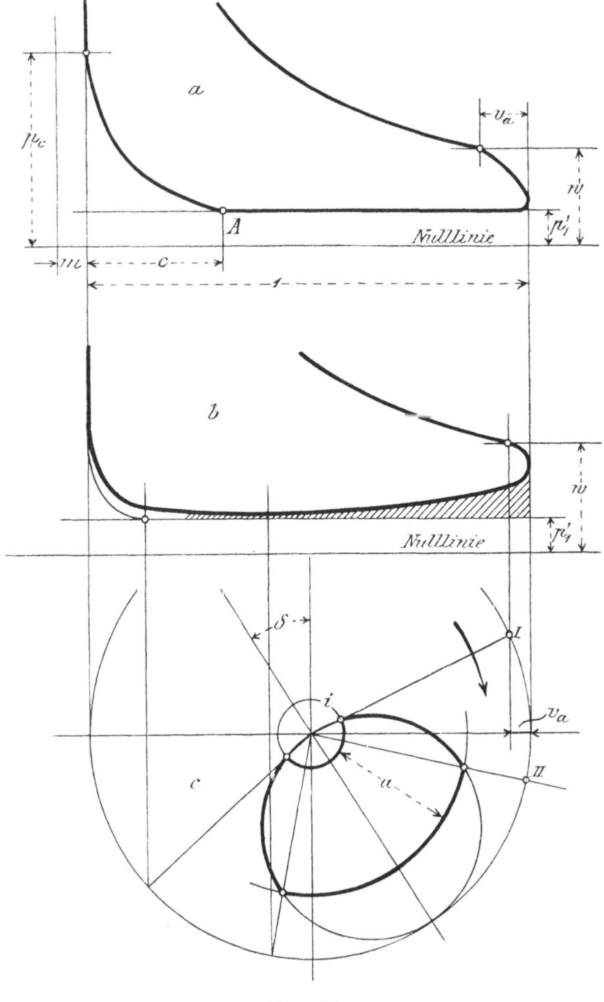

Fig. 51.

1) dass die Eröffnung des Dampfaustrittes um ein angemessenes
   Stück v_a vor Hubende beginnt („Vorausströmung“).
   Das allein genügt aber noch nicht, sondern man soll noch
   dafür sorgen, dass — wenn nur die Steuerung das zulässt,

     2) der Dampfaustritt möglichst **rasch** auf seine volle Weite, und zwar ebenfalls noch ein Stück **vor** Erreichung des Todpunktes durch die Kurbel gebracht werde, so dass der gespannte Dampf bis zur Erreichung des Hubendes·durch den Kolben Zeit und Gelegenheit hat durch den **voll-eröffneten Ausgang** auf die mittlere Auspuffspannung p_1' im Abdampfrohr herunter zu expandiren.

Bei Steuerungen mit getrennten Einlass- und Auslassorganen, die auch unabhängig von einander verstellt werden können, wie z. B. bei den besseren **Ventilsteuerungen**, sind diese Bedingungen leicht zu erfüllen: man braucht blos die Vorausströmung v_a so lange zu vergrössern, bis man bei normaler Belastung der Maschine eben ein vorderes Diagrammende wie Fig. 51a erhält; dabei büsst man oben am Diagrammende ein kleines Stückchen Arbeitsfläche ein, gewinnt aber dafür unten ein grösseres Stück, vgl. Fig. 51a mit 51b.

Bei **gewöhnlicher Schiebersteuerung** würde die Erfüllung obiger Forderungen für guten Dampfaustritt vor allem einen vergrösserten Schieberhub verlangen (womit auch der Voreilwinkel δ grösser würde), wie man ihn zur Erreichung eines kleinern Füllungsgrades (durch grössere äussere Ueberdeckung) bei Maschinen mit **nur einem** Schieber anwenden muss. Bei Maschinen mit Doppelschiebersteuerung, bei denen der Expansionsschieber den Füllungsgrad beliebig klein einstellt, und man also dem Grundschieber nur den immer erwünschten kleinstmöglichen Normalhub giebt, sieht das Schieberdiagramm meistens aus wie Fig. 51c: die Eröffnung des Auslasses erfolgt nicht rasch, sondern schleichend; und die volle Eröffnung des Auslasses wird erst **nach** Durchlaufen des todten Punktes erreicht; der ausströmende Dampf kann also nicht schon **vor** Erreichung der Todpunktlage auf die mittlere Spannung p_1' im Abdampfrohr herunterexpandiren, und vermag diese bei modernen, rasch laufenden Maschinen auch nachher meistens nicht mehr einzuholen, so dass man ein Indikatordiagramm wie Fig. 52b erhält, das einen oft recht beträchtlichen, in der Figur schraffirten Arbeitsverlust aufweist.

Diese Verhältnisse würden auch bei sog. **Spalt-** oder **Gitterschiebern** (auch Penn- und Borsigschiebern), die **zwei** Ein- und Austrittsspalten gleichzeitig öffnen, nur dann verbessert, wenn man zugleich auch deren **Hub** vergrössern würde. Da aber der Zweck solcher Gitterschieber eben in der Verringerung des Schieberhubes liegt, so mag man diesen Hub nicht wieder vergrössern, und ist das Schieberdiagramm eines solchen Gitterschiebers ganz identisch mit dem Fig. 51c, nur dass der Aufzeichnungsmaassstab ein anderer geworden: wenn der einfache Schieber den Austritt erst in der Kurbelstellung *II* ganz eröffnet, so thut das der gleichwerthige Spaltschieber auch erst in dieser selben Kurbelstellung *II*, nur hat er nur einen halb so grossen Hub als wie der einfache Schieber.

Aus dem Schieberdiagramm Fig. 51c ersieht man, dass man an einer gegebenen Schiebermaschine die Dampfabströmung vor und bei dem Hubwechsel freilich noch verbessern könnte: 1) durch Verkleinerung der innern Deckung i (Abarbeiten der betr. Schieberkanten), und 2) durch Vergrösserung des Voreilwinkels δ (Vorstellung des Grundexcenters), oder durch beide Mittel zusammen, indem durch diese beiden Mittel die Vorausströmung vergrössert würde. Eine Verkleinerung der innern Deckung hätte aber auf der andern Seite auch eine Verkleinerung der hier so wie so schon zu kleinen Kompression zur Folge; und den Voreilwinkel kann man auch kaum vergrössern, weil damit auf der andern Seite die Voreinströmung unzulässig gross würde, es sei denn, dass diese vorher zu klein angeordnet gewesen sei.

Also: Bei Maschinen mit gewöhnlicher Schiebersteuerung lässt sich der Dampfaustritt nicht verbessern, man muss ihn hinnehmen recht und schlecht wie er ist; bei Maschinen mit getrennten und von einander unabhängig einstellbaren Dampfein- und Auslassorganen (Ventil-, Corliss- etc. Steuerung) lässt sich hingegen durch genügende Vorstellung der Vorausströmung wohl immer ein tadelloser Dampfaustritt erreichen; und bei Anschluss einer solchen, vorher nicht kondensirten Maschine an eine Kondensation soll man immer auch solche Vorstellung der Vorausströmung vornehmen, damit man das Vakuum auch rechtzeitig in die Cylinder hinein bekomme. Mit solchem Vorstellen der Vorausströmung ist dann im allgemeinen auch ein früherer Wiederabschluss des Dampfaustrittes verbunden; d. h. der Punkt A Fig. 51a verlegt sich mehr nach rechts, der Kompressionsweg c wird grösser, womit auch der Kompressionsdruck p_c grösser wird. Das ist aber bei Cylindern mit Anschluss an Kondensation eben erwünscht, wie wir sogleich sehen werden.

b) Steuerung in Bezug auf Kompression.

Mit der Kompression bezweckt man:

1. Den Gang der Maschine sanfter zu machen, indem der Kompressionsgegendruck die Wucht der gegen Hubende immer mehr vordrängenden Massen der hin- und hergehenden Theile der

Maschine soviel wie möglich auffangen soll, damit der Druck im Gestänge und auf Kurbelzapfen und -lager nicht übermässig gross werde. In dieser Beziehung kann man bei Kondensationsmaschinen mit der Kompression nie zu hoch gehen, weil bei solchen Maschinen überhaupt immer nur ein bescheidener Endkompressionsdruck erhalten werden kann.

2. Den schädlichen Einfluss des schädlichen Raumes auf den Dampfverbrauch zu vermindern; dies wieder in zweierlei Hinsicht:

α) indem während und durch die Kompression die Temperatur des komprimirten Dampfes — der dabei nach Grashof im Mittel als trocken gesättigt werdend anzunehmen ist — zunimmt, entzieht der Dampf während seiner Kompression dem betr. Theil der Cylinderwandung und den Wandungen des schädlichen Raumes weniger Wärme, bezw. kann er im letzten Theile seiner Kompression, wenn die Temperatur hoch genug gestiegen ist, Wärme an diese Wandungen unter theilweiser eigener Kondensation zurückgeben. Was er so einerseits weniger Wärme den Wandungen entzogen, anderseits denselben u. U. zurückgegeben hat, braucht nachher nicht dem frischen Dampfe entnommen zu werden. Man kann das die thermische Wirkung der Kompression nennen. Sie bewirkt eine Verminderung des infolge Wärmeaustausches zwischen Dampf und Cylinderwandung vorhandenen starken Dampfverlustes, und wirkt um so günstiger, je früher die Kompression beginnt und je höher sie getrieben wird.

β) Indem man den Inhalt der schädlichen Räume durch Kompression eines Theiles Dampf vom letzten Hube her mehr oder weniger anzufüllen trachtet, braucht man nachher für die Auffüllung der schädlichen Räume am Anfang des folgenden Hubes weniger frischen Kesseldampfes. Man kann das die volumetrische Wirkung der Kompression nennen, die den Nutzdampfverbrauch vermindert. Je höher man die Kompression treibt, um so weniger Kesseldampfes bedarf es zur Nachfüllung der schädlichen Räume, — ja, wenn man bis zur Eintrittsspannung hinauf komprimirt, braucht es hierfür gar keines Kesseldampfes mehr, — aber auch um so kleiner wird die erhaltene indicirte Arbeitsfläche, indem die grössere Kompression unten am

Indikatordiagramm wieder ein grösseres Stück abschneidet.[1]) Man kann also nicht ohne weiteres sagen — wie man das in Bezug auf die Weichheit des Ganges und auf die thermische Wirkung der Kompression sagen durfte — dass auch in Bezug auf volumetrische Wirkung die höchste Kompression die beste sei, vielmehr wird hier zu untersuchen sein, bei welchem Kompressionsgrade eine bestimmte Nutzdampfmenge unter sonst gleichen Umständen die grösstmögliche Arbeit gebe.

Die unter 1 und 2α genannten Zwecke verlangen möglichst hohe Kompression; wir haben aber zuerst zu zeigen, welchen Kompressionsdruck man in Dampfcylindern mit Kondensation überhaupt erreichen kann; alsdann haben wir entsprechend dem unter 2β genannten Zwecke der Kompression zu prüfen, ob man im Interesse der mit einer gegebenen Nutzdampfmenge erhältlichen grösstmöglichen Arbeit nicht etwa doch noch unter dem sonst erreichbaren Kompressionsdruck bleiben soll?

Erreichbarer Kompressionsdruck in Cylindern mit

Kondensation.

Wie man aus Fig. 37, S. 150 und Fig. 41, S. 169 sieht, nimmt die Kompression mit sinkender Gegendampfspannung stark ab; man erhält also bei einer Maschine mit Kondensation, also kleinem Gegendrucke, bei gleichem Kompressionswege c immer bedeutend kleinere Kompression als bei derselben Maschine, wenn sie mit Auspuff in's

---

[1]) Diese Betrachtung und die sich hieran knüpfen werdenden Rechnungen lassen die Niederdruckcylinder von Mehrfachexpansionsmaschinen unberührt; in Bezug auf den Nutzdampfverbrauch spielt bei diesen Cylindern die Kompression keine Rolle; in dieser Beziehung kommt nur der schädliche Raum des Hochdruckcylinders in Betracht und wird dessen Unschädlichmachung durch „vollständige" Kompression noch gezeigt werden. „Beim Niederdruckcylinder hingegen — sagt Grashof in seiner Theoret. Maschinenlehre — verursacht der schädliche Raum nicht sowohl einen Mehrverbrauch an Dampf als vielmehr einen Spannungsfall, somit einen Arbeitsverlust, indem der Dampf, welcher aus dem kleinen Cylinder oder aus der Zwischenkammer, also aus einem Raume von im Vergleich zu dem Kessel nur kleiner Grösse, zuströmt, eine sehr merkliche Spannungsabnahme erfahren kann, wenn der schädliche Raum des grossen Cylinders von erheblicher Grösse und mit Dampf von erheblich kleiner Spannung erfüllt ist. Hier ist es unbedingt rathsam, den nachtheiligen Einfluss dieses schädlichen Raumes durch entsprechende Kompression des Vorderdampfes im Niederdruckcylinder zu beseitigen." Das heisst also: bei Niederdruckcylindern soll immer — wenn nur die Steuerung das zulässt — bis völlig auf die Eintrittsspannung hinauf komprimirt werden.

Freie arbeitet. Allgemein steht nach dem Mariotte'schen Gesetze der Kompressionsdruck p_c (Fig. 51a) mit dem relativen Kompressionswege c, dem relativen schädlichen Raume m und der Gegendampfspannung p_1' in dem Zusammenhange

$$p_1'(m + c) = p_c \cdot m$$

woraus

$$p_c = \frac{m + c}{m} \cdot p_1' \quad . \quad . \quad . \quad . \quad . \quad . \quad (141)$$

Der Kompressionsenddruck ist also bei gleichbleibendem Kompressionswege (d. h. unverstellter Steuerung) einfach proportional dem Gegendampfdruck. Sinkt dieser letztere durch Anbringung von Kondensation z. B. von 1,10 Atm. auf 0,11 Atm., d. h. auf den zehnten Theil, und hätte dieser ohne Kondensation z. B. 4 Atm. betragen, so betrüge er mit Kondensation nur noch 0,4 Atm., und zwar ganz gleichgültig, wie gross die Eintrittsspannung p und der Füllungsgrad ε gewesen wären, indem diese beiden Faktoren mit der Kompression gar nichts zu thun haben. Um nun auch bei kleinem Gegendruck p_1' doch noch einen, unter allen Gesichtspunkten erwünschten grössern Kompressionsenddruck p_c zu erhalten, ist man genöthigt — wenn die Steuerung das zulässt — den Kompressionsweg c zu vergrössern, womit nach Gl. (141) auch der Kompressionsdruck p_c zunimmt. Nehmen wir als mittleren Gegendruck bei Kondensationsmaschinen $p_1' = 0{,}20$ Atm. an, so ist nach Gl. (141)

$$p_c = 0{,}20 \cdot \frac{m + c}{m}$$

Geben wir hierin dem Kompressionswege eine Reihe von Werthen zwischen den möglichen Grenzen von $c = 0$ bis $c = 1$, so ergeben sich für schädliche Räume von $m = 0{,}03$, 0,04, 0,07 und 0,10 die in graph. Tabelle Fig. 52 aufgetragenen Kompressionsdrücke p_c, die in Bezug auf die Kompressionswege c gerade Linien sind. Neben den Kompressionsenddrücken p_c sind in der Figur auch noch die zugehörigen Dampftemperaturen beigeschrieben, da diese hier auch eine Rolle, praktisch vielleicht die Hauptrolle spielen. Nach diesem Schaubilde kann man die Kompression um so höher erhalten, einen je grössern Kompressionsweg c die Steuerung einzustellen gestattet, und einen je kleinern schädlichen Raum sie bedingt.

1. Bei Doppelschiebersteuerung ($m = 0{,}07$), bei der ein besonderer Expansionsschieber mitwirkt, der Grundschieber also nur relativ kleine äussere Deckung erhält, um einen kurzen Schieber-

hub zu bekommen, pflegt der Kompressionsweg c höchstens 0,15 bis 0,20 zu werden; das giebt laut graph. Tabelle Fig. 52 einen Kompressionsenddruck von nur

$$p_c = 0,70 \text{ bis } 0,80 \text{ Atm.}$$

Bei Eincylinderkondensationsmaschinen sollte dieser Druck sowohl hinsichtlich Sanftheit des Ganges als thermischer Wirkung viel grösser sein, und ist auch hinsichtlich volumetrischer Wirkung — wie wir sehen werden — zu klein. Bei Niederdruckcylindern von Compoundmaschinen, bei denen bis auf den Receiverdruck komprimirt werden soll, dieser aber zwischen 1,5 bis 2,5 Atm. zu liegen

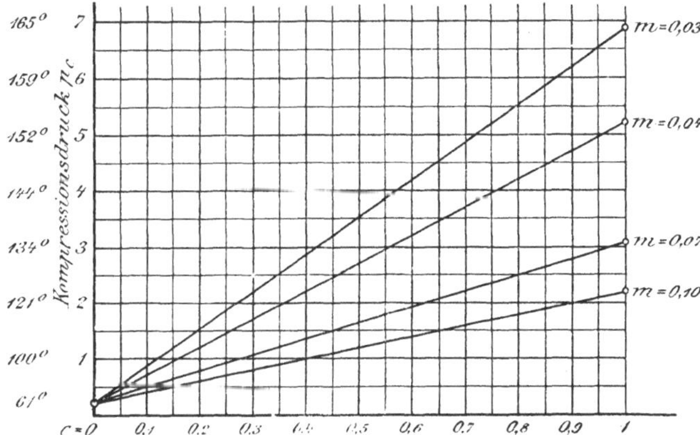

Fig. 52. Kompressionsenddruck p_c (bei $p_1' = 0{,}20$ Atm.)

pflegt, bleibt der erhältliche Kompressionsdruck auch noch unter dem gewünschten. Bei Kolbenschiebern, wo der schädliche Raum grösser (etwa $m = 0{,}10$) ist, verschlechtern sich alle diese Verhältnisse noch mehr.

2. Bei einfacher Schiebersteuerung, wo ein Schieber Dampfvertheilung und Expansion zusammen besorgt, und desswegen auch grössere äussere Deckung und grösserer Schieberweg gegeben werden muss, steigt c bis auf etwa 0,25 bis 0,30 und damit der Kompressionsenddruck

bei Flachschiebern $\quad(m = 0{,}07)$ auf etwa $p_c = 0{,}90 - 1{,}10$ Atm.

bei Kolbenschiebern $(m = 0{,}10)$ „ „ $p_c = 0{,}60 - 0{,}80$ „

Auch diese Drücke bleiben unter den gewünschten: gewöhnliche Schiebersteuerung eignet sich daher, auch aus diesem Gesichtspunkte betrachtet, schlecht für Cylinder mit Kondensation.

3. **Ventilsteuerung** ($m = 0,07$) stellt sich in dieser Hinsicht nur besser, wenn sie so eingerichtet ist, dass man nicht nur das Auslassventil unabhängig vom Einlassventil, sondern auch noch den Schluss des erstern unabhängig von seinem Eröffnen einstellen kann. Alsdann könnte man im Maximum doch einen Kompressionsdruck von etwa $p_c = 3,10$ Atm. erhalten — der bei Eincylindermaschinen durchaus nicht zu hoch wäre — wenn man den Kompressionsweg $c = 1$ machen, d. h. den Dampfaustritt beim eben erst beginnendem Rücklauf des Kolbens schon wieder absperren würde, was für die thermische Wirkung schon gut wäre, jedoch die volumetrische beeinträchtigen würde. Macht man bei solcher Steuerung — wie man das häufig findet — den Kompressionsweg c nur etwa 0,5 bis 0,6, so erhält man einen Kompressionsdruck von etwa $p_c = 1,70 - 1,90$ Atm. bei Eincylindermaschinen immer noch unter dem gewünschten, bei Niederdruckcylindern von Compoundmaschinen dagegen dem Receiverdruck sich wenigstens nähernd. Bei solcher Ventilsteuerung dagegen, wo Oeffnung und Schluss der Auslassventile nicht unabhängig von einander verstellbar sind, pflegt der Kompressionsweg auch zwischen $c = 0,15 - 0,25 - 0,30$ zu liegen, und hat dann diese Steuerung in dieser Hinsicht vor gewöhnlicher Schiebersteuerung nichts voraus.

4. Bei **Corlissmaschinen** könnte man den Kompressionsweg c dadurch beliebig einstellbar machen, dass man den Schluss der Auslassschieber — wie den der Einlassschieber — auch durch Abschnappen eines Auslösemechanismus — der hier aber nur „von Hand einstellbar" zu sein brauchte — herbeiführen würde. Indem neuere Ausführungen von Corlissmaschinen schädliche Räume von etwa $4\,^0/_0$ aufweisen, könnte man bei Niederdruckcylindern den Receiverdruck schon bei mässigen Kompressionswegen von $c = 0,25 - 0,45$ erreichen, und bei Eincylindermaschinen doch einen Enddruck von $p_c = 2,70 - 3,20$ Atm., wenn man $c = 0,5 - 0,6$ einstellen würde. Lässt man aber den Corlissauslassschieber in zwangläufiger Verbindung mit seinem Antriebmechanismus, so kann man c nicht beliebig vergrössern, — sonst würde der Austritt gar nie völlig geöffnet, — und beträgt dabei c auch etwa $0,15 - 0,30$ wie bei den andern Steuerungen, so wird $p_c = 1 - 1,80$ Atm., bei Eincylindermaschinen also auch noch reichlich klein.

- - -

Nachdem wir gesehen, welche Kompressionsdrücke bei Kondensationsmaschinen überhaupt erhältlich sind, und dass diese im Interesse weichen Ganges und thermischer Wirkung möglichst hoch zu wählen sind, haben wir zu untersuchen, welche Kompression in volumetrischer Beziehung die beste sei? Das führt uns zu der Aufgabe:

> Bei welcher Kompression und welcher Füllung gewinnt man in einem gegebenen Cylinder aus einer gegebenen Nutzdampfmenge bei gegebener Ein- und Austrittsspannung die grösste Arbeit?

Diese Aufgabe lässt sich an Hand unserer frühern Gleichungen (95), (107) und (108) lösen, die wir unter neuer (der fortlaufenden) Numerirung hier wieder anschreiben. Es war nach Gl. (95) die theoretische Arbeit pro Hub in Meterkilogrammen:

$$E = Fs\left(K \cdot p - K_g \cdot p_1'\right) \quad \ldots \quad \ldots \quad (142)$$

worin F die Kolbenfläche in Quadratcentimetern, s den Hub in Metern, und p und p_1' Ein- und Austrittsspannung in kg/qcm oder in Atmosphären bedeuten, während nach Gl. (92) der Hinterdampfspannungskoefficient

$$K = \varepsilon' + (\varepsilon' + m) \log \frac{1 \mid m}{\varepsilon' + m} \quad \ldots \quad \ldots \quad (143)$$

und der Gegendampfspannungskoefficient nach Gl. (94)

$$K_g = 1 - c + (c + m) \log \frac{c + m}{m} \quad \ldots \quad \ldots \quad (144)$$

ist. Ferner war nach Gl. (107) der Nutzdampfverbrauch in kg pro Hub

$$D_n' = \frac{\gamma}{10000} Fs\,(m_r' + \varepsilon') \quad \ldots \quad \ldots \quad (145)$$

worin der in Bezug auf den Dampfverbrauch reducirte schädliche Raum nach Gl. (108)

$$m_r' = m - (c + m)\frac{p_1'}{p} \quad \ldots \quad \ldots \quad (146)$$

war.

Es soll also E aus (142) ein Maximum werden, wobei F, s, p und p_1' gegebene unveränderliche Grössen, K_g und K als abgängig von c und ε' dagegen Veränderliche sind. Um dieses Maximum von E zu finden, differenziren wir diese Grösse nach den Veränderlichen, und setzen das Differenzial $= o$; d. h.

$$d E = Fs\,(p \cdot dK - p_1'\,dK_g) = o.$$

Da hierin Fs nicht $= o$ ist, muss die Klammergrösse $= o$ werden, d. h. es muss sein:

$$p \cdot dK = p_1' \cdot dK_g \,. \quad \ldots \quad \ldots \quad (147)$$

Durch Differenziren der Gl. (143) nach der in ihr auftretenden Veränderlichen ε', und der Gl. (144) nach der in dieser vorkommenden Veränderlichen c erhalten wir die beiden Differenziale

$$d\,K = \left(\log \frac{1+m}{\varepsilon'+m}\right) d\varepsilon' \quad \text{und} \quad d\,K_g = \left(\log \frac{c+m}{m}\right) d\,c.$$

Diese in Gl. (147) eingesetzt, ergiebt sich

$$p\,.\,\log \frac{1+m}{\varepsilon'+m}\,.\,d\varepsilon' = p_1'\,.\,\log \frac{c+m}{m}\,.\,d\,c \quad . \quad . \quad . \quad (148)$$

Füllungsgrad ε' und Kompressionsweg c stehen hier dadurch im Zusammenhang, dass laut unserer Aufgabe die Nutzdampfmenge D_n' der Gl. (145) eine gegebene sein soll, d. h. — vgl. hier Fig. 53 — dass die Summe $m_r' + \varepsilon'$ eine konstante Grösse,[1]) sagen wir $= A$ sein soll, so dass der Füllungsgrad

$$\varepsilon' = A - m_r'$$

----

[1]) Die Summe $(m_r' + \varepsilon')$ Fig. 53 könnte man treffend als „wirklicher Füllungsgrad" bezeichnen, der direkt der Nutzdampfmenge pro Hub entspricht; ε' wäre dann der sichtbare Theil des wirklichen Füllungsgrades

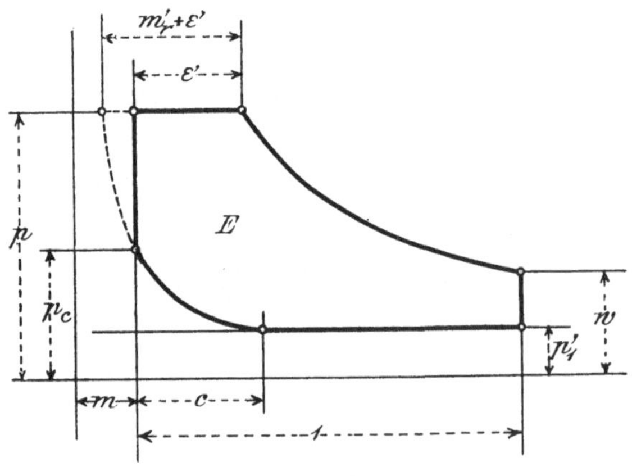

Fig. 53.

— der indicirte Füllungsgrad —, der im Indikatordiagramm unmittelbar erscheint, und m_r' der unsichtbare Theil desselben, der erst durch — konstruirte oder berechnete — Fortsetzung der Kompressionskurve bis zur Admissionslinie hinauf ersichtlich wird. Unsere Aufgabe bestünde demnach darin, bei gegebenem wirklichen Füllungsgrade die grösstmögliche Arbeit

also nach Gl. (146)

$$\varepsilon' = A - m + (c + m)\frac{p_1'}{p} \quad . \quad . \quad . \quad . \quad (149)$$

wird.

Die Differenziation dieser Gl. liefert

$$d\varepsilon' = \frac{p_1'}{p} \cdot dc$$

Setzt man diesen Werth von $d\varepsilon'$ in Gl. (148) ein, und dividirt zugleich beide Seiten durch $p_1' \cdot dc$, so kommt

$$\log \frac{1 + m}{\varepsilon' + m} = \log \frac{c + m}{m}$$

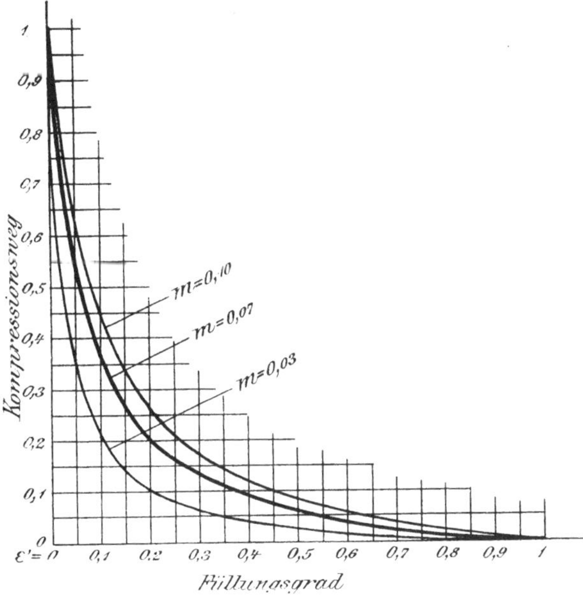

Fig. 54. Günstigste Kompression in Bezug auf Nutzdampfverbrauch.

zu erhalten. Verschiebt sich der wirkliche Füllungsgrad Fig. 53 nach rechts, so nimmt der sichtbare, der indicirte, zu, und der unsichtbare um ebensoviel ab, bis letzterer schliesslich $= 0$ und der wirkliche Füllungsgrad $=$ dem sichtbaren oder dem indicirten wird, wobei dann die Kompression gerade bis auf die Eintrittsspannung steigt unter entsprechender Vergrösserung des Kompressionsweges c. Der Nutzdampfverbrauch bleibt dabei immer derselbe, dagegen ändert sich die erhaltene Arbeitsfläche E.

Sind aber die Logarithmen zweier Grössen einander gleich, so sind diese Grössen unter sich einander auch gleich, d. h. wir erhalten einfach

$$\frac{1 + m}{\varepsilon' + m} = \frac{c + m}{m} \quad\quad\quad\quad (150)$$

als den gesuchten günstigsten Zusammenhang zwischen Füllungsgrad ε' und Kompressionsweg c. Hieraus berechnen wir letztern als Funktion von ε'

$$c = m \cdot \frac{1 - \varepsilon'}{m + \varepsilon'} \quad\quad\quad\quad (151)$$

Nach dieser Gleichung ist die folgende Tabelle für verschiedene Grössen der schädlichen Räume m und für eine Reihe von Füllungsgraden ε' berechnet, und danach auch die graphische Tabelle Fig. 54 aufgetragen.

Tabelle der in Bezug auf Nutzdampfverbrauch günstigsten

Kompressionswege c

bei Eincylindermaschinen mit und ohne Kondensation und bei Hoch- u. Mitteldruckcylindern von Mehrfachexpansionsmaschinen.

$\varepsilon' =$	0	0,05	0,10	0,15	0,20	0,30	0,50	1
$m = 0{,}03;\ c = 0{,}03\,\dfrac{1-\varepsilon'}{0{,}03+\varepsilon'} =$	1	0,356	0,208	0,142	0,104	0,064	0,028	0
$m = 0{,}07;\ c = 0{,}07\,\dfrac{1-\varepsilon'}{0{,}07+\varepsilon'} =$	1	0,555	0,370	0,271	0,208	0,132	0,061	0
$m = 0{,}10;\ c = 0{,}10\,\dfrac{1-\varepsilon'}{0{,}10+\varepsilon'} =$	1	0,634	0,450	0,340	0,267	0,175	0,083	0

Ist also z. B. bei einer Ventilsteuerung mit $m = 0{,}07$ der Füllungsgrad $\varepsilon' = 0{,}15$, so ist der in Bezug auf Nutzdampfverbrauch günstigste Kompressionsweg $c = 0{,}271$ des Hubes, und zwar gleichgültig ob bei Maschinen mit oder ohne Kondensation, ob bei hoher oder niedriger Dampfeintrittsspannung.

Wir können die Formel (150) noch anders schreiben, um deren Bedeutung besser zu erkennen:

Nach dem Mariotte'schen Gesetze ($p \cdot v = \text{Const.}$) lesen wir aus Fig. 53 ab:

$$w \cdot (1 + m) = p \cdot (\varepsilon' + m)$$

also

$$\frac{1 + m}{\varepsilon' + m} = \frac{p}{w}$$

und ebenso ist aus Gl. (141)

$$\frac{c + m}{m} = \frac{p_c}{p_1'}$$

Diese Werthe in Gl. (150) eingesetzt, ergiebt sich das merkwürdig einfache, und hier wohl zuerst gefundene Gesetz

$$\frac{p_c}{p_1'} = \frac{p}{w} \quad . \quad . \quad . \quad . \quad . \quad . \quad . \quad (152)$$

das heisst:

> Der in Bezug auf Nutzdampfverbrauch günstigste Kompressionsenddruck verhält sich zur Austrittsspannung wie die Eintrittsspannung zur Expansionsendspannung.

Das giebt auch eine einfache Konstruktion dieses Kompressionsdruckes, wenn Eintrittsspannung p, also in Fig. 55 der Punkt A,

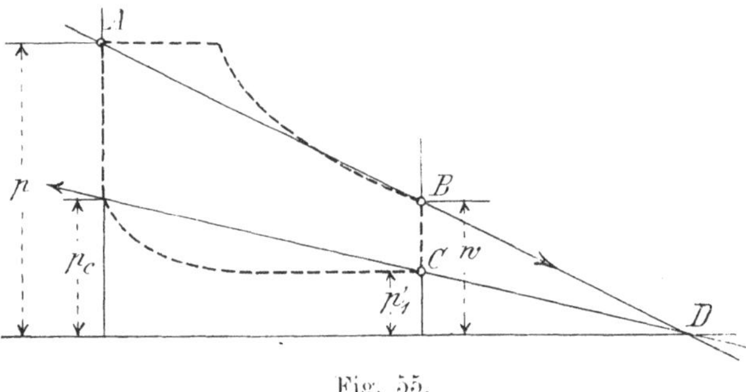

Fig. 55.

und Expansionsspannung, also Punkt B, und Austrittsspannung p_1', also Punkt C, gegeben sind: Man ziehe durch A und B eine Gerade bis zum Schnitte D mit der Null-Linie; dann schneidet eine zweite Gerade von diesem Punkt D aus durch C gelegt auf der Anfangsordinate des Diagrammes den günstigsten Kompressionsdruck p_c ab.

Ist die Expansionsspannung $w = $ der Eintrittsspannung p, d. h.

hat man keine Expansion, so wird der günstigste Kompressionsdruck nach (152)

$$p_c = p_1',$$

d. h. = der Austrittsspannung; oder, was dasselbe besagt, ist die
Füllung $\varepsilon' = 1$, so ist laut Tabelle S. 230 der günstigste Kompressionsweg

$$c = 0.$$

Beides bedeutet:

> Bei Maschinen mit Vollfüllung ist die in Bezug auf
> Nutzdampfverbrauch günstigste Kompression = Null; bei
> solchen Maschinen würde durch Kompression kein Nutz-
> dampf erspart werden.

Fällt umgekehrt die Expansionsspannung bis völlig auf die
Austrittsspannung herunter, hat man also vollständige Expansion,
wobei die Expansionslinie bis in die Spitze des Diagrammes hinaus
verläuft, d. h. ist $w = p_1'$, so giebt das Gesetz (152)

$$p_c = p,$$

das heisst:

> Bei Maschinen mit vollständiger Expansion soll man
> im Interesse kleinsten Nutzdampfverbrauches bis völlig
> auf die Eintrittsspannung hinauf komprimiren.

Alsdann wird der Einfluss des schädlichen Raumes auf den
Nutzdampfverbrauch vollständig beseitigt, indem bei solchen
Maschinen die aufgewendete Kompressionsarbeit in der Expansionsarbeit des folgenden Hubes — abgesehen von der Reibung — voll
und ganz wiedergewonnen wird. Der schädliche Raum ist dann
zu Beginn des neuen Hubes schon mit Restdampf vom vorhergehenden Hube, und zwar von voller Eintrittsspannung p vollgefüllt,
und die aus dem Kessel einströmende Nutzdampfmenge beträgt
nur noch

$$D_n' = \frac{\gamma}{10000}\, F s\, \varepsilon'.$$

Indem man in den Hoch- und Mitteldruckcylindern von
Mehrfachexpansionsmaschinen nun thatsächlich vollständig expandirt, oder dies wenigstens anstrebt, um keinen Spannungsabfall
zu erhalten, empfiehlt es sich immer, bei diesen die Kompression
bis, oder doch bis nahe zu der Eintrittsspannung zu treiben, besonders da solch hohe Kompression auch sowohl im Interesse weichen
Ganges der Maschine als auch günstiger thermischer Wirkung liegt.
Will man dabei beispielsweise einen Kompressionsenddruck von

$p-1$ Atm. erreichen, also aus praktischen Gründen mit der Kompression um etwa 1 Atm. unter der Eintrittsspannung bleiben, so ist ein Kompressionsweg nöthig von

$$c = m \left(\frac{p-1}{p_r} - 1 \right) \quad \ldots \ldots \ldots \quad (153)$$

welche Gl. sich aus (141) ergiebt, indem man dort $p_c = p - 1$ und $p_1' = p_r$ setzt und c ausrechnet. Wäre z. B. bei einer Compoundmaschine der relative schädliche Raum des Hochdruckcylinders $m = 0,07$, die Eintrittsspannung $p = 9$ Atm. und der Receiverdruck $p_r = 2$ Atm., so müsste der Kompressionsweg betragen

$$c = 0,07 \left(\frac{9-1}{2} - 1 \right) = 0,21;$$

also durchaus nicht unbequem gross und selbst mit Schiebersteuerung leicht erreichbar.

Liegt aber die Expansionsspannung w irgendwo zwischen p und p_1', hat man also unvollständige Expansion, so ist nach Gl. (151) oder der nach ihr berechneten Tabelle S. 230 der für den Nutzdampfverbrauch günstigste Kompressionsweg c zu bestimmen. Da laut Fussnote S. 223 Niederdruckcylinder von dieser Bestimmung ausgeschlossen sind, indem bei solchen immer und unter allen Umständen „vollkommene" Kompression angestrebt werden soll, haben wir nur noch die Eincylinder-Kondensationsmaschinen zu betrachten. Indem bei diesen die Füllung etwa zwischen $\varepsilon' = 0,10$ bis $0,20$ zu liegen pflegt, ergiebt die Tabelle S. 230 als günstigsten Kompressionsweg in Bezug auf Nutzdampfverbrauch oder auf „volumetrische Wirkung":

bei $m = 0,03$ (Corliss) einen Kompressionsweg von $c = 0,10 - 0,21$
„ $m = 0,07$ (Ventil und Schieber) „ „ „ $c = 0,21 - 0,37$
„ $m = 0,10$ (Kolbenschieber) „ „ „ $c = 0,27 - 0,45$

also in allen Fällen eine nur mässige Kompression, während die Rücksicht auf Weichheit des Ganges, besonders aber auf gute thermische Wirkung, im Gegentheil möglichst hohe Kompression (bis zu $c = 1$) verlangt, wenn die Steuerungsart solche nur zulässt. Beste volumetrische und beste thermische Wirkung der Kompression lassen sich also nicht zusammen erreichen, vielmehr muss in Bezug auf die eine oder die andere die Forderung nach dem Besten heruntergeschraubt werden. Indem beim heutigen Stand der Dampfmaschinenlehre die thermische Wirkung der Kompression nur geschätzt, nicht berechnet werden kann, das letztere aber mittels unserer Formeln für die volumetrische Wirkung der Fall ist, wollen wir hier für einen mittleren konkreten Fall zuerst zeigen, welche Einbusse an volumetrischer Wirkung (Nutzdampf pro erhaltene Arbeit, oder umgekehrt) denn eintritt, wenn man eine andere als die in dieser Beziehung günstigste Kompression giebt. Oder: Während uns die Gl. (151) nur die bestimmte Abscisse c des Kompressionsweges giebt, bei welcher die erhaltene Arbeit E bei gegebener Nutzdampfmenge ein Maximum wird, wollen wir für einen mittleren Fall den ganzen Verlauf der Funktion E für alle möglichen Werthe von c zwischen 0 und 1 berechnen.

Als solch mittlerer Fall sei bei einer Eincylinder-Kondensationsmaschine:

$$m = 0{,}07; \quad p = 7 \text{ Atm.}; \quad p_1' = 0{,}20 \text{ Atm. und } A = m_r' + \varepsilon' = 0{,}21,$$

d. h. es mögen bei jedem Hube $21\,^0/_0$ des Hubvolumens Fs an Nutzdampf in den Cylinder treten.

Frage: Welche Arbeit E, oder welchen mittleren Kolbenüberdruck $\dfrac{E}{F \cdot s}$ erhält man in diesem Cylinder, wenn man den Kompressionsweg c alle möglichen Werthe von $c = 0$ bis $c = 1$ durchlaufen lässt?

Nach Gl. (142) wird mit obigen Werthen der mittlere Kolbenüberdruck

$$\frac{E}{Fs} = 7\,K - 0{,}20\,K_g$$

und der sichtbare Theil des Füllungsgrades, der indicirte Füllungsgrad nach (149)

$$\varepsilon' = A - m + (c + m)\frac{p_1'}{p} = 0{,}21 - 0{,}07\,(c + 0{,}07)\frac{0{,}20}{7}$$
$$= 0{,}142 + 0{,}0286 \cdot c.$$

Mit dieser Gleichung rechnen wir für eine Reihe von Werthen des Kompressionsweges c in Zeile (2) der folgenden Tabelle die indicirten Füllungsgrade ε' aus; schreiben dann in Zeile (3) nach der graphischen Tabelle Fig. 32 die zugehörigen Spannungskoefficienten K, in Zeile (4) die Werthe $Kp = 7\,K$, in Zeile (5) nach graphischer Tabelle Fig. 34 die Gegendampfspannungskoefficienten K_g für die verschiedenen Kompressionswege c der Zeile (1), und in Zeile (6) die Werthe $K_g \cdot p_1' = 0{,}20\,K_g$ an. Durch Subtraktion der Werthe dieser Zeile (6) von denen der Zeile (4) erhalten wir in Zeile (7) die Werthe von $\dfrac{E}{Fs} = Kp - K_g \cdot p_1'$ und sehen, dass in unserm Falle dieser wirksame Kolbenüberdruck ein Maximum wird für den Kompressionsweg $c = 0{,}27$, entsprechend dem sichtbaren Füllungsgrad $\varepsilon' = 0{,}15$ (ganz in Uebereinstimmung mit Tabelle S. 230). Bezeichnet man die bei dieser Kompression erhaltene Maximalarbeit mit 1, so geben die in Zeile (8) angeschriebenen Verhältnisszahlen die verhältnissmässige Arbeit an, die man bei der gleichen Nutzdampfmenge bei andern Kompressionsgraden erhält. In Zeile (9) sind dann noch die verschiedenen Kompressionsdrücke p_c (nach Gl. 141), und in Zeile (10) die diesen Drücken entsprechenden Dampftemperaturen t_c angeschrieben.

1.	Kompressionsweg $c =$	0	0,15	0,27	0,5	0,7	1
2.	$\varepsilon' = 0{,}142 + 0{,}0286 . c =$	0,142	0,146	0,150	0,156	0,162	0,171
3.	$K =$	0,485	0,492	0,498	0,509	0,519	0,534
4.	$Kp = 7K =$	3,395	3,444	3,486	3,563	3,633	3,728 Atm.
5.	$K_g =$	1	1,102	1,250	1,690	2,140	2,920
6.	$K_g p_1' = 0{,}2\, K_g =$	0,200	0,220	0,250	0,338	0,428	0,584 Atm.
7.	$E : Fs = Kp - K_g p_1' =$	3,195	3,224	3,236	3,225	3,205	3,154 Atm.
8.	das verhält sich wie . . .	0,987 :	0,996 :	1	: 0,997 :	0,990 :	0,975
9.	$p_c = 0{,}20 + 2{,}86 . c =$	0,20	0,63	0,97	1,63	2,20	3,06 Atm.
10.	$t_c =$	61⁰	87⁰	99⁰	114⁰	124⁰	134⁰ Cels.

In Fig. 56 sind die verhältnissmässigen Arbeitsleistungen der Zeile (8) in Bezug auf die Kompressionswege aufgetragen

Aus dieser lehrreichen Tabelle sehen wir:

Während der Kompressionsweg c seine möglichen Werthe von 0 an bis 1 durchläuft, der Kompressionsenddruck p_c von 0,20 Atm. — gar keine Kompression — bis auf 3,06 Atm. — höchstmögliche Kompression — steigt, und dementsprechend die Endtemperatur des komprimirten Dampfes von 61^0 auf 134^0 anwächst, und der sichtbare Theil des Füllungsgrades ε' von $14\,^0/_0$ auf $17\,^0/_0$ steigt, erhält man mit der gleichen Nutzdampfmenge einen wirksamen Kolbenüberdruck mit 3,195 Atm. beginnend, dann anwachsend bis zu 3,236 Atm., welcher Maximaldruck bei dem günstigsten Kompressionsweg $c = 0{,}27$ und dem günstigsten Kompressionsdruck

$p_c = 0{,}97$ Atm. erreicht wird, worauf der wirksame Kolbenüberdruck wieder abnimmt bis auf 3,154 Atm.

Das Bemerkenswertheste ist nun, dass, wenn man mit der Kompression von der günstigsten abweicht, und zwar selbst bis zur untern bezw. obern möglichen Grenze hin, dass man dann (Zeile 8 der Tabelle, oder Fig. 56) mit der gleichen Nutzdampfmenge und in dem gleichen Cylinder eine nur 1,3 bezw. 2,5 % kleinere Leistung als die grösstmögliche erhält; das sind Zahlen — besonders die für die obere Grenze — die das trügerische „Gefühl“ ganz anders hätte vermuthen lassen! Umgekehrt braucht man nur 1,3 bezw. 2,5 % mehr Nutzdampf zur Erhaltung der gleichen Maximalarbeit, wenn man mit der Kompression von der günstigsten bis zur untern bezw. obern Grenze abweicht.

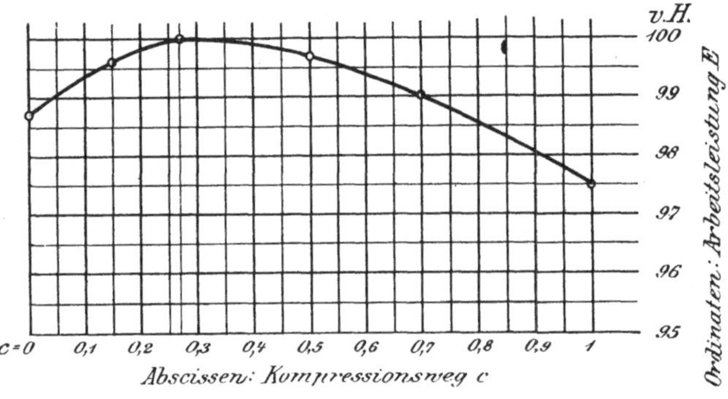

Fig. 56. Arbeit einer gegebenen Nutzdampfmenge (wirkl. Füllung $= 21\,\%$) in einem gegeb. Cylinder bei $p = 7$ Atm. und $p' = 0{,}20$ Atm. und $m = 0{,}07$ bei verschiedener Kompression.

Während Fig. 54 uns ganz allgemein die in Bezug auf Nutzdampfverbrauch günstigste Kompression für verschiedene Füllungsgrade giebt, erkennen wir aus Fig. 56, welche Einbusse an Nutzdampfverbrauch man bei Eincylinder-Kondensationsmaschinen unter mittleren Verhältnissen durch Abweichen von jener günstigsten Kompression erleidet.

Bei Schiebersteuerung, wo der Kompressionsweg c immer zwischen 0,10 und 0,30 liegt, und gar nicht anders gemacht werden kann, schliesst dieser den günstigsten ($c = 0{,}27$) ein, und bedingt eine Abweichung bis an die untere Grenze ($c = 0{,}10$) einen Verlust an Nutzdampfverbrauch von nur etwa 0,6 %. In dieser Beziehung ist also Schiebersteuerung für Eincylinder-Kondensationsmaschinen passend.

Bei Ventilsteuerung mit unabhängig von den Einlassventilen gesteuerten Auslassventilen kann der in Bezug auf Nutzdampfverbrauch günstigste Kompressionsweg $(c = \sim 0{,}27)$ auch jederzeit leicht eingestellt werden. Und bei solchen Ventilsteuerungen, bei denen auch noch Oeffnung und Schluss der Austrittsventile von einander unabhängig eingestellt werden können, findet man häufig einen etwas grössern Kompressionsweg von $c = 0{,}5 - 0{,}6$ angewendet, wobei man nach Fig. 56 einen kleinen Verlust an Nutzdampf von $0{,}3$ bis $0{,}6\,^0/_0$ erleidet, dagegen doch etwas grössere Kompression erhält. — Und nun kommt die Hauptfrage:

> Würde man nicht besser mit der Kompression noch weiter gehen, ja bis zur möglichen Grenze $(c = 1$ oder doch etwa $= 0{,}9)$, um noch mehr Sanftheit des Ganges zu erzielen, und ganz besonders um die günstige thermische Wirkung der Kompression zu steigern?

Wie viel man einerseits dadurch verlieren würde, ist aus unserer Entwicklung bekannt: es sind nach Fig. 56 $2{,}5\,^0/_0$ Mehrverbrauch an Nutzdampf; wie viel man aber dabei anderseits durch bessere thermische Wirkung am effektiven Dampfverbrauch sparen würde, lässt sich nicht ziffernmässig berechnen; jedoch können wir auf folgende Weise zu einer Vorstellung von dem zu erwartenden Gewinne gelangen:

In Fig. 57 ist das Dampfdruckdiagramm für unsere typische Eincylinder-Kondensationsmaschine aufgezeichnet, und zwar ausgezogen für den in Bezug auf Nutzdampfverbrauch günstigsten Kompressionsweg $c = 0{,}27$, und punktiert für den grösstmöglichen Kompressionsweg $c = 1$. Für beide Diagramme ist die Nutzdampfmenge dieselbe, indem für beide die „wirkliche Füllung" $= 0{,}21$ ist; dagegen hat letzteres $2{,}5\,^0/_0$ weniger Arbeitsfläche; zur Erzeugung gleicher Arbeitsfläche braucht man also bei höchst möglicher Kompression $2{,}5\,^0/_0$ mehr Nutzdampf.

Wir haben nun bei den Diagrammen Fig. 57 auch noch die bei den verschiedenen Dampfdrücken sich einstellenden Dampftemperaturen beigeschrieben; (bei überhitztem Dampfe würden blos die oberste, und vielleicht auch noch die zweite Zahl höher ausfallen; weiter abwärts wäre der Dampf jedoch unbedingt wieder gesättigt und hätte die angeschriebenen Temperaturen). — Indem aber Dampftemperaturen und Dampfdrücke durchaus nicht einander proportional sind, gewährt Fig. 57 kein anschauliches Bild des Temperaturverlaufes im Cylinder während eines vollen Hin- und Rückganges des Kolbens. Ein solches Bild erhält man aber, wenn man statt der Dampfdrücke die diesen entsprechenden Dampftemperaturen als Ordinaten zu den Kolbenwegen als Abscissen aufträgt, wie das in Fig. 58 geschehen. (Den untern Theil der Figur mit der Linie A—D lasse man vorläufig unbeachtet.) Dies

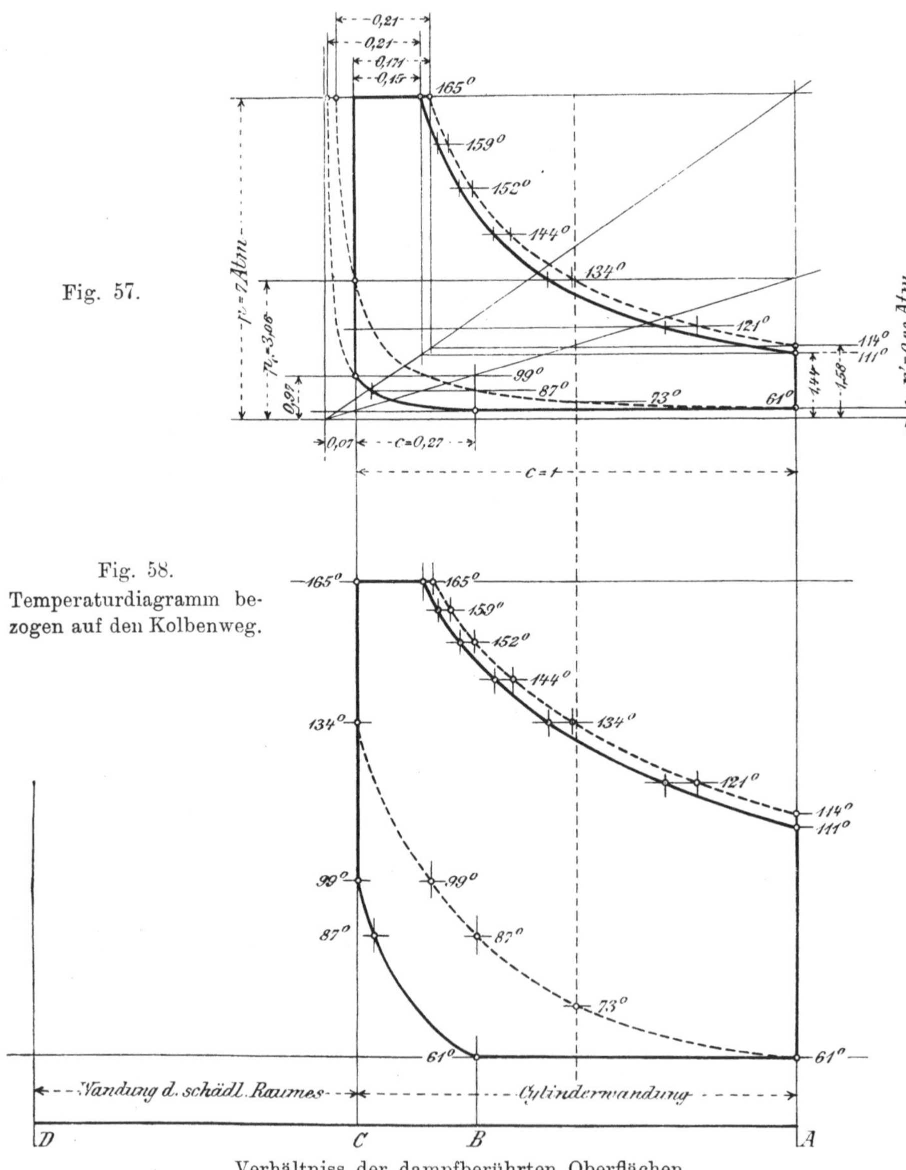

Fig. 57.

Fig. 58.
Temperaturdiagramm bezogen auf den Kolbenweg.

Verhältniss der dampfberührten Oberflächen.

Temperaturdiagramm zeigt, dass beim Hingang des Kolbens die Temperatur des Dampfes im Innern des Cylinders nur unbedeutend verschieden ist für die beiden Fälle: günstigste Kompression in Bezug auf Nutzdampfverbrauch und höchstmögliche Kompression; dass dagegen beim Rückgange des Kolbens die Dampftemperaturen in beiden Fällen ausserordentlich verschieden sind. Während bei sog. „günstigster" Kompression die Temperatur des Dampfes vor dem Kolben während ungefähr Zweidrittel des Kolbenweges auf der Austrittstemperatur von 61^0 bleibt, und erst im letzten Drittel des Kolbenweges infolge der dann erst einsetzenden Kompression bis auf 99^0 ansteigt, so beginnt bei „höchster" Kompression die Dampftemperatur schon von Anfang an zu steigen, kommt in Hubmitte schon auf 73^0 und steigt bis Hubende bis auf 134^0, bleibt also nur 31^0 unter der Eintrittstemperatur (statt 66^0 bei „günstigster" Kompression). Dass dadurch die abkühlende Wirkung des Dampfes auf die Cylinderwandungen während des Kolbenrückganges erheblich herabgezogen wird, leuchtet ein, und ganz besonders, wenn man noch daran denkt, dass die Dampftemperatur sich nicht nur im eigentlichen Cylinderraum vor dem Kolben geltend macht, sondern sich auch in die schädlichen Räume hinein erstreckt. Und da es für diese Betrachtungen ganz wesentlich ist, sich klar zu machen, wie gross die dampfberührte Oberfläche der schädlichen Räume sei, die eben auch — und zwar in erster Linie — an der thermischen Wechselwirkung zwischen Wandungen und Dampf theilnimmt, so wollen wir hier diese Oberfläche der schädlichen Räume für eine Schiebermaschine und eine Ventilmaschine berechnen und ins Verhältniss zur eigentlichen Cylinderwandung setzen.

Sei bei einer Schiebermaschine, Fig. 59, ab der Querschnitt und l die Länge der Cylinderkanäle, so hat die Wandung eines Kanales die Fläche $2(a+b).l$. Ist im Mittel die Kanalhöhe b

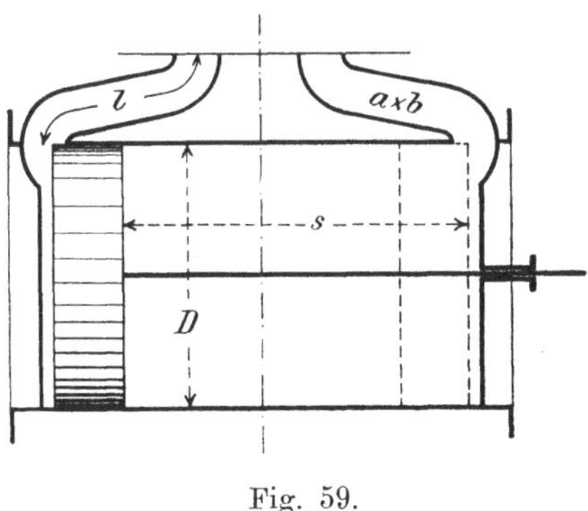

Fig. 59.

etwa $= 0,7\,D$ und die Kanalweite a etwa $= \dfrac{b}{7}$ also $= 0,1\,D$, und die

Kanallänge l ungefähr $= \dfrac{s}{2}$, so wird die Wandfläche eines Kanals ungefähr $2\,(0,1\,D + 0,7\,D)\,.\,\dfrac{s}{2} = 0,8\,Ds$. Ist im Mittel des Hub etwa $s = 1,5\,D$, so wird die Kanalwandung $= 0,8\,D\,.\,1,5\,D = 1,2\,D^2$. Hierzu noch eine Deckel- und eine Kolbenfläche $\dfrac{2\,\pi\,D^2}{4} = 1,6\,D^2$ giebt zusammen Oberfläche des schädlichen Raumes $O_{sch} = 2,8\,D^2$.

Steht der Kolben am andern Hubende, so kommt zur dampfberührten Fläche noch die Cylinderwand $\pi D s$ hinzu; ist wieder im Mittel $s = 1,5\,D$, so beträgt diese Cylinderfläche $O_{cyl} = 1,5\,\pi\,D^2 = 4,7\,D^2$.

Es beträgt also bei Schiebermaschinen ungefähr

$$\frac{O_{sch}}{O_{cyl}} = \frac{\text{Oberfl. d. schädl. Räume}}{\text{Cylinderwandung}} = \frac{2,8\,D^2}{4,7\,D^2} = 0,6.$$

Bei Ventilsteuerung sind zwar die Kanäle kürzer, dafür sind es aber deren je zweie[1]); die Doppelsitzventile und ihre Gehäuse haben auch grosse Oberfläche, so dass obiges Verhältniss hier noch grösser wird. Eine Nachrechnung an einer ausgeführten Ventilmaschine ($D = 575$ mm, $s = 860$ mm) hat ergeben

$$\frac{O_{sch}}{O_{cyl}} = \frac{\text{Oberfl. d. schädl. Räume}}{\text{Cylinderwandung}} = \frac{1,186\ \text{qm}}{1,550\ \text{qm}} = 0,765.$$

---

[1]) Man findet die Ansicht ziemlich verbreitet und auch in Büchern ausgesprochen, die Anordnung je zweier gesonderter Kanäle auf jeder Cylinderseite, der eine für den Eintritt des Dampfes, der andere für den Austritt, könne auch den schädigenden Einfluss des Wärmeaustausches zwischen dem Dampf und den Cylinder- bezw. Kanalwänden heruntermindern, indem bei getrennten Kanälen derjenige Wärmeverlust vermindert werde, „welcher bei Anordnung gemeinschaftlicher Kanäle für Ein- und Austritt dadurch entstehe, dass bei jedem Kolbenspiele abwechselnd der heisse Kesseldampf und darauf der kältere Abdampf mit der betr. gemeinsamen Kanalwand in Berührung komme". Diese Ansicht entspricht nicht dem sich thatsächlich abspielenden Vorgange: auch bei getrennten Ein- und Auslasskanälen und -Ventilen ist während der Dampfeinströmung der heisse Dampf nicht nur mit dem Einströmkanal und seinem Ventil in Berührung, sondern auch mit dem Ausströmkanal und dessen Ventil; und es wird sich auf allen diesen Oberflächen, die vorher kühler gewesen sind, Dampf niederschlagen. Ebenso ist während der Abströmung auch der Einlasskanal, der vorher wieder wärmer geworden, mit dem kühlen Dampf in Berührung, und auch das vorher an den Wandungen des Einlasskanals niedergeschlagene Wasser wird nun bei der kleineren Abdampfspannung verdampfen und Wärme mit fortnehmen, gerade wie dies Wasser thut, das sich an den Wandungen des Auslasskanals, des Cylinders, Kolbens etc. niedergeschlagen hatte. In Bezug auf die Art des Wärmeaustausches ist es gleichgültig, ob man gesonderte Ein- und Auslasskanäle anordnet oder gemeinsame: das Wesentliche ist, dass die Summe ihrer Oberflächen möglichst klein sei.

Dabei sind die hier auch vorgefundenen, so schädlich mitwirkenden Oberflächen der Spielräume zwischen Cylinderwand und den sackförmig weit in den Cylinder hineinragenden Deckel nicht einmal mitgerechnet, da diese durch denkende Konstrukteure vermieden werden.

Dies Verhältniss von 0,765 wollen wir für unsern Fall Fig. 58 annehmen. Denkt man sich im untern Theile der Figur durch die Strecke AC die Oberfläche der eigentlichen Cylinderwandung dargestellt, so hat man diese Strecke um 0,765 AC bis zu D zu verlängern, um in der Strecke CD die Oberfläche des schädlichen Raumes entsprechend darzustellen. Ist nun der Kolben in A, so steht vor ihm Dampf von 61^0 der die g a n z e Fläche von A—D berührt und auf sie kühlend einwirkt. Bewegt sich nun der Kolben von A gegen C hin, so nimmt die dampfberührte Oberfläche ab, und entspricht, wenn der Kolben nach B gekommen, noch der Strecke BD. Während auf dem ganzen Kolbenwege $A-B$ bei „günstigster Kompression" die Dampftemperatur auf 61^0 geblieben ist, also ihre abkühlende Wirkung auf die von AD bis BD abnehmende Oberfläche in voller Grösse angehalten hat, ist sie bei „höchster Kompression" schon von 61^0 auf 87^0 gestiegen. Auf dem Kolbenwege BC steigt dann die Temperatur bei b e i d e n Kompressionen: bei „höchster" von 87^0 auf 134^0, bei „günstigster" dagegen nur von 61^0 auf 99^0. Und im letzten Moment ist noch die relativ grosse Oberfläche des schädlichen Raumes $CD \, (= 0{,}765$ der Cylinderwandung!) im einen Falle mit Dampf von 134^0, im andern mit solchem von nur 99^0 in Berührung; und weil dabei auch die Kolbengeschwindigkeit bis zu Null gesunken ist, so hat der Dampf auch Z e i t, der grossen Oberfläche des schädlichen Raumes Wärme zu übertragen, und bei dem höhern Temperaturgefälle von 134^0 auf die an der Wandoberfläche vom Wandinnern her steigende Oberflächentemperatur wieder m e h r Wärme übertragen als bei dem viel kleinern Temperaturgefälle von 99^0 aus. Was aber von solcher Kompressionswärme an die Wandungen übergeht, oder ihnen weniger entzogen wird, ü b e r h a u p t n u r i n n e r h a l b d e s C y l i n d e r s b l e i b t, braucht nachher beim neuen Hube nicht dem frisch eintretenden Kesseldampf entzogen zu werden, d. h. dessen Kondensationsverlust zur Aufwärmung der Wandungen — besonders des schädlichen Raumes — wird um so viel kleiner. Dieser Kondensationsverlust beträgt nun bei Eincylinder-Kondensationsmaschinen und bei geringer, sog. „günstigster" Kompression (ausgezogene Kurve Fig. 57 und 58) etwa 60—70$^0/_0$ des Nutzdampfes, indem 1,60—1,70 mal so viel Dampf e f f e k t i v gebraucht wird, als dem wirklichen Füllungsgrad $(m_r + \varepsilon)$ entspricht, und der Verlust von 60—70$^0/_0$ zum weitaus grössten Theile eben von dem Kondensationsverlust im Innern des Cylinders herrührt, und — bei gut unterhaltenen Maschinen — nur zum verschwindend kleinen Theile von der Undichtheit von Steuerungsorganen, Kolben etc. (Ist bei Cylindern mit ausgiebiger Mantel- und Deckelheizung jener Verlust geringer, so kommt dagegen der Verbrauch an Heizdampf hinzu.)

Dieser Dampfverlust von 60—70$^0/_0$ wird nun durch die viel günstiger verlaufende Kompressionstemperaturkurve (Fig. 58) bei höchster Kompression gegenüber gewöhnlicher Kompression herabgemindert; um wie viel? das lässt sich aber nicht berechnen. Dürfte man annehmen, jener Verlust von 60—70$^0/_0$ würde bei „höchster Kompression" auch nur um 5$^0/_0$ herabgemindert, so stünde diesem Gewinne von 5$^0/_0$ der Nutzdampfmenge ein Verlust von 2,5$^0/_0$ durch Verringerung der Arbeitsfläche gegenüber; man hätte also noch immer einen Gewinn von 2,5$^0/_0$. Nach des Verfassers Meinung dürfte der wirkliche Gewinn aber höher sein, und in dieser Richtung anzustellende Versuche mit Eincylinderkondensationsmaschinen wären sehr zu empfehlen.[1] Man bedürfte hierzu einer Steuerung, bei der nicht nur Ein- und Auslassorgane unabhängig von einander verstellt, sondern bei der auch noch Oeffnung und Schluss jedes Auslassorganes selber ganz unabhängig von einander beliebig verstellt werden könnten, und wobei noch die Er-

---

[1] Prof. Doerfel hat — Zeitschr. d. Ver. d. Ing. 1889, S. 1065 — schon ausgedehnte derartige Beobachtungen an einer solchen Maschine angestellt und dabei im wesentlichen gefunden, dass höher getriebene Kompression nicht nur den Gang der Maschine weicher macht, sondern in der That auch den Gesammtdampfverbrauch vermindert hat. Mit den oben empfohlenen Versuchen sind aber die Doerfel'schen nicht identisch; hierzu gehört eine Ventilmaschine mit der oben im Text beschriebenen Steuerung, so dass Spannungsabfall am Hubende und Kompression je für sich vollständig rein zum Ausdruck gelangen, während Doerfels Maschine Corlisssteuerung hatte, welche bei Einstellung auf höhere Kompression den Auslass überhaupt nicht mehr völlig öffnete und den Beginn der Kompression durch Drosselung des abgehenden Dampfes infolge schleichenden Abschlusses der Corlisshähne verfrüht erscheinen liess.

Bei der Auswerthung aller solcher Versuche wird das durch Gl. (152) ausgesprochene Gesetz über günstigste Kompression in Bezug auf Nutzdampfverbrauch, ferner das angegebene Rechnungsverfahren zur Bestimmung des Mehrverbrauches an Nutzdampf, wenn jene „günstigste" Kompression erhöht wird, vorzügliche Dienste leisten:

Misst man zuerst den Gesammtdampfverbrauch pro PS_i bei der sog. „günstigsten" Kompression, stellt man dann bei möglichst gleicher Belastung der Maschine die Kompression auf einen viel höheren Grad ein, so kann man den Mehrverbrauch an Nutzdampf für diese grössere Kompression berechnen,

öffnung des Auslasses **rasch auf volle Weite** erfolgen würde.
Diese Bedingungen wären leicht zu erfüllen, wenn die Auslassorgane z. B. Ventile sind, deren jedes durch
je ein Paar neben einander liegender un-
runder Scheiben bewegt würde, deren vor-
dere Höckerfläche A, Fig. 60, der einen
Scheibe angehörend, die Oeffnung, und
deren hintere Höckerfläche B, der andern
Scheibe angehörend, den Schluss des Ventiles bewirken würde, wie das z. B. Gebr.
Sulzer öfter ausführen, wobei aber beide
Scheiben auf der Welle, also auch gegen
einander, verdreht, also sowohl Eröffnungs-
punkt, Eröffnungsdauer und Schlusspunkt
beliebig eingestellt werden könnten, und
wobei doch immer Volleröffnung des Auslasses eintreten würde.

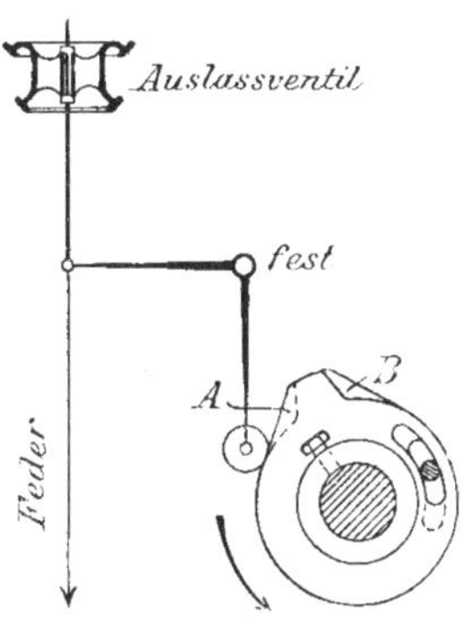

Fig. 60.

Es wäre dann so vorzugehen: Zuerst stellt man den Höcker B,
Fig. 60, so ein, dass der **Schluss** des Auslassventiles in der
Kolbenstellung B, Fig. 61, bei einem Kompressionswege von etwa

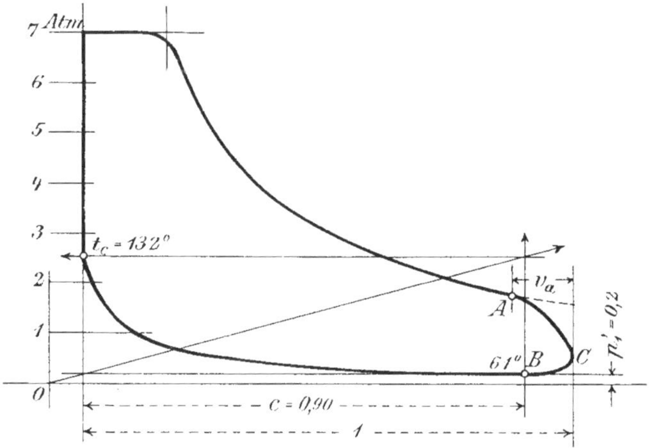

Fig. 61. Beste Kompression bei Eincylinderkondensationsmaschinen.

---

ihn vom wiederum beobachteten Gesammtdampfverbrauch abziehen, und wird
nun der Vergleich dieser so erhaltenen Differenz mit dem Gesammtdampfverbrauch
bei „günstigster" Kompression die thermische Wirkung der Cylinderwandungen
während des Kolbenrücklaufes bei verschiedenen Kompressionsgraden deutlich
erkennen lassen, indem jene Wirkung der Cylinderwandungen während des
Kolbenhinganges in allen Fällen sehr nahe die gleiche bleibt.

$c = 0,9$ erfolgt; dabei erhält man (bei $p_1' = 0,20$) einen Kompressionsdruck von $p_c = 2,80$ Atm. und eine Kompressionsendtemperatur
$t_c = 132^0$, also nur äusserst wenig unter diesen Werthen für $c = 1$
bleibend, wogegen man anderseits doch nur $2\,^0/_0$ Arbeitsfläche
gegenüber der „günstigsten“ Kompression verliert, anstatt $2,5\,^0/_0$
(s. Fig. 56). Alsdann stelle man den die Oeffnung des Ventiles
bewirkenden Höcker A, Fig. 60, so weit vor, d. h. vergrössere die
Vorausströmung $v_{\dot a}$, Fig. 61, so lange, bis im schon festgelegten
Punkte B, Fig. 61, die Indikatorkurve bis völlig auf die mittlere
Spannung p_1' am Anfang der Abdampfleitung herabsinkt, welche
Spannung p_1' man an einem gleichzeitig in den Abdampfstutzen
eingeschraubten Indikator ermittelt. Es findet dann nicht eine
Dampfabströmung im üblichen Sinne des Wortes statt, sondern der
Dampf expandirt nur auf dem kurzen Kolbenwege ACB, Fig. 61,
von seiner Expansionsendspannung w auf die Gegenspannung p_1' herab;
man lässt ihn also nur seinen „Spannungsabfall“, diesen aber
vollständig vollziehen, nachher aber nicht weiter abströmen; der
im Cylinder zurückgehaltene Restdampf und seine Wärme kommen
der neuen Füllung beim folgenden Hube zu gute.

J. Schiebersteuerung Weiss

mit Doppeleröffnung des Austrittes und vorheriger Ueberströmung.

Aus den Erörterungen des letzten Kapitels geht hervor, dass bei Kondensationsmaschinen nur gewisse Ventilsteuerungen allseitig befriedigen können, dass das aber am wenigsten der Fall ist bei gewöhnlicher Schiebersteuerung (auch mit Spaltschiebern), indem deren Starrheit eine günstige Einstellung weder der Abströmung noch der Kompression zulässt. Deswegen sei gestattet, hier, in einer Schrift, die nur über Kondensation und was mit ihr zusammenhängt handelt, eine besondere, vom Verfasser herrührende und ihm patentirte Schiebersteuerung vorzuführen,[1] die auch nur speciell für Maschinen mit Kondensation bestimmt ist, und bei solchen die der gewöhnlichen Schiebersteuerung anhaftenden Uebelstände auf einfachste Weise beseitigt, indem hier

    a) der Dampfaustritt zu seiner vollen Eröffnung einen noch kleineren Schieberweg beansprucht als bei Ventilsteuerung, also noch rascher als bei dieser erfolgt, so dass die volle Eröffnung des Austrittes bequem schon ein Stück vor dem todten Punkte erreicht wird, wodurch man das Vakuum in seinem vollen Umfange schon von Anfang des Hubs an in den Cylinder hinein bekommen kann;

    b) der Dampf gegen Hubende, wo er sonst ganz unbenützt in den Kondensator abströmt, hier vorher noch dazu benützt wird, den Raum auf der andern Kolbenseite, der gewesenen Abströmseite, besser mit Dampf anzufüllen, und so die

---

[1] Zuerst in der Zeitschr. d. Ver. d. Ing. 1895, S. 762, veröffentlicht; dieser Aufsatz enthält aber einige Ungenauigkeiten und behandelt die Sache nicht durchweg einwandsfrei; man lasse ihn daher unbeachtet und halte sich ausschliesslich an die hier gegebene Entwickelung und die hier aufgestellten Konstruktionsregeln.

Kompression zu erhöhen, womit einerseits sanfterer Gang der Maschine, anderseits bessere thermische Wirkung erreicht wird; noch ausserdem erhält man infolge der Ueberströmung mit der gleichen Dampfmenge eine grössere Arbeitsfläche als unter sonst gleichen Umständen mit einer Ventilmaschine.

Diese beiden, bei diesem Schieber immer zusammen auftretenden Eigenschaften, machen ihn gerade für alle Cylinder geeignet, die ihren Dampf in einen Kondensator ausstossen (also Eincylinderkondensationsmaschinen und Niederdruckcylinder von Mehrfachexpansionsmaschinen mit Kondensation), während bei den andern Cylindern (Eincylinderauspuffmaschinen und Hoch- und Mitteldruckcylinder) auch gewöhnliche Schieber genügen.

Der Schieber kann sowohl als Grundschieber unter einem (Meyer-, Rider- etc.) Expansionsschieber wirken, als auch als Einzelschieber Dampfvertheilung und Expansion zusammen besorgen, und sollen beide Verwendungsarten hier beschrieben werden.

a) Weiss-Schieber als Grundschieber unter einem Expansionsschieber wirkend, bei Eincylinderkondensationsmaschinen oder beim Niederdruckcylinder von Mehrfachexpansionsmaschinen.

In Fig. 62 ist ein derartiger Schieber dargestellt. Die Stege am Schieberspiegel sind derart verbreitert, dass muschelartige Aushöhlungen in dieselben eingelegt werden können. Die Auslassöffnung ist in Mittelstellung des Schiebers durch einen an letzterm mitgegossenen Steg überdeckt, in den ebenfalls eine muschelartige Vertiefung, wie die beiden schon erwähnten, eingelegt ist. Wenn a die Kanalweite, i die innere Deckung oder Stegbreite der innern Muschel bedeutet, so ist die Weite jeder der drei Muscheln $= a + i$ zu machen, während deren Tiefe mindestens $= \dfrac{a}{2}$ sein muss; mit Rücksicht darauf, dass der Grund der Muscheln unbearbeitet bleibt, so dass deren Tiefe leicht kleiner als beabsichtigt ausfallen kann, ist selbe $> \dfrac{a}{2}$ einzuzeichnen, damit hier keine Querschnittsverengungen auftreten. Der Querschnitt zwischen Schieberrücken und mittlerem Steg im Schieber ist mindestens $=$ dem vollen Kanalquerschnitt $a \cdot b$ zu machen ($b =$ Höhe der Kanäle), da bei äusserster Stellung des Schiebers die ganze austretende Dampfmenge ihren Weg über den mittleren Steg weg nimmt. Die Schieberlappen ragen bei Mittelstellung des Schiebers nach aussen um die äussere Deckung e

über die Kanäle am Cylinder hinaus, während sie nach innen Ueber-
strömspalten r frei lassen, durch welche am Ende der Expansions-
periode und bevor der Dampf abzuströmen beginnt, Dampf vom
Raume hinter dem Kolben auf dessen Vorderseite strömt, wo die
Kompression begonnen hat, hier den Druck erhöht, so dass der
Kolben vor sich mehr Dampf, d. h. Dampf von höherer Spannung
erhält, womit eben höhere Kompression erzielt wird.

Man erkennt aus Fig. 62 leicht, dass, damit sich der Druckausgleich vor und hinter dem Kolben ohne vorzeitige Eröffnung

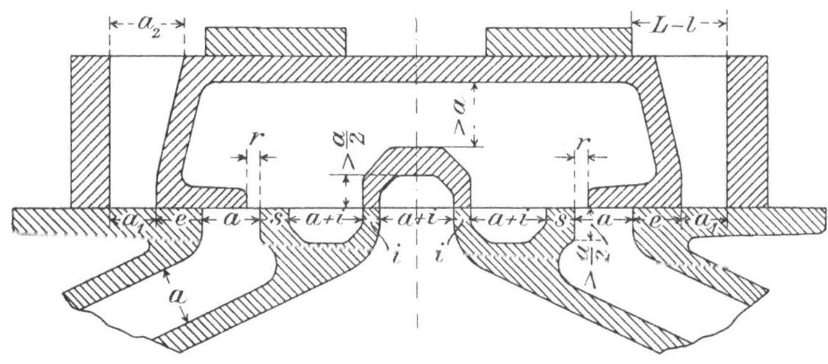

Fig. 62.

des Austrittes rein vollziehe, die innere Deckung i etwas grösser
sein muss als die Ueberströmspalte r. Es muss also immer

$$i = r + d \quad \ldots \quad \ldots \quad \ldots \quad (153)$$

sein, wo die „Sicherheitsdeckung" $d =$ einer kleinen positiven
Grösse ist, die man passend zu etwa $0,1\,a$ annimmt.

Mit den bis jetzt genannten Bedingungen (also i etwas grösser
als r und die Weite der drei Muscheln je $= a + i$), zeichne man
sich nach Fig. 62 einen solchen Schieber sammt seinem Spiegel auf,
und schneide ihn seiner Gleitfläche nach durch, so dass man den
Schieber auf seinem Spiegel verschieben kann. Schiebt man nun
den Schieber um das Stück i aus seiner Mittelstellung — sagen
wir nach rechts — so beginnt der Austritt sich zu öffnen, und
zwar an zwei Kanten statt nur an einer, der Austrittsquerschnitt
wird also verdoppelt; und dieser Austrittsquerschnitt wächst, und
zwar doppelt so schnell als bei gewöhnlichem Schieber, bis zum

Schieberwege $\dfrac{a}{2} + i$ aus der Mitte: dann stehen die Schenkel der

Schiebermuschel gerade über den Mitten der Austrittsöffnung und

der rechten Spiegelmuschel, der Austrittsquerschnitt ist je $2 \cdot \dfrac{a}{2} = a$
geworden, d. h. hat die volle Kanalweite a erreicht; die eine Hälfte
des austretenden Dampfes geht **über**, die andere **unter** dem
Mittelstege durch, und findet jede eine Wegbreite von $\dfrac{a}{2}$. In dem
Moment, wo der Austritt an der Mittelöffnung die volle Kanalweite a erreicht hat, muss aber der Cylinderkanal a rechts ebenfalls seine volle Eröffnung erreicht haben; denn es hülfe nichts,
wenn an einem Ort zwar volle Eröffnung des Austrittes erreicht
wäre, am andern dagegen noch nicht. Es muss also bei dem
Schieberwege $\dfrac{a}{2} + i$ auch der Kanal am Cylinder eben völlig ab-
gedeckt werden, d. h. es muss auch sein

$$\frac{a}{2} + i + r = a$$

woraus

$$r = \frac{a}{2} - i.$$

Hierin den Werth von i aus (153) eingesetzt

$$r = \frac{a}{2} - r - d$$

woraus

$$r = \frac{a}{4} - \frac{d}{2} \quad \ldots \ldots \ldots \quad (154)$$

Da $\dfrac{d}{2}$ immer kleiner als $\dfrac{a}{4}$ ist, ergiebt sich für r immer ein posi-
tiver Werth: bei diesem Schieber mit Doppeleröffnung des Aus-
trittes **muss** also nothwendig auch Ueberströmung stattfinden. —
Bewegt sich der Schieber dann noch weiter, so bleibt die Grösse
des Austrittsquerschnitts an der engsten Stelle konstant $= a$, bis
sich der Austritt wieder zu schliessen beginnt, wobei das Schliessen
ebenso rasch erfolgt, wie das Oeffnen erfolgt ist.

Die Weite der Ueberströmspalte r, wie sie aus Gl. (154)
sich ergiebt, ist als deren Mindestwerth anzusehen, den man auch
vergrössern darf. Damit auch bei rasch gehenden Maschinen der
Druckausgleich vor und hinter dem Kolben sich **vollständig**
vollziehe, empfiehlt es sich erfahrungsgemäss, r um etwa ein
Drittel grösser zu machen; hiermit und mit Einsetzen des für die

Sicherheitsdeckung d passenden Werthes von $d = 0{,}10\,a$, geht Gl. (154) über in

$$r = \frac{4}{3}\left(\frac{a}{4} - \frac{a}{20}\right) = \frac{4}{15}\,a$$

wofür wir rund setzen

$$r = 0{,}25\,a \quad . \quad . \quad . \quad . \quad . \quad . \quad (155)$$

welchen Werth man für die Ausführung auf den nächsten ganzen Millimeter aufrundet, und dann mit diesem auszuführenden Werthe von r weiterrechnet.

Hiermit kommt die innere Ueberdeckung

$$i = r + d = r + 0{,}1\,a \quad . \quad . \quad . \quad . \quad . \quad (156)$$

für welchen Werth man die nächst gelegene ganze Millimeterzahl nimmt. Damit ist auch die Weite $a + i$ der drei Muscheln und der Austrittsöffnung im Schieberspiegel bestimmt.

Die Stegbreite s (Fig. 62) kann man etwa nach der empirischen Formel wählen

$$s = 0{,}3\,a + 10\,\text{mm} \quad . \quad . \quad . \quad . \quad . \quad . \quad (157)$$

beliebig auf- oder abgerundet.

Was die äussere Deckung e betrifft, so braucht man diese hier nicht mit Rücksicht auf eine verlangte Füllung zu bestimmen, weil hier voraussetzungsgemäss ein besonderer Expansionsschieber auf dem Rücken unseres Grundschiebers die Einstellung des Füllungsgrades besorgt; man könnte also, um einen kleinen Schieberweg zu erhalten, e möglichst klein (immerhin aber noch grösser als r) wählen. Doch ist hier die äussere Deckung e in Rücksicht auf den Voreilwinkel zu bestimmen, so dass dieser so gross wird, dass die Volleröffnung des Austrittes schon vor dem todten Punkte eintritt, und zwar hat wiederum die Erfahrung gezeigt, dass die Abströmlinie im Indikatordiagramm dann schon im todten Punkte bis, oder bis sehr nahe auf die Gegenspannung im Abdampfrohr herabsinkt, wenn der Austrittskanal seine volle Eröffnung schon erreicht, wenn die Kurbel noch um einen Winkel von etwa 15^0 vor ihrer Todpunktstellung steht. Aus dieser Bedingung, sowie einer passenden Annahme für die Voreinströmung v_e von

$$v_e = 0{,}25\,a \text{ bis } 0{,}30\,a \quad . \quad . \quad . \quad . \quad . \quad (158)$$

lässt sich die äussere Deckung ableiten zu

$$e = 0{,}96\,a \quad . \quad . \quad . \quad . \quad . \quad . \quad (159)$$

bei sehr rasch gehenden Maschinen etwas grösser (bis $1{,}05\,a$ hinauf), bei langsam gehenden etwas kleiner (bis $0{,}90\,a$ herab).

Mit Rücksicht darauf, dass bei Expansionsschiebersteuerung der Expansionsschieber anfängt den Durchgangskanal im Grundschieber wieder zu verengen lange bevor der Grundschieber den Eintrittskanal ganz aufgemacht hat, — und das auch selbst bei grössern Füllungen, — dass also bei solcher Expansionssteuerung der Eintrittskanal doch nie auf seine volle Weite geöffnet wird, genügt es, die untere Weite des Durchgangskanals im Grundschieber (s. Fig. 62) etwa zu machen

$$a_1 = 0{,}80\,a \text{ bis } 0{,}85\,a \ . \ . \ . \ . \ . \ . \quad (160)$$

den kleinern Werth bei kleinern, den grössern bei grössern Füllungen.

Damit dann diese Eröffnungsweite auf der Eintrittsseite wirklich erreicht wird, ist die Excentricität oder der halbe Schieberhub

$$\varrho = a_1 + e \ . \ . \ . \ . \ . \ . \ . \quad (161)$$

zu machen.

Damit bestimmt sich der Voreilwinkel δ aus der Gleichung

$$\sin \delta = \frac{v_e + e}{\varrho} \ . \ . \ . \ . \ . \ . \ . \quad (162)$$

So sind alle Elemente des Schiebers auf die eine Grösse, die Kanalweite a zurückgeführt, und bleibt nur noch diese zu bestimmen übrig. Sie wird erhalten, indem man den Kanalquerschnitt $(a\,.\,b)$ durch die anzunehmende Kanalhöhe b dividirt, also

$$a = \frac{(a\,b)}{b} \ . \ . \ . \ . \ . \ . \ . \quad (163)$$

Um a klein, und damit den Schieber und dessen Hub kurz zu bekommen, wählt man b möglichst gross, bleibt aber immer mit der Kanalhöhe noch unter dem Cylinderdurchmesser D (etwa $b = 0{,}6$ bis $0{,}9\,D$, wachsend mit der Grösse der Maschine). Es ist also noch der Kanalquerschnitt $a\,.\,b$ zu bestimmen, und zwar mit Rücksicht darauf, dass die mittlere Geschwindigkeit des eintretenden Dampfes — über die des austretenden haben wir früher schon gesprochen, und brauchen diese hier nicht mehr zu berücksichtigen — eine gewisse Grösse v nicht übersteigt, damit keine Drosselung eintritt. Bedeutet F die Kolbenfläche, und zwar hier in Quadratmetern, u die mittlere Kolbengeschwindigkeit in Metern, also

$$u = \frac{n\,.\,s}{30} \ . \ . \ . \ . \ . \ . \ . \quad (164)$$

wo n die minutliche Umdrehzahl und s den Kolbenhub in Metern bedeutet, so hat man

$$a\,b = \frac{F\,.\,u}{v} \ . \ . \ . \ . \ . \ . \ . \quad (165)$$

Allgemein findet man nun als zulässige mittlere Dampfgeschwindigkeit in den Kanälen den Werth

$$v = 30 \, \text{m}$$

angegeben, also für die kleinste Maschine mit engsten Kanälen gerade so gross als wie für die grösste Maschine mit recht weiten Kanälen, während doch offenbar in weiten Kanälen die Geschwindigkeit grösser sein darf als in engen, ohne dass man eine grössere Drosselung befürchten muss, gerade wie auch in weiteren Rohren grössere Geschwindigkeit des Abdampfes zugelassen werden darf als in engeren — vergl. Gl. (136) und Schaubild Fig. 47, S. 211 — weil bei ersteren das Verhältniss des Umfanges, an dem die Hauptreibung stattfindet, zur Querschnittsfläche kleiner ist. Diese Erwägung trifft nicht nur für den Cylinderkanal selber zu, sondern auch für die beim Arbeiten des Schiebers sich öffnenden und schliessenden Spalten an den Mündungen der Kanäle: auch diese Spalten werden — abgesehen vom letzten Moment vor dem Abschluss und vom ersten nach dem Oeffnen — bei grössern Maschinen mit weitern Kanälen auch weiter als bei engen Kanälen, drosseln im erstern Falle also auch weniger, lassen also eine grössere Durchgangsgeschwindigkeit zu. Es rechtfertigt sich daher, die zulässige mittlere Eintrittsgeschwindigkeit v des Dampfes in den Cylinderkanälen mit der Weite dieser Kanäle etwas zunehmen zu lassen, und da diese Kanalweite auch mit dem Cylinderdurchmesser D zunimmt, mag etwa angenommen werden

$$v = 25 + 8 \, D \quad \ldots \quad \ldots \quad \ldots \quad (166)$$

und zwar bei allen Schiebermaschinen, betreffe es deren Hoch- oder Niederdruckcylinder;

also für $D =$	0,2	0,4	0,7	1	1,5	2 m
wäre etwa $v =$	26,6	28,2	30,6	33	37	41 m anzunehmen.

Das stimmt auch mit der Praxis besser überein als die Regel $v =$ konst., indem man bei grossen und mit hoher Kolbengeschwindigkeit arbeitenden Maschinen mit v thatsächlich bis auf 40 m und noch höher geht, ja gehen muss, um nicht allzu grosse Steuerungsorgane zu erhalten.

Mit so angenommener Kanalgeschwindigkeit v findet man aus (165) den nöthigen Kanalquerschnitt $a \cdot b$, und hieraus mit angenommener Kanalhöhe b nach (164) die Kanalweite a.

Damit sind die Elemente unseres Grundschiebers alle bestimmt; der Expansionsschieber ist der gleiche wie für den gewöhnlichen Grundschieber.

Beispiel des Entwurfes eines Weiss-Grundschiebers.

Es sei — gleichgültig ob bei Eincylinderkondensationsmaschine oder Niederdruckcylinder einer Compoundmaschine — Cylinderdurchmesser $D = 0,60$ m, also Kolbenfläche $F = 0,283$ qm, und Kolbengeschwindigkeit $u = 2,50$ m. Nach (166) ist für diesen Cylinder eine mittlere Dampfgeschwindigkeit in den Kanälen angemessen von $v = 25 + 8 \cdot 0,6 = 29,8$ m;

hierfür nehmen wir . . . . $v = 30$ m.
Damit findet sich der nöthige Kanalquerschnitt

$$a\,b = \frac{F \cdot u}{v} = \frac{0,283 \cdot 2,50}{30} = 0,0236 \text{ qm.}$$

Die Kanalhöhe angenommen zu . . . . $b = 0,45$ m,

kommt die Kanalweite $a = \dfrac{a\,b}{b} = \dfrac{0,0236}{0,45} = 0,0523$ m,

aufgerundet auf . . . . $a = 53$ mm.
Hiermit nach (155) die Ueberströmspalte
$r = 0,25\,a = 0,25 \cdot 53 = 13,25$ mm, aufgerundet auf $r = 14$ mm.
Damit nach (156) die innere Deckung
$i = r + 0,1\,a = 14 + 5,3 = 19,3$ mm, abgerundet auf $i = 19$ mm.
Also Weite der drei Muscheln und der Austrittsöffnung
$$a + i = 53 + 19 = 72 \text{ mm.}$$

Die Stegbreite s kann man nach (157) annehmen zu
$s = 0,3\,a + 10 = 0,3 \cdot 53 + 10 = 25,9$, oder rund $s = 25$ mm.
Die äussere Deckung nach (159)
$e = 0,96 \cdot a = 0,96 \cdot 53 = 50,9$; aufgerundet auf   . $e = 51$ mm.
Die Füllung sei ziemlich klein, so kommt nach (160) die Weite des Durchgangkanals im Grundschieber $a_1 = 0,8 \cdot a = 0,8 \cdot 53 = 42,4$; aufgerundet auf $a_1 = 43$ mm.

Mit diesen Maassen kann der Schieber nach der schematischen Fig. 62 aufgezeichnet werden.

Die Excentricität, oder der halbe Schieberweg wird nach (161) . . . . . . $\varrho = a_1 + e = 43 + 51 = 94$ mm
und nach (158) die Voreinströmung
$v_e = 0,25\,a$ bis $0,30\,a = 0,25 \cdot 53$ bis $0,30 \cdot 53 = 13,25$
bis $15,9$; hierfür angenommen . . . . $v_e = 14$ mm.

Der Monteur hat also den Grundexcenter so auf der Welle aufzukeilen, dass die Voreinströmung auf beiden Seiten 14 mm beträgt.

Dabei stellt sich aus (162)

$$\sin \delta = \frac{v_e + e}{\varrho} = \frac{14 + 51}{94} = 0{,}692$$

ein Voreilwinkel ein von . . . . $\delta = 43^0\ 50' = \sim 44^0$.

Schieberdiagramm dazu.

In Fig. 63 zeichnen wir das (Zeuner'sche) Schieberdiagramm, und zwar in $^1/_8$ natürlicher Grösse, zu dem entworfenen Schieber ganz in der bekannten Weise; nur tritt hier zu dem „e"- und dem „i"-Kreise noch ein „r"-Kreis hinzu, dessen Schnittpunkte mit den Schieberkreisen die Kurbelstellungen bestimmen, zwischen denen die Ueberströmung stattfindet, während die Länge der Radienvektoren vom Mittelpunkt bis an den „r"-Kreis die von O bis r wachsende, dann wieder bis O abnehmende Weite der Ueberströmspalte an ihrer engsten Stelle am Schieberspiegel angiebt. Nachdem wir alle maassgebenden Grössen, r, i, e, ϱ und δ, auf die Kanalweite a zurückgeführt haben, ist unser Schieberdiagramm ein typisches, d. h. gilt für alle derartigen, unter einem Expansionsschieber wirkenden Grundschieber, und ändert sich nur dessen Maassstab, während seine geometrischen Verhältnisse — insbesondere auch die im folgenden angegebenen Winkel — die gleichen bleiben.[1]

Verfolgen wir an Hand der Fig. 63 einen vollen Hin- und Rückgang des Kolbens:

In der Kurbelstellung I (etwa 11^0 vor dem Todpunkte, also etwa $1^0/_0$ des Kolbenhubes vor dessen Ende) öffnet der Grundschieber den Dampfeintritt. Dann wird, irgendwo zwischen I und II, der Dampfeintritt durch den Expansionsschieber wieder abgeschlossen, und beginnt die Expansion. In Kurbelstellung II, entsprechend

---

[1] Auf den hier zu erwartenden Einwurf, es sei nicht gut, für die Konstruktion eines Schiebers feste Regeln, ein förmliches Recept zu geben, wie wir es hier gethan haben, man müsse vielmehr dem Konstrukteur volle Freiheit lassen, für die verschiedenen Zwecke jeweilen das Richtigste zu suchen, erwidern wir, dass ein Vertheilschieber unter einem Expansionsschieber wirkend — und nur solche behandeln wir vorerst —, immer nur einen Zweck verfolgt: beste Dampfvertheilung bei nicht zu grossen Schieberdimensionen. Dieser eine Zweck führt auch immer schliesslich zu denselben anzuwendenden Mitteln, d. h. immer auf sehr annähernd die gleichen relativen Grössen der Schieberelemente. Indem wir feste Regeln für die Bestimmung dieser Schieberelemente aufgestellt haben, haben wir nur dem Konstrukteur seine Aufgabe erleichtert. Wenn man die schöne Dampfvertheilung, die unser Schieber geben kann, auch wirklich erhalten will, darf man von den gegebenen Konstruktionsregeln nicht abweichen.

einem Kolbenweg von $61\,^0/_0$, schliesst auch der Grundschieber den Eintritt wieder ab; er gestattet also eine Maximalfüllung von 0,61, für solche Schieber gross genug. Von Kurbelstellung III bis IV findet die Ueberströmung des Dampfes statt; von IV bis V nochmals ein Stückchen Expansion, und in Kurbelstellung V, etwa $7,5\,^0/_0$ des Kolbenweges vor erreichtem Hubende, beginnt die Abströmung. Indem sich hier für den Austritt z w e i Spalten öffnen, und jede gleich weit, hat man die gewöhnliche Weite des Austrittes, wie sie vom innern Deckungskreis i aus durch den Schieberkreis auf den Radienvektoren abgeschnitten wird, auf diesen Radienvektoren v e r d o p p e l t aufzutragen, und erhält so die „Austritts-Eröffnungs-kurve" (die — nebenbei bemerkt — kein Kreis ist). Schon in Kurbelstellung VI, nach einem Kurbelwege von nur etwa 17^0 vom Punkt des Eröffnens an, also äusserst rasch — wie es selbst mit Ventilsteuerung mit Rücksicht auf nicht zu ungünstige Belastung der Antriebshebel etc. kaum möglich — ist schon die volle Er-öffnungsweite a des Austrittskanals erreicht, noch etwa 15^0 bevor die Kurbel am todten Punkte anlangt. Während dieses letzten Kurbelweges von 15^0 hat der Dampf Zeit, durch den volleröffneten Austritt wegexpandiren zu können. Das ist der e i n e Vorzug unsers Schiebers:

> Ohne zu frühen Beginn des Vor-Austrittes rasche Voll-Eröffnung des Austrittes schon ein Stück vor Erreichung des Todpunktes, und damit beste Abströmung des Abdampfes.

Von Kurbelstellung VI bis VII bleibt der Austritt völlig offen, und schliesst sich dann bis Kurbelstellung VIII ebenso rasch wieder, wie er sich von V bis VI geöffnet hatte (welch rasches Schliessen übrigens gleichgültig ist; nur im raschen O e f f n e n des Austrittes liegt ein Vortheil). Von Kurbelstellung VIII ab findet Kompression statt, und zwar von VIII bis IX durch den Kolben, dann von IX bis X durch den von der Kolbenrückseite auf dessen Vorderseite überströmenden Dampf, dann von X bis I wieder durch den Kolben, und in Kurbelstellung I beginnt wieder die (Vor-)Einströmung.

Dampfdruckdiagramm dazu.

In Fig. 64 ist das Dampfdruckdiagramm zu einem Schieber-diagramm konstruirt, und zwar für die Verhältnisse: Dampfdruck $p = 7$ Atm. abs.; Gegendruck $p_1' = 0{,}20$ Atm. abs.; schädlicher Raum $m = 0{,}07$; und der durch den Expansionsschieber abgeschnittene sichtbare Füllungsgrad $\varepsilon' = 0{,}15$; es ist also hier für das Dampf-diagramm eine Eincylinderkondensationsmaschine vorausgesetzt. So hat man den Ausgangspunkt A der Expansion. Durch diesen

Fig. 64.

ε' = 0,15
K
A
p = 7 Atm
132°
J
B
C
D
H
91°
L
p₀
x
O
G
F
E
61°
p'₁ = 0,20 Atm
2,80
0,71
l₀
l₁
l₀ + l₁
m = 0,07
m = 0,07
Kanal geschlossen
II
III
IV
V
VI
Eintritt
δ
c
Überströmung
Kanal offen
a₁
a
Austritts Eröffnungs Kurve
I
v₀
X
Überströmung
Austritt
IX
VIII
VII
Kanal geschlossen
Kanal offen

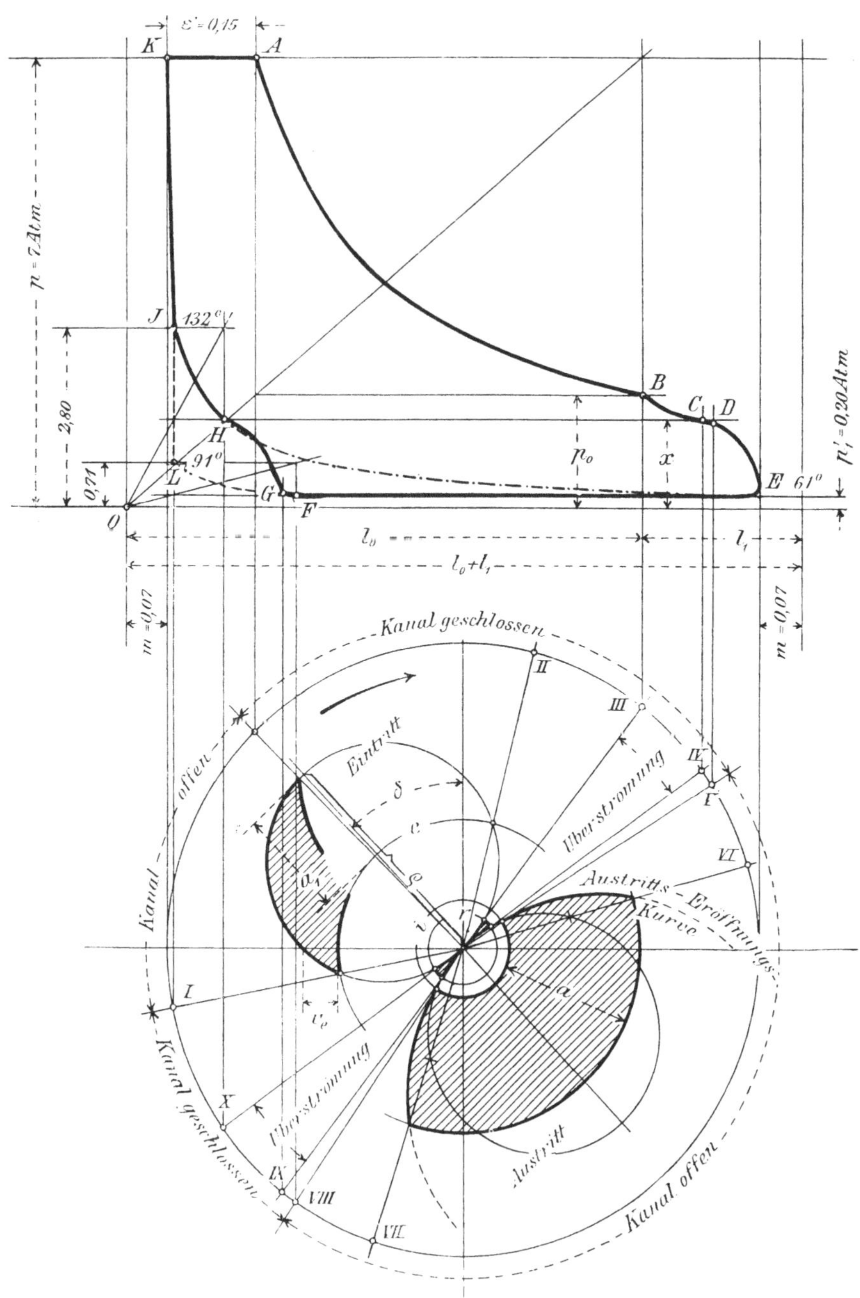

Fig. 63.

Punkt A ist vom Pole O aus die Expansionslinie als Mariotte'sche Hyperbel konstruirt bis B; dort beginnt die Ueberströmung; und da die Ueberströmspalte r nach unsern Konstruktionsregeln weit genug ausfällt, gleicht sich der Druck vor und hinter dem Kolben vollständig aus; dieser ausgeglichene Druck x, der schon vor, jedenfalls aber auf der Ordinate über der Kurbelstellung IV erreicht ist, findet sich mit Bezug auf die Bezeichnungen in Fig. 64 aus der Gleichung

$$l_0 p_0 + l_1 p_1' = x(l_0 + l_1)$$

also

$$x = \frac{l_0 p_0 + l_1 \cdot p_1'}{l_0 + l_1} \quad \ldots \ldots \quad (167)$$

In unserer, in grösserm Maassstabe (Hub $s = 200$ mm und 1 Atm. $= 25$ mm) genau konstruirten Originalzeichnung haben wir abgegriffen: $l_0 = 175$ mm, $p_0 = 44$ mm und $l_1 = 53$ mm, während voraussetzungsgemäss $p_1' = 0{,}20$ Atm., also im Diagrammmaassstab $= 0{,}20 \cdot 25 = 5$ mm ist; also ergiebt sich

$$x = \frac{175 \cdot 44 + 53 \cdot 5}{175 + 53} = \frac{7700 + 265}{228} = 34{,}9 \text{ mm}$$

oder

$$x = \frac{34{,}9}{25} = 1{,}40 \text{ Atm. abs.}$$

Mit dieser Höhe x ist in der Ordinate über der Kurbelstellung IV der Punkt C im Diagramm eingetragen; das Kurvenstück zwischen B und C muss nach Augenmaass eingezeichnet werden. Von C bis D tritt wieder ein kleines Stück regelrechte Expansionslinie auf, die wieder vom Pole O aus durch den Punkt C konstruirt wird.[1])

---

[1]) An dieser Stelle sei daran erinnert, dass jeweilen, wenn nur ein, und zwar ein beliebiger Punkt A, Fig. 65, einer Mariotte'schen Hyperbel $(v \cdot p = \text{Konst.})$ gegeben ist, d. h. wenn nur das Volumen $OF = v$ und der zugehörige Druck $FA = p$ für irgend einen Zustand der betrachteten Gasmenge gegeben sind, man dann durch diesen Punkt die Mariotte'sche Kurve sowohl nach vorwärts als nach rückwärts konstruiren kann: man lege durch den Punkt A die stark ausgezogene Vertikale V und Horizontale H, ziehe vom Pole O aus die beliebigen Strahlen 1, dann durch die Schnittpunkte dieser Strahlen mit V und H die Horizontalen 2 und die Vertikalen 3; alsdann sind die zusammengehörigen Schnittpunkte der Schaaren 2 und 3 weitere Hyperbelpunkte.

Der Beweis für die Richtigkeit dieser Konstruktion ergiebt sich aus der Aehnlichkeit der Dreiecke COD und EOF der Fig. 66, in denen sich verhalten

$$CD : EF = DO : FO$$

Im Punkte D beginnt die Abströmung und sinkt die Abströmkurve bei unserm Schieber mit Doppeleröffnung des Austrittes rasch auf die Austrittsspannung p_1' herab. Das Kurvenstück DE ist wieder von Hand eingezeichnet. Von E bis F verläuft die Diagrammlinie horizontal; von F bis G findet Kompression durch den Kolben statt; das Kurvenstückchen F bis G ist daher wieder vom Pole O aus durch den Punkt F konstruirt. Von G bis H findet wieder Druckausgleich des Dampfes auf beiden Kolbenseiten statt; der Punkt H steigt daher wieder um $x = 1,40$ Atm. über die Nulllinie auf die vorhin schon berechnete Ausgleichspannung. Das Kurvenstück zwischen den beiden bestimmten Punkten G und H ist wieder nach

---

und da
$$CD = AF = p \quad \text{und} \quad EF = BD = p_0,$$
schreibt sich obige Proportion mit Bezug auf die Buchstabenbezeichnung in Fig. 66 auch:
$$p : p_0 = v_0 : v,$$
welche Beziehung eben das Mariotte'sche Gesetz ausdrückt.

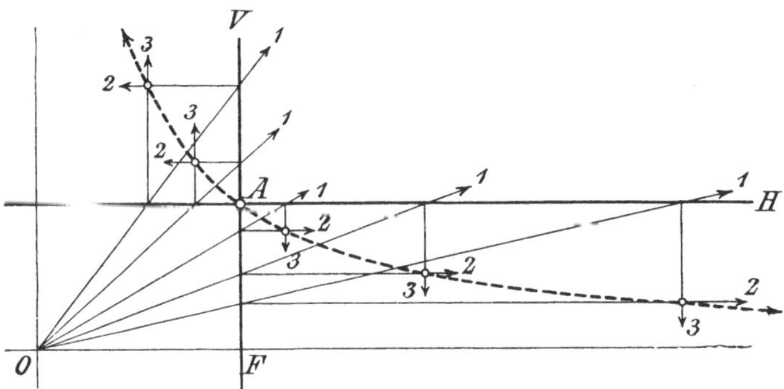

Fig. 65.

Wäre umgekehrt eine Mariotte'sche Hyperbel gegeben und die Nulllinie, nicht aber der Nullpunkt auf ihr, so wähle man auf der gegebenen Hyperbel zwei beliebige Punkte A und B, Fig. 66, lege durch diese Punkte je eine Horizontale und eine Vertikale, so schneidet die durch das entstandene Rechteck gezogene Diagonale CE auf der Nulllinie den Nullpunkt O ab; diese Konstruktion kann man zur Auffindung des schädlichen Raumes eines gegebenen Diagrammes benutzen, allerdings nur dann, wenn man sicher ist, dass die Expansionslinie wirklich dem Mariotte'schen Gesetz gefolgt ist.

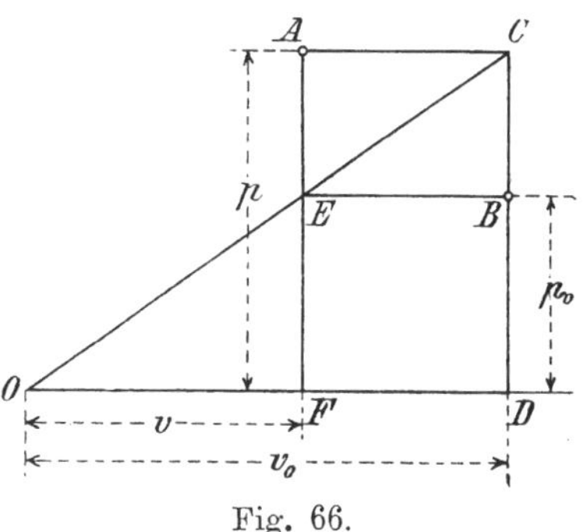

Fig. 66.

Augenmaass eingezeichnet. Im Punkte H setzt sich die regelmässige Kompression der durch die Ueberströmung nun aber vermehrten Dampfmasse durch den Kolben fort; es ist also wieder durch den Punkt H vom Pole O aus eine weitere Mariotte'sche Linie H—J konstruirt. In J beginnt die Einströmung frischen Dampfes; die Diagrammlinie steigt also rasch auf zum Punkte K auf die Eintrittsspannung p, und weil unsere Konstruktionsregeln genügend Voreinströmung ergeben, ferner weil wir mit unserem Schieber eine ansehnliche Kompression erzielen, also den schädlichen Raum schon gut mit Dampf vorfüllen, so dass es zum Nachfüllen desselben nur noch wenigen Kesseldampfes bedarf, erreicht die Diagrammlinie die Eintrittsspannung jedenfalls noch vor Umkehr des Kolbens.

Unser Schieber mit Doppeleröffnung des Austrittes und mit Ueberströmung giebt somit das stark ausgezogene Diagramm $ABCDEFGHJKA$ mit einem Kompressionsdruck von 2,80 Atm., also einer Endkompressionstemperatur von 132^0, während bei einem gewöhnlichen Schieber die Kompression nach der ebenfalls konstruirten Hyperbel FGL mit einem Kompressionsdruck von nur 0,71 Atm. und einer Kompressionstemperatur von nur 91^0 verloffen wäre. Das ist der andere Vortheil unseres Schiebers:

> Auch in Cylindern mit Anschluss an Kondensation noch ganz schöne Kompression, und damit günstige Einwirkung auf Sanftheit des Ganges der Maschine und viel günstigere thermische Wirkung wegen viel besserer Anwärmung der schädlichen Räume.

Die erstere Wirkung hat man mit dem steileren Verlauf des Anfanges unserer Kompressionslinie GHJ bestreiten wollen, indem ein sanfter Druckwechsel im Gestänge nur durch eine weither eingeleitete Kompression, also durch frühes Absperren des Austrittes und allmählich ansteigende Kompressionslinie EHJ herbeigeführt werden könne. Wenn es aber bei Kondensationsmaschinen überhaupt gelingt, den Druckwechsel vor dem todten Punkte stattfinden zu lassen, so gelingt es doch nie, ihn auch schon vor dem Punkte H (oder vor der Kurbelstellung X, Fig. 63) herbeizuführen, sondern er wird immer erst nach dem Punkte H eintreten. Indem aber anderseits der Druckwechsel nicht erst während der Voreinströmung JK, oder sogar erst im todten Punkte stattfinden darf, bezw. indem man die Maschine mit einer solchen Umdrehzahl laufen lassen soll, dass der Druckwechsel nicht dort eintritt,[1]) muss er

---

[1]) Wie schon Grashof in seiner Theoret. Maschinenl. Bd. III, S. 603) und

nothwendig — wenn er überhaupt vor dem todten Punkte eintritt — auf der Strecke HJ der Kompressionslinie eintreten, also auf einer Kompressionslinie, die man gerade dadurch entstanden denken kann, dass man den Dampfeintritt schon im Punkte E abgesperrt, also eine wirklich sehr „allmähliche" Kompression herbeigeführt hätte. Welchen Verlauf und welche Neigungswinkel unsere wirkliche Kompressionslinie vor dem Druckwechsel hatte, kommt für letztern selbst nicht mehr in Betracht. — Tritt aber der Druckwechsel erst nach dem todten Punkte ein, so hat er überhaupt nichts mehr mit der Kompression zu schaffen, sei diese nun kleiner wie bei dem gewöhnlichen Schieber, oder grösser wie bei dem unsrigen; im letztern Falle werden dann bei unserm Schieber einfach noch die Ungleichheit des Druckes im Gestänge und auf den Kurbel- etc. Zapfen — die innern Kräfte — mehr ausgeglichen, und besteht dann darin noch der günstige Einfluss grösserer Kompression auf den Gang der Maschine.

Hätte man umgekehrt ohne Ueberströmung eine gleich gute Kompression von 2,80 Atm., wie mit unserm Schieber, erhalten wollen, so hätte man die Dampfausströmung schon beim Beginn des Kolbenrücklaufes im Punkte E, Fig. 64, wieder absperren müssen, was bei gewissen Ventilsteuerungen allerdings möglich wäre. Indem dann die Kompressionskurve von H aus aufwärts sich mit der unseres Schiebers deckt, also auf der Admissionslinie die gleiche wahre Füllung — vergl. Fussnote S. 228 — abgeschnitten hätte, wäre in beiden Fällen der Nutzdampfverbrauch der gleiche gewesen; dagegen wäre bei solcher Ventilsteuerung die dreieckige Arbeitsfläche EHG, deren Planimetrirung $5{,}3\,^0/_0$ unserer ganzen Diagrammfläche ergiebt, verloren gewesen; oder man

nachher Stribeck (Zeitschr. d. Ver. d. Ing. 1893, S. 12) gezeigt haben, sind Stösse in der Maschine, verursacht durch den Druckwechsel im Gestänge, am ehesten zu befürchten, wenn der Druckwechsel gerade im todten Punkte stattfindet. Ergiebt solches die Untersuchung des Entwurfes einer Maschine, so soll man daher derartige Abänderungen treffen, dass der Druckwechsel um ein gewisses Stück aus dem Bereich des todten Punktes weg verlegt wird. Mit Aenderung der Kompression wird man in dieser Beziehung nicht viel erreichen; auch will man die Kompression nicht verändern, sondern — bei Kondensationsmaschinen — sie so hoch als möglich haben; dagegen kann man dort, wo dies aus andern Gründen leicht angeht — wie z. B. bei Transmissionsdampfmaschinen — der Maschine grössere Umlaufzahl geben, wobei deren Dimensionen für eine verlangte Leistung entsprechend kleiner werden. Mit grösserer Umlaufzahl steigt der Massendruck rasch; der Druckwechsel, der vorher im todten Punkte eintrat, wird nun erst nach Durchlaufen desselben eintreten, und damit, wie verlangt, sanfter.

hätte bei solcher Ventilsteuerung zur Erhaltung gleicher Arbeit ca. 5,3 °/₀ mehr Nutzdampf gebraucht als bei unserm Schieber.

In Fig. 67, einer theilweisen Wiederholung der Fig. 64, haben wir die drei Diagramme, die unsere Eincylinderkondensationsmaschine mit den drei Steuerungen ergeben würde, aufgezeichnet:

stark ausgezogen, das Diagramm mit Weiss-Schieber (im folgenden der Kürze halber mit W.Sch. bezeichnet);

punktirt, das Diagramm mit gewöhnlichem Schieber (G.Sch.), das wir in der Spitze ein Weniges abgerundet haben, indem das langsame Oeffnen des Dampfaustrittes durch den gewöhnlichen

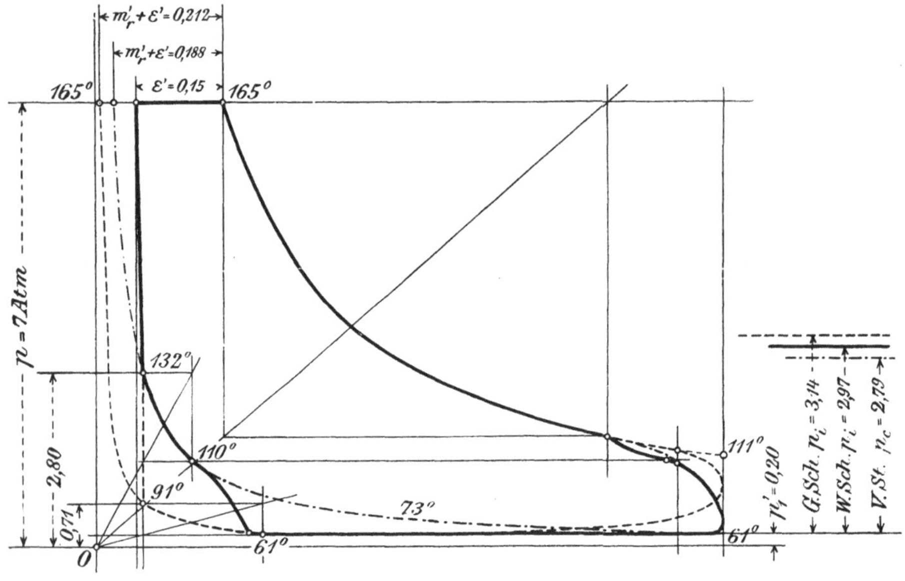

Fig. 67.

Schieber den Dampfdruck nicht so schnell auf die Austrittsspannung p'_1 heruntersinken lässt wie bei den beiden andern Steuerungen:

strichpunktirt, das Diagramm mit Ventilsteuerung (V.St.), das man bei gleich hoher Kompression wie mit W.Sch. erhielte.

Die wirklichen Indikatordiagramme werden noch einige Abrundungen der scharfen Ecken zeigen, alle aber annähernd in gleichem Maasse, so dass das Verhältniss der drei Diagramme zu einander — und nur auf dieses kommt es bei den folgenden Betrachtungen an — dadurch kaum berührt wird. — Es soll der

Reihe nach für die drei Steuerungsarten derselben Kondensations-
maschine betrachtet werden:

1. die erhältliche indicirte Arbeit;
2. der Nutzdampfverbrauch pro indicirte Arbeit;
3. der effektive Dampfverbrauch pro indicirte Arbeit;
4. der effektive Dampfverbrauch pro effektive Arbeit.

1. Erhältliche indicirte Arbeit.

Durch Planimetriren der drei Diagramme, Fig. 67, erhält man

$$\text{bei} \qquad \textit{W.Sch.} \quad \textit{V.St.} \quad \textit{G.Sch.}$$
$$\text{einen mittleren Kolbenüberdruck } p_i = 2{,}97 \quad 2{,}79 \quad 3{,}14 \text{ Atm.}$$

Dieser mittlere indicirte Kolbenüberdruck p_i ist direkt proportional
der erhältlichen indicirten Arbeit, und verhält sich also diese bei
den drei Steuerungsarten wie

$$0{,}964 \ : \ 0{,}890 \ : \ 1.$$

Sie ist also beim W.Sch. um $\sim 5\,^0/_0$, bei der V.St. um $11\,^0/_0$ kleiner
als beim G.Sch., weil die bessere Kompression bei den beiden ersten
Steuerungen eben mehr Diagrammfläche abschneidet als beim gewöhnlichen Schieber mit beinah gar keiner Kompression. Will
man bei gleichem (sichtbaren) Füllungsgrade $\varepsilon' = 0{,}15$ auch bei
V.St. und beim W.Sch. gleiche Arbeit wie beim G.Sch. erhalten, so
muss man die Cylindervolumina $F . s$ bei ersteren im Verhältniss

$$\frac{1}{0{,}946} = \frac{1{,}06}{1} \quad \text{bezw.} \quad \frac{1}{0{,}89} = \frac{1{,}12}{1}$$

vergrössern; lässt man dabei den Hub unverändert, so muss die
Kolbenfläche F in diesem Verhältniss vergrössert werden, oder der
Kolbendurchmesser im Verhältniss

$$\frac{\sqrt{1{,}05}}{1} = \frac{1{,}03}{1} \quad \text{bezw.} \quad \frac{\sqrt{1{,}12}}{1} = \frac{1{,}06}{1}$$

Wäre also der Cylinderdurchmesser mit gewöhnlichem Schieber
z. B. $= 500$ mm, so müsste, zur Erhaltung gleicher Arbeit

der Cylinderdurchmesser beim W.Sch. $= 1{,}03 . 500 = 515$ mm
und derjenige bei V.St. . . . . . . $= 1{,}06 . 500 = 530$ mm

gemacht werden.

Es ist übrigens nicht unumgänglich nöthig, diese, im übrigen
geringfügige Vergrösserung des Cylinderdurchmessers wirklich auszuführen; der Regulator wird dann einfach zur Erlangung gleicher
Arbeit beim W.Sch. und bei V.St. einen etwas grössern Füllungsgrad einstellen; da dieser aber nur wenig grösser wird, eine ge-

ringe Abweichung vom günstigsten, „ökonomisch vortheilhaftesten“ Füllungsgrad aber weder Dampfverbrauch noch Anlagekosten merkbar ändert, wäre solche kleine Füllungsvergrösserung belanglos.

2. Nutzdampfverbrauch pro indicirte Arbeit.

In Fig. 67 sind auch noch die Kompressionslinien bis zu deren Schnitt mit der Admissionslinie hinauf verlängert, und sind deren Schnittpunkte — um sie ganz genau zu erhalten — nicht durch Konstruktion, sondern durch Berechnung nach dem Mariotte'schen Gesetze bestimmt worden. So wurden die „wirklichen Füllungsgrade“ $m_r' + \varepsilon'$ beim W.Sch. und bei der V.St. $= 0{,}188$, beim G.Sch. dagegen $= 0{,}212$ gefunden. Indem die wirklichen Füllungsgrade $m_r' + \varepsilon'$ direkt proportional dem Nutzdampfverbrauch sind, wie auch der mittlere Kolbenüberdruck p_i direkt proportional der erhaltenen indicirten Arbeit ist, kann man zur Gewinnung von Verhältnisszahlen jene wirklichen Füllungsgrade für den Nutzdampfverbrauch und jene mittleren Kolbenüberdrücke für die indicirte Arbeit selber einsetzen, und bekommt so:

		W.Sch.	*V.St.*	*G.Sch.*
bei erhaltene Arbeit	$p_i =$	2,97	2,79	3,14
mit Nutzdampfverbrauch von	$m_r' + \varepsilon' =$	0,188	0,188	0,212
also $\dfrac{\text{Nutzdampf}}{\text{indic. Arbeit}} =$	$\dfrac{m_r' + \varepsilon'}{p_i} =$	0,0633	0,0674	0,0675
das verhält sich wie		0,938 :	0,998 :	1
oder rund wie		0,94 :	1 :	1

Das heisst, wenn man bei Ventilsteuerung und bei gewöhnlicher Schiebersteuerung — die sich in dieser Beziehung bei Eincylinderkondensationsmaschinen als gleichwerthig erweisen — mit einer gewissen Nutzdampfmenge eine gewisse indicirte Arbeit erhält, so braucht man beim Weiss-Schieber für die gleiche Arbeit nur 0,94 jener Nutzdampfmenge, erspart also $6\,^0/_0$.

3. Effektiver Dampfverbrauch pro indicirte Arbeit.

Betrage der Dampfverlust infolge Wärmeaustausches zwischen Dampf und Cylinderwandungen (inkl. der grossen Oberflächen der schädlichen Räume) bei einer Eincylinderkondensationsmaschine mit gewöhnlicher Schiebersteuerung, also geringer Kompression, $\alpha' = 0{,}65$ des Nutzdampfverbrauches $(m_r' + \varepsilon')$, d. h. sei der effektive Dampfverbrauch $= (1 + \alpha')(m_r' + \varepsilon') = 1{,}65\,(m_r' + \varepsilon')$, so wird nach dem S. 237 u. ff. Gesagten der Dampfverlust kleiner werden bei

höchst möglicher Kompression infolge besserer Vorwärmung, bezw.
geringeren Wärmeentzuges aus den Cylinderwandungen und den
Wandungen der schädlichen Räume während des Kolbenrücklaufes.
Wir könnten hier wieder aus dem Dampfdruckdiagramm, Fig. 67,
die Temperaturdiagramme ableiten, wie wir die Temperaturdiagramme,
Fig. 58, aus den Dampfdruckdiagrammen, Fig. 57, abgeleitet haben;
doch unterlassen wir das und verweisen einfach auf letztere Ableitung und die daraus gezogenen Schlüsse. — Aus den der Fig. 67
beigeschriebenen Dampftemperaturen ersehen wir, dass bei Ventilsteuerung (und bei höchstmöglicher Kompression, also bei Dampf-
austrittsabsperrung schon beim Beginn des Kolbenrücklaufes) die
thermische Wirkung der Kompression am günstigsten ist, indem
schon von Anfang des rückkehrenden Hubes an die Dampftemperatur von 61^0 an zu steigen beginnt, und zum Schluss 132^0
erreicht. Beim Weiss-Schieber wie beim gewöhnlichen Schieber
hält die Austrittstemperatur von 61^0 den grössten Theil des Kolbenrücklaufes an, steigt dann aber beim gewöhnlichen Schieber nur
auf 91^0, während sie beim W.Sch. auch auf 132^0 ansteigt wie bei
V.St., also gerade auf die grossen Oberflächen der schädlichen
Räume gerade so günstig wirkt wie bei V.St. Aeussere sich nun
der Nutzen dieser bessern thermischen Wirkung der V.St. gegen
G.Sch. darin, dass der Dampfverlust von 0,65 auf 0,60 sinkt, so
kann geschätzt werden, dass er beim W.Sch. auf etwa 0,62 sinke.
Der Dampfverlust würde also betragen beim W.Sch., bezw. V.St.
bezw. G.Sch.: $\quad \alpha' = 0{,}62$ bezw. 0,60 bezw. 0,65 des Nutzdampfverbrauches. Mag die absolute Grösse dieser Zahlen in verschiedenen Fällen auch sehr verschieden ausfallen, das Verhältniss
dieser Zahlen zu einander, auf welches allein es hier ankommt,
wird aber der Wahrheit ziemlich nahe kommen.

	W.Sch.	*V.St.*	*G.Sch.*
Hiernach ist bei			
der effektive Dampfverbrauch			
$= (1 + \alpha')(m'_r + \varepsilon') =$	1,62.0,188	1,60.0,188	1,65.0,212
$=$	0,305	0,301	0,350
indicirter Kolbenüberdruck (wie			
früher) $p_i =$	2,97	2,79	3,14
also $\dfrac{\text{effektiver Dampfverbrauch}}{\text{indic. Arbeit}}$			
$= \dfrac{(1 + \alpha')(m'_r + \varepsilon')}{p_i} =$	0,1025	0,1079	0,1115
das verhält sich wie	0,919 :	0,966 :	1

Das heisst, wenn man mit einer gewissen effektiven Dampfmenge beim G.Sch. eine bestimmte indicirte Arbeit erhält, so

braucht man bei V.St. zur Erhaltung der gleichen Arbeit 3,4 und beim W.Sch. 8,1 $^0/_0$ weniger Dampf.

4. Effektiver Dampfverbrauch pro erhaltene Nutzarbeit.

Der indicirte Wirkungsgrad, d. h. das Verhältniss der Nutzarbeit (durch Bremsung zu messen) zur indicirten Arbeit ist bei modernen Maschinen etwa 0,85 — 0,90 je nach Maschinengrösse. Nehmen wir ihn der Sicherheit halber, und zwar für eine gewöhnliche Schiebermaschine zu $\eta_i = 0,80$ an, d. h. die Reibung sämmtlicher Maschinentheile möge 0,20 der indicirten Arbeit aufzehren. Nach Prof. Werner beträgt die Schieberreibungsarbeit etwa 0,20—0,25 der gesammten Reibung, also etwa 0,20 . 0,20 = 0,04 bis 0,20 . 0,25 = 0,05, also im Mittel 0,045 der indicirten Arbeit. Da diese Schieberreibung bei V.St. wegfällt, so wird dadurch der indicirte Wirkungsgrad bei Ventilsteuerung um 0,045 grösser; und rechnen wir für die Bewegungsorganismen der Ventile 0,005 der gesammten Arbeit (also 0,5 $^0/_0$ statt bei Schiebern 4,5 $^0/_0$), so wird der indicirte Wirkungsgrad bei V.St. $\eta_i = 0,80 + 0,045 - 0,005 = 0,84$.

Der W.Schieber wird um rund 20 $^0/_0$ länger als ein gewöhnlicher Schieber für gleiche Kanalweite a; also wird auch seine Schieberreibungsarbeit um 20 $^0/_0$ grösser, beträgt sonach 1,20 . 0,045 = 0,054 der indicirten Arbeit; sie ist also um 0,054 . 0,045 — 0,009 = ~ 1 $^0/_0$ der indicirten Arbeit grösser als beim gewöhnlichen Schieber.[1])

---

[1]) Natürlich gilt das alles nur für Flachschieber; wird der Flachschieber in einen Kolbenschieber zusammengerollt, der als solcher vom Dampfdruck entlastet ist, so fällt die durch den Dampfdruck erzeugte Reibung überhaupt weg.

Hier sei bemerkt, dass manche Konstrukteure ängstlich bemüht sind, die obere und untere Laufleiste bei Flachschiebern „thunlichst" schmal zu halten, in der Meinung, damit die dampfgedrückte Fläche des Schiebers und damit seine Reibung zu vermindern. Wir möchten im Gegentheil rathen — und zwar nicht nur bei unserm Schieber, sondern bei allen Schiebern — die Laufleisten ordentlich breit zu machen, und bei Schiebern von grösserer Höhe b auch noch eine mittlere Längsleiste anzubringen. (Nach einer Faustregel könnte dann die Summe der Breiten der Trag- oder Laufleisten, quer zur Schieberbewegungsrichtung gemessen, mindestens etwa $= 0,02 (10 + p) b$ gemacht werden.) Freilich wird durch breitere Laufflächen einerseits der Gesammtdruck auf den Schieber grösser, aber lange nicht proportional der Vergrösserung der Lauffläche, denn nur die hohlliegenden Flächen erhalten die ganze Druckdifferenz zwischen Ober- und Unterdruck, die aufliegenden jedoch einen von innen nach aussen bis zu Null abnehmenden Druck. Anderseits wird aber durch Verbreiterung der Laufflächen der Flächendruck (kg/qcm) proportional der Verbreiterung herabgezogen, und bewirkt das eine bedeutende

Ist für Maschinen mit letzterem der indicirte Wirkungsgrad $= 0,80$, so sinkt er also für solche mit Weiss-Schieber auf $\eta_i = 0,79$. Auch hier gilt wieder, dass, wenn auch diese Wirkungsgrade η_i selber in verschiedenen Fällen verschieden ausfallen werden, doch ihr Verhältniss zu einander sehr nahe das angenommene bleiben wird. Wir haben also

	bei	*W.Sch.*	*V.St.*	*G.Sch.*
indicirter Wirkungsgrad	$\eta_i =$	0,79	0,84	0,80
also nutzbarer Kolbenüberdruck	$\eta_i\,p_i =$	2,35	2,34	2,51
und nach voriger Tabelle der effektive Dampf-verbrauch	$(1 + a')\,(m'_r = \varepsilon') =$	0,305	0,301	0,350

$$\text{also} \quad \frac{\text{effektiver Dampfverbrauch}}{\text{Nutzleistung}} = \frac{(1 + a')\cdot(m'_r + \varepsilon')}{\eta_i\,p_i} = 0{,}1298 \qquad 0{,}1286 \qquad 0{,}1395$$

das verhält sich wie . . . · . . . . 0,93 : 0,92 : 1

Das heisst, wenn man bei Eincylinderkondensationsmaschinen mit gewöhnlicher Schiebersteuerung mit einer bestimmten effectiven Dampfmenge eine bestimmte Nutzleistung erhält, so braucht man bei Ventilsteuerung (und höchstmöglicher Kompression) für diese Leistung $8\,^0/_0$ und beim Weiss-Schieber $7\,^0/_0$ weniger effektiven Dampf. Diese Verhältnisszahlen sollten bei Auswahl der Steuerungsart solcher Maschinen zu denken geben!

In Fig. 68 geben wir als Beispiel die an einer Eincylinderkondensationsmaschine mit Weiss'schem Grundschieber erhaltenen Indikatordiagramme, welche die charakteristischen Merkmale dieser Dampfvertheilung deutlich zeigen: schöner Abfall der Ab-

---

Herabminderung des Reibungskoefficienten, indem sich solche Schieber im Betriebe schön glatt einlaufen, schon weil bei geringerer Flächenbelastung die Schmierölpartikelchen zwischen den Laufflächen weniger hinausgequetscht werden. — Man wird dieselbe Erfahrung machen, wie man sie bei Kurbel-Kreuzkopfzapfen und Wellenhals im Kurbellager von Dampfmaschinen machte, die man vor vielleicht 20 Jahren „auf Festigkeit berechnete“, und damit allerdings recht dünne Zäpflein erhielt. Heute macht man diese Zapfen wohl doppelt so stark; trotzdem dass die schulmässig berechnete Reibung solcher Zapfen wegen des verdoppelten Reibungsweges auf das Doppelte steigt, zeigen die neueren Maschinen doch bessere mechanische (oder indicirte) Wirkungsgrade als die früheren mit ihren dünneren Zapfen, weil nun eben Deformationen und Anfressungen vermieden sind, und bei dem geringeren Flächendruck eine bessere Schmierung stattfindet, so dass sich die Zapfen ausserordentlich glatt einlaufen.

strömlinie, vollständiger Druckausgleich durch die Ueberströmung und hoher Kompressionsdruck.

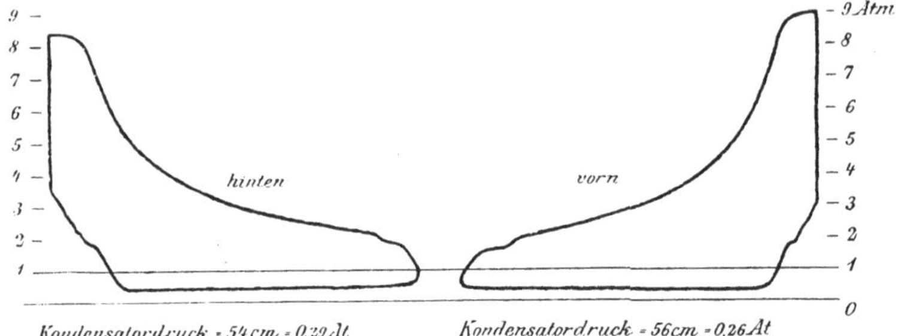

Fig. 68. Dampfcylinder $D = 430$, $s = 600$, $n = 53$ der Luftpumpe einer Centralkondensation. Eisenindustrie zu Menden und Schwerte. $M = {}^1/_2$.

In Fig. 69 sind noch in das eine in Naturgrösse gegebene Indikatordiagramm die beiden Kompressionslinien eingezeichnet, und zwar

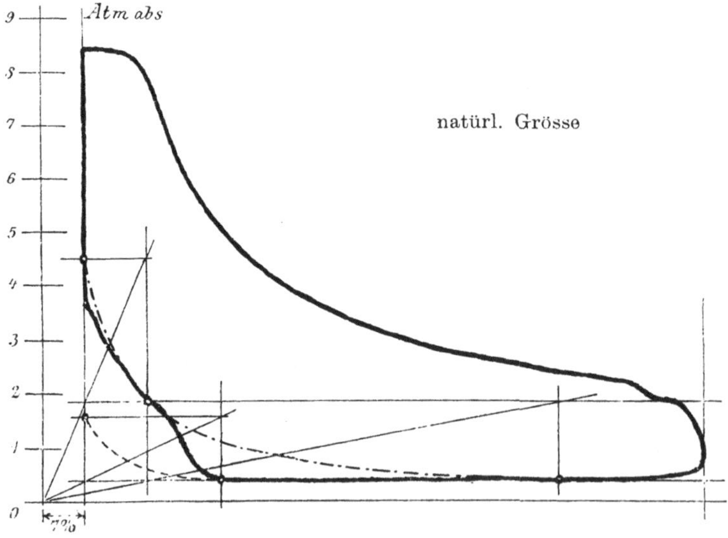

Fig. 69.

a) gestrichelt, die ein gewöhnlicher Schieber ohne Ueberströmung geben würde;

b) strichpunktirt, die mit Ventilsteuerung erhältlich wäre, wenn der Schluss des Austrittsventiles so eingestellt würde, dass man gleich gute Kompression wie mit Weiss-Schieber erhielte. Die dabei unten abgeschnittene und verloren gehende Arbeitsfläche beträgt nach vorgenommener Planimetrirung $5\,^0/_0$ der ganzen Arbeitsfläche unseres stark ausgezogenen Diagramms.

Aus unserm Diagramm Fig. 69 sieht man noch, dass die wirkliche Kompressionslinie etwas unter der Mariotte'schen Linie bleibt. Das hat aber nur auf die den Gang der Maschine weich machende Wirkung der Kompression einigen Einfluss — und da wir auch so noch sehr beträchtliche Kompression erhalten, hat das keine grosse Bedeutung — keineswegs aber beeinträchtigt es die hier immer hervorgehobene thermische Wirkung der Kompression. Es zeigt nur, dass die Temperatur vom Innern der Cylinderwandungen her gegen die Innenfläche der Wandungen nicht so schnell steigt als die Kompressionstemperatur des komprimirten Dampfes, und dass dieser also thatsächlich (unter theilweiser eigener Kondensation, wodurch wiederum die Arbeitsfläche des Diagramms vermehrt wird) Wärme an jene Wandungen zurückgiebt, welche Wärme dann eben nicht dem frisch eintretenden Dampfe entzogen wird. So werden die Wandungen des schädlichen Raumes theilweise zum Träger derjenigen Wärme, die im Dampfe vom letzten Hube her zurückbehalten worden, statt dass dieser Dampf selber ausschliesslich der Träger dieser Wärme bleibt: für den ökonomischen Zweck ist es aber natürlich gleichgültig, wer diese Wärme vorläufig beherbergt, wenn sie nur innerhalb des Cylinders bleibt. Möglichst viel solchen Dampfes und damit auch dessen grosser Verdampfungswärme ($r = \sim 570$ Wärmeeinheiten pro kg), die sonst nutzlos in den Kondensator abgeht, vom vorigen Hube her im Cylinder zurückzubehalten, das ist der Zweck der Kompression in thermischer Hinsicht. Während aber dieser Zweck mit unserer Ueberströmung kostenlos erreicht wird, erreicht man ihn mit Ventilsteuerung nur unter Arbeitsaufwand, (im Falle des Diagramms Fig. 69 von $5\,^0/_0$ der gesammten Arbeit).

b) Weiss-Schieber als Vertheil- und Expansionsschieber.

Wenn unser Schieber ohne besonderen Expansionsschieber angewendet wird, er also die Expansion mitbesorgen soll, so bleiben die S. 246—251 aufgestellten Regeln für die Grössenverhältnisse der Kanalweite a, der Ueberströmspalte r, der innern Deckung i, der Muschelweite $a+i$ und des Voreröffnens v_e unverändert, nur die äussere Deckung e und die von dieser abhängigen Grössen, also der Schieberweg und der Voreilwinkel ändern sich. Indem man nämlich dann mit solchen Schiebern doch auch erhebliche

Expansion, d. h. kleinere Füllung geben will, ist man genöthigt, die äussere Deckung und damit den Schieberweg zu vergrössern. Man muss dann in jedem gegebenen Falle für die verlangte kleinste Füllung die nöthige äussere Deckung e und die Excentricität ϱ berechnen, am bequemsten nach dem Kapitel „Ermittelung der Schiebermessungen durch Rechnung“, Hütte, 17. Aufl., I, S. 789.

c) Trick-Weiss-Schieber.

In den im letzten Abschnitt herangezogenen Fällen, wo der Grundschieber auch die Expansion mit besorgen muss, also bei Kulissensteuerung, Steuerung mit Flachregler, oder wo — wie häufig bei Niederdruckcylindern — mit fixer Füllung von etwa 0,4—0,5 gearbeitet wird, und wo man — eben zur Erlangung kleiner Füllungsgrade — grosse äussere Deckung und also auch grossen Schieberweg geben muss, wendet man zur Verringerung des letztern häufig den Trick-Schieber an, der die Mitwirkung eines besonderen, hier aber auch nicht vorhandenen Expansionsschiebers ausschliesst. Indem der Trick-Schieber Doppeleröffnung des Einlasses ergiebt, braucht es einer kleineren Verschiebung desselben aus seiner Mittelstellung, d. h. einen kleineren Schieberweg, um trotzdem den Einlasskanal auf seinen vollen Querschnitt zu öffnen. Freilich wird dadurch auf der Auslassseite die Dampfabströmung wieder verschlechtert, die Auslasseröffnung schleichender gemacht. Diesen Uebelstand vermeidet man, wenn man den Trick-Schieber mit dem Weiss-Schieber kombinirt, d. h. in die äussere Deckung e des letzteren noch den Trickkanal einlegt. Dieser kombinirte Trick-Weiss-Schieber giebt dann:

Doppeleröffnung des Eintritts, und
Doppeleröffnung des Austritts, und
Ueberströmung,

welch letztere wieder bei allen Cylindern mit Anschluss an Kondensation die hier so erwünschte, sonst aber nur ungenügend erhältliche Kompression erhöht. Bei diesem Schieber — Fig. 70 — kann man die Excentricität ϱ, den halben Schieberweg, von $\varrho = a + e$ vermindern auf

$$\varrho = \frac{a}{2} + e$$

ohne weder den Ein- noch den Austritt des Dampfes zu verschlechtern. Auch hier bleiben die für Bestimmung von Kanalweite a, Ueberströmspalte r, innere Deckung i und Muschelweite

$a + i$ früher schon gegebenen Regeln unverändert; neu hinzu tritt nur noch Folgendes:

$$
\left.\begin{array}{l}
\text{1. Die Weite des Trick-Kanals wird} = \dfrac{a}{2}. \\[1.2em]
\text{2. Den äussern Abschlusssteg des Trick-Kanals} \\
\quad \text{macht man } \sigma = 10\text{---}20 \text{ mm (bei grössern Schiebern,} \\
\quad \text{bei denen nach unsern Regeln auch } i \text{ schon grösser} \\
\quad \text{als } 10\text{---}20 \text{ mm wird, macht man dann zweckmässig} \\
\quad \sigma = i). \\[0.6em]
\text{3. Die Mündung des Cylinderkanals am Schieber-} \\
\quad \text{spiegel muss erweitert werden auf } a + \sigma. \\[0.6em]
\text{4. Die Spiegellänge über den Schieber in Mittel-} \\
\quad \text{stellung hinaus wird } e - \sigma. \\[0.6em]
\text{5. Die Spiegelerhebung über den Grund des Schieber-} \\
\quad \text{kastens mindestens} = \dfrac{a}{2}.
\end{array}\right\} \quad (168)
$$

Es bleiben also noch äussere Deckung e, lineare Voröffnung v_e des Eintrittes und Excentricität zu bestimmen, und zwar so, dass das Zusammenwirken dieser Grössen die verlangte Füllung ε' giebt.

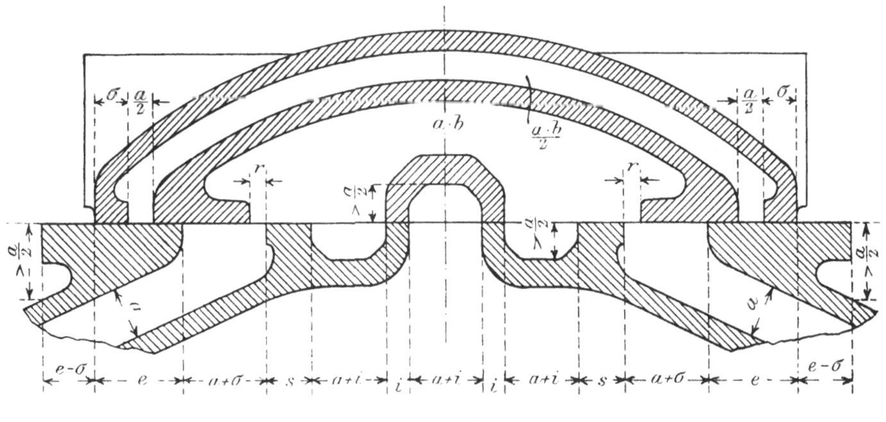

Fig. 70.

Die Voreröffnung macht man hier zweckmässig

$$
v_e = 0{,}20\,a \quad\ldots\ldots\ldots \quad (169)
$$

Da der Schieber auch Doppeleröffnung des Eintrittes giebt, wird diese Voröffnung in Wirklichkeit auch verdoppelt, steigt also auf $0{,}4\,a$; das schadet aber durchaus nichts, indem — vgl. Fig. 72 — der Kolbenweg der Voröffnung doch nicht über etwa $1\,^0/_0$ steigt.

Wollte man den Eintrittskanal gerade auf seine volle Normalweite a öffnen lassen, so hätte man die Excentricität zu machen

$$\varrho = 0,5\,a + e.$$

Besser aber ist es, dem Schieber einen kleinen Ueberlauf zu geben, um Oeffnung und Schluss des Schiebers rascher zu gestalten, und um ihn eine gewisse Zeit lang ganz offen zu halten. Wir nehmen als passend

$$\varrho = 0,55\,a + e = \left(0,55 + \frac{e}{a}\right) \cdot a \ . \ \ . \ \ . \ \ . \quad (170)$$

Der Voreilwinkel δ ergiebt sich dann aus der Gleichung

$$\sin \delta = \frac{v_e + e}{\varrho} = \frac{0,20\,a + e}{0,55\,a + e} = \frac{0,20 + \dfrac{e}{a}}{0,55 + \dfrac{e}{a}} \quad . \ \ . \quad (171)$$

Somit bleibt nur noch das Verhältniss $\dfrac{e}{a}$ in (170) und (171) zu bestimmen. Wir haben das an Hand der schon erwähnten Hülfsmittel „Hütte" S. 789 für eine Reihe von Füllungsgraden $\varepsilon' = 0,35$, $0,40 \ . \ . \ . \ .$ gemacht und so die folgende Tabelle erhalten:

Tabelle der Werthe $\dfrac{e}{a}$, ϱ und δ für Trick-Weiss-Schieber.

Für verschiedene Füllungsgrade ε' (bei $v_e = 0,2\,a$, konst.).

Für Füllungsgrad $\varepsilon' =$	0,35	0,40	0,45	0,50	0,55	0,60	0,65
wird das Verhältniss $\dfrac{e}{a} =$	1,77	1,45	1,19	0,99	0,82	0,67	0,55
also nach Gl. (170) $\dfrac{\varrho}{a} =$	2,32	2,00	1,74	1,54	1,37	1,22	1,10
und nach Gl. (171) $\delta =$	58°	56°	53°	51°	48°	45,5°	43°

In der graphischen Tabelle Fig. 71 sind noch die Werthe $\dfrac{e}{a}$ in Bezug auf die Füllungsgrade ε' aufgetragen.

Wäre z. B. die Kanalweite $a = 30$ mm und wollte man einen Füllungsgrad von $\varepsilon' = 0,35$ erhalten, so wäre nach vorstehender Tabelle (oder nach Fig. 71) das Verhältniss $\dfrac{e}{a} = 1,77$; somit kommt

äussere Deckung . . . . $e = 1{,}77 \cdot a = 1{,}77 \cdot 30 = 53$ mm
Excentricität (n. ob. Tabelle) $\varrho = 2{,}32 \cdot a = 2{,}32 \cdot 30 = 69{,}5$ mm
Voreilwinkel . . . . . . $\delta = 58^0$
Voröffnung d. Eintritts (n. 169) $v_e = 0{,}2\,a = 0{,}2 \cdot 30 = 6$ mm

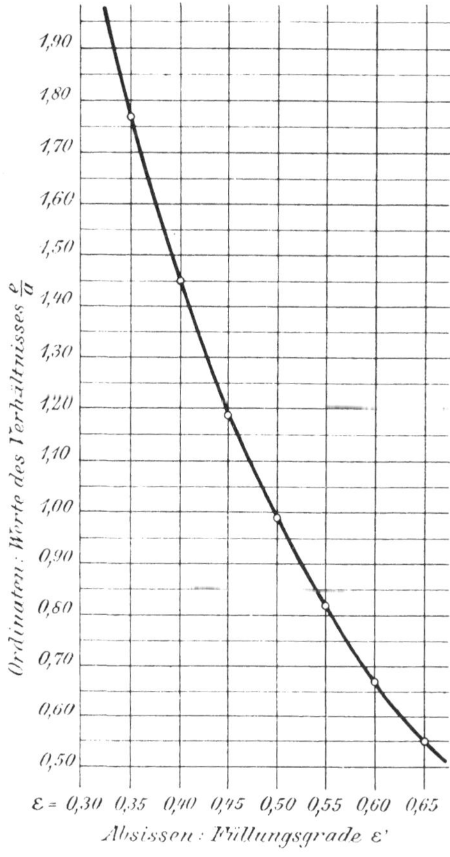

Fig. 71.

Tafel der Werthe $\dfrac{e}{a}$ bei Trick-Weiss-Schiebern,

bei einer Excentricität von $\varrho = \left(0{,}55 + \dfrac{e}{a} \right) \cdot a$
und einem Voröffnen von $v_e = 0{,}20\,a$.

(in Wirklichkeit $= 2 \cdot 6 = 12$ mm). Hiermit ist in Fig. 72 das Schieberdiagramm für die Eintrittsseite — und zwar stark ausgezogen — in $^2/_3$ Naturgrösse aufgezeichnet. Die Weiten der Eintrittsöffnung, wie sie auf den Radienvektoren zwischen Schieberkreis und äusserm Deckungskreis e abgeschnitten werden, sind dabei, entsprechend dem den Eintritt verdoppelnden Trick-Kanal, vom Deckungskreis e aus verdoppelt aufgetragen.

Will man nun den Füllungsgrad von dem mittleren $\varepsilon' = 0{,}35$ aus veränderlich haben, so braucht man nur den Mittelpunkt des Excenters in bekannter Weise senkrecht zur Kurbelrichtung verschiebbar zu machen, womit man veränderliche Füllung bei

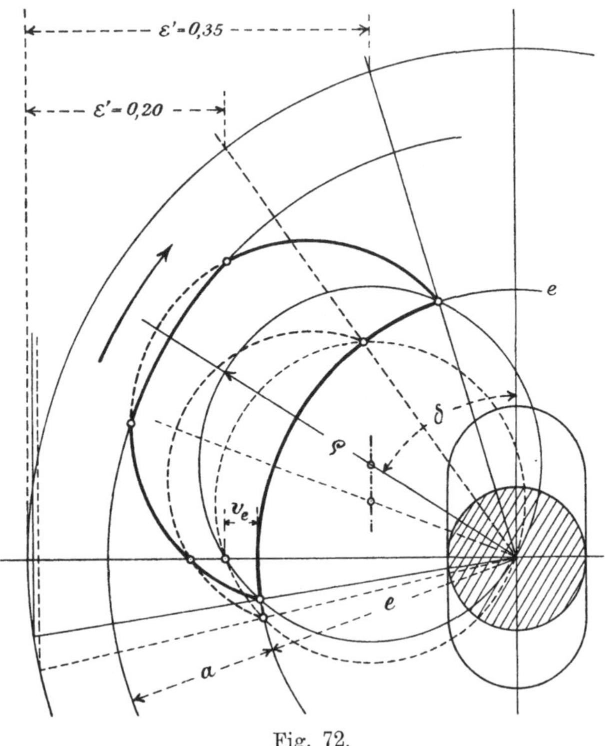

Fig. 72.

unverändertem linearen Voreilen erhält. Bei Eincylindermaschinen wird diese Excenterverschiebung durch Flachregler bewirkt, oder aber durch Kulissensteuerung so, dass sich der Mittelpunkt des ideellen Excenters auf einer Senkrechten zur Kurbelrichtung verschiebt. Bei Niederdruckcylindern von Mehrfachexpansionsmaschinen sollte Füllungsveränderung gar nicht nöthig sein; will man aber auch hier die Füllung etwas veränderlich haben, so braucht sie doch meistens nur von Hand während des Stillstandes der Maschine verstellbar zu sein (beim ersten Einstellen der Steuerung bei der Montage der Maschine, und später wenn etwa ganz andere Betriebsverhältnisse für die Maschine eingetreten sind.) Dann braucht man blos die Excenterscheibe an einer andern, auf der Welle festgekeilten Scheibe ebenso — mittels eines kurzen Schlitzes — verschiebbar anzuordnen, dass ihr Mittelpunkt wieder auf einer Senkrechten zur Kurbelrichtung sich verschiebt.

In Fig. 72 ist solche Excenterverschiebung beispielsweise für eine Verkleinerung des Füllungsgrades von $\varepsilon' = 0,35$ auf $\varepsilon' = 0,20$ punktirt eingezeichnet.· Man sieht, wie die Voröffnung v_e die gleiche geblieben, wie sich freilich der Eintrittskanal nur noch auf $^2/_3$ seiner vollen Weite öffnet, was aber zulässig erscheint, indem bei kleinerm Füllungsgrade auch die Kolbengeschwindigkeit noch nicht so gross geworden ist.

Indem bei solcher Veränderlichmachung der Füllung auch der Schieberweg 2ϱ sich ändert, hat man sich beim Entwurf des Schiebers immer noch zu vergewissern, ob für die **Maximal-füllung**, also auch für $\varrho_{max.}$ die Stegbreite s (Fig. 70) nach der empirischen Formel (157) mit $s = 0,3\,a + 10$ mm genügend breit wird, um bei äusserster Stel-lung des Schiebers falsche Verbindungen zwischen ein- und ausströmendem Dampfe mit Sicherheit zu verhüten; andernfalls hätte man diese Stegbreite s zu vergrössern, alles andre aber zu belassen.

Noch sei hier bemerkt, dass man zur Herbeiführung der Ueberströmung, wie sie der Trick-Weiss-Schieber ne-ben Doppeleröffnung des Ein- und Austrittes giebt, auch früher schon manchmal bei gewöhnlichen Trickschiebern den Trickkanal selber be-nützte. Es ist das aber nur dann zulässig, wenn die äussere Deckung e sehr klein ist (Fig. 73 a), also nur bei grossen Füllungen. Wollte man nämlich hierbei auch kleinere Füllungen geben

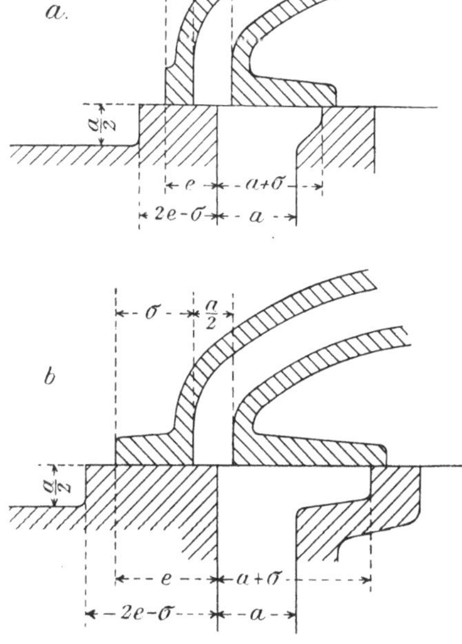

Fig. 73.

können, so müsste die äussere Deckung e wieder grösser werden; damit würde sich aber auch der Tricksteg σ verdicken, womit wiederum die Kanalmündungen $a + \sigma$ weiter werden, der Schieber sich also unliebsam verlängern würde (Fig. 73 b). Bei der Kombination „Trick-Weiss" (Fig. 70), wo die Ueberströmung nicht durch den Trickkanal stattfindet, ist das nicht der Fall; da kann man in dieser Beziehung die äussere Deckung e anstandslos so gross machen, dass man die gewollte kleinere Füllung erhält.

Ferner sei hier noch bemerkt, dass man manchmal die Ueberströmung durch den Trickkanal nach Fig. 73 auch schon bei Hochdruckcylindern zur Ermässigung von dort zu hoch werdender Kompression benützt hat. Dasselbe thut auch unser Trick-Weiss-Schieber: während er bei Niederdruckcylindern mit Anschluss an Kondensation die Kompression erhöht, so erniedrigt er im Gegentheil, wenn er in besondern Fällen und aus besondern Gründen einmal an Hochdruckcylindern angebracht wird, die hier sonst zu hoch werdende Kompression. Doch sei das nur beiläufig erwähnt.

Beispiel: Trick-Weiss-Flachschieber für den Niederdruckcylinder einer Compoundmaschine.

Es sei der Cylinderdurchmesser $D = 0,75$ m (also Kolbenfläche $F = 0,44$ qm); der Hub $s = 0,80$ m; minutliche Umdrehzahl $n = 90$ (also Kolbengeschwindigkeit $u = \dfrac{n \cdot s}{30} = 2,40$ m). Der Receiverdruck, also die Eintrittsspannung des Dampfes in den Niederdruckcylinder sei bei normalem Betriebe $p = 1,80$ Atm. abs.; die Austrittsspannung $p_1' = 0,20$ Atm. abs. und der normale Füllungsgrad des Niederdruckcylinders, bedingt durch das Volumenverhältniss von Hoch- zu Niederdruckcylinder, sei $\varepsilon' = 0,50$.

Nach (166) ist eine mittlere Dampfgeschwindigkeit in den Kanälen passend von $v = 25 + 8 D = 25 + 8 . 08 = 31,4$ od. ~ 31 m,

also Kanalquerschnitt . . $a . b = \dfrac{F \cdot u}{v} = \dfrac{0,44 . 2,40}{31} = 0,034$ qm.

Die Kanalhöhe nehmen wir an zu . . . . . . $b = 0,60$ m.

(Wird ausser der obern und untern Laufleiste noch eine mittlere Laufleiste in der Bewegungsrichtung des Schiebers angeordnet, so ist natürlich unter b die lichte Kanalhöhe nach Abzug der Mittelleiste zu verstehen.)

Hiermit kommt die Kanalweite $a = \dfrac{ab}{b} = \dfrac{0{,}034}{0{,}6} = 0{,}0567$ m,

aufgerundet auf . . . . $a = 57$ mm.

Hiermit nach (155) die Ueberströmspalte

$r = 0{,}25 \cdot a = 0{,}25 \cdot 57 = 14{,}25$; aufgerundet auf . $r = 15$ mm

und nach (156) die innere Deckung

$i = r + 0{,}1\,a = 15 + 0{,}1 \cdot 57 = 20{,}7$; aufgerundet auf $i = 21$ mm

Also die Weite der drei Muscheln . . . . . $a + i = 78$ mm.

Die Stegbreite s kann — vorbehältlich späterer Prüfung, ob sie bei etwa veränderlichem Schieberweg auch für den Maximalschieberweg so ausreicht — nach der Formel (157) angenommen werden zu $s = 0{,}3\,a + 10 = 0{,}3 \cdot 57 + 10 = 27{,}1$; aufgerundet auf . . . . $s = 30$ mm.

Da die Füllung $\varepsilon' = 0{,}50$ sein soll, so ist nach der

graphischen Tabelle, Fig. 71 . . . . $\dfrac{e}{a} = 0{,}99$

zu nehmen, also äussere Deckung

$e = 0{,}99 \cdot a = 0{,}99 \cdot 57 = 56{,}4$; abgerundet auf . . $e = 56$ mm.

Den Abschlusssteg des Trickkanals machen wir

nach (168) hier . . . . $\sigma = i = 21$ mm.

Wenn man diese Maasszahlen in Fig. 70 einträgt, ist der Schieber mit seinem Spiegel aufgezeichnet.

Die Excentricität oder der halbe Schieberweg wird nach (170) $\varrho = 0{,}55\,a + e = 0{,}55 \cdot 57 + 56 = 87{,}4$; abgerundet auf . . . . $\varrho = 87$ mm.

Das lineare Voröffnen nach (169)

$v_e = 0{,}2\,a = 0{,}2 \cdot 57 = 11{,}4$; abgerundet auf . . $v_e = 11$ mm.

Der Voreilwinkel ergiebt sich aus der Gl. (171)

$\sin \delta = \dfrac{v_e + e}{\varrho} = \dfrac{11 + 56}{87} = 0{,}77$ woraus folgt . . $\delta = 50{,}5^{0}$.

Schneidet man den aufgezeichneten Schieber längs der Schieberspiegellinie durch, und verschiebt den Schieber auf seinem Spiegel, so sieht man, dass, wenn der halbe Schieberweg, der Ausschlag des Schiebers nach der einen Seite hin, auf $\varrho = 115$ mm steigen würde, dass dann gerade eine falsche Verbindung zwischen Schieberkastenraum und Auspuffraum beginnen würde, so dass der Eintrittsdampf durch den Trickkanal direkt zum Kondensator strömen könnte; in diesem Falle wäre also die Stegbreite s, Fig. 70, um das Nöthige zu verbreitern. Ist aber der Schieberhub überhaupt nicht veränderlich; oder wenn doch, steigt er im Maximum nicht über etwa $\varrho_{max.} = 100 - 105$ mm, so wird die Stegbreite mit $s = 30$ mm belassen.

In Fig. 74 a ist das Schieberdiagramm zu diesem Trick-Weiss-Schieber (in $^1/_8$ der natürlichen Grösse) aufgezeichnet. Man sieht, wie trotz des verkleinerten Schieberweges auf der Eintrittsseite der Einlass vermöge des Trickkanals doch zu seiner vollen Eröffnung kommt und selbe eine Zeitlang beibehält; wie dagegen auf der Austrittsseite bei gewöhnlichem Trickschieber der Auslass erst erheblich nach dem Hubwechsel voll eröffnet würde, wodurch die Austrittslinie im Indikatordiagramm keinen guten Verlauf bekäme; wie aber vermöge der Kombination mit dem auch verdoppelten Austritt gebenden Weiss-Schieber der Austritt — trotz verkleinerten Schieberhubes — schon bedeutend vor dem Hubwechsel auf volle Weite gebracht, und damit eine vollkommene Dampfabströmung erzielt wird.

In Fig. 74 b ist zu diesem Schieberdiagramm auch das Dampfdruckdiagramm für normale Belastung der Maschine ($p = 1,80$ Atm.) konstruirt und gerechnet, ganz wie das schon an Hand der Fig. 64 gezeigt worden ist.

Während wir mit gewöhnlichem Schieber, auch mit gewöhnlichem Trickschieber, die (punktirte) Kompression nur bis zu 0,83 Atm. erhalten würden, also ein erheblicher Spannungsabfall des Dampfes vom Hoch- zum Niederdruckcylinder einträte, steigt bei unserm kombinirten Schieber (stark ausgezogenes Diagramm) die Kompression bis nahe zur Eintrittsspannung 1,80 Atm. hinauf, wodurch:

1. jener Spannungsabfall gänzlich wegfällt,
2. auf die Ruhe des Ganges der Maschine wohlthätig eingewirkt, und
3. endlich auch noch der Dampfverlust im Niederdruckcylinder vermindert wird durch bessere Anwärmung der grossen schädlichen Räume infolge höherer Kompression, also heisser werdenden Kompressionsdampfes.

Mit einer Ventilsteuerung, die den Dampfaustritt schon im Punkte E wieder abzusperren im Stande wäre, würde man allerdings die gleich gute Kompression erhalten, dabei aber die schraffirte Arbeitsfläche verlieren, die laut Planimetrirung $5\,^0/_0$ der ganzen Diagrammfläche beträgt!

Die Ansicht des Dampfdruckdiagrammes b Fig. 74 mit der schönen Kompression bei normaler Belastung der Maschine bis nahe zur Eintrittsspannung hinauf muss die Meinung erwecken, bei geringerer Belastung der Maschine, wo der Receiverdruck oder

geringe Belastung
normale Belastung
c
b
a
J
L
H
C
O
E
Kanal offen
Kanal geschlossen
Kanal geschlossen
Kanal offen
Überströmung
Überströmung

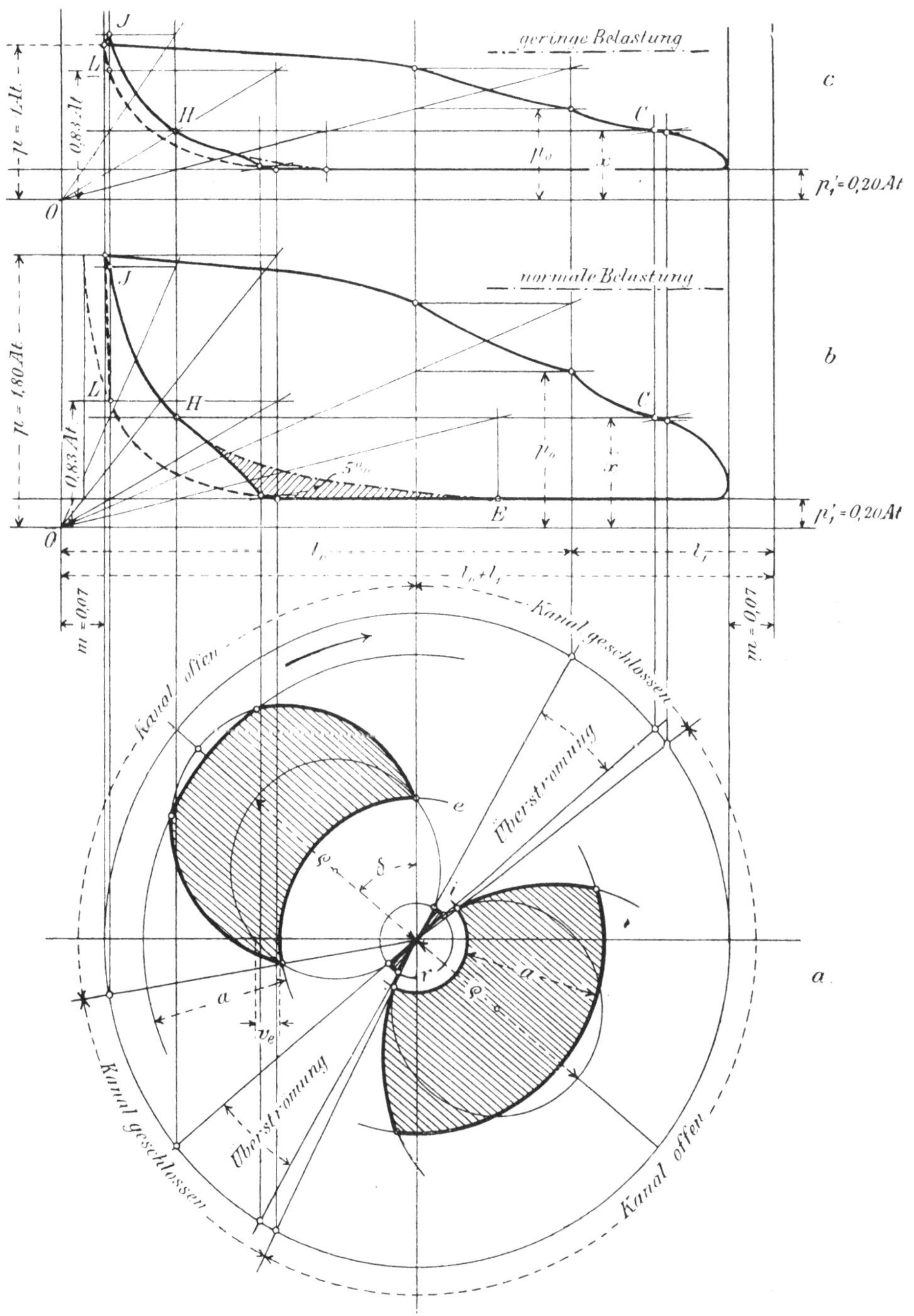

Fig. 74.

die Eintrittsspannung des Dampfes in den Niederdruckcylinder sinkt, werde dann die Kompression viel zu hoch. Das ist nicht der Fall: bei sinkender Eintrittsspannung p (vergl. Fig. 74b mit Fig. 74c) geht auch der Punkt C herunter und mit ihm auch der Punkt H und damit auch der Kompressionsendpunkt J. Der Kompressionsdruck bei Schiebern mit Ueberströmung ist nicht — wie bei solchen ohne Ueberströmung — von Eintrittsspannung und Füllung unabhängig und konstant, sondern wird durch diese Grössen beeinflusst, und zwar, wie Fig. 74c zeigt, in günstigem Sinne. Würde die Eintrittsspannung noch mehr sinken, so würde der immer gleich bleibende Kompressionsendpunkt L ohne Ueberströmung über die Eintrittsspannung zu liegen kommen, der Kompressionsendpunkt J mit Ueberströmung würde aber immer noch weiter heruntergehen, indem sich nun die Funktion der Ueberströmung von selber umkehren und die nun zu hohe Kompression ermässigen würde. — Uebrigens muss man nicht denken, das kleinste Spitzchen, das die Kompressionslinie über die Eintrittsspannung etwa hinauswirft, könne auch schon ein Abklappen des Schiebers von seinem Spiegel verursachen: um dieses Gefürchtete zu bewirken, müsste die Ueberkompression schon eine bedeutende Höhe erreichen, damit selbe auf dem relativ kleinen Kanalquerschnitt von der einen Seite drückend ein Moment erzeuge, das demjenigen des von der andern Seite auf den grossen Schieberrücken drückenden Eintrittsdampfes gleichkäme.

d) Trick-Weiss-Schieber als Kolbenschieber.

Wie jeder Flachschieber kann auch der unsrige, indem man seinen Längsschnitt als erzeugende Fläche betrachtet, durch Drehen derselben um eine über dem Schieberrücken liegende Längsaxe zu einem Rotationskörper, einem Kolbenschieber aufgerollt werden, und findet er als solcher sowohl bei grossen Niederdruckcylindern, als auch — wegen Wegfalles der Schieberreibung — bei kleineren Eincylinderkondensationsmaschinen mit Axregulator zweckmässige Verwendung.

Die Regeln für die Bestimmung der Schieberelemente bleiben im Principe dieselben, wie die für den Trick-Weiss-Flachschieber aufgestellten. Indem aber hier die „Kanalhöhe" b sich in den äussern Umfang des Kolbenschiebers verwandelt, also immer relativ gross wird, wird die Kanalweite a immer relativ klein, und damit würden nach den für Flachschieber geltenden Regeln auch Stegbreite s und innere Deckung i — besonders für kleinere Maschinen — unbequem schmal. Da es dann hier, wo die Schieberreibung wegfällt, durchaus nichts schadet, wenn auch der ganze Schieber länger wird, modificiren wir für den Kolbenschieber unsere frühern Regeln so, dass s, i und auch σ grösser werden.

Man mache hier (Fig. 75):

$$\text{Ueberströmspalte } r = 0{,}3 \cdot a \quad . \quad . \quad . \quad . \quad (172)$$
$$\text{Innere Deckung } i = 0{,}5 \cdot a \quad . \quad . \quad . \quad . \quad (173)$$

Beides je nach Gutdünken etwas auf- oder abgerundet.

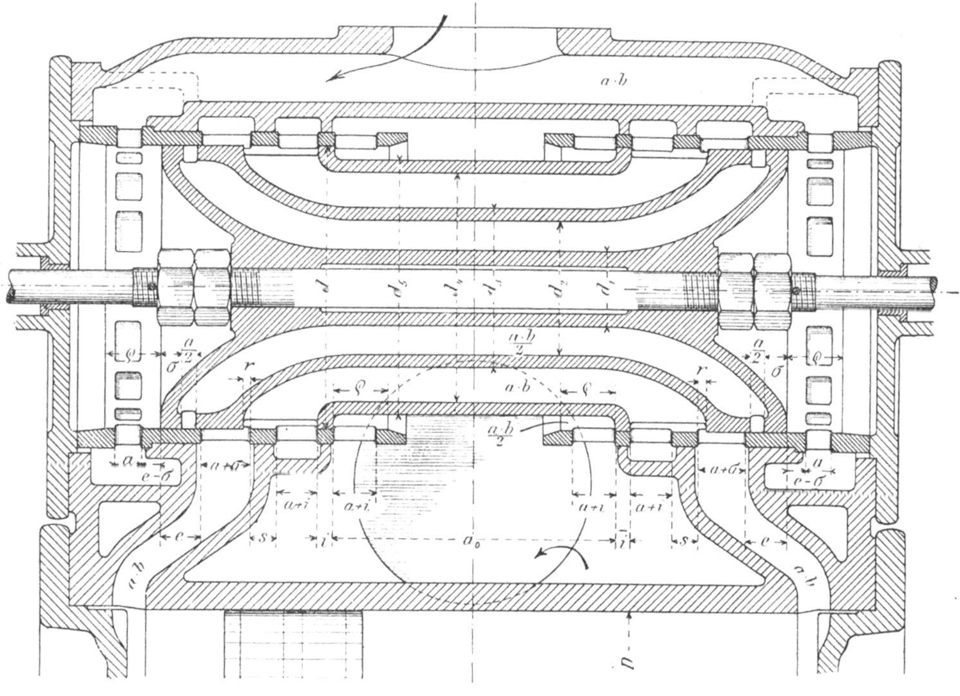

Fig. 75.

Die Stegbreite s mache man mindestens

$$s \gtreqqless 0{,}3\,a + 20\,\text{mm} \quad . \quad . \quad . \quad . \quad . \quad (174)$$

kann sie aber beliebig vergrössern, und muss das thun, wenn der Maximalausschlag des Schiebers $\varrho_{max.}$ das verlangt.

Die Dicke des Tricksteges mache man

$$\sigma = 20 - 30 - 40\,\text{mm} \quad . \quad . \quad . \quad . \quad (175)$$

je nach der Grösse der Maschine.

Alles Uebrige, besonders auch die Bestimmung der äussern Deckung e mit Rücksicht auf die verlangten Füllungsgrade ε', Excentricität ϱ und lineare Voröffnung v_e, bleibt dasselbe.

Beispiel des Entwurfes eines solchen Kolbenschiebers.

Wir legen den gleichen Cylinder ($D = 750$, $s = 800$, $n = 90$) zu Grunde, für den wir im letzten Beispiel einen Flachschieber berechnet haben, um hier auch gleich einen Vergleich mit zu bekommen.

Die mittlere Dampfgeschwindigkeit im engsten

Kanalquerschnitt ist also wieder zu . . . . $v = 31$ m anzunehmen, und findet man damit wieder diesen

Kanalquerschnitt selber wie S. 274 zu $ab = 0{,}034$ qm $= 340$ qcm.

Nun müssen wir zuerst die nothwendigen Querschnitte für Trickkanal und für Ueberström- und Austrittskanal im Kolbenschieber bestimmen, um zu seinem Durchmesser zu gelangen; aus diesem ergiebt sich dann der Kanalumfang b, und damit dann auch die Kanalweite a, woraus sich dann auch die übrigen Längendimensionen (r, i, e, s und σ) ergeben.

Um den innern Kern d_1 des Schiebers, Fig. 75, muss zuerst der Trickkanal mit einem Querschnitt von $\dfrac{a \cdot b}{2} = 170$ qcm gelegt werden. Die Rippen betragen laut angestellter Rechnung etwa 0,25 dieses Querschnittes; somit hat man zur Bestimmung der Lichtweite d_2 des Trickrohres

$$\frac{\pi d_2^2}{4} = 1{,}25 \frac{ab}{2} + \frac{\pi d_1^2}{4}$$

Ist in unserm Falle etwa $d_1 = 10$ cm, so ergiebt

sich hieraus $d_2 = 19{,}2$ cm, aufgerundet auf . . $d_2 = 19{,}5$ cm. Hierzu zwei Wandstärken von etwa 15 mm, kommt $d_3 = 22{,}5$ cm.

Um dieses Rohr herum ist der ganze Querschnitt mit $ab = 340$ qcm zu legen, da zeitweise die ganze Dampfmasse durch diesen Querschnitt ausströmt. Die Rippen nehmen vom ganzen Querschnitt hier etwa 0,13 weg; also hat man zur Bestimmung von d_4

$$\frac{\pi d_4^2}{4} = 1{,}13\, ab + \frac{\pi d_3^2}{4} = 1{,}13 \cdot 340 + \frac{\pi \cdot 22{,}5^2}{4} = 784 \text{ qcm,}$$

woraus $d_4 = 31{,}6$ cm, aufgerundet auf . . . . . $d_4 = 32$ cm. Hierzu wieder zwei Wandstärken von etwa 15 mm,

kommt . . . . $d_5 = 35$ cm.

Die äusserste Ringfläche, der Muschelvertiefung im Flachschieber entsprechend, muss wieder den Querschnitt $\dfrac{ab}{2} = 170$ qcm haben;

indem diese Ringfläche keine Rippen mehr braucht, findet sich endlich der äussere Durchmesser δ des Kolbenschiebers aus

$$\frac{\pi d^2}{4} = \frac{ab}{2} + \frac{\pi d_3^2}{4} = 170 + \frac{\pi\,35^2}{4} = 1130 \text{ qcm,}$$

also

$$d = 38\ \text{cm} = 380\ \text{mm.}$$

(Hiermit kann der Querschnitt des Schiebers mit seinen nöthigen Rippen aufgezeichnet werden, und soll dann kontrollirt werden, ob die ringförmigen Querschnitte wirklich im Lichten der Reihe nach $\frac{ab}{2}$, ab und wieder $\frac{ab}{2}$ betragen; mit Rücksicht auf Ungenauigkeiten im Guss sollen die innern Querschnitte etwas grösser sein.)

Das was wir früher „Kanalhöhe" b nannten, wäre hier der Umfang $\pi\,.\,d = 3{,}14\,.\,38 = 119$ cm, wenn der Kanal am ganzen Umfange überall offen wäre; indem aber in das Schiebergehäuse ein Futter mit Stegen eingelegt werden muss, damit der Schieber mit seinen Kanten, oder mit seinen Dichtungsringen, falls solche eingelegt werden, nicht einhacke, und indem die Summe dieser Stegbreiten auf dem Umfange gemessen etwa 0,25 des ganzen Umfanges beträgt (auch diese Verhältnisszahl ist jeweilen zu kontrolliren und eventuell zu berichtigen), bleibt nur 0,75 des ganzen Umfanges frei, und beträgt sonach der wirkliche, der freie Kanalumfang $b = 0{,}75\,.\,\pi\,.\,d = 0{,}75\,.\,\pi\,.\,38 = 89{,}4$ cm. Hiermit finden wir nun die Kanalweite

$$a = \frac{(ab)}{b} = \frac{340}{89{,}4} = 3{,}8\ \text{cm} = 38\ \text{mm}$$

und mit diesem a auch die übrigen Längsdimensionen des Schiebers Fig. 75, nämlich:

Mündungsweite des Trickkanals an der engsten

Stelle . . . . $\dfrac{a}{2} = 19$ mm.

Ueberströmspalte nach (172)
$r = 0{,}3\,.\,38 = 11{,}4$; rund . . . . $r = 12$ mm.

Innere Deckung nach (173)
$i = 0{,}5\,.\,38 = 19$; rund . . . . $i = 20$ mm.

Stegbreite s würde nach (174) mindestens
$= 0{,}3\,.\,38 + 20 = 31{,}4$ mm, was wir aufrunden auf $s = 35$ mm; man kann und muss manchmal, diese Stegbreite s noch weiter vergrössern.

Die Dicke des Tricksteges wählen wir nach (175) zu $\sigma = 30\,\text{mm}$, dann können wir, wenn das erwünscht ist, bequem dort einen Dichtungsring einlegen.

Die äussere Deckung e bestimmt sich wieder nach der graphischen Tabelle, Fig. 71, je nach dem verlangten Füllungsgrade ε'; sei dieser etwa $\varepsilon' = 0,40$, so muss das Verhältniss $\dfrac{e}{a} = 1,45$ sein, also

$$e = 1,45 \cdot a = 1,45 \cdot 38 = 55,2 \text{ oder rund}\quad e = 55\,\text{mm}.$$

Das lineare Voröffnen nach (169)

$$v_e = 0,20\,a = 0,20 \cdot 38 = 7,6; \text{ aufgerundet auf}\ .\ .\ v_e = 8\,\text{mm}.$$

Die Excentricität nach (170)

$$\varrho = 0,55\,a + e = 0,55 \cdot 38 + 55 = 75,9; \text{ rund}\ .\ .\ \varrho = 76\,\text{mm}.$$

Damit kommt auch der Voreilwinkel aus

$$\sin \delta = \frac{v_e + e}{\varrho} = \frac{8 + 55}{76} = 0,83 \text{ zu}\ .\ .\ .\ .\ .\ .\ \delta = 56^0.$$

Die Weite der beiden äussern Muscheln im Schiebergehäuse ist zu machen . $a + i = 38 + 20 = 58$ mm und deren Tiefe — worauf wohl zu achten — min-

destens $= \dfrac{a}{2} = \dfrac{38}{2} = 19$ mm, was wir aufrunden

auf den grössern Werth von . . . .   25 mm, wobei dann diese Tiefe inklusive Futterdicke genommen werden darf.

Die Weite a_0 der mittleren Muschel im Schieber, Fig. 75, oder die Weite der Austrittsöffnung, die wir bei nichtentlasteten Flachschiebern gerade auf das zulässige Mindestmaass von $a + i$ beschränkt haben, kann beim entlasteten Kolbenschieber um beliebig viel grösser gemacht werden, weil dadurch dessen Reibung nicht vermehrt wird. Man mache deswegen a_0 so gross, dass die Kanalmündungen $a + \sigma$ an die Cylinderenden zu liegen kommen, die Cylinderkanäle also möglichst kurz, und damit die schädlichen Räume möglichst klein werden.[1]

---

[1] Dadurch wird freilich der Trick-Kanal mit seinem Querschnitt $\dfrac{a\,b}{2}$ länger. Dessen Inhalt darf aber nicht in vollem Maasse zu dem schädlichen Raume m gerechnet werden, indem der Dampfdruck in diesem Kanale nicht zwischen der Eintrittsspannung p und der Austrittsspannung p_1' schwankt, sondern nur — siehe Fig. 74b und c — zwischen p und einer Spannung, die noch etwas grösser als p_0 bleibt. Bei Niederdruckcylindern, wo p und p_0 nahe bei einander liegen, kann der Trick-Kanal bei Berechnung der schädlichen

Anstatt, wie in Fig. 75, nur **eine** mittlere Austrittsmuschel im Schieber und nur **eine** Austrittsöffnung im Gehäuse, beide von der Länge a_0, anzuordnen, zerlegt man besser diese eine lange Austrittsmuschel und die lange Austrittsöffnung in je **zwei** Muscheln und **zwei** Oeffnungen von je der zulässigen Minimallänge $a + i$, und erhält so — Fig. 76 — im mittleren Theile des Schiebers eine schöne Führungsfläche, die bei horizontal liegenden Maschinen auch

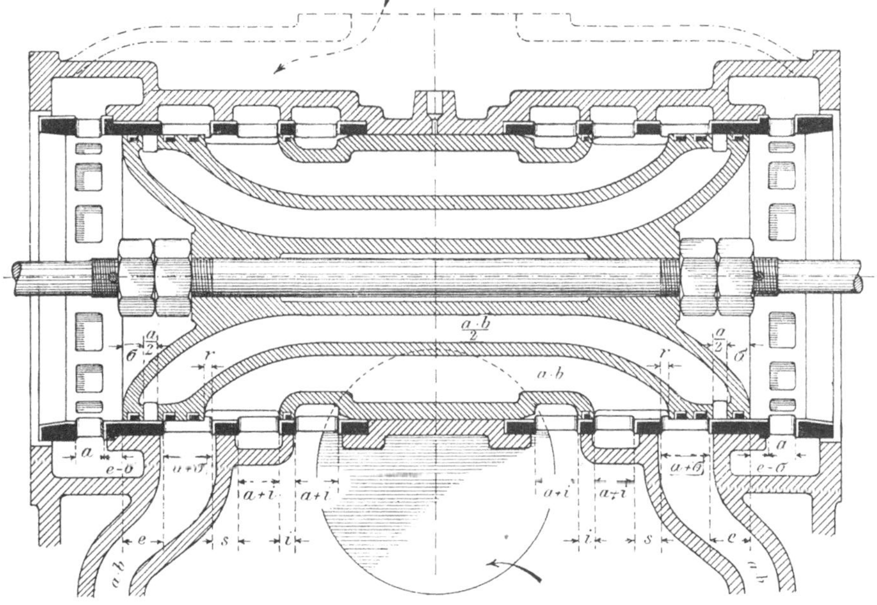

Fig. 76.

eine gute **Tragfläche** für den Kolbenschieber bildet, und zu welcher auch noch leicht eine besondere Schmierungszufuhr anzuordnen ist.

Nach Aufzeichnung des Schiebers in seiner Mittelstellung mit den oben gefundenen Maassen sollte man ihn immer auch noch in

Räume gänzlich vernachlässigt werden; bei Eincylindermaschinen wird man etwa die Hälfte seines Inhalts dem schädlichen Raum beizählen.

Der **äussere Kanal** mit dem Querschnitt $a \cdot b$, der einmal die Ueberströmung, das andere Mal die Ausströmung vermittelt, hat mit dem schädlichen Raume im gebräuchlichen Sinne dieses Wortes überhaupt nichts zu thun; sein Inhalt bewirkt nur, dass die Ausgleichspannung x — siehe wieder Fig. 74b und c — etwas, aber nur verschwindend wenig, kleiner wird, als sie aus Gl. (176) ohne seine Berücksichtigung hervorgeht.

seiner äussersten Stellung beim grössten Schieberwege aufzeichnen,

1. um sich zu vergewissern, dass keine falschen Verbindungen
   zwischen Eintrittsdampf und Kondensator auftreten (nöthigen-
   falls muss man dann die Stegdicke s vergrössern), und
2. soll man dabei überlegen, durch welche Kanäle (vom
   Dampfeintritt in den Schieberkasten her bis zum Dampf-
   austrittsstutzen) die ganze und durch welche nur die
   halbe Dampfmasse geht; die erstern müssen den Minimal-
   querschnitt von $a.b$, die letztern einen solchen von $\dfrac{a.b}{2}$
   haben; (gerade hierin sind schon Fehler gemacht worden,
   indem übersehen worden, dass durch gewisse Kanäle einmal
   allerdings nur die halbe, dann aber wieder die ganze
   Dampfmasse durchgeht).

Dann sollen diese Kanäle im Innern, wo sie unbearbeitet
bleiben, auch reichlich dimensionirt werden, damit sie durch
Ungenauigkeiten im Gusse bei der Ausführung nicht unter
ihr Minimalmaass fallen.

K. Kondensation bei wechselndem Dampfverbrauch.

Hier wollen wir zeigen, was man an einer Kondensation veränderlich machen müsste (Kühlwassermenge oder Luftpumpengrösse oder beides), wenn man auch bei stark wechselndem Dampfverbrauche der kondensirten Maschinen (z. B. Walzwerksmaschinen) das Vakuum doch immer auf konstanter Höhe erhalten wollte; bezw. umgekehrt, welche Schwankungen das Vakuum erfährt, wenn man an der Kondensation nichts ändert, sondern sie immer gleichförmig weiterarbeiten lässt. Dabei werden wir in letzterm Falle von der Zeit absehen, welche eine Aenderung des Vakuums erfordert; d. h. wir nehmen an, jede Periode eines bestimmten Dampfverbrauches dauerc so lange an, bis sich ein neuer Beharrungszustand mit entsprechendem Vakuum hergestellt hat. Wenn wir unter dieser Voraussetzung die Vakuumänderung sowohl bei Mischwie bei Oberflächenkondensation untersucht haben werden, so werden wir nachher auch noch die nöthige Zeit zu einer Vakuumänderung mit in Betracht ziehen, und so zu dem sog. „Beharrungsvermögen von Kondensatoren" geführt werden.

a) Schwankung des Vakuums bei Mischkondensation.

Wir erinnern uns (Kap. A, 3), dass der Gesammtdruck p_0 im Kondensator sich zusammensetzt aus dem Partialdruck l der anwesenden Luft $+$ dem Partialdruck d des Dampfes, so dass

$$p_0 = l + d.$$

Hierbei ist der Partialdruck der Luft

$$l = \frac{L}{v_0}$$

wenn L die Anzahl Kubikmeter Luft von Atmosphärenspannung bedeutet, die pro Zeiteinheit in den Kondensator gelangt, und v_0 die Ansaugeleistung der Luftpumpe in Kubikmetern pro derselben Zeiteinheit ist.

Der Partialdruck d des Dampfes ist der Druck des gesättigten Wasserdampfes von derjenigen Temperatur, mit welcher das Gasgemenge in den Luftpumpencylinder gesogen wird; er ist also $= d_{t'}$ bei Parallelstromkondensation (sei es mit trockener oder mit nasser Luftpumpe) unter t' die Temperatur des ablaufenden heissen Wassers verstanden; und $= d_{t_0 + a}$ bei Gegenstromkondensation, unter t_0 die Temperatur des Kühlwassers verstanden, wobei a diejenige (kleine) Anzahl von Graden bedeutet, um welche die Temperatur des oben aus dem Kondensator abgesogenen Gasgemenges über der Kühlwassertemperatur bleibt.   Es ist also

$$p_{0par.} = \frac{L}{v_0} + d_{t'} \quad \ldots \ldots \quad (176)$$

und

$$p_{0geg.} = \frac{L}{v_0} + d_{t_0 + a} \quad \ldots \ldots \quad (177)$$

so lange das unter $d_{t'}$ bleibt (also unsere frühern Gl. 15 und 16, nur unter neuer Nummerirung).

Dagegen

sobald
$$\left. \begin{aligned} p_{0geg.} &= d_{t'} \\ \frac{L}{v_0} + d_{t_0 + a} &\leqq d_{t'} \end{aligned} \right\} \quad \ldots \ldots \quad (178)$$

wird.   Dabei kann nach Gl. (17) a etwa angenommen werden zu

$$a = 4^0 + 0{,}1 \, (t' - t_0) \quad \ldots \ldots \quad (179)$$

während die Heisswassertemperatur nach Gl. (6)

$$t' = \frac{570}{n} + t_0 \quad \ldots \ldots \quad (180)$$

entsprechend dem Kühlwasserverhältniss Gl. (3)

$$\frac{W}{D} = n = \frac{570}{t' - t_0} \quad \ldots \ldots \quad (181)$$

ist.

Die pro Minute in den Kondensator gelangende Luftmenge L ist die gleiche, ob nun augenblicklich mehr oder weniger Dampf zum Kondensiren in den Kondensator kommt; und wenn auch an der Luftpumpenleistung v_0 nichts verändert wird, so ist für Parallelstromkondensation nach Gl. (176) der Kondensatordruck

$$p_0 = \text{konst.} + d_{t'},$$

und dieser wird konstant, wenn auch der zweite Summand rechts,

$d_{t''}$ konstant gehalten wird, was die Konstanthaltung der Ablauf-temperatur $t' = \dfrac{570}{n} + t_0$ erfordert. Bei natürlichem Kühlwasser ist selbstredend auch dessen Temperatur t_0 für kürzere Perioden, die hier einzig in Betracht kommen, konstant. Aber auch bei künstlich gekühltem Wasser, wo allerdings das aus dem Kondensator auf das Kühlwerk kommende Wasser bei wechselndem Dampfverbrauch sehr verschiedene Temperaturen t' haben kann, je nachdem gerade mehr oder weniger Dampf in den Kondensator kommt, wird doch — bei dem meistens grossen Wasservorrath im Kühlbassin und bei den rasch aufeinander folgenden Auf- und Abschwankungen des Dampfverbrauches — die Temperatur t_0 des gekühlten Wassers um einen konstanten Mittelwerth herum so wenig schwanken, dass sie auch hier als konstant betrachtet werden kann. Ist aber in Gl. (180) t_0 konstant, so braucht zur Konstanthaltung von t' nur noch das Kühlwasserverhältniss $n = \dfrac{W}{D}$ konstant sein; d. h. wenn der Dampfverbrauch D z. B. auf das Doppelte steigt, so muss man auch doppelt so viel Kühlwasser beigeben. Freilich wird mit mehr Kühlwasser auch mehr in ihm absorbirte Luft in den Kondensator eingeführt; es wird also in Gl. (176) auch wieder L grösser. Indem aber die im Wasser in den Kondensator gelangende Luftmenge nur einen kleinen Bruchtheil der durch Undichtheiten eindringenden Luft bildet, diese letztere aber vom Wechsel im Dampfverbrauch unberührt bleibt, kann von der kleinen Veränderlichkeit von L mit W abgesehen werden, und ergiebt sich dann für Parallelstrom:

> Zur Konstanthaltung des Vakuums bei wechselndem Dampfverbrauch ist die Luftpumpenleistung v_0 zu belassen und nur die Kühlwassermenge W proportional dem jeweiligen Dampfverbrauch zu regeln, so dass das Kühlwasserverhältniss n konstant bleibt.

Bei Parallelstromkondensation mit trockener Luftpumpe und Abfuhr des warmen Wassers durch Fallrohr wäre also mit wachsender Dampfmenge nur der Einspritzhahn mehr zu öffnen. Bei Nassluftpumpe geht das aber nicht, indem hierbei wieder die reine Luftpumpenleistung v_0 und damit auch das Vakuum wieder verkleinert würde. An Hand der Fig. 11 S. 60 haben wir gezeigt, dass es bei „gegebener Nassluftpumpe" vielmehr nur eine bestimmte Kühlwassermenge giebt, bei der man das höchstmögliche

Vakuum erhält, dass dieses letztere dann aber mit dem Dampfverbrauch steigt und fällt.

Bei **Gegenstromkondensation** gilt auch wieder, was wir vorhin über die Konstanz von L, und damit auch von $\dfrac{L}{v_0}$ sagten. So lange sonach $\dfrac{L}{v_0} + d_{t_0 + a} > d_{t'}$ bleibt, so lange ist nach Gl. (177) der Kondensatordruck p_0 überhaupt eine konstante Grösse, auch bei wechselndem Dampfverbrauch, indem $d_{t_0 + a}$ nach Gl. (179) mit steigendem t' nur unmerklich zunimmt. Steigt dann — infolge immer grössern Dampfverbrauches — die Temperatur t' des ablaufenden Heisswassers so, dass $d_{t'} \gtrless \dfrac{L}{v_0} + d_{t_0 + a}$ wird, so wird nach Gl. (178) einfach

$$p_0 = d_{t'}$$

und wäre dann dieser Druck wieder durch Konstanthalten von t', also wieder durch proportionale Mehrzugabe von Kühlwasser bei Mehrdampfverbrauch konstant zu halten, und zwar auf dem konstanten Werthe von t', der der Bedingung

$$d_{t'} = \frac{L}{v_0} + d_{t_0 + a}$$

entspricht, während die Luftpumpenleistung v_0 wiederum unverändert zu bleiben hätte.

Bei **Mischkondensation** — ausgenommen 1. bei nasser Luftpumpe, wo solches nicht angeht, und 2. bei Gegenstrom, so lange $\dfrac{L}{v_0} + d_{t_0 + a} > d_{t'}$ bleibt, wo solches gar nicht nöthig, indem dann das Vakuum so wie so unveränderlich ist — hätte man also einfach die Ablauftemperatur t', oder das Kühlwasserverhältniss n, durch veränderliche Kühlwasserzufuhr konstant zu halten, um auch bei wechselndem Dampfverbrauch das Vakuum auf konstanter Höhe zu halten.

Lässt man aber, wie man der Betriebseinfachheit wegen zu thun pflegt, die **Kühlwassermenge konstant**[1]), so ändert sich

---

[1]) Es ist gut, dass man sich klar mache, warum man — wenigstens bis jetzt — in Praxis die Kühlwassermenge nicht veränderlich macht. Dabei denken wir an grössere Kondensationen, die zum Bewegen des Wassers immer besondere Pumpwerke brauchen. Sei z. B. die mittlere pro Minute zu kondensirende Dampfmenge $D = 1000$ kg und hat man die Pumpen, Wasserrohrquerschnitte etc. für eine mittlere Kühlwassermenge von z. B. $W = 20$ cbm

bei wechselndem Dampfverbrauch die Heisswassertemperatur t' und damit nach Massgabe der Gleichungen (176)—(181) auch der Kondensatordruck p_0, wie folgendes Beispiel zeigen möge:

Es sei bei einer Kondensation die pro Minute in den Kondensator eintretende Luftmenge $L = 2$ cbm von atmosphärischer Spannung, die minutliche Ansaugeleistung der (trockenen) Luftpumpe $v_0 = 20$ cbm, also das Verhältniss $\dfrac{L}{v_0} = 0,10$, und die Kühlwassertemperatur $t_0 = 20^0$. Der Dampfverbrauch D der kondensirten Maschinen schwanke vom normalen bis auf den $1,5 - 2 - 3$ bis 4 fachen, d. h. die verschiedenen Dampfmengen mögen sich wie $1 : 1,5 : 2 : 3 : 4$ verhalten.[1]) Die konstante Kühlwassermenge W sei so bemessen, dass das Kühlwasserverhältniss für normalen Dampfverbrauch (also für $D = 1$) $n = 30$ betrage, so beträgt es bei der auf $1,5\,D$, $2\,D$, $3\,D$ und $4\,D$ gesteigerten Dampfmenge der Reihe nach $n = 20$, 15, 10 und $7,5$. Mit diesen n und der Kühlwassertemperatur $t_0 = 20^0$ kann man nach Gl. (180) die Temperatur t' (s. folgende Tabelle) ausrechnen, und damit auch sofort die diesen Temperaturen entsprechenden Dampfdrücke $d_{t'}$ anschreiben. Damit findet man nach Gl. (176) den Kondensatordruck p_0 bei Parallelstrom (Zeile 5 der folgenden Tabelle). Für Gegenstrom schreiben wir in der Tabelle der Reihe nach die Werthe $t' - t_0$, $a = 4 + 0,1$

$= 20000$ kg pro Minute (also $n = \dfrac{W}{D} = 20$) eingerichtet, so würde, wenn die maximale Dampfmenge $D_m = 2000$ kg betrüge, und man auch hierbei das früher erhaltene mittlere Vakuum konstant beibehalten wollte, nun die minutliche Kühlwassermenge auf $W = 40$ cbm ansteigen müssen. Man müsste sonach die Umdrehzahlen der Wasserpumpen verdoppeln, das geht nun aber meistens nicht an; auch wären die Querschnitte der Leitungen meistens zu klein. Man müsste also von vornherein Wasserpumpen und Leitungen für vierzig Kubikmeter einrichten, und dann könnte man allerdings umgekehrt die Wasserpumpen bei mittlerem Dampfverbrauch langsamer laufen lassen. Das wäre schon richtig und zweckmässig, aber in der Erstellung theuer.

[1]) Unter „normalem" Dampfverbrauch ist hier nicht etwa der „minimale" Verbrauch (bei Leerlauf der Maschinen) zu verstehen, sondern derjenige bei mittlerer Belastung der Maschinen. Dieser normale oder mittlere Dampfverbrauch steigt dann bis zum „maximalen" bei Maximalbelastung sämmtlicher Maschinen. Wenn wir oben angenommen, dabei kämen wir auf das Vierfache des normalen Dampfverbrauches, so wollten wir an solch extremem Beispiel nur den Verlauf der verschiedenen Funktionen besser zeigen; in Praxis schätzt man den „normalen Dampfverbrauch" stets so hoch (und berechnet danach die nöthige Kondensationsgrösse), dass der maximale nicht über etwa das Doppelte des mittleren hinausgeht.

$(t' - t_0)$, $d_{t_0 + a}$ und den Druck $\dfrac{L}{v_0} + d_{t_0 + a}$ an. So lange dieser letztere Druck $> d_{t'}$ bleibt, so lange ist er auch der Kondensatordruck; sobald jener Druck aber $< d_{t'}$ wird, so ist dieses grössere $d_{t'}$ der Kondensatordruck.

1. Der Dampfverbrauch verhalte sich wie $D =$	1	: 1,5	: 2	: 3	: 4
2. entsprechend d. Kühlwasserverhältniss $n =$	30	20	15	10	7,5
3. also $\qquad t' = \dfrac{570}{n} + t_0 = \dfrac{570}{n} + 20 =$	39	48,5	58	77	96⁰
4. „ $\qquad\qquad$ Dampfdruck $d_{t'} =$	0,07	0,11	0,18	0,41	0,86 Atm.
5. damit $\quad p_{0par.} = \dfrac{L}{v_0} + d_{t'} = 0{,}10 + d_{t'} =$	0,17	0,21	0,28	0,51	0,96 Atm.
6. Ferner $\qquad\qquad t' - t_0 = t' - 20 =$	19	28,5	38	57	76⁰
7. also $\qquad\quad a = 4 + 0{,}1\,(t' - t_0) =$	6	7	8	10	12⁰
8. „ Dampfdruck $\quad d_{t_0 + a} = d_{20 + a} =$	0,03	0,03	0,04	0,04	0,05 Atm.
9. „ Druck $\dfrac{L}{v_0} + d_{t_0 + a} = 0{,}10 + d_{t_0 + a} =$	0,13	0,13	0,14	0,14	0,15 „
10. somit $p_{0geg.} = \dfrac{L}{v_0} + d_{t_0 + a}$ bezw. $= d_{t'} =$	0,13	0,13	0,18	0,41	0,86 Atm.

Im Schaubild Fig. 77 sind zu den Abscissen n die Drücke $d_{t'}$, $\dfrac{L}{v_0} + d_{t_0 + a}$ und dann die Kondensatordrücke p_0 bei Parallel- und bei Gegenstrom als Ordinaten aufgetragen. Man sieht, wie bei Parallelstrom der Kondensatordruck von Anfang an mit wachsendem Dampfverbrauch steigt; wie er dagegen bei Gegenstrom konstant bleibt, während der Dampfverbrauch vom einfachen auf das $1\,^3/_4$ fache steigt, und wie er erst von dort aber bei noch mehr zunehmendem Dampfverbrauche auch zu steigen anfängt, immer aber um $\dfrac{L}{v_0} = 0{,}10$ Atm. unter demjenigen bei Parallelstrom bleibend.

Aus der vorstehenden Tabelle sehen wir weiter:

Steigt der Dampfverbrauch vom mittleren bis auf den doppelten, und hat man die Kühlwassermenge so gewählt, dass sie

    a) beim mittleren Dampfverbrauch das $n = 30$ fache des Dampfgewichtes beträgt, so steigt der Kondensatordruck

bei Parallelstrom von   0,17   auf   0,28 Atm.
$\qquad$ (d. i. 63 cm „   55 cm Vakuummeteranzeige)
bei Gegenstrom von   0,13   „   0,18 Atm.
$\qquad$ (d. i. 66 cm „   62 cm).

Hätte man aber die Kühlwassermenge so gewählt, dass sie

b) beim mittleren Dampfverbrauch nur das $n = 20$fache des Dampfgewichtes betrüge, so stiege der Kondensatordruck bei Parallelstrom von   0,21   auf   0,51 Atm.
$\qquad$ (d. i. 60 cm „   37 cm)
bei Gegenstrom von   0,13   „   0,41 Atm.
$\qquad$ (d. i. 66 cm „   45 cm).

Im Falle a) verlieren wir also bei auf das Doppelte gestiegenem Dampfverbrauche nur leicht zu verschmerzende 8 bezw. 4 cm Va-

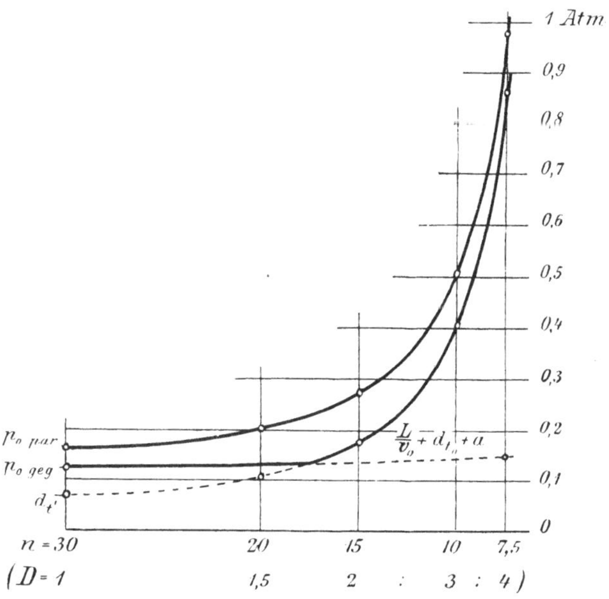

Fig. 77. Vakuum bei veränderlichem Dampfverbrauch bei Mischkondensation.
$\left(\text{Mit } \dfrac{L}{v_0} = 0,10 \text{ und } t_0 = 20^0.\right)$

kuum; im Falle b) dagegen schon 23 bezw. 21 cm. Daraus ergiebt sich als Hauptsatz dieses ganzen Kapitels:

Bei Kondensationen für Maschinen mit stark wechselndem Dampfverbrauch — z. B. Walzenzugmaschinen — hat man den mittleren Dampfverbrauch, für den man die Grösse der Kondensation berechnet, reichlich, und das Kühlwasserverhältniss ziemlich hoch anzunehmen; dann ist auch für solche Verhältnisse die Betriebssicherheit der Kondensation gewährleistet, und schwankt das Vakuum nur innert enger Grenzen.

An Hand der übersichtlichen Näherungsformeln (123) und (124) können wir auch noch den Mehrdampfverbrauch z. B. im Falle a) durch jene 8, bezw. 4 cm Vakuumverlust bestimmen. Der betr. Mehrdampfverbrauch beträgt nach (123) bei Eincylindermaschinen, wenn deren mittlerer Admissionsdruck z. B. $p = 6$ Atm. betrüge,

$$d\eta = 8 \cdot \frac{0,017}{p} = 8 \cdot \frac{0,017}{6} = 0,023 = 2,3\,^0/_0$$

$$\text{bezw. } d\eta = 4 \cdot \frac{0,017}{p} = 4 \cdot \frac{0,017}{6} = 0,011 = 1,1\,^0/_0$$

des Gesammtdampfverbrauches;

und nach (124) bei Mehrfachexpansionsmaschinen, wenn deren mittlerer Admissionsdruck z. B. $p = 9$ Atm. wäre,

$$d\eta = 8 \cdot \frac{0,035}{p} = 8 \cdot \frac{0,035}{9} = 0,031 = 3,1\,^0/_0$$

$$\text{bezw. } d\eta = 4 \cdot \frac{0,035}{p} = 4 \cdot \frac{0,035}{9} = 0,016 = 1,6\,^0/_0$$

des Gesammtdampfverbrauches.

Also ersparen wir zu Zeiten des maximalen Dampfverbrauches durch die Kondensation im Mittel etwa $2\,^0/_0$ weniger Dampf als in den Zeiten mittleren Dampfverbrauches. Dagegen erstreckt sich diese verminderte procentuale Ersparniss auf ein grösseres Dampfquantum, so dass die absolute Ersparniss dabei doch noch grösser wird. Betrüge — wie es im Mittel der Fall ist — die Ersparniss durch Kondensation bei mittlerem Dampfverbrauch $(D = 1)$ etwa $0,20\,D$, so wäre die absolute Ersparniss bei doppeltem Dampfverbrauch $(D = 2)$ noch $= (0,20 - 0,02) . 2\,D = 0,36\,D$; sie wäre also von $20\,^0/_0$ auf $36\,^0/_0$ der ursprünglichen mittleren Dampfmenge angewachsen; und dauerten die Perioden doppelten Dampfverbrauches gerade so lange als die des mittleren, so betrüge die mittlere absolute Ersparniss durch Kondensation $\frac{0,20 + 0,36}{2} \cdot D = 0,28\,D$, d. h. $28\,^0/_0$ der ursprünglichen mittleren Dampfmenge.

b) Schwankung des Vakuums bei Oberflächenkondensation.

Nach Kap. B, 3 gelten die Gleichungen (176) und (177)

$$p_{0\,par.} = \frac{L}{v_0} + d_{t'} \quad\ldots\ldots\ldots\ldots \quad (182)$$

und

$$p_{0\,geg.} = \frac{L}{v_0} + d_{t_0+a} \quad\ldots\ldots\ldots \quad (183)$$

(wobei aber $\quad p_{0\,geg.} = d_{t'} \quad$ sobald $\quad \dfrac{L}{v_0} + d_{t_0+a} \leqq d_{t'}$) $\quad$ (184)

auch für Oberflächenkondensation, nur sind hier L und a anders als wie bei Mischkondensation.

Auch hier würde das Konstanthalten des Vakuums bei wechselndem Dampfverbrauche eine Auf- und Niederregulirung der Kühlwassermenge erfordern. Da man aber auch hier in Praxis solche Regulirung nicht ausführt, sondern immer mit gleicher Kühlwassermenge weiter arbeitet, halten wir uns bei dieser Frage nicht weiter auf, sondern zeigen nur an je einem Beispiel an den verschiedenen Arten von Oberflächenkondensation, um wie viel das Vakuum sinkt, wenn bei gleichbleibender Kühlwassermenge (und Luftpumpenleistung v_0) die zu kondensirende Dampfmenge auf z. B. das Doppelte steigt. Wir haben — S. 85 u. ff. — „geschlossene" und „offene" Oberflächenkondensatoren unterschieden, erstere wieder zerfallend in solche, die nach Parallelstrom, und in solche, die nach Gegenstrom arbeiten, und wollen die Rechnung für alle diese verschiedenen Fälle durchführen. Als Beispiel nehmen wir die schon S. 95—99 für eine konstante minutliche Dampfmenge von $D = 300$ kg berechnete Oberflächenkondensation.

1. Geschlossene Oberflächenkondensation nach Parallelstrom:

Bei $t_0 = 20^0$, $n = 45$, also $t_1 = 33^0$, $L = 0,84$ cbm, $v_{0\,par.} = 31$ cbm, und der Kühlfläche $F = 390$ qm erhielten wir bei einer minutlichen Dampfmenge von $D = 300$ kg einen Kondensationsdruck von $p_0 = 0,12$ Atm.

Frage: Welcher andere Kondensatordruck stellt sich ein, wenn die Dampfmenge z. B. auf das Doppelte, also auf $D = 600$ kg steigt, alles übrige aber gleich bleibt?

Setzen wir obige Werthe von L und v_0 in Gl. (182) ein, so erhalten wir

$$p_{0\,par.} = \frac{0,84}{31} + d_{t'} = 0,027 + d_{t'} = \sim 0,03 + d_{t'}.$$

Somit müssen wir noch die Temperatur t' aufsuchen. Dazu dient Gl. (53)

$$F_{par.} = \frac{570 \cdot D}{a\,(t'-t_0)\,(t'-t_1)} = \frac{570 \cdot 600}{1{,}5\,(t'-20)\,(t'-t_1)} = 390,$$

weil eben die Kühlfläche unseres Kondensators $= 390$ qm ist. Die Temperatur t_1, mit der das Kühlwasser austritt, finden wir nach Gl. (49) zu $t_1 = \dfrac{570}{n} + t_0$; nachdem sich hier die Dampfmenge verdoppelt hat, die Kühlwassermenge aber dieselbe geblieben ist, ist das Kühlwasserverhältniss auf die Hälfte, also von $n = 45$ auf $n = 22{,}5$ gesunken; damit wird

$$t_1 = \frac{570}{22{,}5} + 20 = 45^0 \qquad \text{(statt früher } 33^0\text{)}.$$

Führen wir diesen Werth von t_1 in obigen Ausdruck für $F_{par.}$ ein, so kommt

$$\frac{570 \cdot 600}{1{,}5\,(t'-20)\,(t'-45)} = 390,$$

woraus zur Bestimmung der Unbekannten t' die quadratische Gleichung folgt $\qquad (t')^2 - 65\,t' + 316 = 0$

also

$$t' = \frac{65}{2} \pm \sqrt{\frac{65^2}{4} - 316}$$

oder, da hier nur das $+$ Zeichen gelten kann,

$$t' = 60^0$$

statt früher $t' = 45^0$; die Dampftemperatur t' im Kondensatorinnern muss also von 45^0 auf 60^0 steigen, damit durch die gegebene Kühlfläche von 390 qm die durch den verdoppelten Dampfzufluss auch verdoppelte Wärmemenge in derselben Zeit an das umgebende Kühlwasser übergehen kann. Nach den Dampftabellen entspricht der Temperatur $t' = 60^0$ ein Dampfdruck $d_{t'} = 0{,}20$ Atm.; dieser oben in $p_{0\,par.}$ eingeführt, ergiebt sich der Kondensatordruck für die verdoppelte Dampfmenge

$$p_{0\,par.} = 0{,}03 + d_{t'} = 0{,}03 + 0{,}20 = 0{,}23 \text{ Atm.} \quad (= 58\,\text{cm}),$$

während er für die einfache war

$$p_{0\,par.} = 0{,}12 \text{ Atm.} \quad (= 67\,\text{cm}).$$

Vergleicht man diesen Oberflächenparallelstromkondensator mit dem einige Seiten früher behandelten Parallelstrommischkondensator, so erkennt man, dass trotz der viel grösseren Kühlwassermenge

und der viel grösseren Luftpumpe das Verhalten des Oberflächenkondensators bei wechselndem Dampfverbrauch nicht günstiger ist
als das des Mischkondensators.

2. Geschlossener Oberflächenkondensator nach Gegenstrom:

Unter ganz denselben Verhältnissen, jedoch mit einer Luftpumpe von nur $v_{0\,geg.} = 14$ cbm, erhielt man bei $D = 300$ kg pro
Minute auch einen Kondensatordruck von $p_0 = 0,12$ Atm.; auch
hier fragen wir, wie hoch dieser Kondensatordruck steigt, wenn
der Dampfverbrauch sich auf $D = 600$ kg verdoppelt?

Setzen wir $\dfrac{L}{v_0} = \dfrac{0,84}{14} = 0,06$ in Gl. (183) ein, so kommt

$$p_{0\,geg.} = 0,06 + d_{t^0 + a},$$

welcher Druck jedoch nie $< d_{t'}$ werden kann.

Aus Gl. (52) erhalten wir mit $F_{geg.} = 390$ qm, $D = 600$, $a = 1,50$
und $t_1 = 45^0$ (wie vorhin, da auch hier $n = 22,5$ ist)

$$390 = \frac{570 \cdot 600}{1,50 \cdot a \cdot (t' - 45)}$$

oder
$$a \cdot (t' - 45) = 584.$$

In dieser Gleichung sind beide Temperaturgefälle, a sowohl
als $t' - 45$, unbekannt, d. h. wir haben zwei unbekannte a und t'
zu bestimmen, was wir hier so thun können:

Wir legen t' der Reihe nach Werthe von $t' = 100^0$, 80^0, 70^0,
60^0 .... bei, und bestimmen dafür $a = \dfrac{584}{t' - 45}$; damit erhalten wir
dann auch $d_{t^0 + a} = d_{20 + a}$; und damit wieder $p_0 = 0,06 + d_{20 + a}$;
nun wissen wir aber auch, dass dies p_0 nie kleiner, sondern
höchstens $= d_{t'}$ werden kann, indem sonst — vergl. Fig. 19 — der
Druck des eintretenden Dampfes auf der einen Seite des Kondensators grösser würde als der Druck $p_0 = 0,06 + d_{20 + a}$, den die
Luftpumpe auf der andern Seite des Kondensators herstellt, was
natürlich nicht möglich ist; es wird dann — Fig. 19 — so viel
Dampf von rechts nach links hinüber strömen, bis a so gross geworden, dass eben $0,06 + d_{20 + a} = d_{t'}$ wird. Wir schreiben also
in der folgenden Tabelle auch noch die Werthe von $d_{t'}$ für die
der Reihe nach angenommenen Werthe von t' an, und die zwei
zusammengehörigen Werthe von t' und a, die gerade $d_{t'} = p_0$ werden

lassen, stellen sich nach erreichtem Beharrungszustand im Kondensator ein.

1. $t' = 100^0$ $d_{t'} = 1$ $\alpha = 10,6^0$ $d_{t_0 + \alpha} = 0,04$ $p_0 = 0,06 + 0,04 = 0,10$ also $p_0 < d_{t'}$

2. $t' = 80^0$ $d_{t'} = 0,45$ $\alpha = 16,7^0$ $d_{t_0 + \alpha} = 0,06$ $p_0 = 0,06 + 0,06 = 0,12$ „ $p_0 < d_{t'}$

3. $t' = 70^0$ $d_{t'} = 0,31$ $\alpha = 23,4^0$ $d_{t_0 + \alpha} = 0,08$ $p_0 = 0,06 + 0,08 = 0,14$ „ $p_0 < d_{t'}$

4. $t' = 65^0$ $d_{t'} = 0,25$ $\alpha = 29,2^0$ $d_{t_0 + \alpha} = 0,12$ $p_0 = 0,06 + 0,12 = 0,18$ „ $p_0 < d_{t'}$

5. $t' = 62^0$ $d_{t'} = 0,21$ $\alpha = 34,4^0$ $d_{t_0 + \alpha} = 0,15$ $p_0 = 0,06 + 0,15 = 0,21$ „ $p_0 = d_{t'}$

6. $t' = 60^0$ $d_{t'} = 0,20$ $\alpha = 39^0$ $d_{t_0 + \alpha} = 0,19$ $p_0 = 0,06 + 0,19 = 0,25$ „ $p_0 > d_{t'}$

Sobald $t' < 62^0$ wird, wird $p_0 > d_{t'}$, während es vorher kleiner war; es würde also nun — Fig. 19 — ein Rückströmen des Dampfes

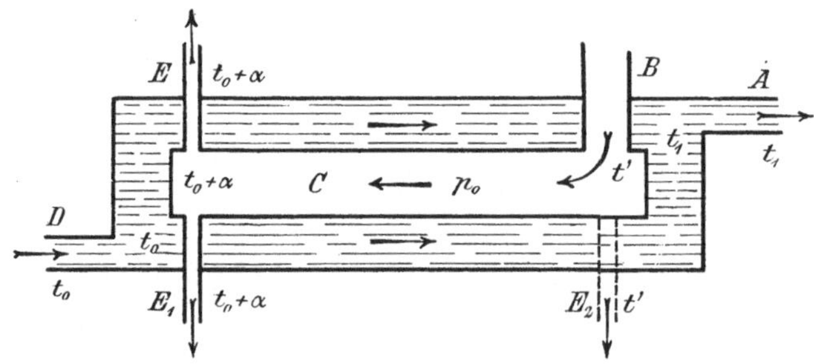

Fig. 19. Oberflächengegenstromkondensator.

von links nach rechts eintreten, um den rechts zu viel kondensirten Dampf wieder zu ersetzen. Natürlich tritt auch das nicht ein, indem sich rechts eben nicht „zu viel“ Dampf kondensirt, sondern nur soviel, dass der Dampfdruck der „kleinstmögliche“ bleibt, den die Luftpumpe herstellen kann.

Nach Zeile 5 der vorstehenden tabellarischen Berechnung stellen sich also in unserem Kondensator die zusammengehörenden Werthe

$$t' = 62^0 \quad \text{und} \quad \alpha = 34,4^0$$

ein, und wird der Kondensatordruck für die verdoppelte Dampfmenge

$$p_{0\,geg.} = 0,21 \text{ Atm. } (= 60 \text{ cm}),$$

während er für die einfache Dampfmenge

$$p_{0\,geg.} = 0,12 \text{ Atm. } (= 67 \text{ cm})$$

war.

Auch hier zeigt sich wieder, dass trotz viel grösserer Kühlwassermenge und Luftpumpe das Verhalten der Oberflächenkondensation gegenüber der Mischkondensation auch bei wechselndem Dampfverbrauch nicht günstiger ist.

3. Offener Oberflächenkondensator:

Indem bei solchen Kondensatoren — seien es nun „Rieselkondensatoren" oder in einem Kühlteich liegende, wie Fig. 18 zeigt — die vom Dampf in das frei an der Luft liegende Kühlwasser übergehende Wärme von der Oberfläche desselben an die umgebende Luft übertragen werden muss (hauptsächlich durch Verdunstung), wird das Temperaturgefälle von Kühlwasser zu Luft um so grösser sein müssen, je mehr Dampf in den Kondensator kommt; d. h. die Temperatur t_1 (Fig. 18) wird soweit steigen, bis bei der gegebenen Oberfläche des Kühlwassers die vermehrte Wärmemenge bei der höhern Temperatur t_1 in die umgebende Luft abgegeben werden kann. Wüsste man, um wie viel diese Kühlwasser-

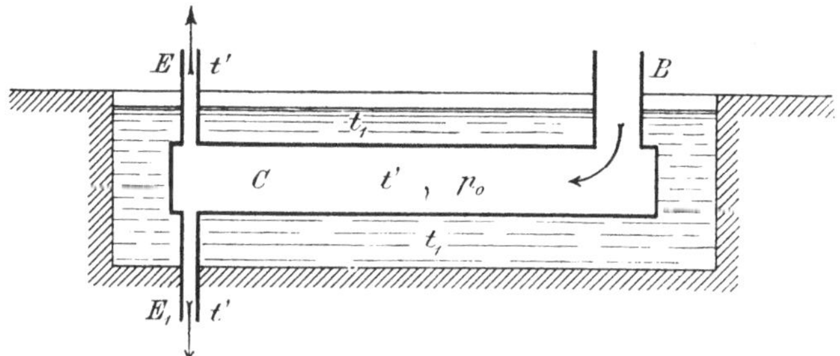

Fig. 18.   Offener Oberflächenkondensator.

temperatur t_1 stiege, so könnte man wie vorhin bei geschlossenem Oberflächenkondensator nach Parallelstrom den neuen Kondensatordruck p_0 bei verdoppelter Dampfmenge berechnen. Es wäre also zuerst die Aufgabe zu lösen: wenn das Kühlwasser bei einfachem Dampfverbrauch durch die umgebende Luft auf z. B. $t_1 = 33^0$ gekühlt und auf dieser Temperatur erhalten wird, auf welche andere (höhere) Temperatur t_2 wird es unter sonst ganz gleichen Umständen (gleiche Oberfläche, gleiche Luft-Temperatur und -Feuchtigkeit, gleiche Windströmung etc.) gekühlt bei verdoppeltem Dampfverbrauch, wenn also pro Zeiteinheit doppelt soviel Wärmeeinheiten in das Kühlwasser eintreten, die ihm an dessen Oberfläche bei der Temperatur t_2 entzogen werden müssen? Diese Aufgabe können wir erst im nächsten Kapitel lösen, das von der „Kühlung des Wassers" handeln wird, und verschieben wir daher die Behandlung des Beispiels für offene Oberflächenkondensatoren bei wechselndem Dampfverbrauche bis dorthin.

In einem Falle können wir aber auch hier schon das Verhalten offener Oberflächenkondensatoren bei wechselndem Dampfverbrauch untersuchen, und wollen wir hier das an Hand eines neuen Beispiels zeigen: es betrifft das den Fall, dass der Oberflächenkondensator, Fig. 18, in strömendes Wasser, in einen Fluss gelegt werden kann, dessen Wassermenge W im Verhältniss zur Dampfmenge D als ∞ gross anzusehen ist. Dann ist das Kühlwasserverhältniss aus Gl. (49)

$$n = \frac{570}{t_1 - t_0} = \infty,$$

das heisst

$$t_1 = t_0 \text{ konstant,}$$

gleichgültig, ob nun viel oder wenig Dampf zum Kondensiren kommt.

Haben wir nun wieder eine solche Kondensation mit z. B. $t_1 = t_0 = 20^0$; $L = 0,84$ cbm und $F = 390$ qm, und wollen wir wieder bei $D = 300$ kg Dampf pro Minute ein Vakuum von $p_0 = 0,12$ Atm. erzielen, so muss die minutliche Luftpumpenleistung nach Gl. (57) sein

$$v_{0\,par.} = \frac{L}{p_0 - d_{t'}} = \frac{0,84}{0,12 - d_{t'}}$$

t' finden wir aber, indem wir in Gl. (51) $F_{off.} = 390$, $D = 300$, $a = 1,50$ und $t_1 = t_0 = 20$ einsetzen

$$390 = \frac{570 \cdot 300}{1,5\,(t' - 20)^2}$$

woraus

$$t' = 37^0, \quad \text{also} \quad d_{t'} = 0,06 \text{ Atm.,}$$

hiermit

$$v_0 = \frac{0,84}{0,12 - 0,06} = 14 \text{ cbm.}$$

Steigt nun bei dieser Kondensation der Dampfverbrauch auf das Doppelte, also auf $D = 600$ kg, so wird der neue Kondensatordruck nach Gl. (182)

$$p_{0\,par.} = \frac{L}{v_0} + d_{t'} = \frac{0,84}{14} + d_{t'} = 0,06 + d_{t'}.$$

Das neue t' finden wir aber wieder aus Gl. (51) mit $F_{off.} = 390$, $D = 600$, $a = 1,50$ und wiederum $t_1 = t_0 = 20$,

$$390 = \frac{570 \cdot 600}{1,5\,(t' - 20)^2}$$

woraus

$$t' = 44^0; \quad \text{also} \quad d_{t'} = 0,09 \text{ Atm.}$$

Damit wird der neue Kondensatordruck bei verdoppelter Dampfmenge

$$p_{0\,par.} = 0,06 + 0,09 = 0,15 \text{ Atm.,}$$

während er für die einfache Dampfmenge $= 0,12$ Atm. war. Das Ansteigen des Dampfverbrauches auf das Doppelte ergiebt hier sonach einen Vakuumverlust von nur $0,03$ Atm. $= 2,3$ cm.

Praktisch lässt sich übrigens dieser für die Stabilität des Vakuums so günstige Grenzfall $(n = \infty)$, auch wenn die örtlichen Wasserverhältnisse (Nähe eines Flusses, eines Sees etc.) noch so günstig sind, nie verwirklichen. Man muss nämlich den Kondensator der Zugänglichkeit halber immer über den höchsten Wasserstand legen, und dann eben wieder eine Kühlwassercirkulationspumpe zu Hilfe nehmen (im Falle eines Sees schon der nöthigen

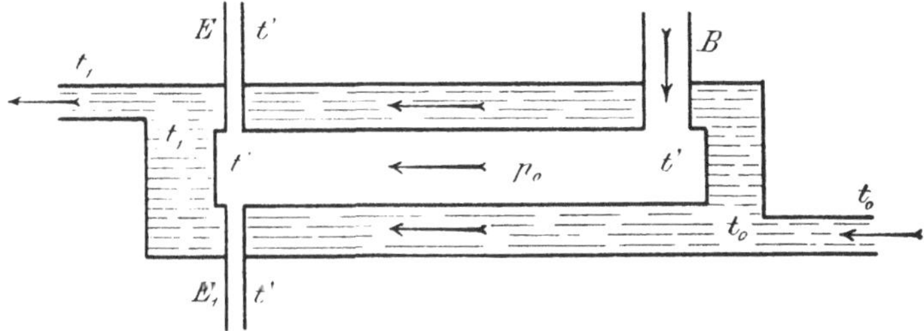

Fig. 20. Oberflächenparallelstromkondensator.

Wasserbewegung wegen; man denke hier auch an die Oberflächenkondensatoren von Seedampfern). Alsdann tritt aber schon wieder entweder der Fall Fig. 19 oder der Fall Fig. 20 ein, wo das Wasser mit seiner natürlichen Temperatur t_0 zu- und mit erhöhter Temperatur t_1 austritt. Pumpt man dann eben viel Wasser, so wird n recht gross und damit die Vakuumschwankung klein, was wir aber schon wissen.

c) Beharrungsvermögen von Kondensatoren.

Im Vorhergehenden haben wir die Temperatur- und damit auch die Vakuumänderungen im Kondensator infolge wechselnden Dampfverbrauches unter der Voraussetzung betrachtet und berechnet, jede Periode eines neuen oder anderen Dampfverbrauches halte so lange an, bis sich ein neuer Beharrungszustand im Kondensator hergestellt hat; oder auch — was auf dasselbe hinauskommt — unter der Voraussetzung, Temperatur (und damit auch Vakuum) im Kondensator folgen augenblicklich den Aenderungen im Dampfverbrauch der kondensirten Maschinen; d. h. wir haben bei der Berechnung der neuen Temperaturen nach Aenderung des Dampfverbrauches von der Zeit abgesehen, die es braucht, um diese neuen Temperaturen im Kondensator herbeizuführen.

Diejenige Eigenschaft nun von Kondensatoren, vermöge deren

die Temperatur und damit auch das Vakuum, in einem Kondensator nicht augenblicklich dem veränderten Dampfverbrauch folgen, sondern nur allmählich, indem es eben einer gewissen Zeit bedarf, um die in jedem Kondensator vorhandenen Wasser- und Eisenmassen zu erwärmen, bezw. wieder abzukühlen, hat Eberle — der diesen Begriff zuerst aufbrachte — in seiner S. 85 schon erwähnten Arbeit das Beharrungsvermögen von Kondensatoren genannt. Dort hat Eberle auch die rechnerische Behandlung dieses „Beharrungsvermögens" begonnen; der Verfasser hat selbe in einem Aufsatz in der Zeitschr. d. Vereins dtsch. Ing. 1899 S. 1155 durchgeführt und die Schlüsse daraus gezogen, und soll hier im Anschluss an diesen Aufsatz — mit einigen praktischen Vereinfachungen — der Verlauf der Temperatur t' im Kondensator mit der verfliessenden Zeit nach eingetretener Aenderung des Dampfverbrauches berechnet werden. Hat man die Temperatur t' gefunden, so ergeben sich damit nach den Gl. (176)—(178) auch die zugehörigen Vakuen. Dabei beschränken wir unsere Betrachtung vorerst auf Mischkondensation, und legen derselben zuerst eine solche nach Parallelstrom zu Grunde.

Es sei wie früher

W die in den Kondensator eintretende, als konstant bleibend vorausgesetzte Kühlwassermenge in kg/Min.,

D die in den Kondensator eintretende Dampfmenge in kg/Min., und zwar bei normaler, d. h. mittlerer Belastung der Maschinen,

D_m diese Dampfmenge bei maximaler Belastung der Maschinen,

t_0 die als konstant bleibend vorausgesetzte Temperatur des eintretenden Kühlwassers,

t' die Temperatur des austretenden heissen Wassers bei mittlerem Dampfverbrauch,

t'_m diese Temperatur bei maximalem Dampfverbrauch,

r die „Verdampfungswärme", d. i. die Wärmemenge, die 1 kg Dampf mehr enthält als 1 kg Wasser von derselben Temperatur, welche Wärmemenge innerhalb den Temperaturgrenzen, wie sie bei Kondensatordämpfen vorkommen, konstant $= 570$ W.E. gesetzt werden kann (vergl. S. 13).

Mit diesen Bezeichnungen ist nach Gl. (2) das Kühlwasserverhältniss bei mittlerem Dampfverbrauch

$$n = \frac{W}{D} = \frac{r}{t' - t_0} = \frac{570}{t' - t_0} \quad \cdots \quad (185)$$

und bei maximalem Dampfverbrauch

$$n_m = \frac{W}{D_m} = \frac{r}{t'_m - t_0} = \frac{570}{t'_m - t_0} \quad \cdots \cdots \quad (186)$$

und hieraus umgekehrt: die mittlere Heisswassertemperatur

$$t' = \frac{r}{n} + t_0 \quad \cdots \cdots \cdots \quad (187)$$

und die höchste Heisswassertemperatur

$$t'_m = \frac{r}{n_m} + t_0 \quad \cdots \cdots \cdots \quad (188)$$

Nun sei weiter, eben zur Behandlung des „Beharrungsvermögens"
$a . W$ der konstante Wasservorrath im Kondensator, einschliesslich des „Wasserwerthes" der an der Erwärmung und
Wiederkühlung theilnehmenden Eisenkonstruktion des Kondensatorkörpers; ist dessen Gewicht $= G$ kg und die specifische Wärme des Eisens $\gamma = 0{,}12$, so ist der Wasserwerth
$= \gamma . G = 0{,}12 \, G.$[1])
(Dadurch, dass wir den Wasservorrath ins Verhältniss zu der pro
Minute durch den Kondensator gehenden Kühlwassermenge setzen,
erhalten wir elegante übersichtliche Formeln.)

Steigende Temperatur.

Hat eine längere Periode mittleren Dampfverbrauches D bestanden, so dass im Kondensator die mittlere Temperatur t' herrscht,
und tritt jetzt eine Periode höchsten Dampfverbrauches D_m ein, so
wird jene Temperatur steigen; und wenn nach Ablauf von T Minuten seit Beginn dieses höchsten Dampfverbrauches D_m jene Temperatur t' des Kondensators und seines Wasserinhaltes auf die Temperatur t gestiegen ist (wobei die Zeitdauer T aber nicht so lang
zu denken ist, dass die Temperatur t schon auf ihr Maximum t'_m
gekommen), so tritt im folgenden Zeittheilchen dT einerseits eine
Dampfmenge $D_m . dT$, und anderseits eine Wassermenge $W . dT$ von
der Temperatur t_0 in den Kondensator ein, während gleichzeitig

---

[1]) Bei diesem „Wasserwerth" dürfen nur die Theile des Kondensators
berücksichtigt werden, die vom Kühlwasser bespült, also auch wieder zurück-
gekühlt werden, wenn sie wärmer geworden sind, nicht aber auch etwa die
Eisenmassen der — bei Centralkondensation oft sehr ausgedehnten — Abdampfleitungen. Diese Abdampfleitungen fallen für das Beharrungsvermögen ausser
Betracht, indem sie bei in kurzen Zeiträumen wechselndem Dampfverbrauch
einfach eine mittlere Temperatur annehmen, nicht aber eine wechselnde Erwärmung und nachherige Rückkühlung mitmachen.

die gleiche Wassermenge $W.dT$ vermehrt um das Gewicht des kondensirten Dampfes $D_m.dT$ aus dem Kondensator austritt. Indem jene eingetretene Dampfmenge kondensirt, giebt sie ihre Verdampfwärme $r.D_m dT$ ab, und wird diese, wenn wir von der überaus geringfügigen Wärmeabgabe des Kondensators nach aussen absehen, verwendet:

1. zur Erwärmung des während des Zeittheilchens dT durch den Kondensator gegangenen Kühlwassers $W.dT$ von t_0 auf t,

2. zur Erwärmung des Wasservorrathes (einschliesslich des Wasserwerthes der Konstruktionstheile) $a.W$ von der Temperatur t auf $t+dt$, d. h. zur Erwärmung von aW um dt.

Wenn wir nun annehmen, die beim Kondensiren frei werdende Verdampfungswärme gehe völlig widerstandslos und augenblicklich nicht nur in das den Kondensator durchrieselnde Kühlwasser über, sondern ebenso widerstandslos und augenblicklich in den Wasservorrath — eine Annahme, deren Zulässigkeit wir später zu prüfen haben werden — so können wir die Wärmegleichung anschreiben:

$$r.D_m.dT=(t-t_0)W.dT+aWdt \quad . \quad . \quad . \quad (189)$$

oder mit D_m dividirt

$$r.dT=(t-t_0)n_m.dT+an_m dt$$

oder

$$(r+t_0 n_m-tn_m)dT=an_m dt.$$

Nun ist aber nach Gl. (188)

$$r+n_m t_0=n_m.t_m';$$

dies in die letzte Gleichung eingesetzt, kommt

$$(n_m t_m'-tn_m)dT=a.n_m dt,$$

woraus

$$\frac{dT}{a}=\frac{dt}{t_m'-t}$$

Durch Integration dieser Gleichung ergiebt sich

$$\frac{T}{a}=-\log.(t_m'-t)+C \quad . \quad . \quad . \quad . \quad . \quad (190)$$

Zur Bestimmung der Integrationskonstanten bedenken wir, dass bei Beginn des maximalen Dampfverbrauches, d. h. bei $T=0$, $t=t'$ war, womit Gl. (190) übergeht in

$$0=-\log(t_m'-t')+C.$$

Ziehen wir diese Gl. von (190) ab, oder, was auf dasselbe hinauskommt, berechnen wir aus dieser Gl. die Konstante C und führen den erhaltenen Werth in (190) ein, so ergiebt sich

$$\frac{T}{a} = \log \frac{t_m' - t'}{t_m' - t} \qquad \ldots \ldots \quad (191)$$

und hieraus das gesuchte t

$$t = t_m' - \frac{t_m' - t'}{e^{\frac{T}{a}}} \qquad \ldots \ldots \quad (192)$$

Für $T = 0$, d. h. für den Beginn des höchsten Dampfverbrauches, ebenso für $a = \infty$, d. h. bei unendlich grossem Wasservorrath, wird aus Gl. (192) mit $e^0 = 1$

$$t = t',$$

wie es offenbar sein soll.

Für $T = \infty$, d. h. wenn die Zeit des höchsten Dampfverbrauches anhält oder sehr lang ist, ebenso für $a = 0$, d. h. wenn gar kein Wasservorrath vorhanden ist, wird aus Gl. (192)

$$t = t_m',$$

wiederum wie es sein soll.

Fallende Temperatur.

Hat umgekehrt eine längere Periode Maximaldampfverbrauches D_m bestanden, so dass im Kondensator die Temperatur t_m' herrscht, und tritt nun wieder eine Periode mittleren Dampfverbrauches D ein, so wird jene Temperatur t_m' wieder **sinken**; sei sie nach Ablauf von T Minuten seit Beginn des normalen Dampfverbrauches auf t gesunken, so tritt im nächsten Zeittheilchen dT einerseits eine Dampfmenge $D . dT$, anderseits wieder eine Kühlwassermenge $W . dT$ und wieder von der Temperatur t_0 in den Kondensator, und verlässt denselben gleichzeitig eine gleiche Kühlwassermenge vermehrt um die kondensirte Dampfmenge. Dabei **sinkt** in diesem Zeittheilchen dT die Temperatur des Wasservorrathes aW um das Temperaturdifferenzial dt, das also **negativ** einzuführen ist. Die dabei abgegebene Wärmemenge $-a . W . dt$ zusammen mit der von der kondensirten Dampfmenge $D . dT$ abgegebenen Verdampfungswärme $r . D . dT$ wird verwendet zur Erwärmung der im gleichen Zeittheilchen dT durch den Kondensator gegangenen Kühlwassermenge $W . dT$ von t_0 auf t. Also haben wir nun die Differenzialgleichung

$$-a . W . dt + r D dT = (t - t_0) . W . dT \quad \ldots \quad (193)$$

und mit D dividirt

$$-a . n . dt + r dT = (t - t_0) . n . dT$$
$$(r + n t_0 - n t) dT = a . n . dt;$$

nun ist aber nach Gl. (185)

$$r + n t_0 = n t'$$

also

$$\frac{dT}{a} = \frac{dt}{t' - t}$$

integrirt

$$\frac{T}{a} = -\log (t' - t) + C.$$

Für $T = 0$ ist $t = t'_m$, also

$$0 = -\log (t' - t'_m) + C.$$

Diese Gl. von der vorigen subtrahirt, giebt

$$\frac{T}{a} = \log \frac{t' - t'_m}{t' - t} \quad . \quad . \quad . \quad . \quad . \quad . \quad (194)$$

Hieraus die gesuchte gesunkene Temperatur t nach T Minuten:

$$t = t' + \frac{t'_m - t'}{e^{\frac{T}{a}}} \quad . \quad . \quad . \quad . \quad . \quad (195)$$

Der Vergleich dieser Formel mit der entsprechenden (192) zeigt, dass das zweite Glied rechts für beide gleich ist, nur mit anderem Vorzeichen; deswegen kann man schreiben:

Für die steigende Temperatur beim Maximaldampfverbrauch

$$t = t'_m - K \quad . \quad . \quad . \quad . \quad . \quad . \quad (196)$$

Für die fallende Temperatur bei mittlerem Dampfverbrauch

$$t = t' + K \quad . \quad . \quad . \quad . \quad . \quad . \quad (197)$$

in beiden Fällen mit

$$K = \frac{t'_m - t'}{e^{\frac{T}{a}}} \quad . \quad . \quad . \quad . \quad . \quad . \quad (198)$$

Als Beispiel für Anwendung dieser Formeln wählen wir einen von Eberle beschriebenen Kondensator, der durch grossen Wasservorrath im Innern grosses Beharrungsvermögen erreichen will. Der Kondensatorkörper besteht in einem liegenden Kessel von 2,20 m Durchmesser und 10 m Länge, hat also einen Inhalt von 38 cbm, und bei Annahme einer Wandstärke von 10 mm ein Mantelgewicht von etwa 6000 kg; rechnen wir für das eiserne Eingeweide des Kondensators ebensoviel, so ist der „Wasserwerth" der Eisenkonstruktion dieses Kondensators $\gamma . G = 0,12 . 12000 = 1440$ kg, wo γ die specifische Wärme des Eisens ist; d. h. in Bezug auf Wärme·

aufnahme und Wärmeabgabe kann das Eisenmaterial des Kondensators ersetzt gedacht werden durch eine Wassermenge von 1440 kg. Der konstante Wasservorrath im Kondensator nehme etwa den dritten Theil seines ganzen Inhaltes ein, sei also

$$38 : 3 = \sim 13 \, \text{cbm} = 13000 \, \text{kg}.$$

Dann ist der Wasservorrath einschliesslich des „Wasserwerthes"

$$aW = 13000 + 1440 = 14440 \, \text{kg}.$$

Laut weiterer Angabe Eberle's ist dieser Kondensator gebaut für eine minutliche Kühlwassermenge von

$$W = 25 \, \text{cbm} = 25000 \, \text{kg}.$$

Also beträgt hier der Faktor a, den wir den „Beharrungsfaktor" nennen wollen,

$$a = \frac{(aW)}{a} = \frac{14440}{25000} = 0,58 = \sim 0,6.$$

Ferner sei der mittlere Dampfverbr. d. angeschl. Maschinen $D = 900 \, \text{kg/Min.}$
und der höchste „ „ „ „ $D = 1900 \, \text{kg/Min.}$

also

$$n = \frac{W}{D} = \frac{25000}{900} = 28 \quad \text{und} \quad n_m = \frac{W}{D_m} = \frac{25000}{1900} = 13.$$

Endlich sei die Kühlwassertemperatur

$$t_0 = 30^0,$$

eine Temperatur, wie man sie häufig bei Wasserrückkühlung findet.

Alsdann beträgt die Temperatur des aus dem Kondensator austretenden Heisswassers:

Nach lang andauerndem mittleren Dampfverbrauch

$$t' = \frac{r}{n} + t_0 = \frac{570}{28} + 30 = 20,4 + 30 = 50,4^0,$$

nach lang andauerndem höchsten Dampfverbrauch

$$t'_m = \frac{r}{n_m} + t_0 = \frac{570}{13} + 30 = 43,8 + 30 = 73,8^0,$$

und ohne Berücksichtigung des Beharrungsvermögens würde die eine dieser Temperaturen im Innern des Kondensators jeweilen plötzlich auf die andere überspringen, sobald der Dampfverbrauch auf den höchsten steigt, oder vom höchsten wieder auf den mittleren sinkt.

Mit Berücksichtigung des Beharrungsvermögens haben wir den Temperaturverlauf im Innern des Kondensators bei wechselndem

Dampfverbrauch an Hand der Gl. (196)—(198) zu untersuchen. Nach (198) wird für unser Beispiel

$$K = \frac{t'_m - t'}{e^{\frac{T}{a}}} = \frac{73,8 - 50,4}{2,718^{\frac{1}{0,6} \cdot T}} = \frac{23,4}{5,3^T}$$

Damit und nach Gl. (196) und (197) erhält man folgende Tabelle:

	für $T =$	0	$^1\!/_6$ Min.	$^1\!/_2$ Min.	1 Min.	2 Min.	∞
	wird $K =$	23,4	17,7	10,1	4,4	0,8	0^0
und steig. Temp.	$t = 73,8 - K =$	50,4	56,1	63,7	69,4	73,0	$73,8^0$
fall. „	$t = 50,4 + K =$	73,8	68,1	60,5	54,8	51,2	$50,4^0$

Obige Werthe von K trage man für die zugehörigen Zeitabscissen T in Fig. 78 einmal von der Horizontalen $t'_m = 73,8^0$ nach abwärts und dann von der andern Horizontalen $t' = 50,4^0$ nach

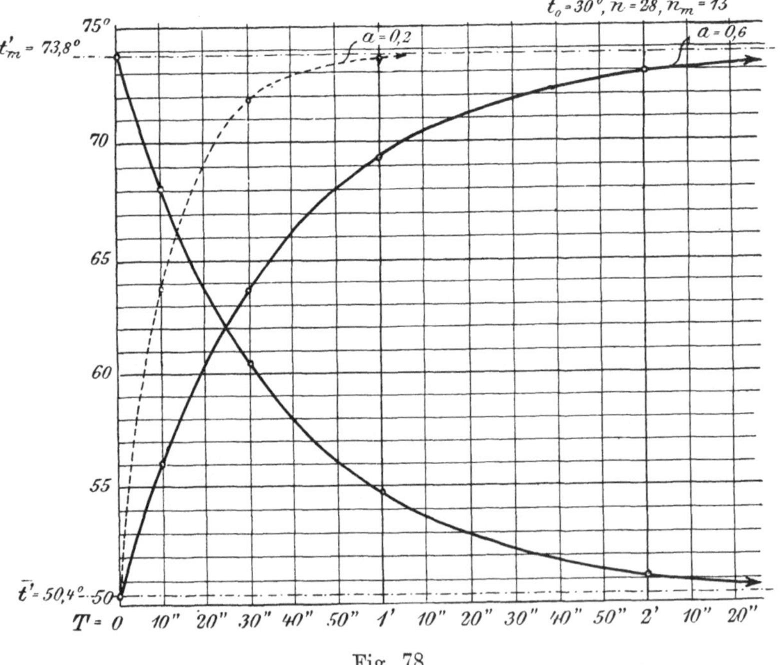

Fig. 78.

aufwärts ab, so erhält man entsprechend Gl. (196) die Kurve der bei höchstem Dampfverbrauch steigenden Temperatur und entsprechend Gl. (197) die Kurve der bei mittlerem Dampfverbrauch wieder fallenden Temperatur, und kann nun diese beiden, zu einander symmetrisch gelegenen Kurven zur Verfolgung der Tem-

peraturänderung im Kondensator folgendermassen benutzen (die
punktirte Kurve Fig. 78 lasse man vorläufig ausser Acht; von dieser
wird später die Rede sein):

Im Kondensator unseres Beispieles herrsche in einem beliebigen

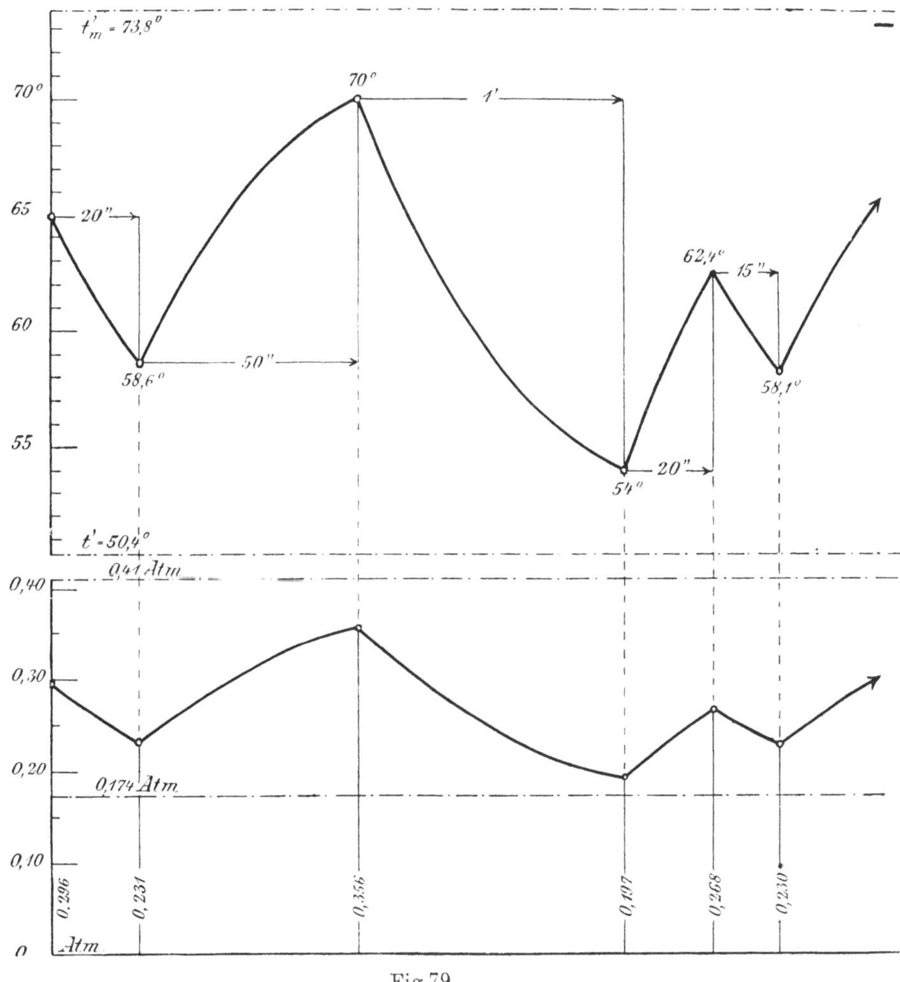

Fig. 79.

Zeitpunkte eine Temperatur von z. B. $t = 65^0$; liegt nun dieser
Zeitpunkt in einer Periode des mittleren Dampfverbrauches, und
hält diese Periode noch z. B. 20 Sekunden an, so fahre man vom
Punkte 65^0 der fallenden Temperaturkurve Fig. 78 um die Strecke
von 20 Sekunden wagrecht nach rechts, dann findet man senk-

20*

recht unter dem Endpunkt dieser Strecke, dass nach dieser Zeit die Temperatur auf $58{,}6^0$ gesunken ist. Nun trete wieder eine Periode höchsten Dampfverbrauches ein, und zwar von 50 Sekunden; man fahre vom Punkte $58{,}6^0$ der steigenden Temperaturkurve um eine Strecke von 50 Sekunden nach rechts, und findet so, dass die Temperatur auf 70^0 gestiegen ist u. s. w. Indem man auf diese Weise einfach für die verschiedenen auf einander folgenden Zeiten die entsprechenden Stücke je der steigenden und der fallenden Kurve Fig. 78 an einander setzt, erhält man z. B. das Bild Fig. 79, oberer Theil, der Temperaturänderungen im Kondensator für die beigeschriebenen Längen der auf einander folgenden Zeitabschnitte des maximalen und des mittleren Dampfverbrauches.

Da laut Gl. (176) der Gesammtdruck in einem Mischkondensator nach Parallelstrom — und nur mit solchen haben wir es vorerst zu thun —

$$p_0 = \frac{L}{v_0} + d_t$$

ist (indem wir für die konstante Heisswassertemperatur t' die hier veränderliche Temperatur t gesetzt haben), haben wir nur aus Dampftabelle I zu den verschiedenen Temperaturen t des obern Bildes Fig. 79 die entsprechenden Dampfspannungen d_t zu entnehmen, diese zu dem Luftdruck $\dfrac{L}{v_0}$ zu addiren, um sofort den Kondensatordruck p_0 zu erhalten. Das haben wir für die verschiedenen Temperaturen im Kondensator unseres Beispiels ausgeführt unter der Voraussetzung, der Luftdruck, oder das Verhältniss $\dfrac{L}{v_0}$ sei $= 0{,}05$ und so das untere Bild in Fig. 79 des wechselnden Kondensatordruckes erhalten. Anstatt dass ohne Beharrungsvermögen der Kondensatordruck jeweilen bei Einsetzen des höchsten Dampfverbrauches sofort auf

$$p_{0\,max.} = \frac{L}{v_0} + d_{t'm} = 0{,}05 + d_{73{,}8^0} = 0{,}05 + 0{,}36 = 0{,}41 \text{ Atm.}$$

springt, und jeweilen wieder bei Einsetzen des mittleren Dampfverbrauches sofort auf

$$p_{0\,min.} = \frac{L}{v_0} + d_{t'} = 0{,}05 + d_{50{,}4^0} = 0{,}05 + 0{,}124 = 0{,}174 \text{ Atm.}$$

herabfällt, verläuft mit dem Beharrungsvermögen bei dem wechselnden Dampfverbrauch der Kondensatordruck p_0 mit während der Zeit nach der untern Zickzacklinie der Fig. 79.

Mischkondensatoren nach Gegenstrom verhalten sich hinsichtlich des „Beharrungsvermögens" insofern verschieden von solchen nach Parallelstrom, als in ersteren die Temperatur von unten nach oben abnimmt, während sie in letzteren überall im Kondensator nahezu die gleiche ist. Während also in Parallelstromkondensatoren der das Beharrungsvermögen hervorrufen sollende Wasservorrath aW dem gleichen Temperatureinfluss unterliegt, ob dieser Wasservorrath unten oder oben oder in der Mitte des Kondensators aufgestapelt sei, macht die Verschiedenheit dieser Lage bei Gegenstromkondensatoren einen Unterschied aus. Indem bei Gegenstromkondensation die Temperatur oben im Kondensator sich immer nur ein paar Grade über die Temperatur des dort eintretenden Kühlwassers einstellt, die Temperatur des Kühlwassers aber konstant bleibt, bleibt oben die Temperatur überhaupt nahezu konstant; ein in einem Gegenstromkondensator nach oben verlegter Wasservorrath würde also bei wechselndem Dampfverbrauch gar nicht an der Wärmeaufnahme und -Wiederabgabe theilnehmen, also für das Beharrungsvermögen eines solchen Kondensators werthlos sein. Deswegen wird man bei solchen Kondensatoren den Wasservorrath jedenfalls nie nach oben verlegen.

Legt man ihn dagegen nach unten, wo der Dampf eintritt, so unterliegt er dem vollen Einfluss der wechselnden Temperatur, und dann verhält sich das Beharrungsvermögen eines solchen Kondensators gleich wie bei Parallelstrom.

Würde man endlich den Wasservorrath in einem Gegenstromkondensator der Höhe nach gleichförmig vertheilen, so würde er oben keine Temperaturschwankung erleiden, unten jedoch die volle mitzumachen haben, wie beim Parallelstromkondensator; ein solcher Kondensator verhält sich also hinsichtlich des Beharrungsvermögens, wie wenn der halbe Wasservorrath $\left(\dfrac{aW}{2}\right)$ die ganze Temperaturschwankung mitmachen würde.

Sonach gilt für Gegenstrom-Mischkondensation:

Den Beharrungsvermögen bilden sollenden Wasservorrath darf man bei Gegenstromkondensatoren nicht in die Höhe verlegen;

legt man ihn nach unten, so gelten die Formeln (196)—(198) unverändert;

verlegt man ihn dagegen der Höhe des Kondensators nach gleichförmig vertheilt, so hat man in jene Formeln $\dfrac{a}{2}$ statt a einzusetzen.

Soweit wären diese mathematischen Ableitungen in aller Ordnung. Indem die Differentialgleichungen (189) und (193), auf denen sie beruhen, aber nur unter der ausdrücklichen Voraussetzung angesetzt werden konnten, die Verdampfungswärme des kondensirenden Dampfes gehe plötzlich und völlig widerstandslos nicht nur in das in gehöriger Auflösung im Kondensator herabrieselnde Kühlwasser, sondern ebenso plötzlich und widerstandslos auch in den Wasservorrath aW über, haben wir die Zulässigkeit dieser Voraussetzung zu prüfen, bezw. die Bedingungen festzustellen, unter denen sie erfüllt wird. Diese Voraussetzung wäre erfüllt, wenn

    a) die Wärmeleitungsfähigkeit des Wassers unendlich gross wäre; oder aber wenn

    b) der Wasservorrath im Kondensator in gut zertheiltem Zustande vorhanden wäre.

Die Bedingung unter a) trifft nun nicht entfernt zu: im Gegentheil ist die Wärmeleitungsfähigkeit des Wassers sehr gering; man denke nur an den bekannten physikalischen Versuch (Fig. 80), bei dem man in einem Probirglase oben Wasser zum Sieden erhitzen kann, ohne dass ein unten liegendes, mit einem Endchen Bleidraht beschwertes Stücklein Eis schmilzt.

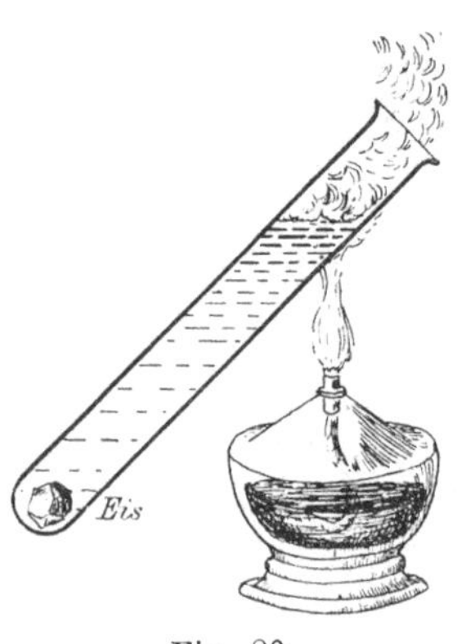

Fig. 80.

Also handelt es sich darum, den Wasservorrath im Kondensator in solchem Zustande unterzubringen, dass der Dampf an jedes Wassertheilchen gelangen und ihm seine Wärme abgeben kann. Das könnte man erreichen, indem man den Wasservorrath zwar unten im Kondensator in kompakter Masse, aber mit grösserer Oberflächenausdehnung anordnete, und die Wassermasse mittels eines mechanisch betriebenen Rührwerkes energisch umrührte, so dass die untern und innern Wassertheilchen, an die sonst die Wärme nicht herankommt, immer wieder an die Oberfläche heraufgebracht würden. Solche Rührwerke verwendet man heutzutage noch nicht bei Kondensatoren, und wird solche schwerlich auch jemals anwenden.

Somit bleibt nur noch die Zertheilung des Wasservorrathes im Kondensator übrig, und würde man diese dann am besten durch die ganze Höhe des Kondensators vornehmen, indem man im Kondensator Becken unter Becken mit je einem gewissen Wasserinhalte anordnete, so dass je aus einem obern Becken das Wasser in je das untere fallen würde, und der ganze Wasservorrath in Form von im Kondensator langsam niedergehenden, (lange in ihm verweilenden) Kühlwasser vorhanden wäre. Alsdann würde in der That der ganze Wasservorrath am Wärmeaustausch mit dem Dampfe vollständig theilnehmen, und unsere frühern Formeln hätten volle Gültigkeit mit ganzem a für Parallelstromkondensatoren, und mit dem Werth $\dfrac{a}{2}$ (statt a) für Gegenstromkondensatoren. Das würde aber eine ganz bedeutende Vergrösserung der jetzt schon grossen Kondensatorkörper bedingen, weil doch die gewaltigen Dampfmassen zwischen den vielen Becken noch genügend Durchgangsquerschnitt haben müssten.

Scheut man vor solcher Vergrösserung der Kondensatorkörper behufs einer richtigen Zertheilung des Wasservorrathes zurück, und lässt diesen Wasservorrath einfach in kompakten Massen unten oder seitlich im Kondensator liegen, wie das jetzt öfter von Solchen geschieht, die ihren Kondensatoren „grosses Berührungsvermögen bei wechselndem Dampfverbrauch‟ nachrühmen, und verlässt man sich nur auf die geringe Bewegung im Wasservorrath durch das zu- und wieder ablaufende Kühlwasser, so bleibt das Innere der Wassermassen des Wasservorrathes für das Beharrungsvermögen wirkungslos, indem das Innere dieser Wassermassen in kurzen Zeiträumen höchsten Dampfverbrauches an der Erwärmung garnicht theilnehmen kann. Und bei länger anhaltenden Perioden höchsten Dampfverbrauches fällt das „Beharrungsvermögen‟ von Kondensatoren überhaupt nicht mehr in Betracht, wie ein Blick auf Fig. 78 lehrt: selbst wenn dort die ganze Wassermasse von 13 cbm an der Erwärmung vollständig theilnähme, so würde doch, wenn die Zeit des höchsten Dampfverbrauches auch nur eine volle Minute anhielte, die Temperatur im Kondensator schon bis auf nur etwa 4^0 unter derjenigen steigen, auf die sie ohne jeden Wasservorrath gestiegen wäre.

Indem also bei kompaktem, unten oder seitlich liegendem Wasservorrath nur die oberflächlichen Wasserschichten an der Erwärmung und Wiederabkühlung bei rasch wechselndem Dampfverbrauch theilnehmen, können wir uns in solchem Falle den ganzen Wasservorrath $a \cdot W$ in zwei Theile zerlegt denken: in einen Theil $\varphi \cdot aW$, mehr an der Oberfläche liegend, der die Temperaturänderung vollständig, und in einen Theil $(1-\varphi)aW$, der die Temperaturänderung gar nicht mitmacht, und haben dann für die rechnerische Behandlung des Beharrungsvermögens den Werth $\varphi\, a$ für a, bezw. $\varphi\, \dfrac{a}{2}$ für $\dfrac{a}{2}$, in unsern Formeln einzusetzen. Ueber die Grösse des Faktors φ, eine Zahl < 1, die den „Wirkungsgrad" eines kompakten Wasservorrathes darstellt, lässt sich nur sagen, dass er grösser sein wird bei verhältnissmässig kleinem Wasservorrath und bei länger anhaltenden Zeitabschnitten des höchsten wie des mittleren Dampfverbrauches — die aber eben für das Beharrungsvermögen ausser Betracht fallen, — und dass er kleiner sein wird bei verhältnissmässig grossem Wasservorrath, sowie bei kürzern Betriebsabschnitten. Nehmen wir für den Kondensator unseres Beispiels an, der Wasservorrath von 13 cbm liege in kompakter Masse unten, und es nähme $^{1}/_{3}$ dieses Vorrathes prompt an der Erwärmung und Wiederkühlung in kurzen Zeitabschnitten theil, während $^{2}/_{3}$ unwirksam blieben, so wäre in Gl. (198) für a der Werth

$$\varphi\, a = \frac{1}{3} \cdot 0{,}6 = 0{,}2$$

einzusetzen, und man erhielte

$$K = \frac{t'_m - t'}{e^{\frac{T}{\varphi\, a}}} = \frac{73{,}8 - 50{,}4}{2{,}718^{\frac{1}{0{,}2} \cdot T}} = \frac{23{,}4}{148{,}5^{T}}$$

und damit nach Gl. (196) für die steigende Temperatur während einer Periode des Maximaldampfverbrauches

$$t = t'_m - K = 73{,}8 - K.$$

Für	T	$=$	0	$^{1}/_{6}$	$^{1}/_{2}$	1	. . . . .	∞ Minuten
wird damit	K	$=$	23,4	10	1,9	0,16	. . . .	0^{0}
und	t	$=$	50,4	63,8	71,9	73,64	. . . .	$73{,}8^{0}$

Das giebt die in Fig. 78 S. 306 punktirt eingezeichnete Temperaturkurve. Man sieht, wie das „Beharrungsvermögen" schon beinahe ganz weggeschwunden ist: dauert eine Periode des Maximaldampfverbrauches nur 20 Sekunden, so bleibt die Temperatur nur etwa 5^{0}, und dauert sie auch nur 30 Sekunden an, so bleibt die Temperatur gar nur 2^{0} unter derjenigen, die ohne jeden Wasservorrath erreicht worden wäre.

Wir können auch noch auf einfache Weise zeigen, welche gewaltigen Wassermassen man im Kondensator aufstapeln müsste, um ein zum voraus bestimmtes Beharrungsvermögen herbeizuführen. Aus Gl. (191) ist nämlich der „Beharrungsfaktor"

$$a = \frac{T}{\log \dfrac{t'_m - t'}{t'_m - t}} \qquad \ldots \ldots \ldots \quad (199)$$

Stellt man nun die Forderung — um vom Beharrungsvermögen überhaupt etwas zu haben —, dass bei Eintreten des Maximaldampfverbrauches in dem Kondensator mit Beharrungsvermögen die Temperatur t nur z. B. halb so viel steige, als in einem einfachen Kondensator ohne besonderen Wasservorrath; d. h. sollte sein

$$t = \frac{t'_m + t'}{2} \qquad \ldots \ldots \ldots \quad (200)$$

so geht Gl. (199) über in

$$a = \frac{T}{\log . 2} = 1{,}44 . T \quad \cdots \ldots \ldots \quad (201)^1)$$

Wenn nun bei dem wechselnden Betriebe z. B. einer Centralkondensation für Walzenzugmaschinen die Zeitdauer höchsten Dampfverbrauches voraussichtlich vielleicht auch nur je 20—30 Sekunden betragen sollte, so wird man der Sicherheit halber diese Zeitdauer doch für eintreten könnende Fälle grösser, sagen wir zu $T = 1$ Minute annehmen müssen. Mit $T = 1$ geht Gl. (201) über in

$$a = 1{,}44 \quad \ldots \ldots \ldots \ldots \quad (202)$$

d. h. der konstante Wasservorrath aW im Kondensator, wenn er in einem Parallelstromkondensator gut zertheilt ist, müsste 1,44 mal der pro einer ganzen Minute zulaufenden Kühlwassermenge W sein; wäre also die minutliche Kühlwassermenge z. B. $W = 14$ cbm, so wäre eine Wassermasse von $1{,}44 . 14 = 20$ cbm im Kondensator, und erst noch in angemessen zertheiltem Zustande unterzubringen; und in einem Gegenstromkondensator, wo $\frac{a}{2}$ für a zu setzen wäre, müssten gar 40 cbm Wasser im Herunterrieseln begriffen sein!

Unsere Betrachtungen über das Beharrungsvermögen, einen im ersten Moment äusserst bestechend wirkenden Begriff, führen zu folgenden Schlüssen:

Das einem jeden Kondensator vermöge seines Wasservorrathes und seiner Eisenmassen innewohnende Beharrungsvermögen wirkt immer in günstigem Sinne, indem es bei in kurzen Abschnitten wechselndem Dampfverbrauch der angeschlossenen Maschinen die Schwankungen der Temperatur, und damit auch des Vakuums etwas ermässigt.

Das Beharrungsvermögen könnte durch Vergrösserung des Wasservorrathes erhöht werden, wenn dabei auch noch

---

^{1}) Das gleiche Resultat hätte man bekommen, wenn man aus Gl. (194) den Werth a ausgerechnet und in denselben den Werth von t nach (200) eingesetzt hätte.

für gute Zertheilung des vergrösserten Wasservorrathes gesorgt würde.

Wendet man jedoch nicht geradezu ungeheure Wassermassen für den Wasservorrath an, so erstreckt sich das Beharrungsvermögen nicht über eine Zeit höchsten Dampfverbrauches von etwa 30—60 Sekunden hinaus.

Deswegen wird die Betriebssicherheit eines Kondensators durch das Beharrungsvermögen nicht erhöht. Um diese zu gewährleisten, hat man vielmehr den Regeln zu folgen:

Von dem Beharrungsvermögen ist der Sicherheit halber ganz abzusehen, dagegen bei wechselndem Dampfverbrauch die pro Minute zutretende Kühlwassermenge $(W = n D = n_m D_m)$ so gross zu bemessen, dass bei höchstem Dampfverbrauch D_m die höchste Temperatur $\left(t'_m = \dfrac{570}{n_m} + t_0\right)$ des austretenden heissen Wassers (und zwar auch noch bei höchster Sommertemperatur t_0 des Kühlwassers):

a) bei Kondensatoren mit Kühlwasserpumpe immer noch ein gutes Stück unter 100^0, und

b) bei Kondensatoren, die ihr Wasser selber ansaugen, ausserdem noch ein Stück unter derjenigen Temperatur bleibt, die einem Vakuum entspricht, bei dem der Kondensator sein Kühlwasser fallen lassen würde.

Für das Beharrungsvermögen von Oberflächenkondensatoren die gleichen Rechnungen durchzuführen, verzichten wir. Es würde sich auch da zeigen, dass das Beharrungsvermögen zwar eine ganz angenehme Beigabe ist, die aber leider keinen reellen Werth hat, indem jenes Beharrungsvermögen verschwindet, wenn einmal eine Periode höchsten Dampfverbrauches auch nur eine Anzahl Sekunden länger dauert als vorausgesetzt.

Unter Abschnitt b) dieses Kapitels haben wir gezeigt, wie die Vakuumschwankungen bei wechselndem Dampfverbrauch bei Oberflächenkondensation berechnet werden können; erscheinen sie unzulässig gross, so hat man eben auch die Kühlwassermenge zu vermehren, und wenn das allein nicht genügend hilft, auch noch die Kühlfläche zu vergrössern.

L. Wasserrückkühlung.

Wo man zur Kondensation kein, oder zu wenig natürliches
Kühlwasser hat, oder wo es so tief oder so entfernt liegt, dass
dessen Heranpumpen zu viel Arbeit und zu viel Anlagekosten er-
forderte, oder wo man mit der Abfuhr des heissen Wassers
Schwierigkeiten hat, bedient man sich immer einer und derselben
Wassermenge, die man sich ein für allemal verschafft hat, indem
man diese, nachdem sie im oder am Kondensator die Verdampfungswärme des kondensirenden Dampfes aufgenommen hat und heiss
geworden ist, zu einer Kühlanlage (offenem Kühlteich, Gradirwerk, Kühlthurm oder Kaminkühler, Körting'schen Streudüsen etc.)
führt, dort wieder abkühlt, und so dieses Wasser immer denselben
Kreislauf zwischen Kondensator und Kühlanlage vollführen lässt.

Auf die specielle Einrichtung solcher Kühlanlagen, die je nach
Ansicht und Geschmack auf hunderterlei Arten getroffen werden kann,
und bei der es sich immer nur darum handelt, das zu kühlende
Wasser in möglichst grosser Oberfläche dem natürlichen — oder
in selteneren Fällen einem durch Ventilator künstlich erzeugten —
Luftstrom auszusetzen[1]), wollen wir uns hier nicht einlassen, sondern
nur die allgemeinen Gesetze entwickeln, nach denen solche Wasserkühlung in jeder Vorrichtung vor sich geht.

Setzt man warmes Wasser offen an die Luft, so kühlt es sich
aus folgenden Ursachen ab:

    a) es verdunstet ein Theil desselben an der Oberfläche,
        wobei der verdunstende Theil dem übrig bleibenden die

---

[1]) Die heute üblichen Wasserkühlanlagen sind aus Ankündigungen in
technischen Zeitschriften, Prospekten etc. wohl allgemein bekannt; eine Anzahl
typischer Einrichtungen, und diese näher beschrieben, findet man in Parnicke
„Die maschinellen Hilfsmittel der chemischen Technik“, Frankfurt a./M., 1894,
S. 198—205. Auch in dem schon erwähnten Aufsatz „Centralkondensation“
von Eberle ist einiges über Kühlanlagen enthalten.

zum Verdunsten nöthige Wärmemenge ($r = 607 - 0,7 . t$
W. E./kg) entzieht;

b) die an der Oberfläche des Wassers vorbeistreichende Luft
erwärmt sich, und dehnt sich dabei auch aus, verrichtet
also durch das Zurückdrängen der umgebenden Luft äussere
Arbeit, wozu die Wärme wieder dem Wasser entzogen
wird; beides, das Erwärmen der Luft und die Ausdehnung
derselben, wird zusammen berücksichtigt, indem man in
die bezüglichen Rechnungen die „specifische Wärme der
Luft bei konstantem Drucke" ($c_p = 0,24$) einführt;

c) es findet im allgemeinen an der Oberfläche des Wassers
auch noch Wärmeausstrahlung statt;

und ist das Wasser unten und an den Seiten durch ein Gefäss
gehalten, liegt es also in einem solchen, so geben auch die Gefässwände Wärme nach aussen ab:

d) durch Leitung an die vorbeistreichende Luft, und durch
Strahlung.

Von diesen vier Abfuhrwegen der Wärme fällt der letzt-
genannte — durch die Gefässwände — für die hier betrachteten
Kühlvorrichtungen von vorneherein ausser Betracht, weil da keine
Gefässe vorhanden sind, durch deren Wände Wärme nach aussen
gegeben werden könnte: im obern, dem wirksamen Theile von
Gradirwerken, Kaminkühlern und allen derartigen Kühlvorrichtungen sind überhaupt — abgesehen von den Zuflussgerinnen,
die wegen ihrer geringen Flächenausdehnung nicht in Betracht
fallen — keine „Gefässe" vorhanden, in denen sich das Wasser
aufhält, sondern nur Konstruktionstheile (Reiser, Latten, schräge
Bretter etc.), die im Gegentheil vom herabrieselnden Wasser um-
hüllt werden; und wenn auch unter solchen Kühlwerken das
Wasser immer in einem Bassin, also allerdings in einem „Gefässe"
aufgefangen wird, so liegt solches meistens ausgemauert im Boden,
der eine mittlere Wärme annimmt und wegen schlechten Wärme-
leitungsvermögens so viel wie keine Wärme wegleitet, während
Wärmeabgabe durch Strahlung aus solchen Bassins nach abwärts
eo ipso, und nach aufwärts durch das darüberstehende Kühlwerk
ausgeschlossen ist. Ebenso findet bei offenen Kühlteichen
durch deren Wand- und Bodenfläche keine irgend in Betracht
kommende Wärmeabgabe statt.

So bleiben als Abfuhrwege der Wärme aus dem Wasser nur
die drei erstgenannten übrig, die von der Oberfläche des Wassers
selber ausgehen.

Von diesen fällt wieder der unter c) genannte durch „Strahlung" weg bei allen geschlossenen Kühlwerken, seien nun die Wände, wie bei Kaminkühlern, seitlich wirklich geschlossen (mit Luftzutritt unten und Dunstabzug oben) oder bestehen die Seitenwände auch nur aus „Jalousien", deren schräg gestellte Bretter eben das Austreten der gradlinig fortschreitenden Wärmestrahlen verhindern, diese vielmehr wieder zurückwerfen. Oben sind diese Kaminkühler, Kühlthürme etc. zwar offen, doch schwebt dort immer ein Dunstnebel, der die Ausstrahlung auch nach oben verhindert. Bei offenen, freistehenden Kühlwerken findet allerdings eine Wärmeabgabe durch Ausstrahlung statt; doch ist diese unerheblich gegenüber derjenigen durch Erwärmung der Luft und hauptsächlich durch Verdunstung. Uebrigens gibt es wirklich ganz freistehende Kühlwerke nur selten; liegen solche nicht schon an Gebäudemauern, so pflegt man sie doch mindestens auf einer oder zwei, der Hauptwindrichtung abgewandten, Seiten mit Jalousiewänden zu versehen, indem sie sonst durch das vom Winde weggetragene Wasser für die Umgebung sehr lästig werden.

Bei offenen Kühlteichen kann die Wärmeabgabe durch Strahlung schon grösser werden; bei ruhigem Wetter jedoch lässt der über den Wassern schwebende Dunstnebel die Ausstrahlung nicht recht aufkommen; und bei Wind, der jenen Nebel immer wieder wegtreibt, überwiegt dessen kühlende Wirkung durch Verdunstung und Erwärmung der Luft die dann bei sonst hellem Wetter allerdings ungehindert stattfindende Strahlung immer ganz bedeutend. Uebrigens sind auch solche Kühlteiche selten, weil sie für ausgiebige Kühlwirkung grosse Flächen beanspruchen, die meistens hierfür nicht abgegeben werden können. — Wir nehmen sonach an:

> Bei Wasserkühlanlagen für Kondensation findet die Wärmeabgabe nur statt durch Verdunstung des Wassers an dessen Oberfläche und durch die an der Wasseroberfläche unmittelbar vorbeistreichende und sich an ihr erwärmende Luft.

Diese Annahme trifft für geschlossene Kühlwerke ziemlich genau, für offene Kühlwerke mit praktisch genügender Annäherung zu.

Diese beiden Wärmeabgaben des sich kühlenden Wassers — durch Verdunstung an der Oberfläche und durch gleichzeitige Erwärmung der an diese Oberfläche gelangenden Luft — stehen nun nach dem Dalton'schen Gesetze in einem ganz bestimmten quantitativen Zusammenhange, wie aus den folgenden Betrachtungen hervorgehen wird.

Stehe — Fig. 81 — Wasser von z. B. $t = 45^0$ in einer offenen Schale an freier Luft, die eine Temperatur von z. B. $t_l = 15^0$ habe, so werden aus dem Wasser kontinuirlich Dünste in die Luft steigen, die an der Wasseroberfläche noch 45^0 warm sind, sich beim weitern Aufsteigen in der äussern Luft von 15^0 abkühlen — zu sichtbarem Nebel verdichten —, welch letzteres aber für uns gleichgültig ist, indem wir hier nur die Wärme an sich betrachten, die dem Wasser endgültig entzogen wird, nicht aber,

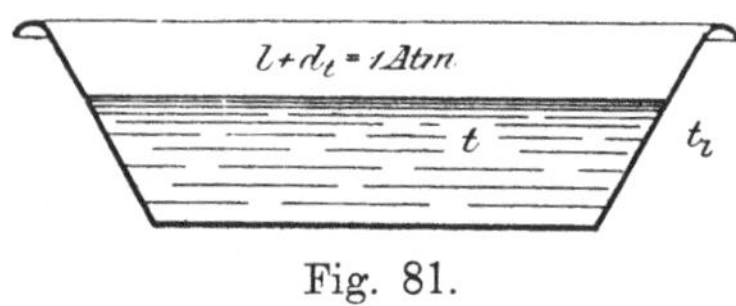

Fig. 81.

wohin diese Wärme nachher geht. Die unmittelbar über der Wasseroberfläche befindlichen, 45^0 warmen Dämpfe sind, da sie noch in Berührung mit dem 45^0 warmen Wasser sind, gesättigte Dämpfe, deren Spannnng d_t aus der Dampftabelle I hinten entnommen werden kann. Für $t = 45^0$ giebt jene Tabelle einen Dampfdruck von $d_t = 0{,}093$ Atm. Ausser diesem Wasserdampf oder Dunst mit seinem Partialdrucke von 0,093 Atm. steht aber auch noch Luft über dem Wasser, deren Druck unmittelbar über dem Wasserspiegel dann nur noch $l = 1 - d_t = 1 - 0{,}093 = 0{,}907$ Atm. sein kann, indem der Partialdruck der Luft und der Partialdruck des Dampfes zusammen eben überall = dem äussern Atmosphärendruck = 1 ist.[1])

Diese Luftschicht unmittelbar über der Wasseroberfläche hat auch eine Temperatur von $t = 45^0$, weil sie in unmittelbare Berührung mit dem 45^0 warmen Wasser und dem ihm entsteigenden Dampfe gekommen ist. (Dass diese Luft, wenn sie nachher aufsteigt und sich mit weiterer Luft mischt, wieder abkühlt, berührt uns wiederum nicht.)

Nun steigen fortwährend von der Wasseroberfläche Wasserdünste von 45^0 auf, indem diese den Raum gerade so zu erfüllen trachten, als wäre keine Luft vorhanden (Dalton's Gesetz). Dabei ist keineswegs anzunehmen, dass die von der Wasserfläche aufsteigenden Wasserdampfmoleküle sich durch die über derselben lagernden Luftmoleküle derart durchwinden, dass immer die gleichen Luftmoleküle auf dem Wasser liegen bleiben, dass also der Dampf durch sie gleichsam wie durch eine lose Filzdecke sich

---

[1]) Hätte das Wasser in der Schale 100^0, so betrüge sein Dampfdruck allein schon $d_t = 1$ Atm.; für die Luft bliebe nichts mehr übrig, d. h. die Luft wäre dann vollständig von der Wasseroberfläche weggedrängt.

durchwinde; denn Gase haben nicht nur die Fähigkeit, sich zu durchdringen, sondern Gase verschiedener Natur haben auch das Bestreben hierzu, und wenn sich zwei Gase einmal mit einander vermischt haben, auch wenn sie sich wie Sauerstoff und Stickstoff der Luft, oder hier wie Wasserdampf und Luft, chemisch ganz indifferent zu einander verhalten, so lassen sie sich nachher doch nur durch Anwendung ganz besonderer Mittel wieder aus einander scheiden. An der Wasserspiegelfläche haben aber Luft und Wasserdampf als Gemisch bestanden; wenn also Wasserdampf oder Dunst aufsteigt, so steigt er nicht als solcher allein auf, sondern er steigt im Gasgemenge auf:

> In jedem Kubikmeter Wasserdunst, der von der Wasseroberfläche weggeht, geht auch ein Kubikmeter auf 45^0 erwärmte Luft von derselben Oberfläche mit weg.

Offenbar darf man diesen Satz nicht nur für ruhende, sondern auch für mässig bewegte Luft, welch letzterer Fall bei geschlossenen Kühlwerken (Kaminkühlern) immer, bei offenen Kühlwerken (Gradirwerken, Kühlteichen etc.) wenigstens in der Regel vorhanden ist, auch umkehren und sagen:

> Wenn pro Zeiteinheit eine gewisse Luftmenge (von 15^0) unmittelbar an unserer Wasseroberfläche (von 45^0) vorbeistreicht, sich dabei von 15^0 auf 45^0 erwärmt und auf einen Raum von n cbm ausdehnt, so nimmt diese Luftmenge auch ebensoviele Kubikmeter gesättigten Wasserdampfes von 45^0 mit sich fort; d. h. die Luft wird unmittelbar an der Wasseroberfläche mit Wasserdampf gesättigt.

Nur in dem Falle eines über ein offenes Kühlwerk hinfahrenden Sturmwindes, der am Wasser pro Zeiteinheit mehr Luft vorbeiführt, als sich in der gleichen Zeit aus ihm Wasserdampf entwickeln kann, wird obiger Satz seine Gültigkeit verlieren.[1]) In

---

[1]) Eine gewisse Luftbewegung gehört immer zur Kühlung; ohne jede solche Bewegung hört die Kühlung vollständig auf: legen wir auf unsere Schale mit 45^0 warmem Wasser (Fig. 81) ein Blatt Papier, das die Luftcirkulation abhält, so wird die Luft über dem Wasser und unter der Papierdecke rasch mit Wasserdampf gesättigt sein, d. h. es wird Dampf von 45^0 mit 0,093 Atm. Druck und Luft von 45^0 mit 0,907 Atm. Druck über dem Wasser stehen. Weitere Dampfentwicklung hört nun völlig auf, ebenso kommt auch keine neue Luft mehr an das Wasser, die sich daran erwärmen würde. Sieht man von der Wärmeabgabe nach aussen durch Leitung und Strahlung ab, so wird also nun keine Spur von Wärme mehr aus dem Wasser weggeführt. Erst wenn das Papier wieder weggenommen wird und wieder Luftbewegung

solchen Ausnahmefällen ist aber die Kühlwirkung des Kühlwerkes an sich schon grösser als bei gewöhnlicher Witterung, weswegen wir solche Ausnahmefälle unbeschadet der praktischen Folgerungen aus unsern Betrachtungen ausschliessen dürfen.

Aus obigem Satze folgt, dass das Mischungsverhältniss des Gemisches von Wasserdampf und Luft, das von der der Kühlung ausgesetzten Wasseroberfläche weggeht, bei gewöhnlichen Luftzugverhältnissen ein durch die Temperatur des Wassers bestimmtes ist; weiss man also z. B., dass pro Zeiteinheit so und so viel Wärmeeinheiten dem Wasser im ganzen entzogen worden sind, so muss man berechnen können, wieviel Wärme ihm durch die Luft, und wieviel ihm durch Verdunstung entzogen worden ist. Oder weiss man auch nur, dass pro Zeiteinheit so und so viel Kubikmeter Luft von einer bestimmten Temperatur und einem bestimmten Feuchtigkeitsgehalte thatsächlich an der Oberfläche des Wassers vorbeistreichen, so muss man daraus auch berechnen können, wieviel dem Wasser im ganzen an Wärme (durch die Erwärmung dieser Luft und durch gleichzeitige Verdunstung) entzogen werden. Da ferner bei einem gegebenen Kühlwerk — wenigstens bei den „offenen“ — unter sonst genau den gleichen Verhältnissen pro Zeiteinheit immer gleichviel Luft am Wasser vorbeistreicht, wird man, wenn man den Wärmeentzug bei einer Temperatur des sich kühlenden Wassers kennt, diesen Wärmeentzug auch bei jeder andern Temperatur des Wassers berechnen können.

---

eintritt, geht die Verdunstung und gleichzeitige Erwärmung der zutretenden Luft wieder vor sich und findet also wieder Wasserkühlung statt. Und bläst man nun über die Wasserfläche, stösst man also den sich entwickelnden Dampf immer wieder weg, so wird sich um so rascher neuer Dampf entwickeln, und gleichzeitig tritt auch mehr Luft an das Wasser und erwärmt sich an ihm. Mit wachsender Geschwindigkeit der über das Wasser geblasenen Luft, d. h. mit wachsender pro Zeiteinheit satt am Wasser hinstreichender Luftmenge, wächst nun Verdunstung und Erwärmung der Luft, also der Wärmeentzug aus dem Wasser, so lange proportional der überstreichenden Luftmenge, als das Wasser im Stande ist, pro derselben Zeiteinheit dem Volumen nach ebensoviel Dämpfe auszustossen als Luft darüber streicht. Von dort ab bleibt bei noch weiter wachsender Windgeschwindigkeit die Verdunstung pro Zeiteinheit und Quadratmeter Wasserfläche konstant, und von dort ab wird die wenn auch satt an Wasser vorbeistreichende Luft nicht mehr mit Wasserdampf gesättigt, und der gesetzmässige, ganz bestimmte Zusammenhang zwischen Wärmeentzug durch Verdunstung und durch gleichzeitige Erwärmung der überströmenden Luft hört auf. Wo jene Grenze der Windgeschwindigkeit liegt, wäre Aufgabe der Physik zu erforschen; sicher aber ist, dass sie bei geschlossenen Kühlwerken nie und bei offenen nur bei heftigem Sturm, nie aber bei ruhigem Luftzug oder mässigem Wind erreicht wird.

Nach diesen allgemeinen Erörterungen über diese Verhältnisse bei Kühlanlagen gehen wir zu deren rechnerischen Behandlung über, und berechnen den

Wärmeentzug pro 1 kg pro Zeiteinheit am Wasser vorbeistreichender Luft.

Der gesammte Wärmeentzug q Kalorien setzt sich zusammen aus demjenigen q_d, der durch die Verdunstung einer gewissen Wassermenge entsteht, und aus demjenigen q_l, der aus der gleichzeitigen Erwärmung der Luft herrührt, so dass

$$q = q_d + q_l \quad \ldots \ldots \ldots \quad (203)$$

a) Wärmeentzug durch Verdunstung.

Wenn, vorerst ganz trocken vorausgesetzte, Luft an einer Wasserfläche unmittelbar hinstreicht, so entführt sie nach dem Vorangegangenen der Wasserfläche an Wasserdampf ein Volumen, das gleich dem von ihr selber eingenommenen Volumen ist. Wollen wir nun wissen, welches Wasserdampfvolumen 1 kg Luft entführt, so brauchen wir nur das Volumen dieses Kilogramm Luft zu berechnen, und zwar in dem Momente, wo die Luft wirklich mit dem Wasser in Berührung ist oder war, wo ihre Temperatur also $=$ der Temperatur des Wassers $= t$, und ihr Druck

$$l = 1 - d_t \text{ Atm.} = 10333 \,(1 - d_t)\, \text{kg/qm}$$

gewesen ist.

Nach dem Mariotte-Gay-Lussac'schen Gesetze ist die Zustandsgleichung für überhitzte Dämpfe und Gase, also auch für Luft

$$l \cdot v = R \cdot T \quad \ldots \ldots \ldots \quad (204)$$

wo l den Druck der Luft in kg/qm,

v das Volumen von 1 kg Luft von jenem Drucke in cbm,

$T = 273 + t$ die absolute Temperatur,

und die konstante R für trockene Luft

$R = 29,3$ ist. (Für mittelfeuchte Luft wäre $R = 29,4$, was uns aber hier nicht weiter berührt.)

Es ist also das Volumen unseres Kilogramm Luft an der Wasserfläche, das auch $=$ dem Volumen des Dampfes in diesem Kilogramm Luft ist

$$v = \frac{R \cdot T}{l} \text{ cbm} \quad \ldots \ldots \ldots \quad (205)$$

Die Temperatur dieses Dampfes ist bekannt, indem sie $=$ der Temperatur t des Wassers ist, es kann also das Gewicht γ pro cbm dieses Dampfes aus der Dampftabelle I hinten entnommen werden, und ist sonach das Gewicht des Dampfes, der in einem Kilogramm Luft von der Wasserfläche weggeführt wird

$$\gamma v = \gamma \cdot \frac{R T}{l}\ \text{kg} \quad . \quad . \quad . \quad . \quad . \quad . \quad (206)$$

Die Wärmemenge um 1 kg Wasser von t Grad in Dampf von t Grad zu verwandeln, die „Verdampfungswärme" ist aber

$$r = 607 - 0,7\, t\ \text{Kalorien.}$$

Also ist schliesslich die durch Verdunstung dem Wasser von t Grad entzogene Wärmemenge q_d in Kalorien, während 1 kg Luft an der Oberfläche desselben vorbeigestrichen ist,

$$q_d = r \cdot \gamma \cdot v = r \cdot \gamma \cdot \frac{R T}{l} = (607 - 0,7\, t) \cdot \gamma \cdot \frac{29,3\,(273 + t)}{10333\,(1 - d_t)} \quad . \quad (207)$$

Nach dieser Formel ist in der nebenstehenden Tabelle die Verdunstungswärme q_d für verschiedene Temperaturen t des der Kühlung ausgesetzten Wassers tabellarisch ausgerechnet[1]), und ein Stück dieser Tabelle ist in Fig. 82 graphisch dargestellt, indem zu den Abscissen der Wassertemperatur t die entsprechende Anzahl Kalorien q_d als Ordinaten aufgetragen wurden. Aus diesem Schau-

---

[1]) Die Werthe $\gamma \cdot \dfrac{R T}{l}$ der Zeile 8 dieser Tabelle geben die Anzahl kg Wasserdampf an, die 1 kg trockene Luft bei den verschiedenen Temperaturen aufnehmen kann, bis sie mit Wasserdampf gesättigt ist. Das Gemisch von Luft und Wasserdampf wiegt dann $\left(1 + \gamma \dfrac{R T}{l}\right)$ kg. Also enthält 1 kg dieses

Gemisches $\dfrac{\gamma \dfrac{R T}{l}}{1 + \gamma \dfrac{R T}{l}}$ kg Wasserdampf, und ist dies der Wassergehalt der

gesättigten Luft in kg/kg gesättigter Luft.

Dieser wird

für $t =$	0	10	20	30	50	75	100°
$\dfrac{\gamma \dfrac{R T}{l}}{1 + \gamma \dfrac{R T}{l}} =$	0,0036	0,0072	0,0142	0,026	0,132	0,278	1 kg/kg

(In einigen Büchern findet man für diesen Wassergehalt der gesättigten Luft — namentlich für die höheren Temperaturen — ganz andere Zahlen; ein Zeichen, dass dort dieser Wassergehalt nach einer unzutreffenden Formel berechnet worden.)

Enthält die Luft nur $^1/_2$, $^1/_3$ .... soviel Wasser, so sagt man, deren „relative Feuchtigkeit" sei $^1/_2$, $^1/_3$ ....

Verdampfungswärme q_d eines Volumens Dampf von der Temperatur t und dem Drucke d_t Atm., das $=$ dem Volumen von 1 kg Luft von der gleichen Temperatur, aber einem Drucke $l = (1-d_t)$ Atm. $= 10333\,(1 - d_t)$ kg/qm.

$$q_d = r \cdot \gamma \cdot \underbrace{\frac{R \cdot T}{l}}_{\text{kg Dampf in 1 kg Luft.}} = r \cdot \gamma \cdot \frac{29{,}3\,(273 + t)}{10333\,(1 - d_t)} \quad \text{Kaloricen.}$$

		0	10	20	30	40	50	60	70	75	80	90	100°	
1.	$t =$	0	10	20	30	40	50	60	70	75	80	90	100°	Celsius
2.	$T = 273 + t =$	273	283	293	303	313	323	333	343	348	353	363	373°	absolut
3.	$R \cdot T = 29{,}3\,T =$	8000	8293	8586	8879	9172	9465	9758	10051	10197	10344	10637	10930	kg/met.
4.	$d_t =$	0,006	0,012	0,022	0,041	0,072	0,121	0,195	0,306	0,379	0,466	0,691	1	Atmosphäre
5.	$l = 10333\,(1 - d_t) =$	10270	10210	10120	9910	9600	9080	8310	7180	6420	5520	3190	0	kg/qm
6.	$\dfrac{R \cdot T}{l} =$	0,780	0,810	0,849	0,894	0,955	1,040	1,173	1,389	1,590	1,873	3,34	∞	cbm
7.	$\gamma =$	0,0047	0,009	0,017	0,030	0,050	0,082	0,129	0,198	0,241	0,293	0,424	0,600	kg/cbm
8.	$\gamma \cdot \dfrac{R \cdot T}{l} =$	0,0037	0,0073	0,0144	0,0268	0,0477	0,0852	0,1515	0,275	0,383	0,548	1,420	∞	kg Dampf in 1 kg Luft
9.	$r = 607 - 0{,}7\,t =$	607	600	593	586	579	572	565	558	555	551	544	537	Verdampfwärme p.kg
10.	$q_d = r \cdot \gamma \cdot \dfrac{R \cdot T}{l} =$	2,25	4,38	8,54	15,7	27,6	48,7	85,6	153,5	212	302	772	∞	Kaloricen.

bild entnimmt man z. B., dass 1 kg Luft, das an der Oberfläche von in einem Kühlteich liegenden Wasser von 45⁰ hingestrichen ist, so viel an Wasserdunst weggetragen hat, dass dessen vom Wasser hergegebene Verdunstungswärme $q_d = 36$ Kalorien beträgt. Dabei ist es gleichgültig, welche Temperatur t_l diese Luft vorher hatte. — Das gilt für trockene Luft.

Ist die Luft aber vorher schon feucht gewesen, hat 1 kg Luft schon z. B. 0,01 kg Wasserdampf enthalten, so wird bei dem Hinstreichen dieser Luft am Wasser 0,01 kg Dampf weniger verdunsten, es werden also dem Wasser $r . 0,01$ Kalorien weniger an

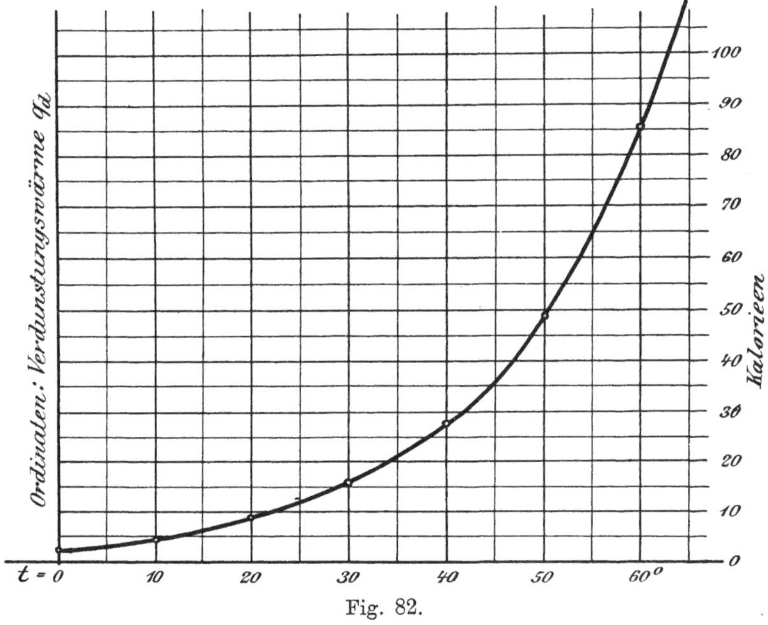

Fig. 82.

Verdunstungswärme entzogen. Ist die Luft vorher schon mit Wasserdampf gesättigt gewesen, so hat jedes Kilogramm reine Luft schon die in Zeile 8 der Tabelle, S. 323, angegebene Anzahl Kilogramm Wasserdampf enthalten, die also nachher beim Hinstreichen dieser Luft an wärmerem Wasser auch weniger aus diesem verdunsten, wodurch dem Wasser die in Zeile 10 angegebenen q_d Kalorien weniger an Wärme entzogen werden. Ist die Temperatur t_l der Luft z. B. 30⁰, und ist sie mit Wasserdampf gesättigt, so enthält jedes Kilogramm Luft nach der Tabelle 0,0268 kg Wasserdampf, zu dessen Verdampfung 15,7 Kalorien nothwendig gewesen sind. Streicht nun diese Luft an Wasser von 40⁰, 50⁰, 80⁰ . . . .

vorbei, so wird es diesem jeweilen durch Verdunstung um 15,7 Kal. weniger entziehen[1]), als in der Tabelle, S. 323 oder in Fig. 82 für trockene Luft angegeben ist. Um diese Fig. 82 auch für die 30^0 warme, mit Wasserdampf gesättigte Luft gelten zu lassen, hätten wir also die q_d-Kurve parallel zu sich selbst um eine Strecke entsprechend 15,7 Kal. nach abwärts zu verschieben. Auf das gleiche kommt es hinaus, ist dagegen zeichnerisch leichter auszuführen, wenn wir die q_d-Kurve belassen, dagegen die Abscissenaxe um 15,7 Kal. parallel zu sich selber hinaufschieben; das giebt dann die Fig. 83 mit der stark ausgezogenen Abscissenaxe, und greifen wir aus dieser Figur ab, dass 1 kg solcher feucht-

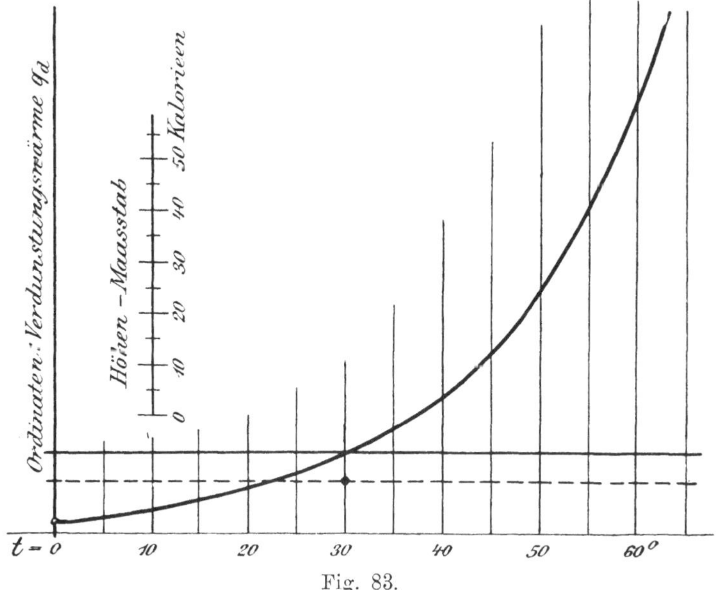

Fig. 83.

gesättigter Luft von 30^0 Wasser von z. B. 45^0 nur noch 20 Kal. (genau $36 - 15,7 = 20,3$ Kal.) durch Verdunstung entzieht.

Wäre die Luft von 30^0 zwar auch feucht, aber nicht gesättigt, sondern z. B. nur $^2/_3$ gesättigt, so hätte man in Fig. 82 die Abscissenaxe nicht um die volle Ordinatenhöhe $q_d = 15,7$ Kal. bei 30^0 hinaufzuschieben, sondern nur um $^2/_3$ dieser Ordinatenhöhe, was die punktirte Abscissenaxe in Fig. 83 giebt. Wir greifen aus dieser

---

[1]) Dabei ist wieder vorausgesetzt, die Dampfwärme r sei für verschiedene Temperaturen konstant, was sie annähernd auch ist.

Figur ab, dass 1 kg solcher zu $^2/_3$ gesättigten Luft von 30^0 Wasser von z. B. 45^0 etwa 26 Kal. durch Verdunstung entzieht.

Das Diagramm Fig. 82 giebt also den Wärmeentzug durch Verdunstung pro 1 kg **trockener** vorbeistreichender Luft; für **feucht gesättigte** Luft von t_l Grad hat man die Abscissenaxe so weit hinaufzuschieben, dass sie die q_d-Kurve über der Abscisse $t = t_l$ schneidet (Fig. 83, stark ausgezogene Abscissenaxe für $t_l = 30^0$); für feuchte, aber **nicht gesättigte** Luft hat man die Abscissenaxe nur um den relativen Grad der Sättigung auf der betreffenden q_d-Ordinate hinaufzuschieben (Fig. 83, punktirte Abscissenaxe, für $t_l = 30^0$ und nur $^2/_3$ gesättigte Luft).

Betrachtet man ferner im Diagramm Fig. 83 die **über** der betreffenden Abscissenaxe liegenden Ordinaten q_d als **positiv**, als den nützlichen Wärmeentzug aus dem zu kühlenden Wasser, so hat man die **unter** der Abscissenaxe liegenden Ordinaten q_d als **negativ** aufzufassen, als die Wärme, die bei der betreffenden Wassertemperatur t pro 1 kg Luft von t_l Grad im Gegentheil an das Wasser abgegeben wird, wodurch dies Wasser wärmer wird. So kann man aus Fig. 83 abgreifen, dass wenn **feucht gesättigte** Luft von $t_l = 30^0$ über eine Wasserfläche von $t = 15^0$ streicht, dass dann jedes Kilogramm der feuchten Luft, das direkt an die Wasserfläche herankommt, $q_d = 10$ Kal. an diese abgiebt, indem soviel von dem in der Luft von 30^0 enthaltenen Wasserdampf kondensirt und seine frei werdende Kondensationswärme ($=$ der Verdampfwärme r) an das Wasser abgiebt, dass die Luft nur noch die Dampfmenge enthält, die dem Sättigungsgrade von 15^0 entspricht, auf welche Temperatur sich diejenige Luft, die wirklich an die Wasserfläche gelangt, auch abkühlt. Die Luft ist dabei also trockner geworden, und sieht man, wie man Luft selbst dadurch trocknen kann, dass man sie an Wasser vorbeiführt; nur muss das Wasser entsprechend **kalt** sein. — Wäre die Luft von $t_l = 30^0$ nur $^2/_3$ mit Wasserdampf gesättigt gewesen (punktirte Abscissenaxe in Fig. 83), und hätte man sie über Wasser von $t = 15^0$ hinstreichen lassen, so hätte laut Fig. 83 jedes Kilogramm Luft etwa $q_d = 4$ Kal. durch theilweise Kondensation des in ihm enthaltenen Wasserdampfes abgegeben.

b) Wärmeentzug durch Erwärmung der Luft.

Nach dem früher Gesagten erwärmt sich diejenige Luft, die unmittelbar an die zu kühlende Wasseroberfläche von t Grad herankommt, ebenfalls auf diese t Grade. War ihre Temperatur — die

Temperatur der freien Luft — vorher t_l Grad, so hat sie sich um $t - t_l$ Grade erwärmt, und da die specifische Wärme der Luft, und zwar für konstanten Druck, $c_p = 0,24$ ist, so entnimmt jedes Kilogramm solcher Luft dem zu kühlenden Wasser

$$q_l = c_p (t - t_l) = 0,24 (t - t_l) \text{ Kal.} \quad \ldots \ldots \quad (208)$$

worin t_l als die Temperatur der äussern Luft in jedem einzelnen Falle als gegeben, als konstant, t als die Temperatur des sich kühlenden Wassers als veränderlich anzusehen ist.

Gl. (208) stellt die Gleichung einer Schaar parallelen Geraden dar, welche die Abscissenaxe je in Punkten $t = t_l$ schneiden, und zwar unter einem Winkel, dessen trigonometrische Tangente $= 0,24$ ist, wenn man für q_l und t denselben Maassstab wählt, während der Winkel ein anderer wird, wenn man — um deutlichere Bilder zu bekommen — q_l und t nach verschiedenen Maassstäben aufträgt.

Während wir, wie gewohnt, in Fig. 82 und 83 die positiven Werthe von q_d von der jeweilen gültigen Abscissenaxe aus nach aufwärts aufgetragen haben, tragen wir in Fig. 84 die positiven

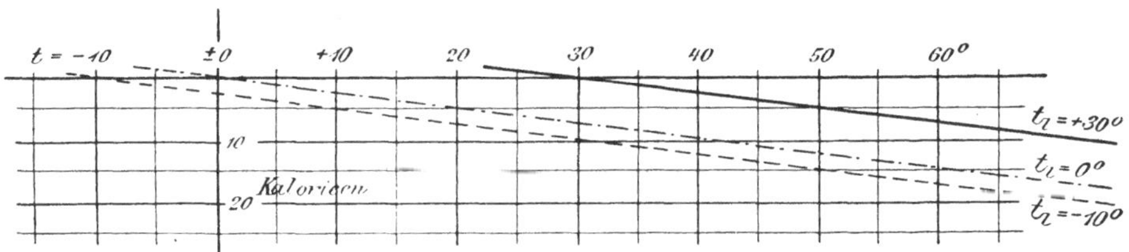

Fig. 84.

Werthe von q_l nach abwärts auf, damit wir in einem später folgenden zusammenfassenden Diagramme die Werthe q_d und q_l unmittelbar graphisch addiren können. Man entnimmt aus dem Diagramm Fig. 84 z. B., dass, wenn die Temperatur der äussern Luft

$$t_l = + 30^0 \qquad 0^0 \qquad - 10^0 \text{ war,}$$

alsdann jedes Kilogramm durch Erwärmung an einer Wasseroberfläche von z. B. $t = 45^0$ dem Wasser entzieht

$$q_l = \quad 3,6 \qquad 10,8 \qquad 13,2 \text{ Kal.}$$

Die Formel (208) — d. h. der Werth der specifischen Wärme $c_p = 0,24$ — gilt für trockne Luft; wir wollen sie aber auch für feuchte Luft gelten lassen, und haben daher zu untersuchen, welchen Grad von Genauigkeit sie dann noch im ungünstigsten Falle hat. Als solchen ungünstigsten Fall nehmen wir Sommerluft von 30° an, die auch noch völlig mit Wasserdampf gesättigt sei. Nach der Fussnote S. 322 enthält 1 kg solcher feuchten Luft 0,026 kg Wasserdampf, also noch 0,974 kg reine Luft. Da die specifische Wärme (bei konstantem Druck) reiner Luft = 0,24, und diejenige überhitzten Wasserdampfes (bei Erwärmung des vorher gesättigten Wasserdampfes wird er nun überhitzt) = 0,48 ist, so braucht es, um 1 kg jenes Gasgemenges um 1° Cels. zu erwärmen

$$0,026 . 0,48 + 0,974 . 0,24 = 0,0125 + 0,234 = 0,2465 \text{ Kal.}$$

und das ist eben die specifische Wärme der feuchten Luft in unserem extremsten Falle; sie ist also das

$$\frac{0,2465}{0,24} = 1,025 \text{ fache der trocknen Luft,}$$

also 2,5 °/₀ grösser geworden. Indem aber das Jahr hindurch die Luft nur selten 30° warm wird, und infolgedessen soviel Wasserdampf aufnehmen kann; indem sie ferner wohl nie mit Wasserdampf „gesättigt" ist; und indem schliesslich — wie wir auch sehen werden — der Wärmeentzug durch Verdunstung denjenigen durch Erwärmung der Luft ganz bedeutend überwiegt, der erstere also bei Kühlwerken nur eine untergeordnete Rolle spielt, so begehen wir keinen irgend in Betracht fallenden Fehler, wenn wir Gl. (208) auch unverändert für feuchte Luft gelten lassen.

c) Vereinigtes Wärmediagramm.

Aus dem Diagramm Fig. 83 ersehen wir die Wärme, die dem Wasser pro Kilogramm darüberstreichender Luft durch Verdunstung, und aus dem Diagramm Fig. 84 den andern Theil der Wärme, die ihm gleichzeitig durch Erwärmung der Luft entzogen wird. Setzen wir nun diese beiden Diagramme zusammen, so ergiebt sich ein Diagramm, das in übersichtlicher Weise den Gesammtentzug an Wärme pro 1 kg über das Wasser streichender Luft giebt, und das alle nur möglichen einschlägigen Fragen beantwortet.

Zwecks Herstellung eines solchen Gesammtdiagrammes, das dann ein- für allemal zur Lösung sämmtlicher hierher gehörenden Aufgaben dient, trage man in einem rechtwinkligen Koordinatensystem auf der Abscisse die Temperaturen t des zu kühlenden Wassers ($t = 0, 10, 20, \ldots 70, 80°$) ab, und zu diesen Temperaturen als Ordinaten die Verdampfungswärme q_d Kal. aus der untersten Zeile der Tabelle S. 323, und lege durch die so erhaltenen Punkte die „q_d-Kurve". (Dabei wähle man den Maassstab nicht zu klein, mindestens: für die Temperaturen 2 mm $= 1^0$, und für die Kalorien 1 mm $= 1$ Kal.). So erhält man vorerst wieder genau die Fig. 82.

Nun lege man durch den Nullpunkt (also für $t_l = 0$ in Gl. 208) die Gerade $q_l = 0{,}24\,t$ schräg nach abwärts gehend (indem man z. B. für $t = 50^0$ $q_l = 0{,}24\,.\,50 = 12$ Kal., bei obigem Maassstab also auch $= 12$ mm von der Abscissenaxe nach abwärts aufträgt und durch den so erhaltenen Punkt vom Nullpunkte aus eine Gerade legt). Man weiss dann, dass sämmtliche Gerade q_l (nach Gl. 208), deren Ordinaten den Wärmeentzug durch Erwärmung der Luft darstellen, dieser Geraden parallel sind. Damit ist das Diagramm Fig. 85 zum Gebrauch fertig, und möge dessen Anwendung an einem Beispiel gezeigt werden:[1])

Man wünsche die Kühlung von Wasser pro 1 kg darüberstreichender äusserer Luft zu erfahren, wenn diese Luft eine Temperatur von z. B. $t_l = 30^0$ hat, und schon zu $^1/_3$ mit Wasserdampf gesättigt ist.

Zu diesem Zwecke gehe man vom ursprünglichen Nullpunkte aus auf der ursprünglichen Abscisse um $t_l = 30^0$ nach rechts, und gelangt so zum Abscissenpunkt $t = 30^0$. Von diesem Abscissenpunkt gehe man, da die Luft $^1/_3$ feuchtgesättigt ist, um den dritten Theil der zu diesem Punkte gehörenden Ordinate q_d nach aufwärts und markire dort den neuen Nullpunkt O', und ziehe durch diesen die (stark ausgezogene) q_l-Gerade (parallel zur q_l-Geraden durch den ursprünglichen Nullpunkt). Denkt man sich nun durch den neuen Nullpunkt O' auch die neue Abscissenaxe gelegt (als solche mag in der Figur die Horizontale des ursprünglichen Koordinatennetzes für $q_d = 5$ Kal. gelten, die zufälliger Weise annähernd durch den Punkt O' geht), so geben für jede beliebige Temperatur t des der Kühlung ausgesetzten Wassers:

a) die Abschnitte der Ordinaten zwischen der stark ausgezogenen q_l-Geraden und der Abscissenaxe durch O' die dem Wasser durch Erwärmung der Luft entzogenen Kalorien $= q_l$;

b) die Abschnitte der Ordinaten von jener Abscissenaxe

---

[1]) Wer sich die kleine Mühe nimmt, ein solches Diagramm in grösserem Maassstabe aufzuzeichnen, dem wird dasselbe sofort verständlich und wird er es sofort auch mit Sicherheit handhaben. Ohne Selbstaufzeichnung mögen allerdings die Bedeutungen der verschiedenen Linien und ihrer Schnittpunkte und ihre gegenseitigen Beziehungen zu einander schwer zu übersehen sein, weil -- eigentlich alles nur gar zu einfach ist!

durch O' bis hinauf zur q_d-Kurve die dem Wasser gleichzeitig durch Verdunstung entzogenen Kalorien $= q_d$;

c) die ganzen Ordinatenabschnitte zwischen der q_l-Geraden und der q_d-Kurve
den Gesammtentzug an Wärme,

$$q = q_d + q_l.$$

Hätte das der Kühlung ausgesetzte Wasser
z. B. $t = 65^0$, so würden ihm pro Kilogramm
30^0 warmer und zu $^1/_3$ schon gesättigter
Luft (Fig. 85) durch Erwärmung der letztern $q_l = ab = \sim 8$ Kal., und durch Verdunstung $q_d = bc = \sim 111$ Kal., zusammen
also $q = q_d + q_l = ac = \sim 119$ Kal. entzogen.[1])

---

[1]) Wäre die Luft $- 10^0$ kalt und trocken gewesen, so hätte man die q_l-Gerade durch den Abscissenpunkt $- 10^0$ gelegt (Fig. 85) und sieht, dass diese
Luft dem 65^0 warmen Wasser pro kg 18 Kal. durch
ihre Erwärmung und 116 Kal. durch Wasserver-
dunstung, zusammen 134 Kal. entzogen hätte. Bei
kalter Luft kann übrigens deren Feuchtigkeitsgrad
vernachlässigt werden, indem solche, wenn sie einmal
auf $- 5^0$, $- 10^0$ und darunter gekommen, nur noch
ganz wenig Wasserdämpfe mehr enthält. Im Diagramm kommt das dadurch zum Ausdruck, dass
die q_d-Kurve, wenn wir sie nach links über A'
hinaus weiter geführt hätten, bald asymptotisch in
die Abscissenaxe verlaufen würde.

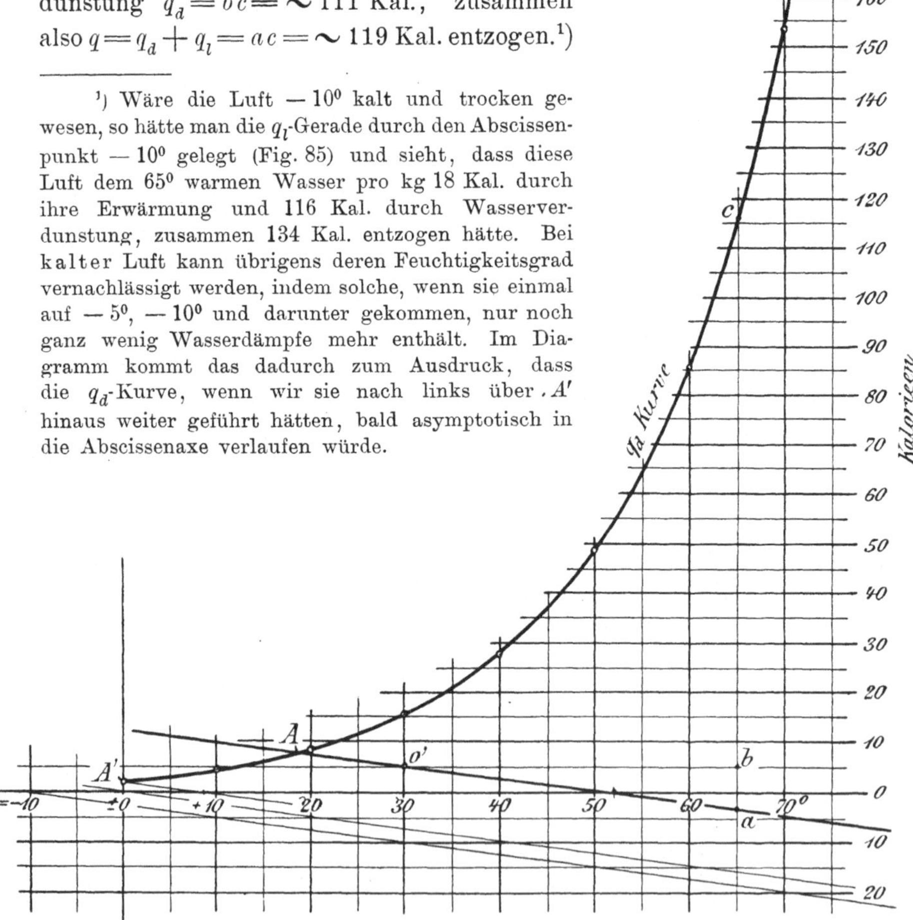

Fig. 85. Wärmeverlust (in Kalorieen) von Wasser von der Temperatur t pro
1 kg vorbeistreichender Luft von der Temperatur t_l.

Dadurch würde es sich, wenn ihm keine Wärme zugeführt wird, abkühlen, und so auch einmal auf $t = 30^0$ kommen, also mit der darüber streichenden Luft gleiche Temperatur haben. Von diesem Momente an kann die Luft durch ihre eigene Erwärmung dem Wasser keine Wärme mehr entziehen, wohl aber bringt sie noch Wasser zum Verdunsten, da sie erst zu $^1/_3$ gesättigt ist, und entzieht ihm bei 30^0 laut Fig. 85 pro Kilogramm Luft immer noch ~ 10 Kal.; also wird nun das Wasser sich unter die Lufttemperatur abkühlen. So sei die Wassertemperatur auf z. B. $t = 25^0$ gekommen; aus Fig. 85 sieht man, dass dabei die wärmere Luft, indem sie sich nun an der kältern Wasserfläche abkühlt, dem Wasser ~ 1 Kal. abgiebt, also selbes wieder erwärmen würde; gleichzeitig entzieht ihm die Luft aber noch durch Verdunstung ~ 7 Kal.; im ganzen werden also dem Wasser bei 25^0 pro Kilogramm darüberstreichende Luft von 30^0 und $^1/_3$ Feuchtigkeitsgehalt immer noch $7 - 1 = 6$ Kal. entzogen; also kühlt sich das Wasser immer noch weiter ab, und zwar — siehe wieder Fig. 85 — bis auf $\sim 18^0$, wo die q_l-Gerade die q_d-Kurve im Punkte A schneidet. Dort giebt die Luft pro Kilogramm an das Wasser einerseits ~ 3 Kal. ab, indem sie sich abkühlt; anderseits aber entzieht sie ihm auch noch ~ 3 Kal. durch Verdunstung, so dass, wenn die Temperatur des Wassers auf 18^0 gesunken, seine Wärme durch Luft von 30^0 und $^1/_3$ feucht nicht mehr geändert wird und seine Temperatur konstant 18^0 bleibt, mag noch so viel solche Luft darüber hinstreichen.

Diese Verhältnisse spielen mit eine Rolle bei der Erscheinung, dass — auch ruhig in einem See oder Teich liegendes — Wasser, und zwar auch bei bedecktem, Abkühlung durch Ausstrahlung hinderndem Himmel, stets eine Anzahl Grade unter der mittleren Lufttemperatur bleibt, weil eben die freie Luft, wenn es nicht gerade regnet, wohl nie mit Wasserdampf völlig gesättigt ist. Wäre sie das, so würde das Wasser schliesslich auch ihre Temperatur annehmen.

Wäre umgekehrt die Luft ganz trocken gewesen, so könnte sie bis zu $t_l = 52^0$ heiss werden (trockne, heisse Wüstenwinde), und würde das Wasser (Nachts, bei Wegfall der Sonnenstrahlung), doch noch auf 18^0 herunterkühlen, weil — wieder nach Fig. 85 — die durch den Punkt A über der Abscisse $t = 18^0$ gehende q_l-Gerade die ursprüngliche Abscissenaxe erst bei $t = 52^0$ schneidet.

Würde bei unserem vorigen Beispiele (Luft von 30^0 und $^1/_3$ gesättigt), das Wasser durch irgend einen Einfluss unter 18^0 gekühlt worden sein, z. B. auf $+ 5^0$, so würde ihm — immer nach Fig. 85 —

jedes Kilogramm an ihm hinstreichende Luft $q_l = \sim 6$ Kal. mittheilen, indem sich die Luft, die unmittelbar an das Wasser gelangt, auf 5^0 abkühlen würde; und es würde ferner jedes Kilogramm Luft ausserdem noch $q_d = \sim 2$ Kal. dem Wasser abgeben durch Kondensation eines Theiles des in ihm enthaltenen Wasserdampfes; das Wasser würde also im ganzen ~ 8 Kal. pro Kilogramm daran hinziehender Luft aufnehmen, also sich erwärmen, und zwar so lange, bis es schliesslich wieder auf 18^0 gekommen wäre, worauf die Wärmeabgabe der Luft an das Wasser wieder aufhörte.

Streicht also das eine Mal trockene Luft von 52^0, ein anderes Mal $^1/_3$ feuchte Luft von 30^0 in ungemessener Menge über Wasser von gleichgültig welcher Temperatur, so wird dieses Wasser schliesslich immer auf dieselbe Temperatur von 18^0 gebracht; war es vorher wärmer, so kühlt es sich auf 18^0, und war es vorher kälter, so erwärmt es sich auf 18^0.

So kann man mit dem Diagramm Fig. 85 für jeden beliebigen Fall, jede beliebige Temperatur der Luft und jeden beliebigen Feuchtigkeitsgehalt derselben bestimmen, auf welche Temperatur diese Luft das Wasser abkühlt oder wärmt.[1]) Es entspricht diese

---

[1]) Ist dabei die Wassermenge gross, so dauert es eine geraume Weile, bis so viel Luft darüber gestrichen ist, bis das Wasser seine bestimmte Temperatur erreicht. Ist aber die Wassermasse im Vergleich zur vorbeiziehenden Luft klein, so erreicht das Wasser rasch jene bestimmte Temperatur: taucht man z. B. ein Tuch in warmes Wasser, windet es leicht aus und hängt es an

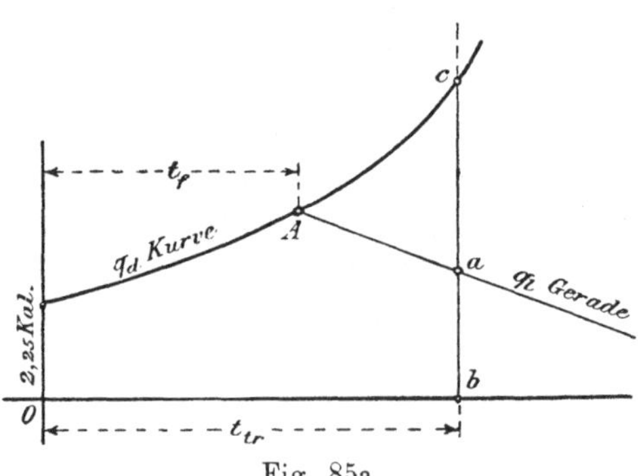

Fig. 85a.

die Luft, so wird es sehr rasch auf eine durch Temperatur und Feuchtigkeitsgehalt der äussern Luft bestimmte Temperatur abgekühlt, auf der es dann konstant bleibt so lange es noch feucht bleibt (oder feucht erhalten wird) und so lange Temperatur und Feuchtigkeit der Luft sich nicht ändern, auch wenn die Menge der vorbeistreichenden Luft, d. h. die Geschwindigkeit des Luftzuges, sich mittlerweile beliebig ändert.

Das zeigt uns den Weg, mittels unseres Wärmediagramms auch den jeweiligen Feuchtigkeitsgehalt der Luft, oder deren Sättigungsgrad bestimmen zu können: Hängt man zwei Thermometer neben einander auf, umwickelt die Kugel des einen mit dünner Leinwand, die mittels eines in ein Fläschchen mit Wasser tauchenden Dochtes fortwährend feucht gehalten wird, umgiebt man das Ganze mit leichten Schirmen — etwa aus Papier —, die

Temperatur immer der Abscisse des Schnittpunktes A einer q_l-Geraden mit der q_d-Kurve; links vom Punkte A findet Wärmung, rechts davon Kühlung des Wassers statt.

wohl die Wärmeaus- und -Einstrahlung, nicht aber das Vorbeiziehen der Luft hindern, stellt man sich damit also ein **August'sches Psychrometer** her, und liest sowohl die Temperatur t_{tr} des trockenen als auch die Temperatur t_f des feuchten Thermometers ab, so braucht man nur — Skizze Fig. 85a — den der Temperatur t_f entsprechenden Punkt A auf der q_d-Kurve aufzusuchen und durch diesen Punkt A die q_l-Gerade zu legen, so schneidet diese auf der bei Temperatur t_{tr} errichteten Ordinate den momentanen Sättigungsgrad der Luft in dem Verhältniss der Strecken $ba:bc$ ab, und findet man den numerischen Wert dieses Verhältnisses, also eben den „Sättigungsgrad", durch Division der in der Figur abgemessenen Strecke ba durch Strecke bc.

In Fig. 85b — einer Reproduktion des Diagramms Fig. 85, aber mit grösserm Massstabe sowohl für die vertikalen Kalorieen als für die horizontalen Temperaturen, damit genauer abgelesen werden kann — haben wir die Schaar der parallelen q_l-Geraden fortschreitend von Grad zu Grad der Abschnitte der Temperaturen t_f auf der q_d-Kurve gezogen und dient so dieses Diagramm zur Bestimmung der Luftfeuchtigkeit: hat man z. B. die Temperatur des feuchten Thermometers zu $t_f = 16^0$, die des trockenen zu $t_{tr} = 28^0$ abgelesen, so findet man, dass die durch den Punkt $t_f = 16^0$ auf der q_d-Kurve gehende q_l-Gerade auf der zu $t_{tr} = 28^0$ gehörenden Ordinate den Sättigungsgrad der Luft zu $\dfrac{ba}{bc} = 0{,}26$ abschneidet, d. h. die

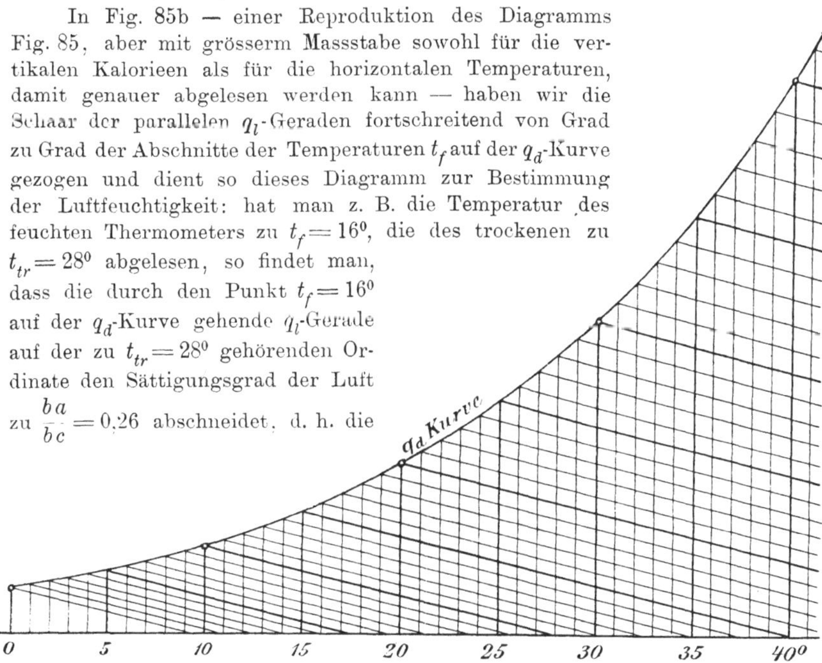

Fig. 85b. Diagramm zur Bestimmung vom Sättigungsgrad der Luft mit Feuchtigkeit aus der Beobachtung der Temperaturen des feuchten und des trockenen Thermometers.

betreffende Luft von 28^0 enthält momentan $26\,^0/_0$ der Feuchtigkeit, die sie bei 28^0 enthalten könnte, wenn sie völlig mit Wasserdampf gesättigt wäre. — Wünscht man noch das absolute Gewicht des Wassers in 1 cbm jener Luft zu kennen, so bedenke man, dass, wenn die Luft gesättigt wäre, 1 cbm jener Luft auch 1 cbm gesättigten Dampf von 28^0 enthalten würde, der nach

Will man erfahren, bei welcher Temperatur und welchem Feuchtigkeitsgrade der Luft das Wasser sich auf 0^0 abkühlt, d. h. der Gefrierpunkt eintritt, so hat man — Fig. 85 — nur durch den Punkt A' der q_d-Kurve eine q_l-Gerade zu legen. Man findet, dass diese Gerade die ursprüngliche Abscissenaxe bei $t =$ etwa 9^0 Cels. schneidet; das besagt, dass, wenn trockne Luft von $+ 9^0$ anhaltend über eine Wasserfläche, oder einen nassen Gegenstand hinstreicht, sie dem Wasser solange Wärme entzieht, bis dessen Temperatur auf 0^0 sinkt, so dass schliesslich Gefrieren desselben eintritt. Um genauer ablesen und um insbesondere auch den Gefrierpunkt bei verschiedenen Feuchtigkeitsgraden der Luft bestimmen zu können, zeichnen wir — Fig. 86 — die Anfangspartie unseres

---

Dampftabelle I ein Gewicht von $\gamma = 0,0265$ kg hat; jene Luft von 28^0 enthält also pro cbm $0,26 . 0,0265 = 0,0069$ kg Wasserdampf. —

In Büchern findet man für die Bestimmung des Sättigungsgrades φ mittels des August'schen Psychrometers eine Formel angegeben, die sich mit unserer Buchstabenbezeichnung schreiben lässt

$$\varphi = \frac{d_{t_f} - a\,(t_{tr} - t_f)\,\dfrac{b}{760}}{d_{t_{tr}}}$$

wobei d den Druck des gesättigten Wasserdampfes in Atmosphären und zwar von der Temperatur t_f bezw. t_{tr} (s. Tab. I hinten), b den Barometerstand in mm Quecksilber und a eine Konstante bedeutet, die nach Wolf, Taschenbuch für Mathematik, Physik und Astronomie

$$a = \begin{cases} 0,000804 & \text{für } t_f > 0^0 \\ 0,000748 & \text{für } t_f < 0^0, \end{cases}$$

und nach Bebber, Meteorologie (Leipzig, J. J. Weber, 1893)

$$a = 0,000635$$

sein soll.

Für unser Beispiel, $t_f = 16^0$ und $t_{tr} = 28^0$, und für einen Barometerstand von $b = 760$ mm (für den unser Diagramm genau gilt) giebt die Formel den Sättigungsgrad der Luft

nach Wolf

$$\varphi = \frac{0,017 - 0,000804 . (28 - 16) . 1}{0,037} = 0,29$$

nach Bebber

$$\varphi = \frac{0,017 - 0,000635 . (28 - 16) . 1}{0,037} = 0,32$$

während unser Diagramm ergeben hat . $\varphi = 0,26$.

Obige Formel, deren Herleitung uns nicht bekannt ist, scheint also blosse Näherungswerthe zu geben und mag das wohl der Grund sein, warum das August'sche Psychrometer als ein nur zur „ungefähren" Bestimmung der Luftfeuchtigkeit dienendes Instrument angesehen zu werden scheint, während die richtige Auswerthung seiner Angaben doch sehr genaue Resultate liefern muss

Diagrammes in grösserem Maassstabe heraus ($1^0 = 5$ mm, und
1 Kal. $= 20$ mm). Aus diesem Diagramm lesen wir den genaueren
Gefrierpunkt des Wassers bei trockner Luft zu $+ 9,4^0$ Cels. ab.

Ist die Luft nicht trocken, sondern feucht, und hat sie einen
Sättigungsgrad φ — unter diesem das Verhältniss des Gewichtes

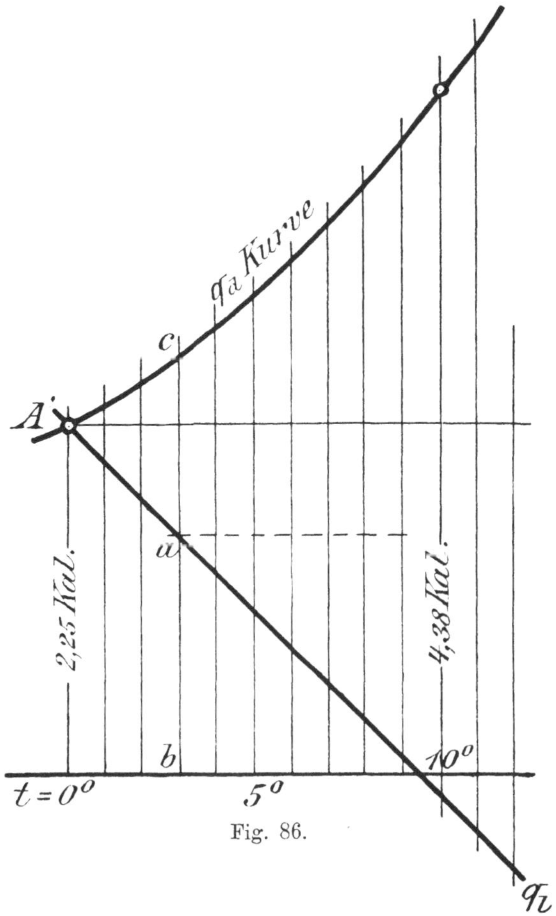

Fig. 86.

Wasserdampfes in 1 kg trockner Luft zu dem Gewichte Wasserdampf verstanden, das 1 kg trockner Luft im Grenzfalle aufnehmen
könnte, siehe Zeile 8, Tabelle S. 323 — welcher Sättigungsgrad
auch $=$ dem Verhältniss der Ordinaten $ba : bc$ Fig. 86 ist, so geben
die Abscissen der Schnittpunkte der q_l-Geraden mit den betreffenden Temperaturordinaten diejenigen Lufttemperaturen t_l, bei denen

der Gefrierpunkt eintritt, wenn die Luft einen Sättigungsgrad

$$\varphi = \frac{ba}{bc} \text{ hat.}^{1)}$$

Indem man aus der Fig. 86 diese Verhältnisse $ba : bc$ auf den verschiedenen Temperaturordinaten abgreift, ergiebt sich:

Der Gefrierpunkt wird erreicht bei einer Lufttemperatur von

$$t_l = +\,9{,}4^0 \quad 8^0 \quad 7^0 \quad 6^0 \quad 5^0 \quad 4^0 \quad 3^0 \quad 2^0 \quad 1^0 \quad 0^0,$$

wenn die Luft einen Sättigungsgrad hat von

$$\varphi = \quad 0 \quad 0{,}09 \quad 0{,}17 \quad 0{,}25 \quad 0{,}35 \quad 0{,}45 \quad 0{,}57 \quad 0{,}70 \quad 0{,}84 \quad 1.$$

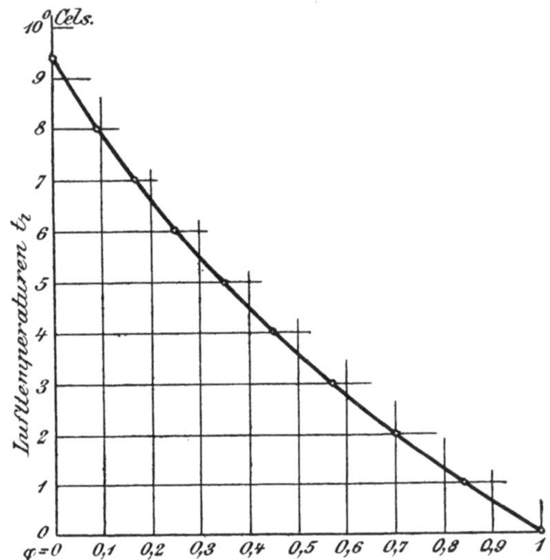

Fig. 87. Gefrierpunkte bei dem Sättigungsgrade φ der Luft.

Trägt man — Fig. 87 — zu diesen Werthen φ als Abscissen die zugehörigen Temperaturen t_l als Ordinate auf, so sieht man aus diesem Schaubilde umgekehrt, dass, wenn die Luft einen Sättigungsgrad hat von

$$\varphi = \quad 0 \quad 0{,}1 \quad 0{,}2 \quad 0{,}3 \quad 0{,}4 \quad 0{,}5 \quad 0{,}6 \quad 0{,}7 \quad 0{,}8 \quad 0{,}9 \quad 1$$

---

[1]) Das ist nach früherem leicht einzusehen:

Hätte dle Luft z. B. $t_l = +\,3^0$ und wäre sie trocken, so hätte man die q_l-Gerade durch den Punkt b, wäre sie aber mit Wasserdampf gesättigt, durch den Punkt c zu legen; ist sie nun nur zu $\varphi = \dfrac{ba}{bc} = \dfrac{31\ \text{mm}}{54\ \text{mm}} = 0{,}57$ gesättigt, so hat man die durch einen um $0{,}57 \cdot q_d$ über der ursprüuglichen Abscissenaxe gelegenen Punkt a der Ordinate für $t = 3^0$ zu legen.

alsdann der Gefrierpunkt erreicht wird bei einer Lufttemperatur von

$$t_l = + 9{,}4 \quad 7{,}9 \quad 6{,}6 \quad 5{,}5 \quad 4{,}5 \quad 3{,}6 \quad 2{,}8 \quad 2 \quad 1{,}3 \quad 0{,}6 \quad 0^0 \text{ Cels.}$$

Je trockner die Luft ist, bei um so höherer Lufttemperatur liegt also der Gefrierpunkt, und wird derselbe bei ganz trockner Luft schon bei einer Temperatur derselben von $+ 9{,}4^0$ Cels. erreicht, so dass man sagen kann:

> Erst bei einer atmosphärischen Temperatur über 9,4⁰ Cels. ist Eisbildung ausgeschlossen.

Freilich gilt das nur unter der, nur für unsere Wasserkühlanlagen zutreffenden Voraussetzung, es finde keine Wärmeabgabe des Wassers oder der feuchten Gegenstände, Pflanzen etc., durch Strahlung statt. Indem aber — gerade bei trockner, also meistens klarer Luft — eben auch Wärmeausstrahlung stattfindet, wird jene Gefrierpunktsgrenze von $+ 9{,}4^0$ sogar noch erhöht; da aber anderseits die atmosphärische Luft auch nie vollkommen trocken ist, wird jene Grenze wieder erniedrigt. Wären die beiden, einander entgegen wirkenden Einflüsse (Feuchtigkeitsgehalt der Luft und Wärmeausstrahlung) gleich stark, was aber nicht gerade der Fall zu sein braucht, so wäre die Lufttemperatur von $t_l = \sim + 9^0$ die wirkliche Grenze, über der „ein Reif in der Frühlingsnacht" nicht mehr fallen könnte.

Nachdem wir die Anwendung unseres Wärmeaustauschdiagrammes Fig. 85 in gewissen Gebieten der Meteorologie kurz gezeigt haben, wenden wir uns zu dessen

Anwendung bei unsern Wasserkühlanlagen
für Kondensationen zurück.

Wir unterscheiden da zwei typische Arten solcher Kühlwerke:

a) solche, bei denen die Luft überall mit gleicher Temperatur das Kühlwerk verlässt, was bei geschlossenen Kaminkühlern, und bei — im allgemeinen offenen — Rieselkondensatoren bei Oberflächenkondensation der Fall ist; und

b) solche, bei denen die Luft das Kühlwerk an den verschiedenen Stellen mit verschiedener Temperatur verlässt, wie bei offenen Gradirwerken, wo die im allgemeinen horizontal hinstreichende Luft oben durch das heisseste, unten durch das während des Herabrinnens schon gekühlte Wasser durchgeht, also das Kühlwerk mit der von oben nach unten abnehmenden Temperatur des Wassers an der betreffenden Stelle verlässt.

Als in ihrem diesbezüglichen Verhalten zwischen diesen beiden Kühlwerkstypen liegend zu betrachten sind offene Kühlteiche, während Körting'sche Streudüsen eher der ersteren Art zuzuordnen sind.

Dabei wollen wir betrachten:

Die nöthige Luftmenge für einen bestimmten Wärmeentzug aus dem zu kühlenden Wasser;

die verschiedene Kühlwirkung bei ungeänderten äussern Luftverhältnissen, aber bei verschiedener Wärmezufuhr zu dem zu kühlenden Wasser; und endlich werden wir noch einiges sagen über

den nöthigen Umfang der Kühlwerke.

1. Nöthige Luftmenge.

Indem wir die Wärmemenge kennen, die pro Zeiteinheit dem Wasser beim Durchgang durch den Kondensator zugeführt wird — es ist dies die Verdampfungswärme des pro Zeiteinheit kondensirten Dampfes, oder also des von den kondensirten Maschinen verbrauchten Dampfes — können wir nach unserm Wärmediagramm, Fig. 85, die Anzahl Kilogramm Luft berechnen, die wir an dem erwärmten Wasser vorbeiführen müssen, um ihm eben jene Wärmemenge pro derselben Zeiteinheit wieder zu entziehen, und zwar bei einer bestimmten, vom gewünschten Vakuum im Kondensator erforderten Wassertemperatur.

Als konkretes Beispiel zur Durchführung dieser Rechnung denken wir uns, wir hätten die Kühlanlage für die Centralkondensation für 5500 PS$_i$ zu bestimmen, die wir in Kapitel F ausführlich bearbeitet haben. Aus Tab. III S. 188 wissen wir, dass die kondensirten Maschinen dieser Anlage bei einem Kondensatordruck von $p_0 = 0{,}16$ Atm. abs. einen minutlichen Dampfverbrauch von $D' = 815$ kg haben, und dass, wenn die Kondensation als „Weiss'sche Gegenstromkondensation" gebaut wird, das Wasser den Kondensator mit $t' = 56^0$ verlässt, und dass, wenn wir pro Minute $W = 17900$ l oder kg Kühlwasser in den Kondensator treten lassen, dieses eine Temperatur von $t_0 = 30^0$ haben darf, so dass die Kühlanlage pro Minute $W = 17900$ kg Wasser von $t' = 56^0$ auf $t_0 = 30^0$ zu kühlen, also dem Wasser pro Minute

$$Q = W (t' - t_0) \ . \ . \ . \ . \ . \ . \ . \ (209)$$
$$= 17900 (56 - 30) = 465000 \text{ Kal.}$$

zu entziehen hat.

Auf die gleiche Anzahl Kalorien kommen wir auch aus der Angabe des minutlichen Dampfverbrauches $D' = 815$ kg. Indem nämlich die Verdampfungswärme innert den Temperaturen, bei denen Dämpfe in einen Kondensator kommen, annähernd konstant, und zwar $r = 570$ Kal./kg ist (S. 13), bringen diese 815 kg kondensirenden Dampfes pro Minute

$$Q = r \cdot D' \quad\quad\quad\quad\quad\quad (210)$$
$$= 570 \cdot 815 = 465000 \text{ Kal.}$$

in das Kühlwasser, also die gleiche Zahl wie vorhin.[1]

Die Temperatur der äussern Luft sei für unser Beispiel $t_l = 20^0$, und ihr Sättigungsgrad $= \,^1/_2$.

a) Nöthige Luftmenge bei Kaminkühler.

Für die Lufttemperatur $t_l = 20^0$ gehen wir auf der ursprünglichen Abscissenaxe unseres Wärmediagrammes, Fig. 85 (dessen entsprechende Theile wir hier in Fig. 88 nochmals herauszeichnen), vom ursprünglichen Nullpunkt um $t = 20^0$ nach rechts, und — weil

---

[1] Indem die „Verdampfungswärme" $r \cdot D'$ in die Kühlwassermenge W übergeht und diese von t_0 auf t' erwärmt, hat man die Wärmegleichung

$$r \cdot D' = W \, (t' - t_0),$$

woraus die Temperaturdifferenz zwischen Kühl- und Heisswasser folgt

$$t' - t_0 = r \cdot \frac{D'}{W} = 570 \, \frac{D'}{W} \quad\quad\quad\quad\quad (210a)$$

Diese Temperatur differenz ist hiernach für eine gegebene minutliche Dampfmenge D' und eine gegebene minutliche Kühlwassermenge W eine unveränderliche, bestimmte Grösse, wenn auch die beiden Temperaturen t' und t_0 selber noch unbekannt sind und beide zusammen veränderlich sein können. Um eben diese Temperaturdifferenz muss auch das Wasser im Kühlwerk gekühlt werden und kühlt es sich auch so, sobald Beharrungszustand eingetreten ist. Es wird nämlich die Temperatur t_0 des gekühlten Wassers und damit auch die Temperatur t' des Wassers im Kondensator so lange steigen, bis die Temperaturdifferenz $t' - t_0$ in eine solche Höhe zu liegen kommt, dass dabei der Entzug der dem Wasser zugeführten Wärmemenge (und zwar auch bei gleichgebliebener Luftmenge) stattfinden kann. Indem — wie ein Blick auf Fig. 85 zeigt — die entzogene Wärmemenge pro 1 kg vorbeistreichender Luft mit steigender Wassertemperatur ganz gewaltig zunimmt, wird bald ein Beharrungszustand von t_0 und t' erreicht. — Somit ist die Anzahl der Grade, um die das Wasser sich kühlt, schon als bestimmte Grösse gegeben, sobald nur Dampfmenge und Kühlwassermenge gegeben sind, und der oft gehörte Ausspruch: „die Wirkung unseres Kühlwerkes ist schlecht, denn es kühlt das Wasser nur um so und so viel Grade," hat keinen Sinn; denn es kann ja gar nicht mehr kühlen, es kann nicht mehr Wärme aus dem Wasser ziehen, als in dieses hineingebracht worden ist! Hätte man eine Kondensation gehabt, die sich mit weniger Wasser begnügte, bei der dann die gleiche Wärmemenge dieses Wasser im Kondensator um mehr Grade erwärmt hätte, so hätte es sich auf dem Kühl-

die Luft $^1/_2$ feucht ist — auf der zugehörigen Ordinate um $^1/_2\,q_d$ nach aufwärts, und bezeichnen dort den neuen Nullpunkt O'. Durch diesen legen wir die q_l Gerade, womit unser Diagramm für den vorliegenden Fall hergerichtet ist. Indem die Luft unten mit $t_l = 20^0$ in den Kaminkühler eintritt, dem herabrieselnden Wasser entgegen in die Höhe steigt, sich daran erwärmt und Dampf auf-

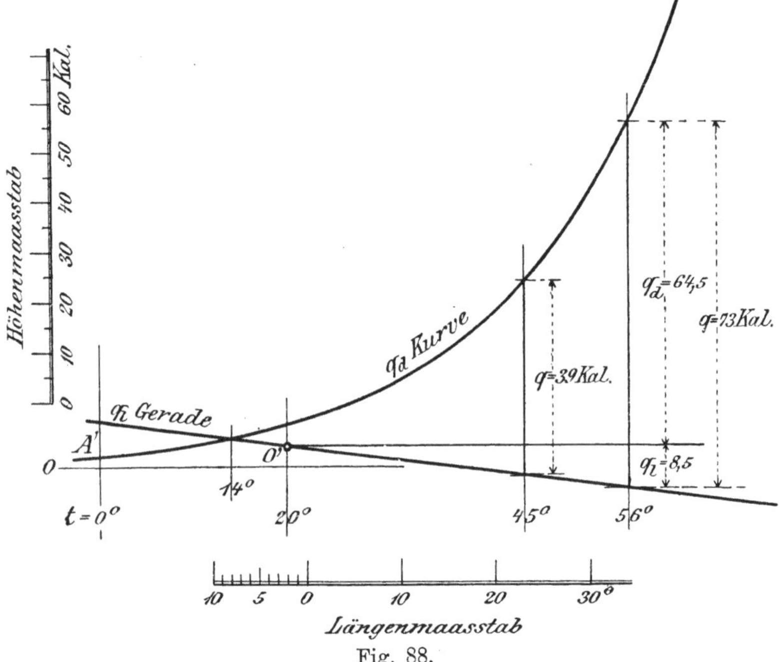

Fig. 88.

nimmt, und oben, wo das 56^0 warme Wasser eintritt, dieses auch auf 56^0 erwärmt und mit Dampf von derselben Temperatur gesättigt verlässt, haben wir im Diagramm Fig. 88 (oder im ursprüng-

---

werk auch von selber schon um mehr Grade gekühlt. Nicht darin besteht die bessere oder schlechtere Wirkung eines Kühlwerkes, ob die Temperaturdifferenz $t' - t_0$ grösser oder kleiner sei — diese ist eben bei gegebenem D' und W gegeben — sondern darin, ob jene bestimmte Temperaturdifferenz in niedrigeren oder höheren Regionen liege.

Da $\dfrac{D'}{W} = \dfrac{1}{n} = $ dem reciproken Werthe des Kühlwasserverhältnisses ist, kann man obige Gl. (210a) auch schreiben

$$t' - t_0 = \frac{570}{n}, \qquad \dots \dots \dots \dots \quad (210b)$$

welche Gl. wieder die Gl. (3) S. 12 (mit Schaubild Fig. 3) des Kühlwasserverhältnisses giebt.

lichen Diagramm Fig. 85) bei der Abscisse $t = t' = 56^0$ eine Ordinate zu errichten (die auch noch bei $t = 45^0$ errichtete Ordinate lasse man vorerst ausser Betracht) und greifen nun aus der Figur ab, dass 1 kg 20^0 warme Luft, indem sie sich auf 56^0 erwärmt, hierfür $q_l = 8,5$ Kal. aus dem Wasser nimmt, und indem sie sich auch noch mit Wasserdampf sättigt, dem Wasser weitere $q_d = 64,5$ Kal. entzieht, so dass der gesammte Wärmeentzug, den das Wasser pro 1 kg Luft erleidet

$$q = q_l + q_d = 8,5 + 64,5 = 73 \text{ Kal.}$$

beträgt. Da dem Wasser im ganzen $Q = 465000$ Kal. pro Minute zu entziehen sind, müssen also

$$G = \frac{Q}{q} \quad \ldots \ldots \ldots \ldots \quad (211)$$

$$= \frac{465000}{73} = 6370 \text{ kg Luft,}$$

oder, da 1 kg atmosphärischer Luft im Mittel ein Volumen von 0,80 cbm hat[1]),

$$V = 0,8\, G \quad \ldots \ldots \ldots \ldots \quad (212)$$

$$= 0,8 \cdot 6370 = 5100 \text{ cbm atm. Luft}$$

pro Minute an dem Wasser vorbeistreichen.

Unser Diagramm lässt auch leicht erkennen, wie viel Wasser in dem Kühlwerk verdunstet. Nehmen wir an — wie es annähernd auch der Fall ist — die Verdampfungswärme r sei für die verschiedenen hier auftretenden Temperaturen konstant und es würde im Kühlwerk die Wärme aus dem Wasser nur durch Verdunstung entzogen, so müsste

---

[1]) Für die Vorstellung der Grösse der Luftmenge taugt die Angabe deren Gewichtes nicht, sondern drücken wir sie besser wieder durch deren Volumen aus; ebenso ist dies für weitere Rechnungen nöthig über Annahmen der Geschwindigkeit der Luft, nöthige Durchgangsquerschnitte etc. Nach der „Hütte", 1899, Bd. I, S. 272 kann das Gewicht von 1 cbm atm. Luft von mittlerer Feuchtigkeit annähernd zu

$$r_a = 1,3 - 0,004\, t \quad \ldots \ldots \ldots \ldots \quad (211\text{a})$$

angenommen werden, also umgekehrt das Volumen von 1 kg zu

$$v = \frac{1}{r_a} = \frac{1}{1,3 - 0,004\, t} \text{ cbm/kg} \quad \ldots \ldots \ldots \quad (211\text{b})$$

Das giebt für $t = -10^0 \quad \pm 0^0 \quad +10^0 \quad +20^0 \quad +30^0$

$v = \quad 0,75 \quad\quad 0,77 \quad\quad 0,79 \quad\quad 0,82 \quad\quad 0,85$ cbm

Da die hierher gehörenden Rechnungen durchaus keine Genauigkeit verlangen, vielmehr nur eine ungefähre Vorstellung der Grössenverhältnisse geben sollen, genügt es, für das Volumen von 1 kg atm. Luft den konstanten Mittelwerth zu setzen

$$v = 0,8 \text{ cbm} \quad \ldots \ldots \ldots \ldots \quad (211\text{c})$$

in dem Kühlwerk pro Minute gerade so viel von dem Wasser verdunstet werden, als ihm an Gewicht des kondensirten Dampfes zugeführt worden, d. h. es müsste gerade die Speisewassermenge D' verdunstet werden. Indem aber die Wärme nicht nur in Form von Verdunstungswärme (q_d), sondern auch noch in der erwärmten Luft (q_l) abgeführt wird, ergiebt sich das im Kühlwerk zur Verdunstung gelangende Wassergewicht X aus der Proportion

$$X : D' = q_d : q$$

woraus

$$X = \frac{q_d}{q} : D' \ldots \ldots \ldots \ldots \quad (213)$$

In unserm Falle müssen also pro Minute verdunsten

$$X = \frac{64,5}{73}\, D' = 0,88\, D'$$

d. h. 88 $^0/_0$ der Speisewassermenge von 815 kg, oder also 720 kg oder Liter pro Minute, in diesem Falle also $\frac{720}{17900} = 0,04 = 4\,^0/_0$ der ganzen Kühlwassermenge.

Hätte man die Kondensation für die gleiche Maschinenanlage von 5500 PS$_i$ als Parallelstrom-Mischkondensation gebaut, und hätte man hierbei wieder den gleichen Kondensatordruck $p_0 = 0,16$ Atm. erreicht, so hätte sich das Kühlwasser im Kondensator nur bei ∞ grosser Luftpumpe auch auf $t' = 56^0$ erwärmen können, wie es das bei Gegenstrom gethan hat; bei einer Luftpumpe endlicher Grösse kann aber jene Temperatur nicht erreicht werden. Sei nun eine Luftpumpe solcher Grösse gewählt worden, dass die Heisswassertemperatur t' z. B. $= 48^0$ wird, (wobei dann auch eine grössere Kühlwassermenge nöthig ist, was uns aber hier nicht weiter berührt), so findet man aus dem Diagramm, Fig. 88, dass bei $t = t' = 48^0$ (dieser Abscissenwerth liegt in der Figur gerade bei der vertikalen Maasslinie rechts neben 45^0) 1 kg Luft $q = 46$ Kal. dem zu kühlenden Wasser entzieht. Im ganzen haben aber die $D' = 815$ kg Dampf dem Wasser wieder pro Minute $Q = r\,D' = 570 . 815 = 465000$ Kal. zugeführt. Also müssen nun bei Parallelstromkondensation dem Kaminkühler pro Minute

$$G = \frac{Q}{q} = \frac{465000}{46} = 10100 \text{ kg}$$

oder

$$V = 0,8\, G = 8080 \text{ cbm Luft}$$

zugeführt werden, während bei Gegenstromkondensation nur 5100 cbm nöthig waren. Das Sinken der obern Temperatur des zu kühlenden Wassers von $t' = 56^0$ auf $t' = 48^0$, also um 8^0, erfordert für den gleichen Wärmeentzug schon eine Vermehrung der am Wasser vorbeizuführenden minutlichen Luftmenge von $\sim$ 3000 cbm, oder von $\sim \dfrac{3000}{5000} = 60\,^0/_0$. Solange nun die Luft freies Gemeingut bleibt, kostet die Vermehrung der benöthigten Luftmenge selber freilich nichts, wohl aber kosten die Mittel, um die vermehrte Luftmenge durch den Kaminkühler zu treiben. Sieht man auch von der Anwendung von Ventilatoren ab, und überlässt das Ansaugen der Luft dem natürlichen Zuge des Kamins, so muss entweder die Höhe desselben so vermehrt werden, dass eine um $60\,^0/_0$ grössere Geschwindigkeit der durchziehenden Luft entsteht, oder man muss den Querschnitt des Kamines, bezw. des ganzen Kühlers entsprechend vergrössern.

b) Nöthige Luftmenge bei Rieselkühlern.

Hätten wir es mit einem Oberflächenkondensator für unsere Maschinenanlage von 5500 PS$_i$ zu thun, und erstellte man diesen Oberflächenkondensator mit Rieselkühler, und ergäbe eine wie auf S. 99 angestellte Rechnung, dass das Rieselwasser eine — überall am Kühler gleiche — Temperatur von z. B. $t_1 = 45^0$ haben dürfte, wenn wieder der gleiche Kondensatordruck von $p_0 = 0{,}16$ Atm. abs. erreicht werden sollte, so wäre also dem Rieselwasser bei der konstanten Temperatur $t = t_1 = 45^0$ seine Wärme von $Q = 465000$ Kal./Min. zu entziehen. Aus dem Diagramm Fig. 88 greift man ab, dass bei dieser Wassertemperatur 1 kg vorbeistreichende Luft dem Wasser $q = 39$ Kal. entzieht; zum Entzug von $Q = 465000$ Kal. wären demnach pro Minute nöthig

$$G = \frac{Q}{q} = \frac{465000}{39} = 11900 \text{ kg}$$

oder

$$V = 0{,}8\,G = \sim 9500 \text{ cbm Luft.}$$

Annähernd wird der Luftbedarf auch bei Streudüsen auf die gleiche Art berechnet werden können, indem die Luft, wenn sie horizontal oder auch schräg den Bereich einer Streudüse durchstreicht, einmal mit den niederfallenden kühleren, und dann auch mit den aufsteigenden heisseren Wassertropfen in Berührung kommt, also den Bereich der Streudüse auch mit einer annähernd überall gleichen, etwa der Durchschnittstemperatur $\dfrac{t' + t_0}{2}$ verlassen wird, im Falle unseres Beispieles also mit etwa $\dfrac{56 + 30}{2} = 43^0$. Für diese

Temperatur ergiebt das Diagramm Fig. 88 den Werth $q = 35$ Kal.
Also müssen pro Minute

$$G = \frac{Q}{q} = \frac{465000}{35} = 13300 \text{ kg} = 0{,}8 \cdot 13300 = 10600 \text{ cbm}$$

Luft durch den Düsenbereich streichen.

c) Nöthige Luftmenge bei offenen Gradirwerken.

Unter offenen Gradirwerken verstehen wir freistehende Gerüste,
die mit Reisigbündeln, schrägen Brettchen, Latten etc. belegt sind.
Oben wird das warme Wasser von t' Grad durch Zulaufgerinne
gleichförmig über das Ganze vertheilt, und rieselt oder tröpfelt
fein zertheilt und langsam an der Einlage des Gerüstes nieder,
der frei durchstreichenden Luft möglichst viel Oberfläche bietend,
kühlt sich dabei, und langt unten im Sammelbassin auf eine Temperatur von t_0 Grad gekühlt an, von wo es wieder dem Kondensator
zugeführt wird. Dabei rechnet man bei solchen offenen Gradirwerken — im Gegensatz zu Kaminkühlern — nicht auf einen infolge Leichterwerdens der Luft durch deren Erwärmung und Dampf-
aufnahme am Gradirwerk entstehenden Luftzug nach oben, —
dieser könnte auch, wenn das Gradirwerk nicht durch Wände ein-
gefasst wird, die kaminartig über dasselbe hinaus in die Höhe geführt werden, wodurch eben wieder ein „Kaminkühler" entstünde,
nur unbedeutend sein, — sondern man rechnet auf den natürlichen Luftzug im Freien, der in der Nähe der Erdoberfläche
naturgemäss eine annähernd horizontale Richtung hat. Dementsprechend ordnet man die Einlagen, über die das Wasser
herunterrieselt, so an, dass sie einer horizontal hinstreichenden Luft
möglichst freien und ungehinderten Durchgang bieten, während ein
vertikales Durchstreichen der Luft schon eher auf Hindernisse stösst,
obschon man natürlich ein solches durchaus nicht absichtlich zu
hindern sucht. Freilich setzt dann die Wirksamkeit eines solchen
Gradirwerkes das Bestehen einer natürlichen horizontalen Luftströmung voraus, und würde jene Wirksamkeit bei absoluter Windstille auf das geringe Maass beschränkt, das aussen am Gradirwerk
durch Erwärmung aufsteigende Luft noch bewirken könnte. Nun
herrscht aber einerseits im Freien nur ganz selten absolute Windstille, ein leiser Luftzug, den unser Gefühl vielleicht gar nicht
wahrnimmt, wird wohl immer vorhanden sein; wie wir anderseits
noch sehen werden, genügt aber bei den Grössenverhältnissen, die
man solchen Gradirwerken giebt, schon solch ein leiser Luftzug,
um dem darüber rieselnden Wasser genügend Wärme zu entziehen.

Wir nehmen somit an, die Bewegung der Luft in einem Gradirwerke finde nur in horizontalem Sinne statt.

Nimmt man ferner an, die Geschwindigkeit der horizontal hinstreichenden Luft in den verschiedenen Höhenschichten sei gleich, was bis zur Höhe eines Gradirwerkes wohl zutreffend sein wird; ist ferner der wirksame Theil des Gradirwerkes, die Einlage (z. B. die Reisigbündel) allseitig durch annähernd vertikale Ebenen begrenzt (d. h. bleibt Breite und Tiefe der Einlage von oben nach unten zu nahezu gleich), wie es ebenfalls gewöhnlich der Fall ist; dann streicht durch gleich hohe Schichten des Gradirwerkes pro Zeiteinheit auch gleich viel Luft durch. Gehen nun durch das ganze Gradirwerk pro Minute G kg Luft durch, und theilen wir das Gradirwerk in ∞ viele und ∞ dünne horizontale Schichten ein, so gehen durch jede solche Schicht dG kg Luft durch. 1 kg pro Minute horizontal durch eine solche ∞ dünne Schicht durchstreichende Luft würde der diese selbe Schicht in derselben Zeit vertikal durchsickernden Wassermenge W eine Wärmemenge von q Kal. entziehen; also entziehen ihr dG kg Luft $q \cdot dG$ Kal. Dadurch sinkt die Temperatur des Wassers, die oben beim Eintritt in die ∞ dünne Schicht $= t$ gewesen sei, unten beim Austritt aus dieser Schicht auf $t - dt$, und der Wärmeverlust $W \cdot dt$, den das Wasser beim Durchsickern durch die ∞ dünne horizontale Schicht des Gradirwerkes erlitten hat, ist $=$ der Wärmemenge $q \cdot dG$, welche die dG kg Luft, die gleichzeitig durch jene Schicht horizontal durchgegangen sind, dem Wasser entzogen haben, d. h. es besteht die Differentialgleichung

$$W \cdot dt = q \cdot dG \quad . \quad . \quad . \quad . \quad . \quad . \quad (214)$$

oder

$$dG = W \cdot \frac{dt}{q}.$$

Diese Gleichung integrirt, ergiebt sich

$$G = \int W \frac{dt}{q} + C$$

als die ganze nöthige Luftmenge G in kg, welche durch das ganze Gradirwerk, von oben nach unten gleichförmig vertheilt, horizontal durchstreichen muss, um die minutliche Wassermenge W von der Temperatur t' auf t_0 zu kühlen. Die Bestimmung der Konstanten C hätte dadurch zu geschehen, dass für die obere Abgrenzung der obersten Horizontalschicht, wo G noch $= 0$ ist, $t = t'$ wäre.

In dem Integral oben ist W, das pro Minute durch je eine Horizontalschicht des Gradirwerks herabströmende Wasser, streng genommen nicht konstant, sondern von oben nach unten nach Maassgabe der verdunstenden Wassermenge etwas abnehmend. Da diese letztere aber immer nur klein ist — in userm letzten Beispiel betrug sie $0{,}04\,W$ — so kann näherungsweise W konstant angenommen werden, und dann haben wir

$$G = W \int \frac{dt}{q} + C.$$

Die Werthe von q sind aber aus userm Wärmediagramm Fig. 85 bekannt, und können z. B. für die Temperatur der Luft $t_l = 20^0$ und wenn sie zu $^1/_2$ mit Feuchtigkeit gesättigt ist, für die verschiedenen Wassertemperaturen t aus dem Specialdiagramm Fig. 88 abgegriffen werden. Trägt man diese Werthe von q als Ordinaten zu den zugehörigen Abscissen t in einem rechtwinkligen Koordinatensystem auf, so erhält man eine Kurve, und kann durch einige in derselben ausgewählte Punkte eine sogenannte Parabel n^{ter} Ordnung legen, die sich der wirklichen Kurve nahe anschmiegt, und auf bekannte Weise deren Konstante bestimmen. Damit ist q als Funktion von t, d. h. $q = f(t)$ bestimmt, und kann unsere Gleichung

$$G = W \int \frac{dt}{f(t)} + C$$

integrirt werden, und erhält man so

$$G = W \cdot F(t)$$

also auch umgekehrt

$$t = \frac{\varphi(G)}{W},$$

worin für $G = 0$ (oberste Schicht) $t = t' = $ der Temperatur des oben auf das Gradirwerk kommenden Heisswassers wird. Indem man dann G die Werthe 100, 200, 300 .... beilegt, erhält man die verschiedenen, mit wachsendem G kleiner werdenden Temperaturen t des gekühlten Wassers, und kann diese wieder graphisch auftragen als Ordinaten zu den Abscissen G. — Da durch jede gleich hohe Schicht des Gradirwerkes gleich viel Luft durchgeht, so gehen, wenn z. B. durch die oberste, 1 m hohe Schicht 100 kg Luft durchgegangen sind, auch durch jede folgende untere Schicht von 1 m Höhe 100 kg Luft durch, und kühlen das Wasser auf die berechnete Temperatur t. Also kann man sich unter den Abscissen auch die absteigende Höhe des Gradirwerkes vorstellen, und sieht dann, wie die Temperatur des Wassers von oben nach unten abnimmt. Dabei wird das erhaltene Bild dann natürlicher und anschaulicher, wenn man die Abscissenaxe vertikal legt, um die Höhen von oben nach unten abtragen zu können, während man die zugehörigen Temperaturen horizontal nach auswärts aufträgt.

Dieser Weg würde uns zu arg komplicirten Formeln führen, indem $\int \dfrac{dt}{f(t)}$ unter allen Umständen ein sehr verwickelter Ausdruck würde [und noch verwickeltere Formeln hätten wir erhalten, wenn wir schon die allgemeine Funktion q_d nach Gl. (207) als $f(t)$ hätten darstellen wollen]. Deswegen schlagen wir ein Näherungsverfahren ein, indem wir das Gradirwerk nicht in ∞ dünne, sondern nur in relativ dünne horizontale Schichten theilen, wobei dann durch jede solche Schicht pro Minute nicht die ∞ kleine Luftmenge dG, sondern die kleine Menge $\varDelta G$ durchgeht, wodurch die Temperatur der diese Schicht durchrieselnden Wassermenge nicht um das ∞ kleine dt, sondern um das kleine $\varDelta t$ abnimmt, und die Differentialgleichung (214) übergeht in die Differenzengleichung:

$$W \cdot \varDelta t = q \cdot \varDelta G$$

woraus

$$\varDelta G = \frac{W}{q} \cdot \varDelta t \qquad . \qquad . \qquad . \qquad (215)$$

wobei wir wieder die pro Minute durch die verschiedenen horizontalen Gradirwerksschichten herabrinnende Wassermenge W konstant annehmen, also wieder deren kleinen Verdunstungsverlust vernachlässigen wollen.

In Anwendung dieser Gl. (215) geht man von der obersten Schicht des Gradirwerkes, dessen Grösse uns übrigens noch völlig unbekannt ist und vorerst auch gar nicht bekannt zu sein braucht, aus, für welche man die Temperatur t' des vom Kondensator herkommenden heissen Wassers kennt. Mit dieser Temperatur kennt man dann auch nach Diagramm Fig. 85 den Wärmeentzug q pro Kilogramm durch diese Schichte durchstreichender Luft. Nun nimmt man für die oberste Schichte, deren Dicke uns wiederum unbekannt ist, und vorerst auch nicht bekannt zu sein braucht, einen Temperaturverlust $\varDelta t$ etwa 1 bis 3 bis 5^0 an. Dann findet man nach Gl. (215) die Anzahl kg Luft $\varDelta G$, die pro Minute durch die oberste Gradirwerksschicht durchstreichen müssen, um die pro Minute durch diese Schicht rieselnde Wassermenge W von t' auf $t = t' - \varDelta t$ abzukühlen. Mit dieser Temperatur tritt das Wasser in die zweite Schicht ein, und entnimmt man für diese Temperatur wieder aus Fig. 85 das neue q; soll sich das Wasser in der zweiten

Schicht wieder um ein Temperaturintervall Δt kühlen (wobei dieses Δt gleich gross wie das vorige, oder verschieden davon gewählt werden kann), so ergiebt die Gl. (215) wieder die Anzahl kg Luft ΔG, die pro Minute durch die zweite Schicht des Gradirwerkes strömen müssen. So setzt man die Rechnung Schichte per Schichte fort, bis man mit der Temperatur auf diejenige (t_0) kommt, auf die man das Wasser gekühlt haben will. Die Summe aller ΔG, d. h. $\Sigma(\Delta G)$ ist dann das Gewicht der ganzen Luft, die pro Minute zur Kühlung von W kg Wasser von t' auf t_0 durch das Gradirwerk gleichförmig vertheilt horizontal durchströmen muss.

Als Beispiel berechnen wir den Luftbedarf für ein Gradirwerk für unsere 5500 PS$_i$ Dampfanlage, wo also pro Minute $W = 17900$ kg Wasser von $t' = 56^0$ auf $t_0 = 30^0$ heruntergekühlt werden sollen. Die äussere Luft habe wieder eine Temperatur von 20^0 und sei zur Hälfte mit Feuchtigkeit gesättigt, so dass zum Abgreifen der verschiedenen Wärmemengen q wieder das Specialdiagramm Fig. 88 dienen kann.

Das Wasser tritt mit $t' = 56^0$ in die oberste Schicht des Gradirwerkes; hierher ist nach Fig. 88 $q = 73$ Kal. Soll sich nun das Wasser in dieser obersten Schicht um z. B. $\Delta t = 3^0$ abkühlen, so müssen durch diese Schicht nach Gl. (215) minutlich

$$\Delta G = \frac{W}{q} \cdot \Delta t = \frac{17900}{73} \cdot 3 = 730 \text{ kg}$$

Luft streichen.

Dann tritt das Wasser mit $t = 53^0$ in die zweite Schicht, wo es sich wieder um z. B. $\Delta t = 3^0$, also auf 50^0 kühlen soll; indem laut Fig. 88 für $t = 53^0$ $q = 61{,}5$ ist, sind hierzu

$$\Delta G = \frac{W}{q} \cdot \Delta t = \frac{17900}{61{,}5} \cdot 3 = 870 \text{ kg}$$

Luft erforderlich. Diese zweite Schicht muss also schon höher als die erste sein, damit bei gleicher Geschwindigkeit die vermehrte Luftmenge durchgehen kann.

So ergiebt sich die folgende Rechnung für die aufeinander folgenden Schichten:

$t' = 56^0$	$q = 73$ Kal.	$\Delta t = 3^0$	$\Delta G = \dfrac{17900}{73} \cdot 3 = 730$ kg	$t - \Delta t = 53^0$
$t = 53^0$	$q = 61{,}5$ Kal.	$\Delta t = 3^0$	$\Delta G = \dfrac{17900}{61{,}5} \cdot 3 = 870$ kg	$t - \Delta t = 50^0$
$t = 50^0$	$q = 51{,}5$ Kal.	$\Delta t = 3^0$	$\Delta G = \dfrac{17900}{51{,}5} \cdot 3 = 1040$ kg	$t - \Delta t = 47^0$

$t = 47^0$ $q = 43,5$ Kal. $\triangle t = 3^0$ $\triangle G = \dfrac{17900}{43,5} \cdot 3 = 1230$ kg $t - \triangle t = 44^0$

$t = 44^0$ $q = 36$ Kal. $\triangle t = 3^0$ $\triangle G = \dfrac{17900}{36} \cdot 3 = 1490$ kg $t - \triangle t = 41^0$

$t = 41^0$ $q = 30,2$ Kal. $\triangle t = 3^0$ $\triangle G = \dfrac{17900}{30,2} \cdot 3 = 1780$ kg $t - \triangle t = 38^0$

$t = 38^0$ $q = 25$ Kal. $\triangle t = 3^0$ $\triangle G = \dfrac{17900}{25} \cdot 3 = 2150$ kg $t - \triangle t = 35^0$

$t = 35^0$ $q = 20,5$ Kal. $\triangle t = 3^0$ $\triangle G = \dfrac{17900}{20,5} \cdot 3 = 2620$ kg $t - \triangle t = 32^0$

$t = 32^0$ $q = 16$ Kal. $\triangle t = 2^0$ $\triangle G = \dfrac{17900}{16} \cdot 2 = 2240$ kg $t - \triangle t = 30^0$

$t_0 = 30^0$ $\sum (\triangle t_0 = 26^0$ $G = \sum (\triangle G) = 14150$ kg

Es müssen also $G = 14150$ oder ~ 14000 kg Luft pro Minute durch das ganze Gradirwerk streichen, um in derselben Zeit $W = 17900$ kg Wasser von $t' = 56^0$ auf $t_0 = 30^0$ zu kühlen. Würde man das Gradirwerk z. B. 14 m hoch machen, so müsste durch jede Schicht von 1 m Höhe 1000 kg oder 800 cbm Luft strömen. Wie breit man hierzu das Gradirwerk machen müsste, oder welche minimale, immer als vorhanden vorauszusetzende Luftgeschwindigkeit man annehmen darf, bezw. man erfahrungsgemäss annimmt, werden wir spater bei Besprechung der Grösse der Kühlanlagen sehen.

Trägt man nach irgend einem Maassstabe die verschiedenen Luftgewichte $\triangle G$ auf einer Vertikalaxe von O aus abwärts auf, und die zugehörigen Temperaturen t als Horizontale, so erhält man das Schaubild Fig. 89, wobei man auch annehmen kann, die Vertikalaxe stelle die Höhe des Gradirwerkes vor, und sieht man aus dem Verlauf der Temperaturkurve, wie die Temperatur des sich kühlenden Wassers von oben nach unten abnimmt.[1])

---

[1]) Das gleiche Diagramm, Fig. 89, gilt auch für die Kühlung stehenden Wassers in einem Teiche, wenn dem Wasser keine Wärme zugefürt wird (z. B. auch für Kühlschiffe in Brauereien) und Luft über dasselbe gleichförmig hinzieht, wenn man nur die Ordinaten als die Werthe der verlaufenden Zeit ansieht. Steht z. B. eine Wassermenge von 17900 l von anfänglich $t' = 56^0$ in dem Teiche und streichen pro Minute z. B. 1000 kg Luft (von 20^0 und $^1/_2$ gesättigt) satt über dieses Wasser hin, so wird es sich

	in	5	10	15 Minuten
kühlen auf		$t = 42^0$	34^0	29^0
also in den		ersten	zweiten	dritten 5 Minuten
an Temperatur verlieren		14^0	8^0	5^0

Würde man das Gradirwerk nach abwärts immer weiter verlängern (also dasselbe immer höher machen), so würde die Temperatur des gekühlten Wassers schliesslich auf $t = 14^0$ kommen, weil — siehe Fig. 88 — die q_l Gerade für Luft von 20^0 und $\frac{1}{2}$ gesättigt die q_d-Kurve bei $t = 14^0$ schneidet. Dit t-Kurve, Fig. 89, verläuft also unten asymptotisch in die Vertikale $t = 14^0$.

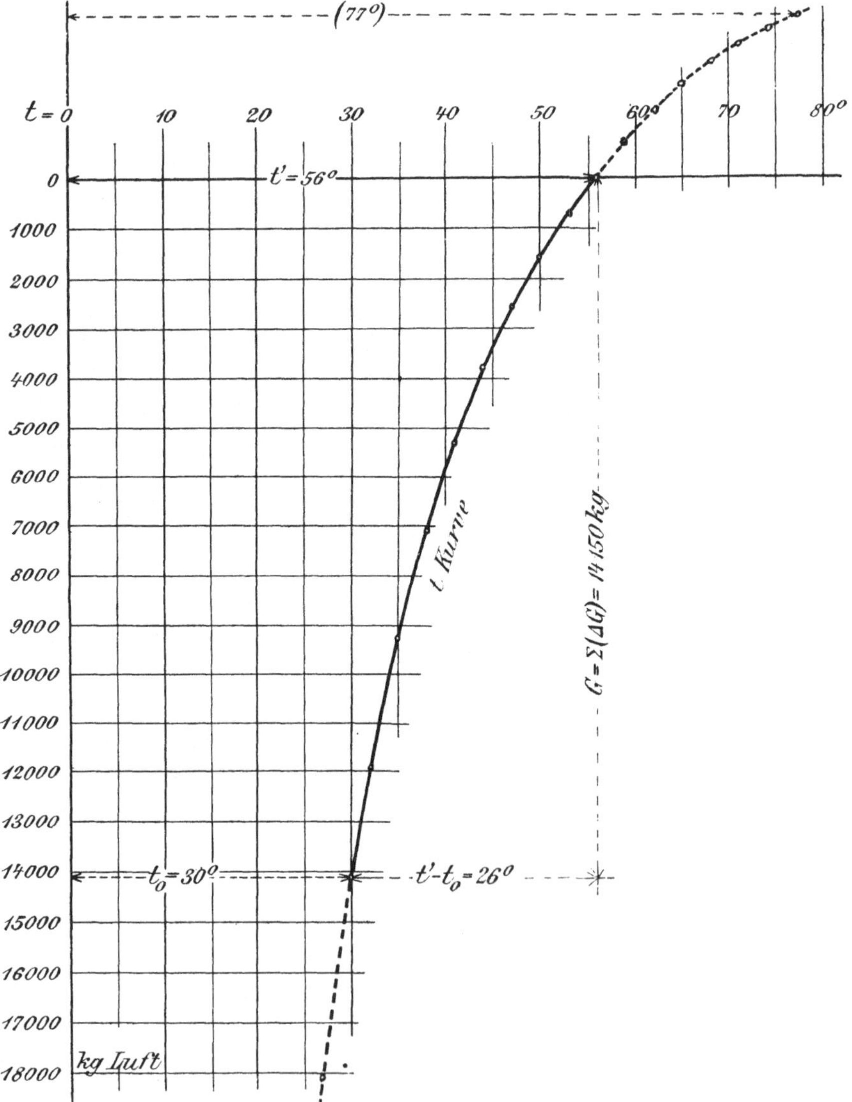

Fig. 89.

Im folgenden Abschnitt brauchen wir auch noch die Fortsetzung der t-Kurve Fig. 89 nach oben. Diese erhalten wir durch die folgende Rechnung, indem wir uns auf das vorhin bestimmte Gradirwerk weitere Schichten successive aufgelegt denken, in deren jeder die Temperatur des Wassers um $\triangle t$ höher ist:

$$t_0 = 56^0 \quad q = 73 \text{ Kal.} \quad \triangle t = 3^0 \quad \triangle G = \frac{17900}{73} \cdot 3 = 730 \text{ kg} \quad t + \triangle t = 59^0$$

$$t = 59^0 \quad q = 86 \text{ Kal.} \quad \triangle t = 3^0 \quad \triangle G = \frac{17900}{86} \cdot 3 = 625 \text{ kg} \quad t + \triangle t = 62^0$$

$$t = 62^0 \quad q = 102 \text{ Kal.} \quad \triangle t = 3^0 \quad \triangle G = \frac{17900}{102} \cdot 3 = 526 \text{ kg} \quad t + \triangle t = 65^0$$

$$t = 65^0 \quad q = 120 \text{ Kal.} \quad \triangle t = 3^0 \quad \triangle G = \frac{17900}{120} \cdot 3 = 448 \text{ kg} \quad t + \triangle t = 68^0$$

$$t = 68^0 \quad q = 144 \text{ Kal.} \quad \triangle t = 3^0 \quad \triangle G = \frac{17900}{144} \cdot 3 = 373 \text{ kg} \quad t + \triangle t = 71^0$$

$$t = 71^0 \quad q = 170 \text{ Kal.} \quad \triangle t = 3^0 \quad \triangle G = \frac{17900}{170} \cdot 3 = 316 \text{ kg} \quad t + \triangle t = 74^0$$

$$t = 74^0 \quad q = 205 \text{ Kal.} \quad \triangle t = 3^0 \quad \triangle G = \frac{17900}{205} \cdot 3 = 262 \text{ kg} \quad t + \triangle t = 77^0$$

$$t' = 77^0 \qquad\qquad \Sigma(\triangle t) = 21^0 \qquad\qquad \Sigma(\triangle G) = 3280 \text{ kg}$$

Vergrössern wir sonach das Gradirwerk so, dass oben noch weitere 3280 kg Luft (immer von 20^0 und $^1/_2$ gesättigt) pro Minute durchgehen, so werden in dieser Vergrösserung die 17900 kg Wasser von 77^0 auf 56^0 gekühlt. Oder:

Bietet das Gradirwerk dem streichenden Luftzuge eine Fläche dar, dass pro Minute 14150 kg Luft durchgehen, so kühlen sich 17900 kg Wasser pro Minute von 56^0 auf 30^0; bietet das vergrösserte Gradirwerk dem Luftzuge eine — gleichgültig nach welcher Richtung — vergrösserte Fläche dar, dass pro Minute nun $14150 + 3280 = 17430$ kg Luft durchgehen, so dürften die 17900 kg Wasser mit 77^0 auf das Gradirwerk geschüttet werden, wenn sie unten auch wieder auf 30^0 gekühlt anlangen sollten.

---

2. Verschiedene Kühlwirkung bei verschiedener Wärmezufuhr aber gleichen Luftverhältnissen.

Aendert sich am Kühlwerk nichts, bleiben auch die Luftverhältnisse dieselben, wechselt aber der Dampfverbrauch der kondensirten Maschinen, ist also die Wärmezufuhr in das Kühlwasser veränderlich, so ist es interessant zu erfahren, wie sich mit wechselndem Dampfverbrauch die Temperatur t_0 des gekühlten Wassers ändert, indem von dieser Temperatur, wie wir aus Früherem wissen, der Effekt der Kondensation ganz wesentlich abhängt.

Wenn der Dampfverbrauch steigt, so wird das vom Kondensator auf das Kühlwerk kommende Wasser heisser, die daran gelangende Luft erwärmt sich also auch mehr und nimmt auch mehr Dampf auf, sie wird also aus beiden Gründen leichter, d. h. die Differenz ihres specifischen Gewichtes und desjenigen der umgebenden Luft, und damit auch ihr Auftrieb wird grösser, und damit entsteht ein verstärkter Luftzug nach oben.

Das gilt in vollem Umfange bei Kaminkühlern, bei denen der Luftzug eben ausschliesslich und nur durch den Auftrieb der erwärmten Luft, durch die Zugwirkung des Kamines hervorgebracht wird.

Bei offenen Kühlwerken, Kühlteichen, im Freien aufgestellten Streudüsen, Rieselkühlern, Gradirwerken etc. verhält sich die Sache nicht ganz so: Bei absoluter Ruhe der atmosphärischen Luft werden zwar die ans Wasser gelangten und dort warm gewordenen Lufttheile auch in die Höhe steigen, infolge eintretender Wirbelbewegungen sich aber sofort mit der umgebenden Luft mischen und ihre Wärme soweit an diese abgeben, dass ein eigentlicher vertikaler Luftstrom, der immer neue Luft an dem Kühlwerk vorbeiziehen würde, gar nicht entsteht. (Ja sogar hindert die von den untern Partien eines Rieselkühlers, eines Gradirwerkes etc. aufsteigende, schon warm und feucht gewordene Luft den Zutritt seitlicher frischer Luft, die noch mehr wärmeaufnahmefähig gewesen wäre, verschwächt also eher die Kühlwirkung der Anlage.) Bei offenen Kühlern und bei absolut ruhender Luft wird man also auf einen wesentlich verstärkten Luftzug durch höher gewordene Temperatur des zu kühlenden Wassers nicht rechnen dürfen.

Nun ist aber, worauf wir schon hinwiesen, im Freien die Luft nur ganz ausnahmsweise und jeweilen nur für kurze Zeit absolut ruhig; im Gegentheil herrscht, auch bei stillem Wetter, immer ein leichter Luftzug. Dieser im Freien beinah nie verschwindende Luftzug — ganz abgesehen von jenen Zeiten, wo merklicher Wind weht — bringt an ein offenes Kühlwerk bedeutend mehr frische Luft heran, als durch den verkümmerten Auftrieb der erwärmten Luft an ein solches herangezogen werden kann, und jener Einfluss überwiegt diesen so bedeutend, dass wir der Wahrheit wohl sehr nahe kommen, wenn wir sagen:

Die an ein offenes Kühlwerk gelangende Luftmenge ist unabhängig von der Temperatur des sich kühlenden Wassers und hängt nur ab von den atmosphärischen Luftverhältnissen.

Also werden bei gleichbleibenden Luftverhältnissen (gleichem Luftzug) an einen offenen Kühler immer gleich viel Kilogramm Luft gelangen und dort eine Wärmemenge q entziehen, die für die verschiedenen Wassertemperaturen bei verschiedenem Dampfverbrauch der Maschinen einfach wieder aus unserem Wärmediagramm Fig. 85 entnommen werden kann.

a) Rieselkühler.

Im letzten Kapitel S. 297 konnten wir nicht berechnen, wie viel das Vakuum sinkt, wenn bei einem offenen Oberflächenkondensator (mit Rieselkühler) der Dampfverbrauch der angeschlossenen Maschinen auf das Doppelte steigt, weil wir dort noch nicht berechnen konnten, welche höhere Temperatur t_2 das Rieselwasser annimmt, wenn es doppelt soviel Wärmeeinheiten in die umgebende Luft (unter sonst gleichen Verhältnissen, also bei gleicher Luftströmung, gleicher Lufttemperatur und gleichem Feuchtigkeitsgehalt der äussern Luft) abgeben muss, als es in der gleichen Zeit beim einfachen Dampfverbrauch abgeben musste, wo das Rieselwasser eine Temperatur von $t_1 = 33^0$ angenommen hatte. Die Berechnung dieser neuen Rieselwassertemperatur ist nun einfach: Sei — damit wir die Fig. 85 direkt benützen können — die Temperatur der Luft $= 30^0$ und sei sie zu $^1/_3$ mit Feuchtigkeit gesättigt, für welche Verhältnisse im Diagramm Fig. 85 die stark ausgezogene q_l-Gerade gilt, so greifen wir bei der Abscisse $t = t_1 = 33^0$ ab, dass jedes Kilogramm vorbeistreichender Luft dem Rieselwasser $q = 15$ Kal. entzogen hatte. Bei verdoppeltem Dampfverbrauch muss ihm jedes Kilogramm pro Zeiteinheit vorbeistreichende Luft — indem bei gleich stark oder gleich schwach gebliebener Luftströmung jetzt immer noch die gleiche Luftmenge vorbeiströmt wie vorhin — nun $q = 30$ Kal. entziehen. Aus dem Diagramm Fig. 85 greifen wir ab, dass das bei $t = 42^0$ der Fall ist. Die Temperatur des Rieselwassers wird also von $t_1 = 33^0$ auf $t_2 = 42^0$ steigen.[1]

---

[1] Mit Kenntniss dieser Temperatur $t_2 = 42^0$, die wir aber, um bei den früheren Bezeichnungen zu bleiben, wieder t_1 nennen wollen, können wir nun unser im letzten Kapitel unerledigt gebliebenes Beispiel zu Ende rechnen. Sei wieder die Kühlfläche des Oberflächenkondensators $F = 390$ qm, der Wärmetransmissionskoefficient $a = 1,50$, die minutliche Dampfmenge aber nun doppelt so gross als S. 99 angenommen, nämlich nun $D = 600$ kg, und die Riesel-

b) Offenes Gradirwerk.

Auf S. 349 haben wir gesehen, dass, wenn durch das Gradirwerk der Kondensation für die 5500 PS_i Maschinenanlage pro Minute $G = 14150$ kg Luft (von 20^0 und $^1/_2$ mit Feuchtigkeit gesättigt) zieht, diese Luft, wie verlangt, pro Minute $W = 17900$ kg Wasser von $t' = 56^0$ auf $t_0 = 30^0$ kühlt.

> Frage: Wenn die minutliche Kühlwassermenge W die gleiche bleibt, wenn auch die äussern Luftverhältnisse, Luftzug etc. sich nicht ändern, wenn also auch wieder pro Minute $G = 14150$ kg Luft von 20^0 und $^1/_2$ gesättigt durch das auch gleich gebliebene Gradirwerk streichen; wenn aber nun der Dampfverbrauch der kondensirten Maschinen anhaltend auf das 1,50 fache steigt: welche Temperaturen $[t']$ und $[t_0]$ werden nun, nachdem der neue Beharrungszustand eingetreten ist, das heisse und das gekühlte Wasser annehmen? (Dabei schreiben wir die Grössen, die sich mit dem gesteigerten Dampfverbrauch ändern, in eckigen Klammern zur Unterscheidung der Grössen, die sich dabei nicht ändern.)

Wenn beim einfachen Dampfverbrauch der kondensirten Maschinen dem Kühlwasser pro Minute eine Wärmemenge von

$$W(t' - t_0) = W(56 - 30) = 26\,W \text{ Kal.}$$

zugeführt wurde, so werden ihm beim 1,50 fachem Dampfverbrauch

$$1,50 \cdot 26\,W = 39\,W \text{ Kal.}$$

---

wassertemperatur wie oben ausgerechnet $t_1 = 42^0$, so findet man — ganz wie man S. 99 für den einfachen Dampfverbrauch gefunden — nach Gl. (51) die Temperatur im Kondensatorinnern

$$t' = \sqrt{\frac{570\,D}{a\,F}} + t_1 = \sqrt{\frac{570 \cdot 600}{1,5 \cdot 390}} + 42 = 24 + 42 = 66^0$$

und damit den dieser Temperatur entsprechenden Dampfdruck

$$d_{t'} = d_{66^0} = 0,257 \text{ Atm.}$$

Wäre wieder — wie S. 99 — die minutliche Luftpumpenleistung $v_0 = 31$ cbm, während wieder pro Minute $L = 0,84$ cbm äussere Luft eindränge, so erhielte man bei verdoppeltem Dampfverbrauch der angeschlossenen Maschinen bei diesem Rieselkondensator einen Kondensatordruck

$$p_0 = \frac{L}{v_0} + d_{t'} = \frac{0,84}{31} + 0,257 = 0,027 + 0,257 = 0,284 \text{ Atm.}$$

während laut S. 99 dieser Kondensatordruck beim einfachen Dampfverbrauch der Maschinen $p_0 = 0,147$ Atm. war. Das Vakuum hat sich also um 0,137 Atm. $= 10,4$ cm verschlechtert.

zugeführt. Die Temperaturdifferenz zwischen dem heissen und dem gekühlten Wasser, die vorher 26^0 betrug, wird also steigen auf

$$[t'] - [t_0] = 39^0.$$

Diese Temperatur trage man — Nebenfigur zu Fig. 90 — in dem in Fig. 89 für die Temperaturen gewählten Maassstabe auf dem horizontalen Schenkel AB eines rechtwinkligen Dreiecks auf, während man die $G = 14150$ kg Luft, die nach wie vor pro Minute durch das Gradirwerk gehen, in dem für diese Luftgewichte gewählten Maassstabe auf dem vertikalen Schenkel AC jenes Dreiecks aufträgt.

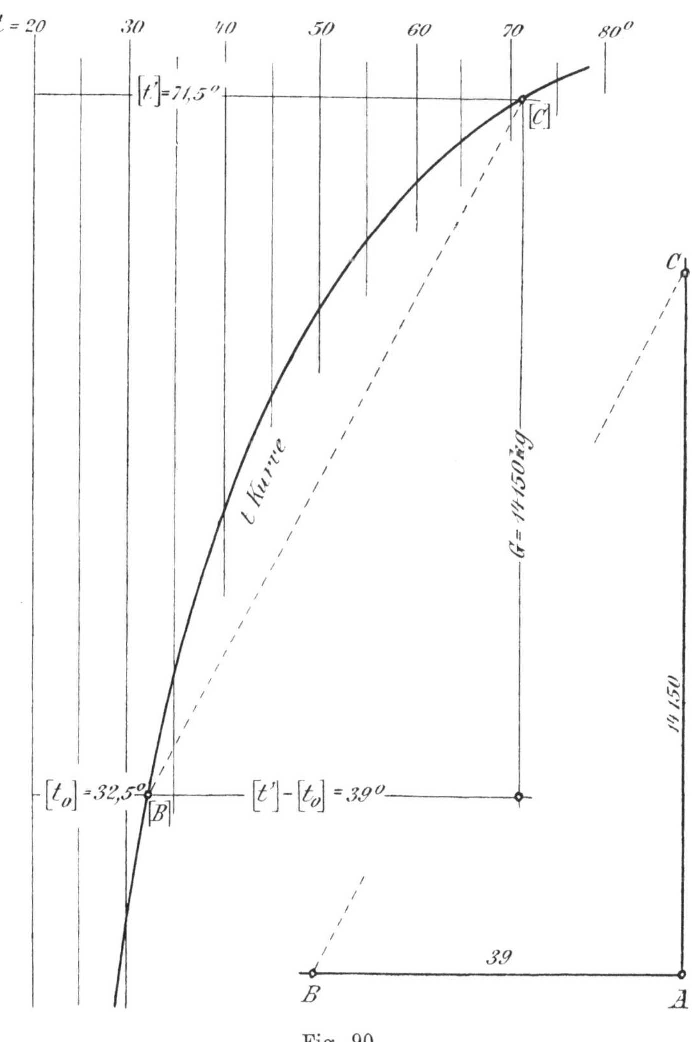

Fig. 90.

23*

Zeichnet man nun in der Hauptfigur Fig. 90 nochmals die t-Kurve der Fig. 89 ab, und verschiebt das Dreieck ABC parallel sich selbst so, dass die Punkte B und C in jene t-Kurve fallen, so ist aus der Entstehungsweise der Fig. 89, also auch der von ihr kopirten Fig. 90 leicht zu verstehen, dass die zu den Punkten $[B]$ und $[C]$ gehörigen Temperaturen diejenigen des heissen, bezw. des gekühlten Wassers bei dem gesteigerten Dampfverbrauch der kondensirten Maschinen sind.

Während also beim einfachen Dampfverbrauch, nachdem Beharrungszustand eingetreten, das Wasser mit $t' = 56^0$ aus dem Kondensator und auf das Gradirwerk kommt, sich beim Herunterrieseln über dieses auf $t_0 = 30^0$ kühlt, und so wieder dem Kondensator zugeführt wird, steigt beim anhaltend auf das Anderthalbfache gesteigerten Dampfverbrauch die Temperatur des aus dem Kondensator kommenden heissen Wassers so lange, bis sie auf $[t'] = 71{,}5^0$ gekommen, und kühlt sich dann das Wasser auf dem Gradirwerk auf $[t_0] = 32{,}5^0$. Trotz dem um $50^0/_0$ gestiegenen Dampfverbrauch ist also die Temperatur des auf dem Gradirwerk gekühlten Wassers nur um

$$[t_0] - t_0 = 32{,}5 - 30 = 2{,}5^0$$

gestiegen.

<h3 style="text-align:center">c) Kaminkühler.</h3>

Auch bei einem Kaminkühler können wir die neuen Temperaturen $[t']$ und $[t_0]$ des heissen und des gekühlten Wassers berechnen, wenn der Dampfverbrauch vom einfachen auf z. B. den 1,50 fachen gestiegen ist, vorausgesetzt, das durchziehende Luftgewicht G sei das gleiche geblieben, es werde also etwa durch einen Ventilator mit konstanter Umdrehzahl geliefert.

Auf S. 341 haben wir gesehen, dass, wenn in dem Kaminkühler unserer 5500 PS$_i$ Dampfanlage pro Minute $G = 6370$ kg Luft von 20^0 und $^1/_2$ gesättigt durch die minutliche Kühlwassermenge $W = 17900$ kg durchgeht, dann dem Wasser pro Minute die Wärmemenge $Q = 465000$ Kal. entzogen, und dasselbe von $t' = 56^0$ auf $t_0 = 30^0$ gekühlt wird.

Ist nun der Dampfverbrauch der Maschinen auf den 1,50 fachen gestiegen, so sind dem Wasser pro Minute zu entziehen

$$[Q] = 1{,}5 \cdot 465000 = 700000 \text{ Kal.},$$

und zwar voraussetzungsgemäss wieder durch minutliche $G = 6370$ kg Luft. Also muss nun 1 kg Luft dem Wasser entziehen

$$[q] = \frac{[Q]}{G} = \frac{700000}{6370} = 110 \text{ Kal.}$$

Aus dem Diagramm Fig. 88 greifen wir ab, dass das bei $[t'] = 63^0$ der Fall ist. Die Temperatur des heissen Wassers steigt also durch den gesteigerten Dampfverbrauch von 56^0 auf 63^0. Aus der Wärmegleichung

$$[Q] = W([t'] - [t_0])$$

findet sich die Temperaturdifferenz

$$[t'] - [t_0] = \frac{[Q]}{W} = \frac{700\,000}{17\,900} = 39^0,$$

also die Temperatur des gekühlten Wassers

$$[t_0] = [t'] - 39 = 63 - 39 = 24^0,$$

während diese beim einfachen Dampfverbrauch $= 30^0$ war. Der Kaminkühler kühlt nun die gleiche Wassermenge, wenn sie mit höherer Temperatur oben eintritt, tiefer ab, weil nun in den obern Schichten bei heisserem Wasser wegen des dort stark anwachsenden Werthes von q dem Wasser von der gleichen Luftmenge viel mehr Wärme entzogen wird.

Würde — nur um noch das weitere Verhalten solcher Kaminkühler zu zeigen — der Dampfverbrauch der kondensirten Maschinen noch mehr, z. B. auf den doppelten steigen, so wären dem Wasser $[Q] = 2 \cdot 465\,000 = 930\,000$ Kal. zu entziehen; also müsste 1 kg Luft dem Wasser entziehen

$$[q] = \frac{[Q]}{G} = \frac{930\,000}{6370} = 146 \text{ Kal.}$$

Das fände laut Diagramm Fig. 88 statt bei der Heisswassertemperatur $[t'] = 68^0$. Das ergäbe die Temperaturdifferenz

$$[t'] - [t_0] = \frac{[Q]}{W} = \frac{930\,000}{17\,900} = 52^0,$$

also die Temperatur des gekühlten Wassers

$$[t_0] = [t'] - 52 = 68 - 52 = 16^0.$$

Kommt also das Wasser mit einer Temperatur von $t' = 56^0$ in unsern Kühler, so kühlt es sich auf $t_0 = 30^0$; kommt es mit $t' = 63^0$ in jenem, so kühlt es sich auf $t_0 = 24^0$; und kommt es mit $t' = 68^0$ in den Kühler, so verlässt es ihn mit $t_0 = 16^0$.

Die merkwürdige Eigenschaft solcher Kaminkühler, heisseres Wasser bei gleichbleibender Luft- und Wassermenge tiefer abzukühlen als weniger heisses Wasser, veranlasst uns, die Temperaturen t_0 des unten gekühlt austretenden Wassers noch für einige weitere Temperaturen t' des oben eingeführten heissen Wassers zu berechnen, um eine Uebersicht über diese Verhältnisse zu gewinnen:

Trete das Wasser oben mit z. B. $t' = 42^0$ ein, so entzieht ihm jedes Kilogramm durchstreichender Luft laut Diagramm Fig. 88 $q = 32$ Kal. Also entziehen ihm die $G = 6370$ kg Luft $Q = 6370.32 = 204\,000$ Kal. Dadurch kühlt sich das Wasser um $t' - t_0 = \dfrac{204\,000}{17\,900} = 11^0$, also auf $t_0 = t' - 11 = 42 - 11 = 31^0$.

Tritt das Wasser oben mit $t' = 28^0$ ein, so entzieht ihm jedes Kilogramm Luft laut Diagramm Fig. 88 noch $q = 12$ Kal.; also werden ihm im ganzen entzogen $Q = 12.6370 = 76\,400$ Kal. Dies bewirkt eine Abkühlung von $t' - t_0 = \dfrac{76\,400}{17\,900} = 4^0$, also auf $t_0 = 28 - 4 = 24^0$.

Würde das Wasser oben mit $t' = 14^0$ aufgeschüttet, so entzieht ihm die Luft keine Wärme mehr, weil in Diagramm Fig. 88 die q_l-Gerade und die q_d-Kurve sich bei $t = 14^0$ schneiden, dort also die zwischen Wasser und Luft ausgetauschte Wärme $q = 0$ ist; das Wasser würde also mit $t' = t_0 = 14^0$ unten aus dem Kühler austreten wie es oben eingetreten ist.

Und träte endlich das Wasser oben mit $t' = 0^0$ in den Kühler, für welche Temperatur das Diagramm Fig. 88 $q = -7$ Kal. zeigt, so entzieht ihm die Luft die negative Wärme $Q = -7.6370 = -44\,600$ Kal., d. h. die 20^0 warme und zu $^1/_2$ mit Feuchtigkeit gesättigte Luft wärmt das 0^0 kalte Wasser, und zwar um $t' - t_0 = \dfrac{Q}{W} = -\dfrac{44\,600}{17\,900} = -2{,}5^0$; woraus $t_0 = t' + 2{,}5 = 0 + 2{,}5 = 2{,}5^0$; das Wasser tritt nun also auf $+ 2^1/_2{}^0$ erwärmt aus.

Im untern Theil der Fig. 91 tragen wir nun in einem rechtwinkligen Koordinatensysteme die verschiedenen hier ausgerechneten zusammengehörigen Werthe von t' und t_0 zu einem Schaubilde ein, die Heisswassertemperaturen t' als Abscissen und die zugehörigen Temperaturen t_0 des gekühlten Wassers als Ordinaten und erhalten so die t_0-Kurve:

Tritt das zu kühlende Wasser mit einer von 0^0 an steigenden Temperatur t' ein, so steigt auch die Temperatur t_0 des austretenden gekühlten Wassers; aber nur, bis jene etwa $t' = 48^0$ geworden, wo diese ein Maximum von etwa $t_0 = 32^0$ erreicht. Steigt dann die Temperatur t' des zu kühlenden Wassers noch weiter, also über 48^0 hinaus, so sinkt die Temperatur t_0 des gekühlten Wassers wieder.

Im obern Theile der Fig. 91 sind noch die Temperaturverluste $t' - t_0$ selber als Ordinaten zu den Temperaturen t' als Abscissen aufgetragen. Man erkennt, wie die Temperaturverluste $t' - t_0$, der Kühleffekt des Kühlers, mit wachsender Temperatur t' des aufgebrachten warmen Wassers immer mehr ansteigen, wie es offenbar auch der Fall sein muss.

Es ist nicht zu vergessen, dass sich alles das nur auf den Fall bezieht, dass immer gleich viel Kilogramm Luft pro Minute durch

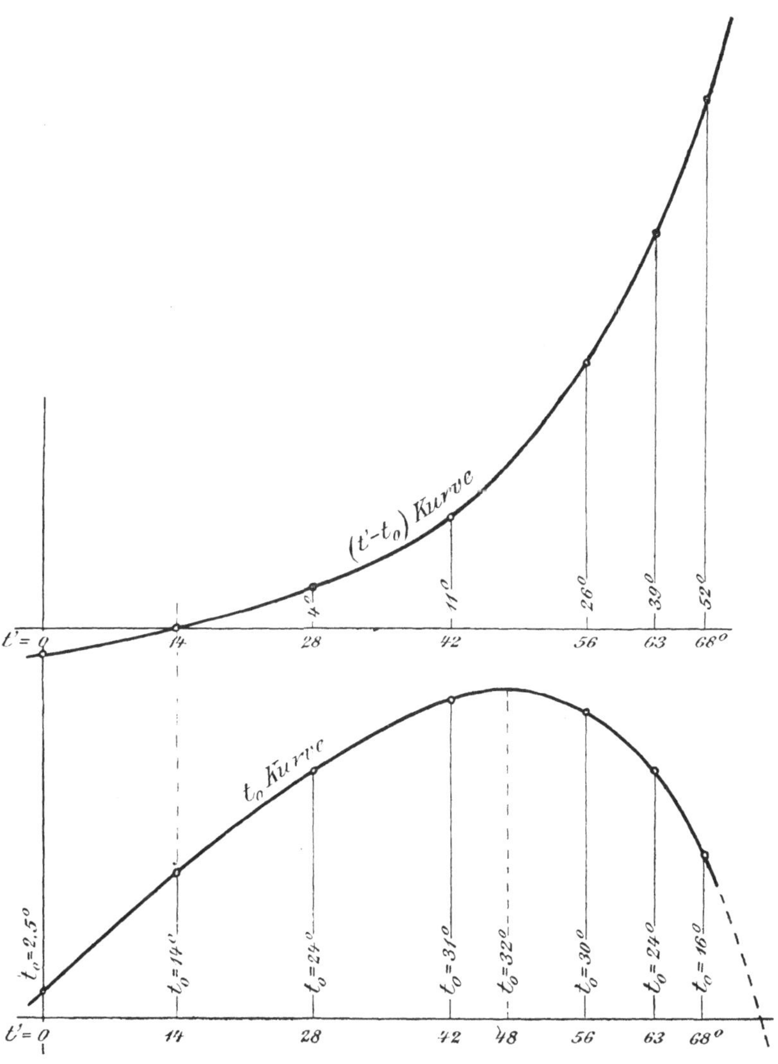

Fig. 91.

den Kühler gehen, dass also die Luft etwa zwangsweise von einem
Ventilator mit konstanter Umdrehzahl geliefert werde. Wird aber
die Luftbeischaffung der natürlichen Zugwirkung des Kamins überlassen, so ist das pro Zeiteinheit durchgesogene Luftgewicht nicht
konstant: bei heisserem Wasser wird die Luft im Kamine wärmer
und dampfreicher, aus beiden Gründen also leichter, also deren
Auftrieb grösser, und nimmt daher die Luftgeschwindigkeit im
Kamine unbedingt zu. Indem aber die wärmere und dampf-
reichere Luft nun auch verdünnter geworden, ist mit der vermehrten Luftgeschwindigkeit im Kamin nicht auch unbedingt eine
Vermehrung des durchgehenden Luftgewichtes verbunden, vielmehr bleibt noch zu untersuchen, wie sich dieses Gewicht mit der
Temperatur im Kamine, also mit t', ändert. Hiervon wird in dem
Abschnitte über die Zugwirkung der Kaminkühler die Rede sein.

---

3. Nöthiger Umfang der Kühlwerke.

Nachdem wir die nöthige minutliche Luftmenge G kg oder
V cbm zur minutlichen Kühlung von W kg Wasser von t' auf t_0 bestimmt haben, können wir nun sofort auch die nöthige Querschnittsfläche F qm des Kühlwerks senkrecht zur Richtung der
durchstreichenden Luft, oder also senkrecht zur Windrichtung —
bei einem offenen Gradirwerk also Länge $\times$ Höhe desselben, bei
einem Kaminkühler dessen Grundrissfläche — bestimmen, wenn wir
die Windgeschwindigkeit w m/sec. kennten, oder erfahrungsgemäss
annehmen; es wäre

$$F = \frac{V}{60\,w} \quad \ldots \ldots \ldots \quad (216)$$

Dann hätte man noch die Dicke d der wasserdurchrieselten
Schichten des Kühlwerkes, in der Windrichtung gemessen — bei
einem Gradirwerk also die horizontale Tiefe desselben, bei einem
Kaminkühler die vertikale Höhe der Einlagen in demselben —
erfahrungsgemäss so zu bestimmen, dass die durchgehenden Lufttheilchen wiederholt und genügend oft an herabrieselnde Wassertheilchen stossen, um sich wirklich — oder doch annähernd — auf
die Wassertemperatur erwärmen und mit Feuchtigkeit sättigen zu
können. Damit, d. h. mit der Querschnittsfläche F und der Dicke d,
wären die drei Dimensionen des eigentlichen Kühlwerkes im grossen
und ganzen bestimmt.

Dabei ist die Bestimmung der nöthigen Querschnittfläche F
weitaus wichtiger als die der nöthigen Dicke d. Diese letztere soll

die genügende Zertheilung des herabrieselnden Wassers ermöglichen, und wird man die dazu nöthige Dicke d meistens schon durch richtig ausgebildetes konstruktives Gefühl angemessen wählen. Von der Grösse der Querschnittsfläche F hängt es dagegen ab, ob die früher berechnete Luftmenge, die als unbedingt nöthige Minimalluftmenge zu betrachten ist, bei einer zur Verfügung stehenden oder herstellbaren Windgeschwindigkeit überhaupt an das Kühlwerk heran- und durch dasselbe hindurchgebracht werden kann oder nicht. Ist jene Fläche F zu klein, so dass eben nicht mindestens die berechnete Luftmenge durchstreicht, so nützt es nichts, wenn auch die Dicke d noch so gross und die Wasser-vertheilung noch so gut angeordnet ist: die beabsichtigte Kühl-wirkung wird dann eben nicht erreicht, sondern nur eine kleinere. Sei beispielsweise der mittlere Durchmesser der Wassergarbe einer Körting'schen Streudüse 4 m, deren mittlere Höhe = 3 m, also die einer horizontal hinstreichenden Luft dargebotene Quer-schnittsfläche $F = 4 \cdot 3 = 12$ qm, und wäre eine nach Früherem bestimmte Luftmenge von z. B. 24 cbm pro Sekunde zu einer be-stimmten, beabsichtigten Kühlwirkung nöthig, so würde diese er-reicht, wenn die Windgeschwindigkeit $w \gtrless 2$ m/Sek. wäre. Sobald die Windgeschwindigkeit aber unter 2 m sinkt, kann die beab-sichtigte Kühlwirkung nicht völlig erreicht werden, trotzdem die Wasserzertheilung bei solch einer Düse doch die denkbar beste ist, weil nun eben zu wenig Luft durchgeht und dem Wasser zu wenig Wärme entführt, während, wenn mehr Luft durchginge, diese auch dem Wasser, eben vermöge dessen feiner Zertheilung, auch mehr Wärme entführen könnte, und dies auch thun würde. — Ganz gleich würde es sich auch mit einem in's Freie gestellten, also nicht mit Kamin überbauten, Rieselkühler verhalten. Bedürfte dieser zur beabsichtigten Kühlwirkung wieder des Vorbeistreichens von 24 cbm Luft pro Sekunde, und würde die Projektion seines Umrisses auf eine Ebene senkrecht zur Windrichtung wieder eine Fläche von 12 qm einschliessen, so könnten eben die benöthigten 24 cbm Luft erst bei einer Windgeschwindigkeit von 2 m/Sek. an ihn herangelangen, möchte seine Oberfläche im Detail noch so künstlich ausgeklügelt, mit Rippen, Rippchen, Drahtbürsten, Spiral-drähten etc. versehen sein.

Wir beschränken uns infolge dessen auf die Bestimmung der nöthigen Querschnittsfläche F eines Kühlwerkes senkrecht zur Richtung der durchstreichenden Luft, und zwar bei den zwei Haupt-arten von Kühlwerken, bei offenen Gradirwerken und bei Kaminkühlern. Näherungsweise kann man dann Streudüsen und

Rieselkühler — aber mit einer konstanten Mitteltemperatur t des Wassers — in die erstern einreihen, wenn sie im Freien stehen, und in die letztern, wenn sie mit einem Zug erzeugenden Kamine überbaut sind.

Indem bei Gradirwerken die Richtung der durchstreichenden Luft horizontal, bei Kaminkühlern vertikal ist, geht unsere Querschnittsfläche F über bei erstern in die Ansichtsfläche des Gradirwerkes, bei letztern in die Grundrissfläche, oder kurz Grundfläche des Kaminkühlers, und wollen wir sie im Folgenden auch so bezeichnen.

a) Nöthige Ansichtsfläche F bei Gradirwerken.

Nachdem im Freien wohl nur ganz selten absolute Bewegungslosigkeit der Luft, absolute Windstille, vorhanden ist, brauchte man

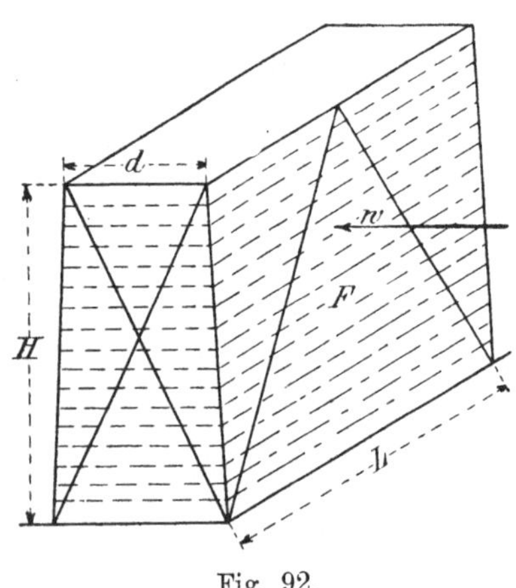

Fig. 92.

bloss eine minimale Luftzuggeschwindigkeit $w_{min.}$ anzunehmen, unter die die Windgeschwindigkeit sozusagen nie sinken wird, um mit dieser nach Gl. (216) die der Windrichtung entgegenzusetzende Fläche F $(= H.L$, Fig. 92) des Gradirwerkes bestimmen zu können, die dann unter allen Umständen für die verlangte Kühlwirkung genügen würde. Indem Jedermann zwar wohl unterscheidet zwischen leisem Wind, starkem Wind, Sturm etc., einem aber das Gefühl über

die dabei herrschende Luftgeschwindigkeit im Stiche lässt, geben wir hier nach Prof. Bebber (Meteorologie, Leipzig, J. J. Weber, 1893) die Beaufort'sche Windskala, die jene Windgeschwindigkeiten angiebt:

<pre>
0. Windstille . . . . $w = 0$ m/Sek.
1. leiser Zug   2   „
2. leichter Wind . . . . . . 3,4 „
3. schwacher Wind . . . . . 5,2 „
4. mässiger Wind . . . . . . 7,2 „
5. frischer Wind . . . . . . 9,5 „
6. starker Wind . . . . . . 11,8 „
7. steifer Wind . . . . . . 14,2 „
8. stürmischer Wind . . . . 16,5 „
9. Sturm 19   „
          etc.   etc.   etc.
</pre>

Nähme man nun als untere Grenze der Luftbewegung das an, was die Meteorologen „leisen Zug" nennen, also $w = 2$ m/Sek., so käme nach Gl. (216) die nöthige Ansichtsfläche des Gradirwerkes:

$$F = \frac{V}{60 \cdot 2} = \frac{V}{120}.$$

Und würde man der Sicherheit halber annehmen, die geringste vorkommende Windgeschwindigkeit sinke bis auf die Hälfte des „leisen Zuges", also auf $w = 1$ m/Sek., so käme

$$F = \frac{V}{60},$$

also doppelt so gross als vorhin.

Man erkennt, dass man mit solchen „Annahmen" der geringsten Luftzuggeschwindigkeit ganz im Unsichern bleibt. Viel sicherer ist es, den umgekehrten Weg einzuschlagen, von ausgeführten Gradirwerken (also gegebenem F) auszugehen, die auch bei sogenanntem windstillen Wetter thatsächlich noch genügend gekühlt haben, und für diese nach Früherem die nöthige Luftmenge V für mittlere, nicht zu günstige Verhältnisse zu berechnen, woraus dann umgekehrt die Luftzuggeschwindigkeit

$$w_{min.} = \frac{V}{60\,F} \qquad \cdot \quad \cdot \qquad \cdot \quad \cdot \quad \cdot \quad (217)$$

folgt, die nicht unterschritten worden sein kann, weil sonst das Gradirwerk zu Zeiten nur ungenügend gekühlt haben würde. Die so aus Erfahrung bestimmte Minimalgeschwindigkeit führt man dann in Gl. (216) ein, und erhält damit Gradirwerkdimensionen, wie sie sich erfahrungsgemäss bewährt haben.

Der Verfasser hat sich schon vor Jahren aus spärlichen Daten die grobe, empirische Regel zur Bestimmung der Ansichtsfläche F von Gradirwerken aufgestellt:

$$F = 26 \left(\frac{W}{1000} \right) . \qquad \cdot \quad \cdot \qquad \cdot \quad \cdot \quad \cdot \quad (218)$$

Er hat also die Fläche F proportional der zu kühlenden Kühlwassermenge gesetzt, und für jeden pro Minute zu kühlenden cbm Wasser 26 qm Ansichtsfläche gegeben. Nach dieser Regel sind eine Anzahl offener Gradirwerke ausgeführt worden, und war deren Kühlwirkung immer eine genügende, d. h. kühlten sie das Wasser auch bei ungünstiger Witterung noch von etwa 60 bis 65^0 auf 30 bis 35⁰.[1]) Hiernach hätte das Gradirwerk für die Kondensation unserer 5500 PS$_i$ Maschinenanlage, das wir S. 348 behandelten, indem es per Minute $\dfrac{W}{1000} = 17,9$ cbm zu kühlen hat, eine Ansichtsfläche erhalten von

$$F = 26 \cdot 17,9 = 465 \text{ qm.}$$

(Hätte man dessen Höhe z. B. $H = 12$ m gemacht, so hätte dessen Länge $L = \dfrac{465}{12} = 38,7 = \sim 40$ m sein müssen.)

Nun ist aber der nothwendige minutliche Luftbedarf dieses Gradirwerkes, und zwar wenn die Luft 20⁰ hat und zur Hälfte gesättigt ist, S. 349 berechnet worden zu

$$G = 14150 \text{ kg,} \quad \text{oder} \quad V = 0,8\,G = 11300 \text{ cbm.}$$

Setzen wir diese beiden Zahlen für F und V in Gl. (217) ein, so erhalten wir

$$w_{min.} = \frac{11300}{60 \cdot 465} = 0,40 \text{ m/Sek.}$$

---

[1]) Das Verhältniss $F : \dfrac{W}{1000}$, das oben $= 26$ angenommen ist, schwankt übrigens in der Praxis ganz bedeutend; so sind dem Verfasser z. B. zwei Gradirwerke bekannt, jedes für die Kühlung von 13 cbm Wasser pro Minute bestimmt: beim einen Gradirwerk (A) ist $F = 21\,\dfrac{W}{1000}$, und beim andern (B) ist $F = 35\,\dfrac{W}{1000}$. Es hat also A nur $\dfrac{21}{26} = 0,81$, B dagegen $\dfrac{35}{26} = 1,34$ so viel Ansichtsfläche, als das nach unserer Regel bestimmte Gradirwerk, das wir das „normale" nennen wollen, bekommen hätte. Es gehen also — bei sonst gleichen Luftzugverhältnissen — durch A nur 0,81, durch B dagegen 1,34 mal so viel Luft pro Minute durch als durch das normale durchgegangen wäre. Betrüge die letztere Luftmenge z. B. 14150 kg und hätte die Luft 20⁰ und wäre zu ¹/₂ mit Feuchtigkeit gesättigt, so hätte sie laut Diagr. Fig. 89 eine minutliche Wassermenge von 17900 kg von $t' = 56^0$ auf $t_0 = 30^0$ gekühlt. Nun gehen beim Gradirwerk A nur $0,81 \cdot 14150 = 11700$ kg/Min. Luft durch, welche laut Fig. 89 das Wasser von $t' = 56^0$ auf $t_0 = 32,5^0$ kühlen würden; beim Gradirwerk B gehen dagegen $1,34 \cdot 14150 = 19000$ kg/Min. Luft durch, welche wieder nach Fig. 89 das Wasser von $t' = 56$ auf $t_0 = 27^0$ kühlen würden. Trotz der grossen Verschiedenheit der Kühlfläche ist also der Kühleffekt nicht sehr verschieden; es rührt das daher, dass um die Temperatur t_0 des gekühlten Wassers nur um wenige Grade zu erniedrigen, schon bedeutend mehr Luft durch das Gradirwerk strömen muss (Fig. 89), dass es also schon bedeutend höher oder bedeutend breiter oder beides zusammen sein muss. Die Umkehrung dieses Satzes ergiebt aber, dass eine ziemliche Vergrösserung oder Verkleinerung der Ansichtsfläche eines Gradirwerkes einen Unterschied von nur wenigen Graden in der Temperatur des gekühlten Wassers hervorbringt.

als diejenige kleine Luftgeschwindigkeit, die schon genügt, um einem Gradirwerk genügend Luft zur erforderten Kühlung zuzuführen, wenn das Gradirwerk der Windrichtung seine Breitseite bietet, und welche Geschwindigkeit $w_{min.}$ entsprechend grösser wird — aber auch bei den ausgeführten Gradirwerken entsprechend grösser gewesen sein muss, indem sie sonst nicht genügend gekühlt hätten — wenn der horizontale Wind schräg zur Breitseite des Gradirwerkes streicht.

Führen wir diesen Werth der erfahrungsmässig immer vorhandenen Windgeschwindigkeit $w_{min.} = 0{,}40$ in Gl. (216) ein, so erhalten wir die nöthige Ansichtsfläche eines offenen Gradirwerkes in Quadratmetern

$$F = {}^1/_{24}\, V \ . \quad . \quad . \quad . \quad . \quad . \quad . \quad . \quad . \quad (219)$$

wo V die nach Früherem zu berechnende minutliche Minimalluftmenge in Kubikmetern bedeutet, die nöthig ist, um pro Minute W kg Wasser von t' auf t_0 abzukühlen, oder also dem Wasser $Q = W\,(t' - t_0)$ Kal./Min. zu entziehen.

Wir haben somit zwei verschiedene Formeln gegeben zur ungefähren Grössenbestimmung solcher offenen Gradirwerke:

Nach der groben Faustformel (218), welche nur auf die Wassermenge W abstellt, für die zu entziehende Wärmemenge und für die Temperaturregion, in welcher dieser Entzug stattfinden soll, aber nur konstante Mittelwerthe zu Grunde legt, nach dieser groben Formel wird man rechnen, wenn die Aufgabe des Gradirwerkes nicht näher bestimmt ist, wenn es also nur W kg/Min. Wasser „wie üblich" kühlen soll.

Nach der rationellern Formel (219) dagegen wird man rechnen, wenn die Aufgabe des Gradirwerkes näher präcisiert ist. Man findet dann, dass für die gleiche zu kühlende Wassermenge W die Ansichtsfläche F des Gradirwerkes nicht nur grösser sein muss, wenn unter sonst gleichen Umständen die zu entziehende Wärmemenge Q grösser ist — das versteht sich von selber — sondern dass F auch insbesondere grösser — und erheblich grösser — gemacht werden muss, in einer um so tiefern Temperaturregion jene Wärmemenge Q entzogen werden soll, d. h. je niedriger die Temperatur t' ist, mit der das heisse Wasser auf das Gradirwerk gelangt, und je niedriger die Temperatur t_0 ist, auf die es im Gradirwerk gekühlt werden soll.

Natürlich sind die Erfahrungszahlen 26 bezw. $^1/_{24}$ der empirischen Formeln (218) bezw. (219), und auch diese selber nicht als feststehende zu betrachten, sondern nur als zur Zeit ungefähr passende Werthe ergebende, und auch nur für Gradirwerke, deren Grundriss $L \cdot d$ (Fig. 92) ein langgestrecktes Rechteck bildet, also für lange und schmale Gradirwerke mit höchstens zwei Vertikalreihen Rieseleinlagen hintereinander, deren Tiefe d zusammen nicht über etwa 2—4 m beträgt. Für mehrreihige Gradirwerke mit erheblich grösserem d, deren Kühlwirkung aber nach unserer Anschauung durchaus nicht proportional der Vergrösserung der Tiefe d wachsen kann, und die auch seltener angewendet werden, würden unsere Formeln (218) und (219) nicht passen.

b) Grundfläche F bei Kaminkühlern.

Indem bei geschlossenen Kühlern, zu denen eben auch die Kaminkühler gehören, die Luft durch die wasserberieselten Einlagen zwangsweise durchgeschafft, sei es durch einen Ventilator durchgedrückt, oder durch einen übergebauten Kamin durchgesogen wird, hat man die Wahl der Windgeschwindigkeit w in Gl. (216) in der Hand; je grösser man w wählt, um so kleiner wird die benöthigte Grundfläche F, dagegen um so höher muss der Kamin, oder um so stärker der Ventilator sein, um die benöthigte grössere Geschwindigkeit w zu schaffen, und dies um so mehr, als auch der Widerstand, den jene wasserberieselten Einlagen der durchströmenden Luft entgegensetzen, proportional mit dem Quadrate der Luftgeschwindigkeit zunimmt. Aus diesem Grunde schon geht man mit der Grösse der Grundfläche F nicht unter ein gewisses Maass hinab. Dazu kommt noch, dass die Grundfläche gross genug sein muss, um dem herabrieselnden Wasser genügend Ausbreitung zu seiner feinen Zertheilung geben zu können. Es empfiehlt sich wieder, die lichte Grundfläche F proportional der zu kühlenden Wassermenge, d. h.

$$F = a \cdot \frac{W}{1000}$$

zu setzen, und den Faktor a wieder erfahrungsgemäss aus ausgeführten Anlagen zu bestimmen. In seiner wiederholt angeführten Arbeit giebt Eberle den durchschnittlichen Werth dieses Faktors für Kaminkühler (also ohne Ventilatoren), wie er ihn durch Umfrage ermittelt habe, zu $a = 15 - 18$ an. An einer Anzahl theils ausgeführter, theils mit Garantieübernahme offerirter Kaminkühler hat der Verfasser diesen Durchschnittswerth bestätigt gefunden, obschon — wie sehr begreiflich — einzelne Abweichungen (nach abwärts bis zu $a = 8{,}5$ und nach aufwärts bis zu $a = 22$) vorkommen. Für geschlossene Kühler mit Ventilator hat nach Eberle der Faktor a einen nur etwa halb so grossen Werth. Solche Ventilatorkühler, die auch nur selten mehr gebaut werden, schliessen wir aus unsern weitern Betrachtungen aus; sie wären ganz gleich zu behandeln wie Kaminkühler, nur dass man alle Querschnitte nur etwa halb so gross, alle Windgeschwindigkeiten also etwa doppelt so gross annehmen, und danach den Ventilator bestimmen würde.

Mit dem Mittelwerth $a = 16{,}5$ kann man die nöthige Grundfläche bei Kaminkühlern zu

$$F = 16{,}5 \left(\frac{W}{1000} \right) \quad . \quad . \quad . \quad . \quad . \quad . \quad (220)$$

annehmen. Danach würde der Kaminkühler für unsere immer betrachtete 5500 PS_i Dampfanlage, der pro Minute $W = 17900$ kg Wasser von 56 auf 30^0 zu kühlen hatte, eine Grundfläche erhalten von

$$F = 16{,}5 \cdot 17{,}9 = 296 \text{ qm.}$$

Hätte die Luft eine Temperatur von 20^0, und wäre sie zur Hälfte mit Feuchtigkeit gesättigt gewesen, — eine Annahme, die uns nicht auf zu günstige Verhältnisszahlen führt, — so hätte man nach S. 341 zur beabsichtigten Kühlung eine minutliche Luftmenge von

$$G = 6370 \text{ kg} \quad \text{oder} \quad V = 0{,}8 \, G = 5100 \text{ cbm}$$

gebraucht. Deren vertikale Geschwindigkeit unten beim Eintritt in den Kaminquerschnitt F, aber noch bevor sich die Luft durch die Einlagen des Kühlers vertheilt — es ist das also blos eine ideelle Geschwindigkeit, was aber für den hier verfolgten Zweck nichts ausmacht, indem sie wieder aus der Rechnung herausfällt — wäre also gewesen

$$w = \frac{V}{60 \, F} = \frac{5100}{60 \cdot 296} = 0{,}287 \text{ m/Sek.}$$

Setzt man diesen Werth in Gl. (216) ein, so erhält man die nöthige Grundfläche von Kaminkühlern rund zu

$$F = {}^1/_{17} \, V \quad . \quad . \quad . \quad . \quad . \quad . \quad . \quad (221)$$

wo V wieder die nach Frühern direkt aus dem Wärmeaustauschdiagramm hervorgehende minutliche Luftmenge in Kubikmetern bedeutet, die erforderlich ist, um W kg Wasser pro Minute von t' auf t_0 zu kühlen, und zwar unter der Voraussetzung, die Luft erwärme sich völlig auf die Heisswassertemperatur t'.

Wir haben also zur Berechnung der Grundfläche F von Kaminkühlern auch zwei Formeln, eine grobe Mittelwerthsformel (220) und eine rationellere Formel (221); die gleichen Bemerkungen, die wir zu den analogen Formeln (218) und (219) für Gradirwerke machten, gelten auch hier.

4. Zugwirkung des Kamines bei Kaminkühlern.

a) Wirksame Saughöhe, Luftgeschwindigkeit, durchgesogenes Luftgewicht.

Bedeutet in Fig. 93:

d die Höhe der wasserdurchrieselten Schichten im Kaminkühler,

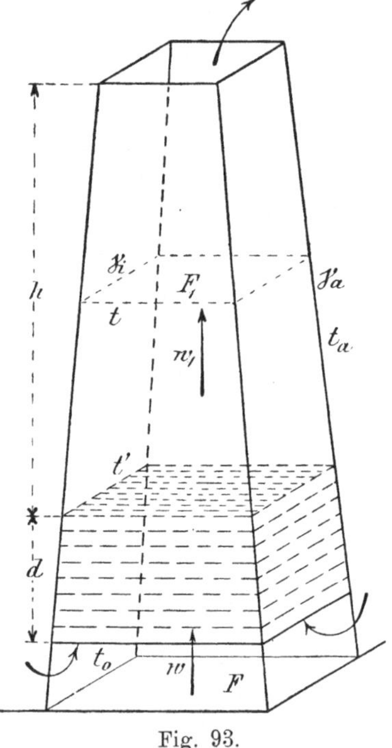

Fig. 93.

h die Höhe des darüber gebauten Kamin in m,

w_1 die mittlere Luftgeschwindigkeit in m/Sek. in der halben Höhe des Kamin,

F_1 die mittlere Querschnittsfläche des Kamines in jener Höhe,

γ_a das Gewicht von 1 cbm Aussenluft von der Temperatur t_a und mittlerem Feuchtigkeitsgehalt,

γ das Gewicht von 1 cbm gesättigtem Dampf von der Temperatur t und dem Drucke d_t Atm. oder 10333 d_t kg/qm,

γ_l das Gewicht von 1 cbm Luft von der Temperatur t und einem Drucke $l = (1 - d_t)$ Atm. oder 10333 $(1 - d_t)$ kg/qm, also

$\gamma_i = \gamma + \gamma_l$ das Gewicht von 1 cbm innen im Kamin aufsteigenden Gemisches von Luft und Wasserdampf von der Temperatur t und dem Drucke von 1 Atm.,[1])

---

[1]) Was die innen aufsteigende feuchtwarme Luft betrifft, so ist diese nur dadurch warm geworden, dass sie an warmem Wasser nicht aber etwa an warmen trocknen Flächen vorbeistrich; daher kann sie kaum anders als bei ihrer Temperatur t mit Feuchtigkeit gesättigt sein (wie hoch diese Tempe-

so ist nach den Lehren der Mechanik die wirksame Druck- oder eigentlich Saughöhe h_0 des Kamines:

$$h_0 = \frac{\gamma_a - \gamma_i}{\gamma_i} h \quad \ldots \ldots \quad (222)$$

Wäre also z. B. $\gamma_a = 1{,}10$ kg und $\gamma_i = 1$ kg und $h = 20$ m, so wäre
$$h_0 = 0{,}10\, h = 2\ \mathrm{m}.$$

Ohne Rücksicht auf die Widerstände würde also die Luft die gleiche Geschwindigkeit annehmen wie Wasser, das unter einer Druckhöhe von 2 m ebenfalls ohne Widerstände ausflösse.

Diese wirksame Saughöhe vertheilt sich auf zwei Theile: auf einen Theil $\dfrac{w_1^2}{2\,g}$ zur Erzeugung der Geschwindigkeit w_1, und auf den andern Theil $\xi\,\dfrac{w_1^2}{2\,g}$ zur Ueberwindung der verschiedenen Widerstände, Reibung etc., so dass

$$(1 + \xi)\,\frac{w_1^2}{2\,g} = h_0 = \frac{\gamma_a - \gamma_i}{\gamma_i}\,h, \quad \ldots \ldots \quad (223)$$

woraus die Geschwindigkeit folgt:

$$w_1 = \sqrt{\frac{2\,g\,h\,\dfrac{\gamma_a - \gamma_i}{\gamma_i}}{1 + \xi}} \quad \ldots \ldots \quad (224)$$

Das Volumen der pro Minute durch den mittleren Querschnitt F_1 strömenden feuchtwarmen Luft, des Gemisches von Luft und Wasserdampf, ist nun

$$V_1 = 60\,w_1\,F_1 \ \mathrm{cbm}$$

und ist dieses Volumen auch $=$ dem Volumen der **Luft allein**, die in dem Gemische strömt: dass in dieser Luft auch noch Wasserdampf aufgelöst ist, ändert daran nichts.

---

ratur dabei ist, das ist eine andere noch zu berührende Frage). Also besteht jeder cbm dieser feuchtwarmen Luft aus:

1 cbm Luft von der Temperatur t und dem Drucke $l = 1 - d_t$

und **in diesem cbm Luft aufgelöst**:

1 cbm gesättigten Dampf von der gleichen Temperatur.

Also ist das Gewicht eines cbm solchen Gemisches eben $=$ der Summe der Gewichte von 1 cbm Luft $+ 1$ cbm Dampf, d. h. $\gamma_i = \gamma_l + \gamma$, wie oben angenommen.

Also ist das Gewicht der pro Minute durch den Querschnitt F_1 strömenden Luft

$$G = \gamma_l \cdot V_1 = 60\, F_1\, \gamma_l \sqrt{\frac{2\, g\, h\, \dfrac{\gamma_a - \gamma_i}{\gamma_i}}{1 + \xi}} \quad . \quad . \quad . \quad (225)$$

und dieses Luftgewicht G ist auch dasjenige, das unten pro Minute einströmen muss, um pro Minute W kg Wasser von t' auf t_0 zu kühlen, und das wir im Abschnitt „Nöthige Luftmenge bei Kaminkühlern" berechnet haben. Mit diesem benöthigten Luftgewicht G können wir aus Gl. (225) umgekehrt (bei gegebenen Temperaturen t', t_0 und t_a) entweder mit angenommenem Querschnitt F_1 die nöthige Kaminhöhe h, oder mit angenommener Höhe h die nöthige Querschnittsfläche F_1 des Kamines berechnen, vorausgesetzt, wir kennten den Widerstandskoefficienten ξ. Vorerst wollen wir aber Gl. (225) noch mehr für unsere Zwecke specialisiren. Wir können diese Gleichung auch schreiben:

$$G = 60 \sqrt{\frac{2\, g}{1 + \xi}} \cdot F_1 \cdot \sqrt{h} \cdot \gamma_l \sqrt{\frac{\gamma_a - \gamma_i}{\gamma_i}} \quad . \quad . \quad . \quad (226)$$

Betrachten wir zuerst den letzten Faktor $\gamma_l \sqrt{\dfrac{\gamma_a - \gamma_i}{\gamma_i}}$: Das Gewicht γ_a pro Kubikmeter atmosphärischer Luft von mittlerer Feuchtigkeit und der Temperatur t_a kann nach Gl. (211 a) gesetzt werden

$$\gamma_a = 1,30 - 0,004\, t_a.$$

Nehmen wir die mittlere Sommertemperatur der Luft zu $t_a = 20^0$ an — um die Wintertemperatur brauchen wir uns wenig zu kümmern, weil im Winter der kältern Luft und ihres geringeren Wassergehaltes wegen alle Kühlwerke so wie so schon besser kühlen als im Sommer — so können wir

$$\gamma_a = 1,22 \text{ kg/cbm} \quad . \quad . \quad . \quad . \quad . \quad (227)$$

konstant setzen.

Das Volumen v von 1 cbm Luft von der Temperatur t und dem Drucke l ist nach Gl. (204) oder (205)

$$v = \frac{R\,T}{l}$$

Also ist umgekehrt das Gewicht von 1 cbm solcher Luft

$$\gamma_l = \frac{1}{v} = \frac{l}{R\,T} = \frac{10333\,(1 - d_t)}{29,3\,(273 + t)} : \quad . \quad . \quad . \quad (228)$$

es kann aus der Tabelle S. 323 entnommen werden, indem es einfach der reciproke Werth der in Zeile 6 jener Tabelle ausgerechneten Werthe ist; es hängt nur von der Temperatur t ab, ist also eine Funktion nur von t.

γ, das Gewicht von 1 cbm gesättigtem Wasserdampf von der Temperatur t, wird aus der Dampftabelle I hinten entnommen, und ist auch eine Funktion nur von t.

Also ist auch $\gamma_i = \gamma_l + \gamma$, und damit der ganze letzte Faktor der Gl. (226) eine Funktion nur von t, und kann man diesen Faktor schreiben

$$\gamma_l \sqrt{\frac{1{,}22 - \gamma_i}{\gamma_i}} = f(t) \quad . \quad . \quad . \quad . \quad (229)$$

wo die Temperatur t, wie wir noch sehen werden, einfach einige Grade unter der Temperatur t' des zu kühlenden Wassers liegt, also in jedem einzelnen Falle als gegeben zu betrachten ist. (Wir werden gleich nachher die Werthe von $f(t)$ nach obiger Gleichung tabellarisch ausrechnen.) Damit schreibt sich Gl. (226)

$$G = 60 \sqrt{\frac{2\,g}{1 + \xi}} \cdot F_1 \cdot \sqrt{h} \cdot f(t) \quad . \quad . \quad . \quad . \quad (230)$$

Die Widerstandshöhe $\xi \dfrac{w_1^2}{2\,g}$ wird verwendet:

a) zur Ueberwindung des Widerstandes beim Eintritt in und beim Durchgang der Luft durch die wasserberieselten Einlagen des Kaminkühlers (also zu vergleichen dem Widerstand beim Eintritt und Durchgang der Luft durch den Rost, die Brennstoffschicht und die Feuerkanäle bei Dampfkesselfeuerung);

b) zur Ueberwindung der Reibung im eigentlichen Kamine von der Höhe h (s. Fig. 93); und endlich

c) zur Ueberwindung des Widerstandes oben beim Austritt aus dem Kamine, indem die dort vertikal aufsteigende Kaminluft entweder auf ruhende, oder horizontal strömende, ja manchmal auf etwas geneigt nach abwärts strömende Luft trifft.

Von diesen drei Widerständen ist der unter b) genannte, von der Reibung im eigentlichen Kamin herrührende, wegen des hier immer kleinen Verhältnisses von Umfang der Querschnittsfläche F_1 zu Inhalt dieser Fläche, immer so klein, dass er gegenüber den beiden andern immer unbedingt vernachlässigt werden darf. Somit darf der Widerstandskoefficient ξ als ganz unabhängig von der

Kaminhöhe h betrachtet werden, und damit ergiebt sich aus Gl. (230) das erste Gesetz:

Das durch einen Kaminkühler pro Zeiteinheit durchgesogene Luftgewicht ist proportional $\sqrt{h}$.

Vergrössert man also an einem bestehenden Kaminkühler die Höhe h des Kamines auf das z. B. 1,50 oder 2 fache, ohne sonst was zu ändern, so geht nun $\sqrt{1,50}$ bezw. $\sqrt{2}$, d. h. 1,22 bezw. 1,41 mal soviel Luft durch, als vorher unter sonst gleichen Umständen durchgegangen ist. Um wie viel dadurch der Kühleffekt gesteigert, d. h. um wie viel die Temperatur t_0 des gekühlten Wassers dadurch erniedrigt wird, lässt sich nach Früherem berechnen.

Nicht aber darf man aus dem Umstande, dass in Gl. (230) G auch proportional F_1 zu sein scheint, schliessen, dass die durchgehende Luft auch ohne weiteres proportional der Kaminquerschnittsfläche F_1 sei, dass man also, um z. B. doppelt soviel Luft durch den Kaminkühler zu schaffen, einfach den Kaminquerschnitt F_1 doppelt so gross zu machen brauche. Es ist nämlich der Gesammtwiderstandskoefficient ξ nicht unabhängig von der Querschnittsfläche F_1; vielmehr hätten wir eigentlich diesen Gesammtwiderstandskoefficienten ξ in zwei Theile ξ_1 und ξ_2 zerlegen sollen, wovon der Theil ξ_1 sich auf den oben unter a) genannten Widerstand, also auf die kleinere Geschwindigkeit w (s. Fig. 93) unten bezöge, während der andere Theil ξ_2 die Widerstände unter b) und c) mit der grössern Geschwindigkeit w_1 in sich fasste; es hätte also eigentlich die wirksame Saughöhe h_0 des Kamines zerlegt werden müssen in

$$h_0 = \frac{w_1^2}{2\,g} + \xi_1 \frac{w^2}{2\,g} + \xi_2 \frac{w_1^2}{2\,g} = (1 + \xi_2) \frac{w_1^2}{2\,g} + \xi_1 \frac{w^2}{2\,g}$$

Indem dann das Verhältniss $\dfrac{w}{w_1}$ in bestimmter, hier nicht näher ermittelt werden sollender Beziehung zum Verhältniss $\dfrac{F}{F_1}$ steht, hängt auch der Gesammtwiderstandskoefficient ξ von dem Verhältniss $\dfrac{F}{F_1}$ ab, und wenn jener Widerstandskoefficient für e i n bestimmtes Verhältniss $\dfrac{F}{F_1}$ ermittelt wird, so gilt der so ermittelte Werth von ξ auch nur für dieses. — Eine Zerlegung des Gesammtwiderstandskoefficienten ξ in zwei getrennte ξ_1 und ξ_2 ist aber zur Zeit unthunlich, wie man solche Zerlegung auch in der Lehre über die Zugwirkung bei Dampfkesselkaminen noch nicht ausführt, indem man froh ist, wenn einem die Bestimmung des einen Gesammt-koefficienten halbwegs gelingt, der dann freilich nur für Verhält-nisse gilt, ähnlich den der verarbeiteten Beobachtung zu Grunde gelegten.

Weiter sehen wir aus Gl. (230), dass unter sonst gleichen Um-ständen das pro Minute durch einen Kaminkühler gesogene Luft-gewicht proportional dem Faktor $f(t)$ ist, und berechnen wir hier tabellarisch diesen Faktor nach Gl. (229):

Zu diesem Zwecke nehmen wir in Zeile 1 der folgenden Tabelle eine Reihe von t an, beginnend mit $t = 20^0$ (also Innentemperatur t = Aussentemperatur t_a). In Zeile 2 schreiben wir die Werthe $\gamma_l = \dfrac{l}{RT}$ an (als Reciproke der schon in Tabelle S. 323 ausgerech-neten Werthe $\dfrac{RT}{l}$). In Zeile 3 schreiben wir die Dampfdichten γ an aus Dampftabelle I hinten. Durch Addition der Zeilen 2 und 3 finden wir in Zeile 4 die Werthe der Dichtigkeit $\gamma_i = \gamma + \gamma_l$ der feuchtwarmen Luft im Kamine, und dann endlich in Zeile 5 den

Werth $f(t) = \gamma_l \sqrt{\dfrac{1{,}22 - \gamma_i}{\gamma_i}}$:

1.	t =	20^0	40^0	50^0	60^0	80^0	100^0
2.	γ_l =	1,18	1,05	0,96	0,85	0,53	0
3.	γ =	0,02	0,05	0,08	0,13	0,29	0,60
4.	γ_i =	1,20	1,10	1,04	0,98	0,82	0,60
5.	$f(t)$ =	0	0,35	0,41	0,42	0,37	0

Im Schaubild Fig. 94 sind diese Werthe von $f(t)$ als Ordinaten zu den Abscissen t aufgetragen, und sieht man daraus:

Bei $t = t_a = 20^0$, also Temperatur innen im Kamin = der Aussentemperatur, ist $f(t) = 0$, also nach Gl. (230) auch das pro

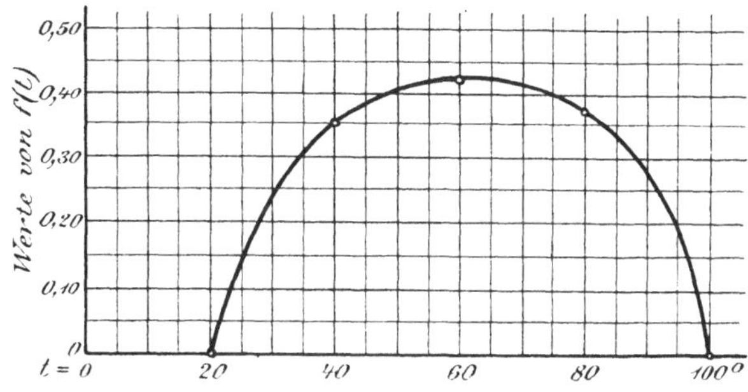

Fig. 94.

Minute durch den Kamin gesogene Luftgewicht $= 0$, was ganz richtig ist, indem, wenn die Temperatur innen und aussen gleich ist, eben kein Auftrieb stattfindet.

Steigt dann mit steigender Warmwassertemperatur t' auch die Innentemperatur t, so nimmt das durch den Kamin angesogene Luftgewicht G zu bis zu einem Maximum, das bei etwa $t = 60 - 62^0$ erreicht wird.

Gelangt dann das Wasser immer noch heisser in den Kaminkühler, nimmt also t immer noch mehr zu, so sinkt $f(t)$ wieder, und damit auch das durch den Kamin gesogene Luftgewicht G bis es bei $t = 100^0$ wieder zu Null wird, was wiederum begreiflich ist: wenn das Wasser mit 100^0 im Kamine auf die Einlagen aufgeschüttet wird, so erfüllt sein Dampf allein schon den Raum mit dem Druck von 1 Atm., es findet also keine Luft mehr Zutritt, und oben strömt nur Dampf (von 100^0) aus dem Kamin.

b) Verschiedene Kühlwirkung bei verschiedener Wärmezufuhr bei selbstthätigen Kaminkühlern.

Auf S. 356 u. f. haben wir die Kühlwirkung unseres Kaminkühlers für unsere 5500 PS$_i$ Dampfanlage für wechselnden Dampfverbrauch, also wechselnde Heisswassertemperatur t' berechnet unter der Voraussetzung, es gehe immer gleich viel Luft durch den Kühler, diese werde also von einem Ventilator geliefert.

Nachdem wir nun aber auch das mit wechselnder Temperatur t (oder t') wechselnde Luftgewicht G nach Gl. (230) rechnen können, das von einem Kaminkühler ohne Ventilator, blos durch dessen eigene Zugwirkung durchgesogen wird, können wir jetzt auch die Kühlwirkung eines selbstventilirenden Kaminkühlers bei wechselndem Dampfverbrauch der kondensirten Maschinen, d. h. bei variabler Heisswassertemperatur t' bestimmen. Indem nämlich nach Gl. (230) das durchgesogene Luftgewicht G einfach proportional dem Faktor $f(t)$ ist, wir dessen Werthe aber in Fig. 94 für wechselnde Temperaturen t bezw. t' dargestellt haben, so brauchen wir, wenn wir für eine Temperatur (t') unter bestimmten Verhältnissen das pro Minute durchgesogene Luftgewicht G kennen, dieses nur mit dem Verhältniss $\dfrac{f[t']}{f(t')}$ zu multipliciren, um das bei jeder andern Heisswassertemperatur $[t']$, aber sonst unter den gleichen Verhältnissen durchgesogene Luftgewicht $[G]$ zu finden, wobei $f(t')$ sowohl als auch $f[t']$ aus dem Schaubild Fig. 94 zu entnehmen sind. Sind aber die verschiedenen Luftgewichte G bekannt, so sind daraus nach Früherem auch leicht die verschiedenen Kühlwirkungen zu bestimmen.

Sei beispielsweise der selbstventilirende Kaminkühler für unsere immer zu Grunde gelegte 5500 PS_i Anlage so eingerichtet, dass seine eigene Zugwirkung bei der Heisswassertemperatur $t' = 56^0$, für welche wir aus Fig. 94 $f(t') = 0,42$ entnehmen, $G = 6370$ kg Luft von 20^0 und zu $\frac{1}{2}$ mit Feuchtigkeit gesättigt unten aus dem Freien ansaugt, so kühlt er die pro Minute konstant durchrinnenden $W = 17900$ kg Wasser laut S. 341 von $t' = 56^0$ auf $t_0 = 30^0$, und entzieht dabei dem Wasser $Q = 465000$ Kal./Min.

Nimmt nun der Dampfverbrauch z. B. ab, so dass das heisse Wasser mit einer Temperatur von z. B. $[t'] = 28^0$ in den Kühler kommt, so entnehmen wir der Fig. 94 den dieser Temperatur entsprechenden Faktor $f[t']$ zu 0,20. Es wird also nun pro Minute nur noch ein Luftgewicht durchgesogen von

$$[G] = \frac{f[t']}{f(t')} = \frac{0,20}{0,42} \cdot 6370 = 3030 \text{ kg.}$$

Indem nach Diagramm Fig. 88 bei $[t'] = 28^0$ jedes Kilogramm durchstreichender Luft dem Wasser $[q] = 12$ Kal. entzieht, entziehen ihm die 3030 kg Luft

$$[Q] = 12 \cdot 3030 = 36400 \text{ Kal.}$$

Dadurch erleidet die ganze Wassermenge von $W = 17900$ kg/Min. einen Temperaturverlust von

$$[t'] - [t_0] = \frac{[Q]}{W} = \frac{36400}{17900} = 2^0.$$

Also wird jetzt die Temperatur des gekühlten Wassers

$$[t_0] = [t'] - 2 = 28 - 2 = 26^0.$$

Ganz auf die gleiche Weise haben wir berechnet, dass

bei den Heisswassertemperaturen $\quad [t'] = 42^0 \quad 63^0 \quad 68^0$

das Wasser sich kühlen würde auf $(t_0) = 32^0 \quad 24^0 \quad 17^0$.

Hiermit, und mit den beiden weiter zusammengehörenden Werthen von $t_0 = 30^0$ bei $t' = 56^0$ für den Normaldampfverbrauch, haben wir im untern Theil des Schaubildes Fig. 95 die t_0-Kurve aufgezeichnet (ganz wie früher die Fig. 91), wobei wir noch bedacht haben, dass wenn die Warmwassertemperatur t' bis auf und noch unter die Temperatur $t_a = 20^0$ der Aussenluft sinkt, dann der Zug im Kamin aufhört, keine Luft mehr durchgesogen wird, die Kühlwirkung also aufhört, und das Wasser unten mit der gleichen Temperatur austritt, mit der es oben aufgeschüttet wurde, dass also für $[t'] \lesseqgtr 20^0 \; [t_0] = [t']$ wird.

Ganz gleich wie in Fig. 91 haben wir auch im obern Theile der Fig. 95 noch die Temperaturkurve $t'-t_0$ aufgezeichnet. Ferner haben wir in beiden Theilen der Fig. 95 auch noch — strichpunktirt — die Kurven der Fig. 91 eingezeichnet, die für konstantes (durch Ventilator geliefertes) Luftgewicht gelten. Die Kurven weichen so wenig von einander ab, dass es — praktisch gesprochen — keinen Unterschied ausmacht, ob man mittels Ventilator immer ein konstantes Luftgewicht durch den Kühler bläst, oder ob man letztern durch seine eigene Zugwirkung ein mit der

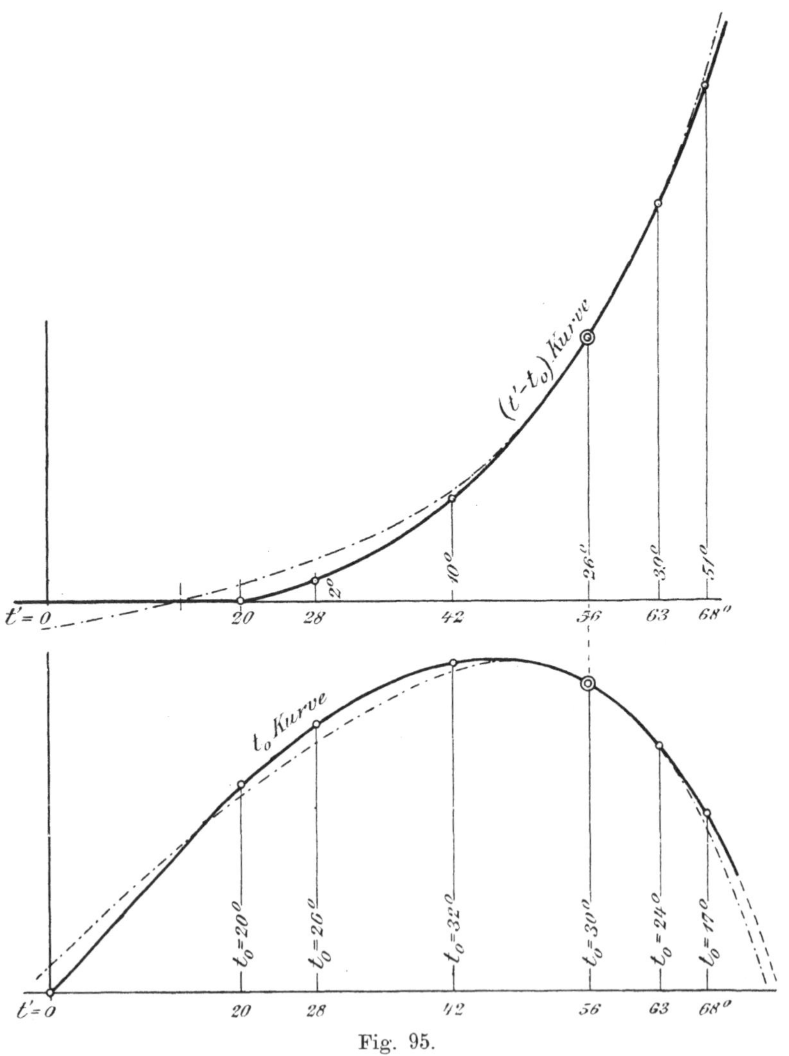

Fig. 95.

Heisswassertemperatur sich änderndes Luftgewicht durchsaugen lässt, wenn nur in beiden Fällen für die mittlere (normale) Heisswassertemperatur (in userm Beispiele $t' = 56^0$) das Luftgewicht das gleiche ist (in userm Beispiele $G = 6370$ kg/Min.).

Noch sei bemerkt, dass die verschiedenen Temperaturkurven unter der Voraussetzug abgeleitet worden sind, die Luft in einem Kaminkühler erwärme sich völlig auf die Temperatur t' des heissen Wassers, wie das der Fall oder doch annähernd der Fall wäre bei sehr guter Wasserzertheilung. Bei minder guter Wasserzertheilung wird die Luft nicht ganz auf jene Temperatur kommen; immerhin werden die Temperaturkurven doch den charakteristischen Verlauf nach Fig. 91 bezw. 95 nehmen.[1])

c) Bestimmung des Widerstandskoefficienten ξ bei Kaminkühlern.

Misst man an einem ausgeführten selbstventilirenden Kaminkühler Aussentemperatur t_a und Innentemperatur t, so hat man in

---

[1]) Erwärmt sich (infolge unvollkommener Wasserzertheilung) die Luft nicht völlig auf t', sondern nur auf $t = t' - a$, so scheint es angemessen, dieses a proportional der Differenz der Heisswassertemperatur t' und der Temperatur t_a der Aussenluft, d. h.

$$a = \frac{t' - t_a}{m}$$

zu setzen. Wäre dann $t_a = t'$, so wäre $a = 0$, und mit wachsender Differenz $t' - t_a$ nähme auch der Werth a zu, wie es auch thatsächlich der Fall soin wird. Der Divisor m stellt dann den Wirkungsgrad des Kaminkühlers dar, insoferne dieser von der Konstruktion des Kühlers in Bezug auf bessere oder minder gute Wasserzertheilung abhängt: bei einem Kühler mit ideal guter Wasserzertheilung wäre $m = \infty$ (also $a = 0$, d. h. die Luft erwärmte sich völlig auf t' und sättigte sich dabei); und je schlechter die Wasserzertheilung, um so kleiner wäre m (um so grösser also die Temperaturdifferenz a).

Der Verfasser hat das S. 356 u. ff. gegebene Beispiel für einen Kaminkühler unter der Annahme

$$m = 4$$

durchgerechnet, also dass, wenn die Heisswassertemperatur z. B. $t' = 60^0$ ist, die Luft von der Aussentemperatur $t_a = 20^0$ sich nur auf

$$t = t' - a = t' - \frac{t' - t_a}{m} = 60 - \frac{60 - 20}{4} = 50^0$$

erwärme, und dementsprechend nur den 50^0 entsprechenden Sättigungsgrad erreiche. Die sich so ergebende t_0-Kurve hat er auch in die Fig. 91 eingetragen und so gefunden: Sieht man die ursprüngliche t_0-Kurve als die Flugbahn eines Geschosses mit Berücksichtigung des Luftwiderstandes an, mit der sie ja grosse Aehnlichkeit hat, so giebt die neue Kurve die Bahn desselben Geschosses und bei gleicher Elevation des Geschützrohres, nur mit stärkerer Pulverladung: die neue t_0-Kurve verläuft anfänglich nahezu auf der alten, steigt aber länger an, fällt dann aber zum Schluss auch wieder rasch ab.

Gl. (230) schon den Faktor $f(t)$. Ferner kann man an dem Kamin auch die Querschnittfläche F_1 und die Höhe h messen und ebenfalls in Gl. (230) einsetzen. Misst man dann noch mittels Anemometer die Geschwindigkeit w_1 des im mittleren Querschnitt F_1 aufsteigenden Gemisches von Luft und Wasserdampf, so kann man, indem diese feuchtwarme Luft bei der (auch im Querschnitt F_1 gemessenen) Temperatur t mit Feuchtigkeit gesättigt ist, auch das pro Minute das Kamin durchströmende Gewicht G an reiner Luft berechnen und auch in Gl. (230) einsetzen, und erhält man dann den Widerstandskoefficienten

$$\xi = 3600 \cdot 2gh \left\{ \frac{F_1}{G} \cdot f(t) \right\}^2 - 1 \quad . \quad . \quad . \quad . \quad (231)$$

aus lauter bekannten bezw. gemessenen Grössen. Es wäre zu wünschen, dass die Kaminkühler bauenden Firmen solche Bestimmungen des Widerstandskoefficienten für ihre so mannigfach verschiedenartigen Systeme von Kühlern ausführen und die Berechnung derselben ausführlich veröffentlichen würden, etwa in der Zeitschr. d. Ver. d. Ing., damit solche Bestimmungen zu allgemeiner Kenntniss gelangten.

Einstweilen liegen solche Bestimmungen des Widerstandskoefficienten auf direktem Wege nicht vor, und wollen wir daher, um doch eine ungefähre Vorstellung der Grösse dieses Koefficienten zu gewinnen, einen Mittelwerth desselben auf indirektem Wege zu erhalten suchen, indem wir wieder den Kaminkühler für unsere 5500 PS_i Dampfanlage betrachten:

Da dieser Kühler $W = 17900$ kg/Min. Wasser zu kühlen hat, hätte er nach Faustregel (220) eine Grundfläche erhalten von

$$F = 16{,}5 \frac{W}{1000} = 16{,}5 \cdot 17{,}9 = 296 \text{ qm.}$$

Aus einigen Plänen von solchen Kaminkühlern haben wir entnommen, dass, wenn sie nach Fig. 93 ausgeführt werden — also mit nur mässiger Verjüngung nach oben — der mittlere Querschnitt F_1 des Kamins etwa $70\,^0/_0$ von dessen Grundfläche beträgt. Es wäre also mittlerer Querschnitt $F_1 = 0{,}7\,F = 208$ qm.

Die Gesammthöhe $h + d$ solcher Kühler pflegt man, je nach der Grösse der Kühler, gegenwärtig zwischen 16 bis 25 m zu nehmen wovon auf die Höhe d der wasserdurchrieselten Schichten etwa $^1/_4$ entfällt. Betrüge danach die Gesammthöhe unseres Kühlers etwa 24 m, so wäre die wirkliche Kaminhöhe $h = ^3/_4\,24 = 18$ m.

Die Temperatur der Aussenluft sei wieder 20^0 und sei die Luft zur Hälfte mit Feuchtigkeit gesättigt. Soll solche Luft pro

Minute, wie bei diesem Kühler verlangt, 17900 kg Wasser von $t' = 56^0$ auf $t_0 = 30^0$ kühlen, so müssen, wie wir S. 341 berechnet haben, pro Minute $G = 6370$ kg solcher Luft durchgehen, und zwar unter der Voraussetzung, diese Luft erwärme sich **völlig auf die Temperatur** $t' = 56^0$ des oben aufgeschütteten warmen Wassers, und sättige sich dementsprechend auch mit Dampf von 56^0. Diese Voraussetzung erfordert bei **Kaminkühlern** eine Einschränkung: während bei **Gradirwerken**, wo die Luft horizontal durch die wasserberieselten Schichten durchgeht, jedes Lufttheilchen **wiederholt** an Wassertheilchen von der Temperatur t der betr. Schicht stösst, sich die Luft sehr wohl ganz oder doch sehr annähernd auf diese Temperatur t erwärmen kann, trifft bei einem Kaminkühler, wo die Luft vertikal dem herabrieselnden Wasser entgegen aufsteigt, jedes Lufttheilchen nur **einmal** in jeder horizontalen Schicht auf Wasser von der Temperatur t dieser Schicht, also auch nur **einmal** auf die oberste Wassersicht mit der Höchsttemperatur t'; oder mit anderen Worten, die Luft ist nur ∞ kleine Zeit mit der obersten heissesten Wasserschicht in Berührung. Aus diesem Grunde, und ferner, weil die Wasserzertheilung in den obersten Schichten, gerade wo sie am wirksamsten wäre, meistens noch nicht so weit gediehen ist wie in den untern Schichten, wird sich die Luft nicht völlig auf die Temperatur t' des zufliessenden warmen Wassers erwärmen, sondern nur auf eine Temperatur t, die einige Grade unter t' bleibt. Dass sie aber bei dieser Temperatur t mit Feuchtigkeit gesättigt ist, darauf haben wir schon hingewiesen. Um wie viel Grade t kleiner ist als t', wird hauptsächlich von der guten oder weniger guten Wasserzertheilung, besonders in der obersten Schicht schon, abhängen. Nehmen wir für unsern Fall einen Temperaturverlust von 10^0 an, d. h. erwärme sich die Luft in unserm Kühler statt auf $t' = 56^0$ nur auf $t = 46^0$ (und sättige sich bei dieser Temperatur mit Feuchtigkeit, was nicht in Frage steht), so greifen wir aus dem Diagramm Fig. 88 ab, dass 1 kg durchziehende Luft dem Wasser $q = 42$ Kalorien (statt 73 bei $t' = 56^0$) entzieht. Es braucht also zum Entzug der

$$Q = 465000 \text{ Kal./Min.}$$

ein Luftgewicht von

$$G = \frac{Q}{q} = \frac{465000}{42} = 11000 \text{ kg/Min.}[1]$$

---

[1] Bei Ableitung der empirischen Formel (221) für die nöthige Grundfläche ($F = {}^1/_{17}\, V$) von Kaminkühlern haben wir keine Rücksicht darauf genommen, dass sich bei solchen Kühlern die Luft meistens nicht völlig auf die Temperatur t' des heissen Wassers erwärmt. Es ist das dort auch nicht nöthig

Hiermit haben wir auch das Luftgewicht G zum Einsetzen in unsere Gleichung.

Was nun schliesslich den Faktor $f(t)$ betrifft, so lesen wir diesen aus Fig. 94 für $t_a = 20^0$ und $t = 46^0$ ab zu $f(t) = 0,39$.

Setzen wir nun alle diese Werthe von F_1, h, G und $f(t)$ in Gl. (231) ein, so bekommen wir als einen ungefähr passenden Mittelwerth für den Widerstandskoefficienten

$$\xi = 3600 \cdot 2 \cdot 9,81 \cdot 18 \left(\frac{208}{11000} \cdot 0,39 \right)^2 - 1$$

oder

$$\xi = 69 - 1 = 68 \quad . \quad . \quad . \quad . \quad . \quad (232)$$

Setzt man diesen Werth von ξ in Gl. (223) oder (224) ein, so kann man die Geschwindigkeit w_1 der Luft im Kamine berechnen; und setzt man ihn in Gl. (226) oder (230) ein, so kann man entweder mit angenommenem Kaminquerschnitt F_1 die nöthige Kaminhöhe h, oder mit angenommener Kaminhöhe h den nöthigen Kaminquerschnitt F_1 berechnen, um pro Minute G kg Luft durch den Kamin zu fördern.

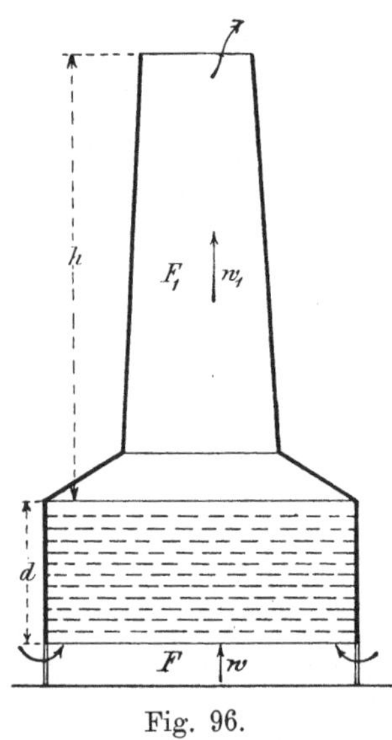

Der hier zu 68 abgeleitete Werth des Widerstandskoefficienten kann nur als einstweiliger ungefährer Werth für Kaminkühler mit mässiger und stetiger konischer Verjüngung nach oben, wie Fig. 93 zeigt, gelten, wo das Verhältniss $F_1 : F \sim 0,70$ ist; bei Kaminkühlern mit — der Materialersparniss, der Kosten wegen — starker Einschnürung des Kamins nach Fig. 96, wo das Verhältniss $F_1 : F$ erheblich viel kleiner ist, wird der Widerstandskoefficient ξ, worauf wir schon hindeuteten, einen andern Werth haben, der aber noch seiner Bestimmung harrt.

Fig. 96.

Der bessern Einsicht in die Verhältnisse halber wollen wir hier auch noch wirksame Druckhöhe und Geschwindigkeit im Kamine ohne und mit Berücksichtigung der Widerstände bei unserm betrachteten Kaminkühler nach Fig. 93 geben:

gewesen, wenn man dort — wie auch angegeben — unter V nur immer das mindest nothwendige Luftvolumen, das „theoretische" Volumen, in die Formel einführt, das sich ergiebt, wenn die Luft eben sich völlig auf t' erwärmen würde. Es ist auch richtiger, dort dieses bestimmte theoretische Volumen zu Grunde zu legen, anstatt des wirklich nothwendigen Volumens, das je nach der besseren oder schlechteren Wasserzertheilung sehr verschieden sein kann.

Indem für $t_a = 20^0$, $\gamma_a = 1,22$ und für $t = 46^0$ $\gamma_l = 1,00$ und $\gamma = 0,07$, also $\gamma_i = \gamma_l + \gamma = 1,07$ ist, kommt die wirksame Druckhöhe mit $h = 18$ m nach Gl. (223)

$$h_0 = \frac{\gamma_a - \gamma_i}{\gamma_i} \cdot h = \frac{1,22 - 1,07}{1,07} \cdot 18 = 0,14 \cdot 18 = 2,52 \text{ m Wassersäule.}$$

Ohne jeden Widerstand würde also die Luft im Kamine mit einer Geschwindigkeit aufsteigen

$$[w_1] = \sqrt{2\,g\,h_0} = \sqrt{2 \cdot 9,81 \cdot 2,52} = 7,02 \text{ m.}$$

Mit Berücksichtigung der Widerstände ($\xi = 68$ oder $\xi + 1 = 69$) haben wir aber die wirksame Druckhöhe h_0 in 69 gleiche Theile zu theilen, von denen jeder also $\dfrac{2,52}{69} = 0,0365$ m hoch wird. Nur ein Theil hiervon, also nur die Druckhöhe $0,0365$ m, wird in der Erzeugung der Geschwindigkeit im Kamine

$$w_1 = \sqrt{2\,g\,\frac{h_0}{1 + \xi}} = \sqrt{2 \cdot 9,81 \cdot 0,0365} = 0,845 \text{ m}$$

nutzbar, während 68 jener Theile, also die Druckhöhe $68 \cdot 0,0365 = 2,48$ m lediglich zur Ueberwindung der Widerstände aufgebraucht werden.

Bei Dampfkesselkaminen (wo aber w_1 gewöhnlich $2 - 4$ m ist, während hier w_1 immer viel kleiner, in unserem speciellen Falle nur $= 0,845$ m ist), nimmt man den Widerstandskoefficienten ξ für den Durchgang der Luft durch Rost, Brennstoffschicht und Feuerzüge, gegenüber welchem der des Kamines selber trotz der relativ engen Kamine immer noch sehr klein ist, nach Péclet zu $\xi = 30$ an, während wir ihn hier für unsere Kaminkühler zu $\xi = 68$ gefunden haben, also reichlich doppelt so gross. Freilich ist in letzterm Werth auch noch der Widerstand inbegriffen, den die abziehende Luft oben beim Austritt aus dem Kamine erfährt, der bei der weiten Mündung der Kaminkühler recht bedeutend werden kann, wenn die äussere Luftströmung etwas schräg nach abwärts gerichtet ist, wie das häufig vorkommt. Immerhin erkennt man, wie wichtig es ist, neben der anzustrebenden guten Wasserzertheilung, die Einlagen im Kühler, über die das Wasser herabrieselt, so anzuordnen, dass die durchstreichende Luft auf möglichst wenig Widerstand stösst.

M. Dampftabellen.

Dampftabelle I, für Temperaturen von 0—100°.

Tem-peratur t	Spannung d_t Atm. abs.	Spannung d_t cm Vakuum-meter-anzeige	cbm pro kg	kg pro cbm γ	Tem-peratur t	Spannung d_t Atm. abs.	Spannung d_t cm Vakuum-meter anzeige	cbm pro kg	kg pro cbm γ
0	0,006	75,54	212,67	0,0047					
1	6	75,51			26	0,032	73,50		
2	7	75,47			27	34	73,30		
3	7	75,43			28	37	73,19		
4	8	75,40			29	39	73,03		
5	8	75,35	151,66	0,0066	30	41	72,85	35,58	0,0298
6	0,009	75,30			31	0,044	72,66		
7	9	75,25			32	46	72,46		
8	10	75,20			33	49	72,26		
9	11	75,14			34	52	72,04		
10	12	75,08	109,54	0,0091	35	55	71,82	25,68	0,0389
11	0,012	75,02			36	0,058	71,58		
12	13	74,95			37	61	71,33		
13	14	74,88			38	64	71,07		
14	15	74,81			39	68	70,80		
15	16	74,73	80,10	0,0125	40	72	70,51	19,83	0,0504
16	0,017	74,65			41	0,076	70,21		
17	19	74,56			42	80	69,89		
18	20	74,46			43	84	69,57		
19	21	74,37			44	89	69,22		
20	22	74,26	59,28	0,0169	45	93	68,86	15,46	0,0647
21	0,024	74,15			46	0,098	68,48		
22	25	74,03			47	104	68,09		
23	27	73,91			48	109	67,68		
24	29	73,78			49	115	67,25		
25	31	73,65	44,38	0,0225	50	121	66,80	12,16	0,0822

Fortsetzung der Dampftabelle I.

Temperatur t	Spannung d_t Atm. abs.	cm Vakuummeteranzeige	cbm pro kg	kg pro cbm γ
51	0,127	66,3		
52	133	65,8		
53	140	65,3		
54	147	64,8		
55	154	64,3	9,65	0,104
56	0,162	63,7	9,17	0,109
57	170	63,1	8,77	0,114
58	178	62,4	8,41	0,119
59	186	61,8	8,06	0,124
60	195	61,1	7,73	0,129
61	0,205	60,4	7,41	0,135
62	214	59,7	7,10	0,141
63	224	58,9	6,81	0,147
64	235	58,1	6,53	0,153
65	246	57,3	6,23	0,160
66	0,257	56,5		
67	268	55,6		
68	281	54,6		
69	293	53,7		
70	306	52,7	5,06	0,198
71	0,320	51,7		
72	334	50,6		
73	348	49,5		
74	364	48,3		
75	379	47,1	4,14	0,241

Temperatur t	Spannung d_t Atm. abs.	cm Vakuummeteranzeige	cbm pro kg	kg pro cbm γ
76	0,395	45,9		
77	412	44,6		
78	430	43,3		
79	448	42,0		
80	466	40,5	3,41	0,293
81	0,485	39,1		
82	505	37,6		
83	526	36,0		
84	547	34,4		
85	569	32,7	2,83	0,354
86	0,592	31,0		
87	616	29,2		
88	640	27,3		
89	665	25,4		
90	691	23,5	2,36	0,424
91	0,718	21,4		
92	745	19,3		
93	774	17,2		
94	803	14,9		
95	833	12,6	1,98	0,506
96	0,865	10,2		
97	897	7,8		
98	930	5,3		
99	964	2,7		
100	1,000	0	1,67	0,600

(Dampftabelle II für Temperaturen über 100⁰ siehe folgende Seite.)

Dampftabelle II, für Temperturen über 100⁰.

Atm. p	Temperatur t	cbm pro kg	kg pro cbm γ	Atm. p	Temperatur t	cbm pro kg	kg pro cbm γ
1	100	1,67	0,60	5,5	156	0,33	3,01
1,10	103	1,51	0,66	6	159	0,31	3,26
1,20	105	1,39	0,72	6,5	162	0,28	3,52
1,40	110	1,20	0,83	7	165	0,26	3,77
1,60	114	1,06	0,94	7,5	168	0,25	4,02
1,80	117	0,95	1,05	8	171	0,23	4,27
2	121	0,86	1,16	8,5	173	0,22	4,52
2,20	124	0,79	1,27	9	176	0,21	4,77
2,40	126	0,72	1,38	9,5	178	0,20	5,02
2,60	129	0,67	1,49	10	180	0,19	5,27
2,80	132	0,63	1,60	10,5	182	0,18	5,52
3	134	0,59	1,70	11	184	0,17	5,76
3,20	136	0,55	1,81	11,5	186	0,16	6,01
3,40	138	0,52	1,91	12	188	0,16	6,25
3,60	140	0,49	2,02	13	192	0,15	6,74
3,80	142	0,47	2,13	14	195	0,14	7,22
4	144	0,45	2,23	15	198	0,13	7,48
4,20	146	0,43	2,33	16	200	0,12	7,94
4,40	147	0,41	2,44	17	203	0,12	8,42
4,60	149	0,39	2,54	18	206	0,11	8,87
4,80	151	0,38	2,65	19	209	0,11	9,32
5	152	0,36	2,75	20	211	0,10	9,79

Verlag von Julius Springer in Berlin N.

Geschichte der Dampfmaschine.

Ihre kulturelle Bedeutung, technische Entwicklung und ihre grossen Männer.

Von **Conrad Matschoss,**

Ingenieur.

Mit 188 Abbildungen im Text, 2 Tafeln und 5 Bildnissen.

Elegant gebunden Preis M. 10.—.

Verdampfen, Kondensiren und Kühlen.

Erklärungen, Formeln und Tabellen für den praktischen Gebrauch.

Von **E. Hausbrand,**

Oberingenieur der Firma C. Heckmann in Berlin.

Mit 21 Figuren im Text und 76 Tabellen.

Zweite, durchgesehene Auflage.

In Leinwand gebunden Preis M. 9,—.

Das Trocknen mit Luft und Dampf.

Erklärungen, Formeln und Tabellen für den praktischen Gebrauch.

Von **E. Hausbrand,** Oberingenieur.

Mit Textfiguren und zwei Tafeln.

In Leinwand gebunden Preis M. 3,—.

Hilfsbuch für die Elektrotechnik.

von

C. Grawinkel und **K. Strecker.**

Unter Mitwirkung von

Borchers, Eulenberg, Fink, Goppelsroeder, Pirani, Seyffert und H. Strecker,

bearbeitet und herausgegeben von

Dr. K. Strecker,

Kaiserl. Ober-Telegrapheningenieur, Docent a. d. Technischen Hochschule zu Berlin.

Fünfte vermehrte und verbesserte Auflage.

Mit 361 Figuren im Text.

In Leinwand gebunden Preis M. 12,—.

Zeitschrift des Vereins deutscher Ingenieure.

Redakteur: **Th. Peters,** Direktor des Vereines.

Erscheint in wöchentlichen Heften.

Preis für den Jahrgang M. 36,— zuzüglich Porto.

Elektrotechnische Zeitschrift.

(Centralblatt für Elektrotechnik.)

Organ des Elektrotechnischen Vereins und des Verbandes Deutscher Elektrotechniker.

Redaktion: **Gisbert Kapp.**

Erscheint in wöchentlichen Heften.

Preis für den Jahrgang M. 20.—; für das Ausland zuzüglich Porto.

Zeitschrift für angewandte Chemie.

Organ des Vereins Deutscher Chemiker.

Begründet von Dr. Ferdinand Fischer.

Herausgegeben von

Dr. H. Caro und **Dr. L. Wenghöffer.**

Erscheint wöchentlich.

Preis für den Jahrgang M. 20,—; für das Ausland zuzüglich Porto.

Zu beziehen durch jede Buchhandlung.

Verlag von Julius Springer in Berlin N.

Hilfsbuch für Dampfmaschinen-Techniker.

Unter Mitwirkung von Professor A. Kás verfasst und herausgegeben
von **Josef Hrabák,**
Oberbergrath und Professor an der k. k. Bergakademie zu Pribram.
Dritte Auflage. In zwei Theilen.
Mit in den Text gedruckten Figuren.
Zwei Bände. In Leinwand gebunden Preis M. 16,—.

Die Steuerungen der Dampfmaschinen.

Von **C. Leist,**
Professor, Docent an der Kgl. Techn. Hochschule zu Berlin.
Zugleich als
Vierte Auflage des gleichnamigen Werkes von Emil Blaha.

Mit 391 in den Text gedruckten Figuren.
z. Zt. vergriffen; neue Auflage unter der Presse.

Steuerungstabellen für Dampfmaschinen
mit Erläuterungen nach dem Müller'schen Schieberdiagramme
und mit Berücksichtigung einer Pleuelstangenlänge
gleich dem fünffachen Kurbelradius, sowie beliebiger Excenterstangenlänge
für einfache und Doppel-Schiebersteuerungen.
Mit zahlreichen Beispielen und in den Text gedruckten Figuren.
Von **Karl Reinhardt,** Ingenieur.
In Leinwand gebunden Preis M. 6,—.

Die praktische Anwendung
der Schieber- und Coulissensteurungen
von **William S. Auchincloss, C. E.**
Autorisirte deutsche Uebersetzung und Bearbeitung von Oberingenieur A. Müller.
Mit 18 lith. Tafeln und zahlreichen in den Text gedruckten Holzschnitten.
In Leinwand gebunden Preis M. 8,—.

Berechnung der Leistung und des Dampfverbrauches
der Eincylinder-Dampfmaschinen.
Ein Taschenbuch zum Gebrauch in der Praxis.
Von **Josef Pechan,**
Professor des Maschinenbaues an der k. k. Staatsgewerbeschule in Reichenberg.
Mit 6 Textfiguren und 38 Tabellen.
In Leinwand gebunden Preis M. 5,—.

Dampfkessel-Feuerungen
zur Erzielung einer möglichst rauchfreien Verbrennung.
Im Auftrage des Vereines deutscher Ingenieure bearbeitet von
F. Haier, Ingenieur in Stuttgart.
Mit 301 Figuren im Text und auf 22 lithographirten Tafeln.
In Leinwand gebunden Preis M. 14,—.

Der Dampfkessel-Betrieb.
Allgemeinverständlich dargestellt.
Von **E. Schlippe,** Kgl. Gewerberath zu Dresden.
Mit zahlreichen Abbildungen im Text.
Dritte vermehrte Auflage.
In Leinwand gebunden Preis M. 5,—.

Zu beziehen durch jede Buchhandlung.

Verlag von Julius Springer in Berlin N.

Die Berechnung der Centrifugalregulatoren.

Von **W. Lynen,**

Regierungs-Baumeister, Privatdocent an der Kgl. Techn. Hochschule Charlottenburg.

Mit 69 in den Text gedruckten Figuren und 6 Tafeln.

In Leinwand gebunden Preis M. 4,—.

Die Wärmeausnutzung bei der Dampfmaschine.

Von **W. Lynen,**

Professor an der Königl. Techn. Hochschule Aachen.

Preis M. 1,—.

Graphische Kalorimetrie der Dampfmaschinen.

Von **Fritz Krauss,**

Ingenieur, beh. aut. Inspector der Dampfkessel-U.- u. V-.Gesellschaft in Wien.

Mit 24 Figuren.

Preis M. 2,—.

Die Bedingungen für eine gute Regulirung.

Eine Untersuchung der Regulirungsvorgänge bei Dampfmaschinen und Turbinen

von **J. Isaachsen,** Ingenieur.

Mit 34 in den Text gedruckten Figuren.

Preis M. 2,—.

Anwendung des Falkenburg'schen Diagrammes

auf die

Konstruktion der einfachen und Doppelschieber-Steuerungen.

Von **Adolf Seybel,** Ingenieur.

Mit 14 Tafeln.

Preis M. 4,—.

Praktische Erfahrungen im Maschinenbau

in Werkstatt und Betrieb.

Von **R. Grimshaw.**

Autorisirte deutsche Bearbeitung von A. Elfes, Ingenieur.

Mit 220 Textfiguren.

In Leinwand gebunden Preis M. 7,—.

Moderne Arbeitsmethoden im Maschinenbau.

Von **John T. Usher.**

Autorisirte deutsche Bearbeitung von A. Elfes, Ingenieur.

Zweite verbesserte Auflage.

Mit 275 Textfiguren.

In Leinwand gebunden Preis M. 6,—.

Technische Hülfsmittel

zur Beförderung und Lagerung von Sammelkörpern (Massengütern).

Von **M. Buhle,**

Regierungsbaumeister, ständiger Assistent an der Kgl. Techn. Hochschule zu Berlin.

I. Teil. Mit 1 Tafel, 563 Figuren und 3 Textblättern.

In Leinwand gebunden Preis M. 15,—.

Zu beziehen durch jede Buchhandlung.

Verlag von Julius Springer in Berlin N.

Die Hebezeuge.

Theorie und Kritik ausgeführter Konstruktionen mit besonderer Berücksichtigung der elektrischen Anlagen.

Ein Handbuch für Ingenieure, Techniker und Studirende.

Von Ad. Ernst,

Professor des Maschinen-Ingenieurwesens an der Kgl. Techn. Hochschule zu Stuttgart.

Dritte neubearbeitete Auflage.

Drei Bände. Mit über 1000 Textfiguren und 85 lithographirten Tafeln.

In 3 Leinwandbänden gebunden Preis M. 60,—.

Die Pumpen.

Berechnung und Ausführung der für die Förderung von Flüssigkeiten gebräuchlichen Maschinen.

Von

Konr. Hartmann,
Prof. an der Kgl. Techn. Hochschule zu Berlin.

und

J. O. Knoke,
Oberingenieur in Nürnberg.

Zweite vermehrte Auflage.

z. Zt. vergriffen; neue Auflage in Vorbereitung.

Die Gebläse.

Bau u. Berechnung der Maschinen zur Bewegung, Verdichtung u. Verdünnung der Luft.

Von J. von Jhering,

Regierungsbaumeister, Docent a. d. Königl. Technischen Hochschule zu Aachen.

z. Zt. vergriffen; neue Auflage in Vorbereitung.

Die Kraftmaschinen des Kleingewerbes.

Von J. O. Knoke, Oberingenieur.

Zweite, verbesserte und vermehrte Auflage.

Mit 452 Figuren im Text.

In Leinwand gebunden Preis M. 12,—.

Die Werkzeugmaschinen.

Von Herm. Fischer,

Geh. Regierungsrat und Professor an der Königl. Techn. Hochschule zu Hannover.

I. Die Metallbearbeitungsmaschinen.	**II. Die Holzbearbeitungsmaschinen.**
Mit 1354 Figuren in Text und Tafeln.	*Mit 421 Figuren im Text.*
Zwei Bände. In Leinwand geb. Preis M. 45,—.	In Leinwand gebunden Preis M. 15,—.

Elasticität und Festigkeit.

Die für die Technik wichtigsten Sätze und deren erfahrungsmässige Grundlage.

Von C. Bach,

K. Württ. Baudirektor, Prof. des Maschineningenieurwesens an der Kgl. Techn. Hochschule Stuttgart.

Vierte vermehrte Auflage.

Mit in den Text gedruckten Abbildungen und 18 Tafeln in Lichtdruck.

Unter der Presse.

Technische Mechanik.

Ein Lehrbuch der Statik und Dynamik für Maschinen- und Bauingenieure.

Von Ed. Autenrieth,

Oberbaurath und Professor an der Kgl. Techn. Hochschule zu Stuttgart.

Mit 327 in den Text gedruckten Figuren.

Preis M. 12,—; in Leinwand gebunden M. 13,20.

Zu beziehen durch jede Buchhandlung.